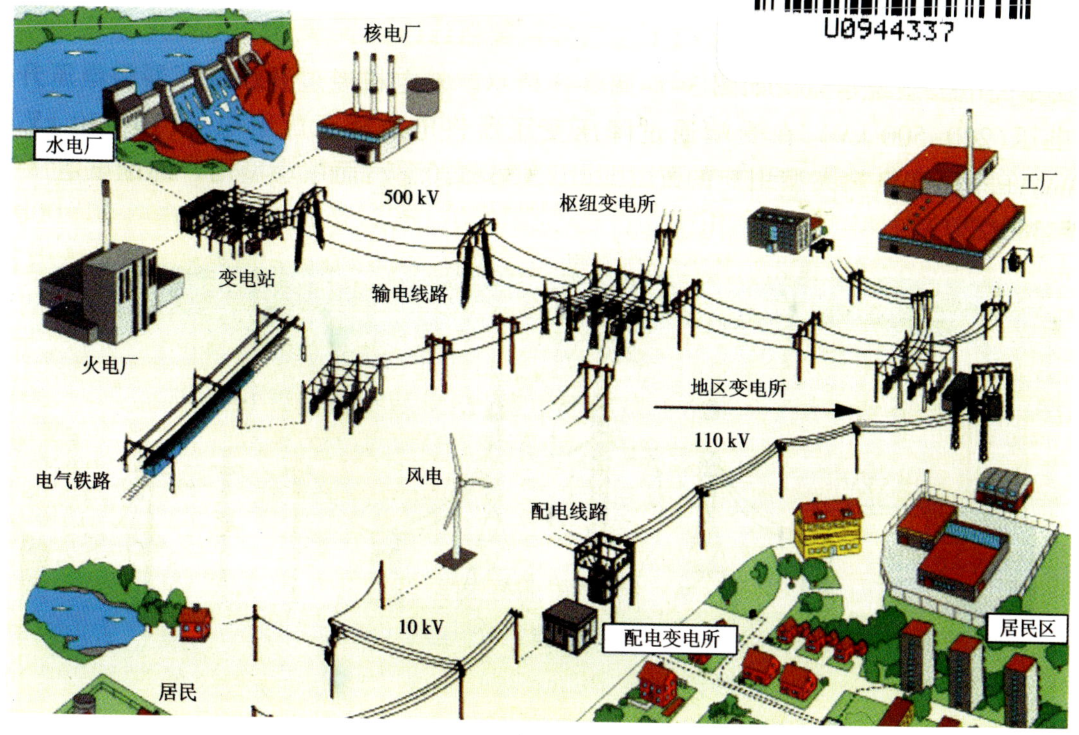

彩图 1-1　电力系统示意图

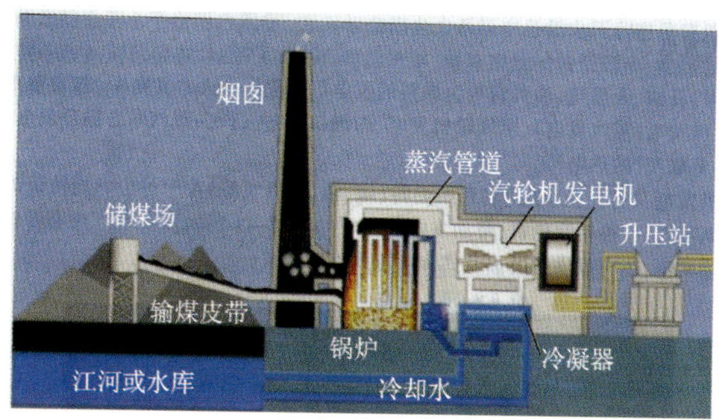

彩图 1-16　火电厂原理示意图

彩图 1-17　火电厂外景

彩图 1-20　长江三峡坝后式水电站

彩图 1-22　长江葛洲坝河床式水电站鸟瞰

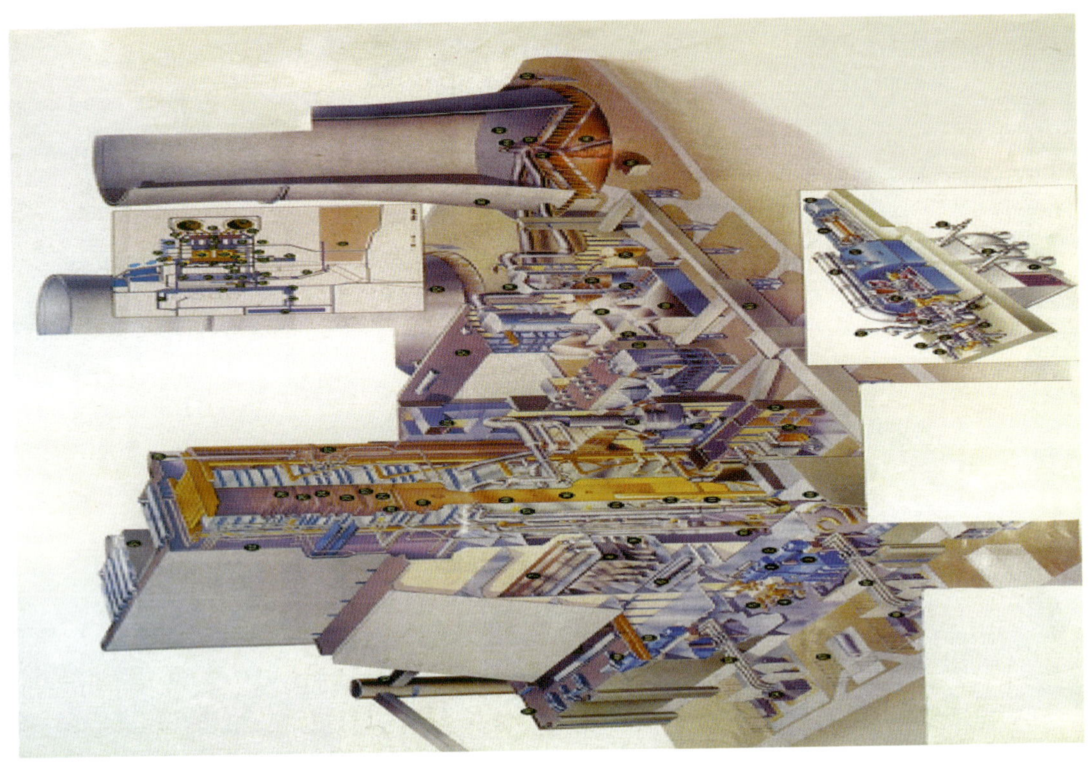

彩图 1-18　火电厂结构布置图

彩图 1-26　秦山核电厂远眺

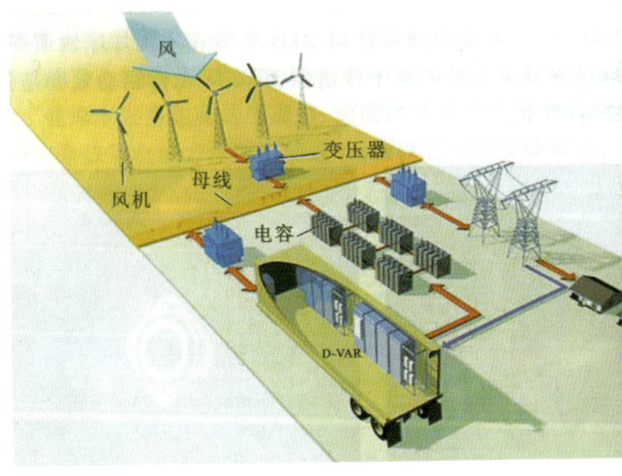

彩图 1-27　风力发电场结构示意图

彩图 1-28　新疆达坂城风电场

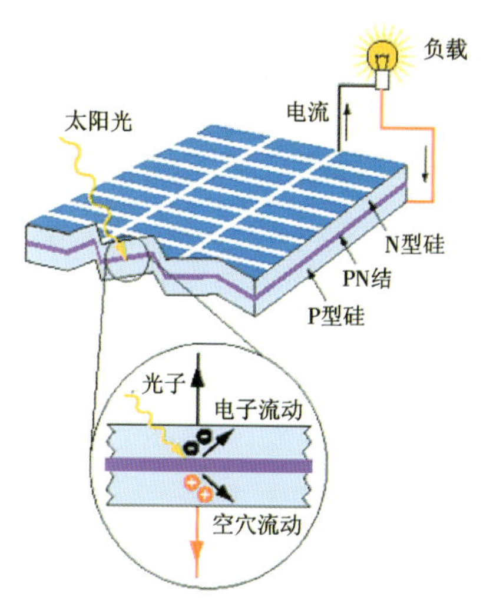

彩图 1-30　太阳光电池原理图

彩图 1-31　塔式太阳热发电厂外景

彩图 1-33　位于西安东郊的 330 kV 枢纽变电站中的巨型电力变压器(240 MVA)

彩图 1-34　枢纽变电站远眺

彩图 1-36　220/110 kV 中间变电站鸟瞰(图中可以看到有两路 110 kV 母线)

彩图 1-45　西安南二环上的由少油断路器等组成的传统 110 kV 变电站

彩图 1-46　由 SF_6 气体绝缘罐式断路器组成的 500 kV 变电站

彩图 1-47　由 SF_6 气体绝缘瓷柱式断路器组成的 330 kV 变电站

彩图 1-48　由 SF_6 气体绝缘的 GIS 组成的 110 kV 变电站

彩图 1-49　由 252 $KVSF_6$ 气体绝缘 GIS 组成的 220 kV 变电站

彩图 1-50　由 SF_6 气体绝缘瓷柱式断路器组成的现代变电站

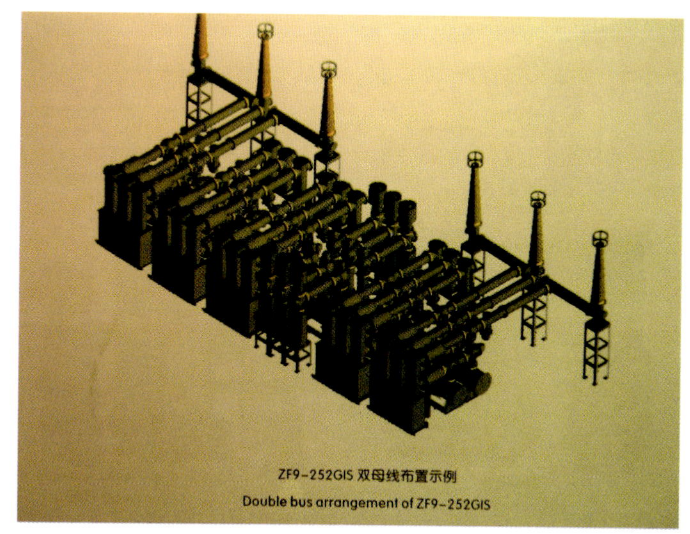

彩图 1-51　由 GIS 组成的变电站双母线结构布置模型图

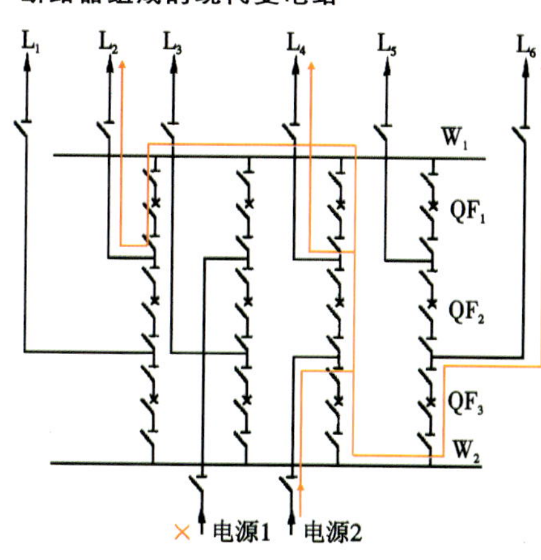

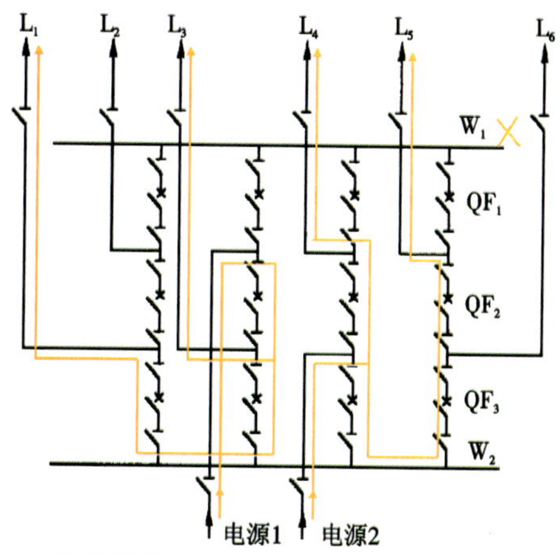

彩图 1-58　3/2 断路器双母线接线故障分析

(a)电源 1 故障时；(b)母线 W_1 故障时

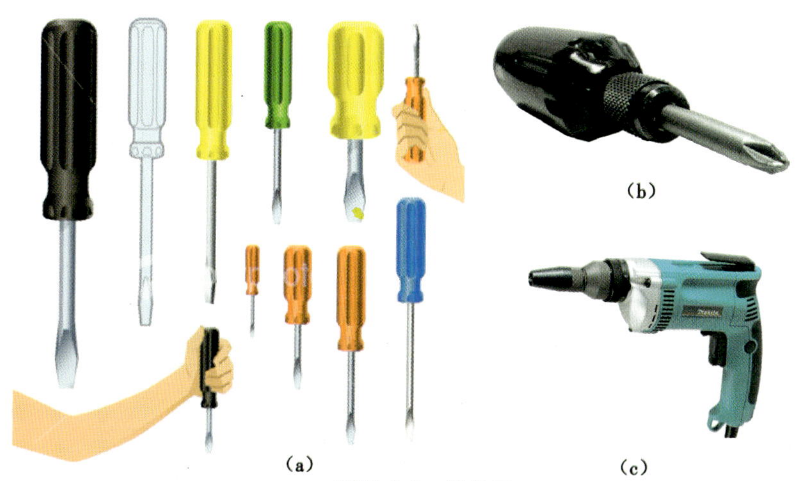

彩图 2-2　螺丝刀

(a)一字形螺丝刀；(b)十字形螺丝刀；(c)电动螺丝刀

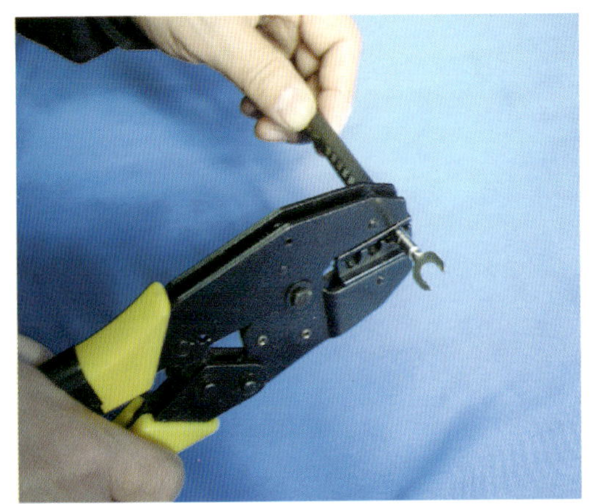

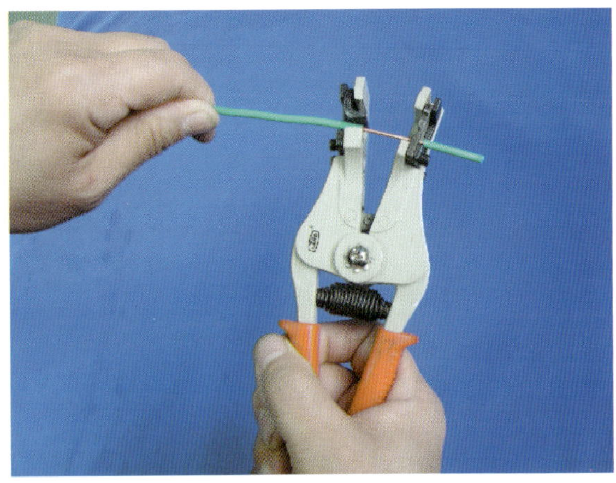

彩图 2-5　压线钳/剥线钳的使用

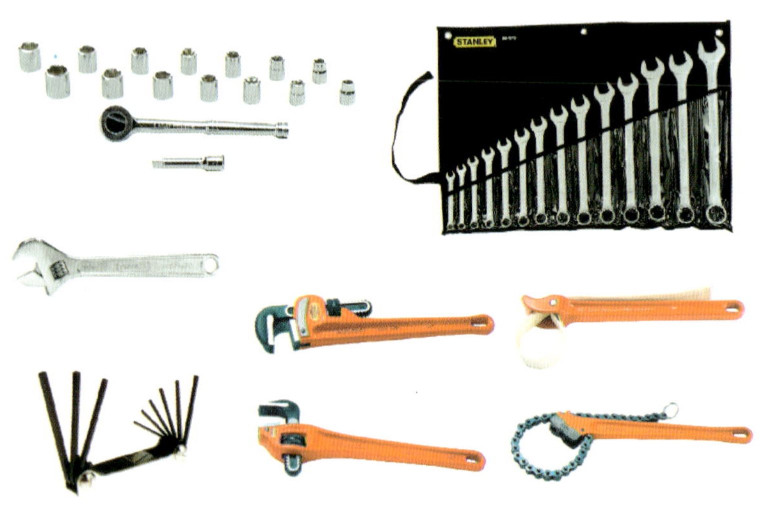

彩图 2-6　扳手

(a)套筒扳手;(b)呆扳手;(c)活络扳手;(d)六方柱扳手;(e)管扳手

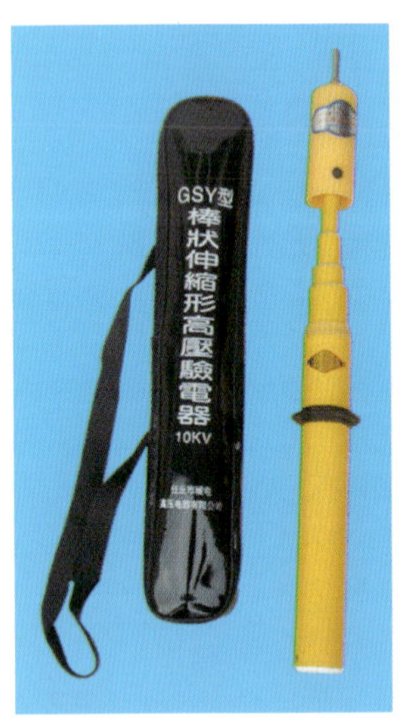

彩图 2-11　高压验电器

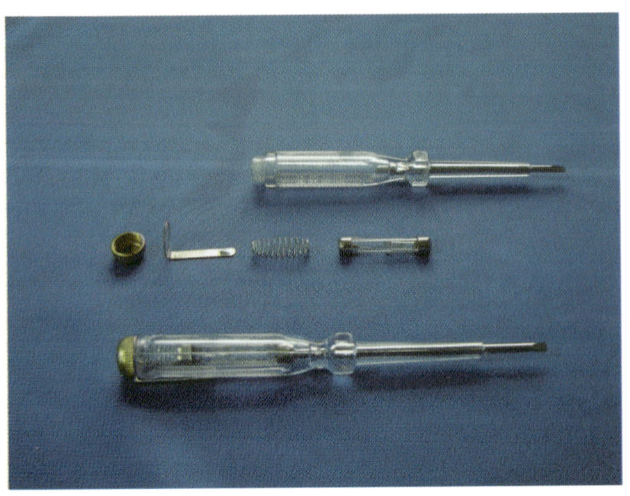

彩图 2-9　验电笔的结构

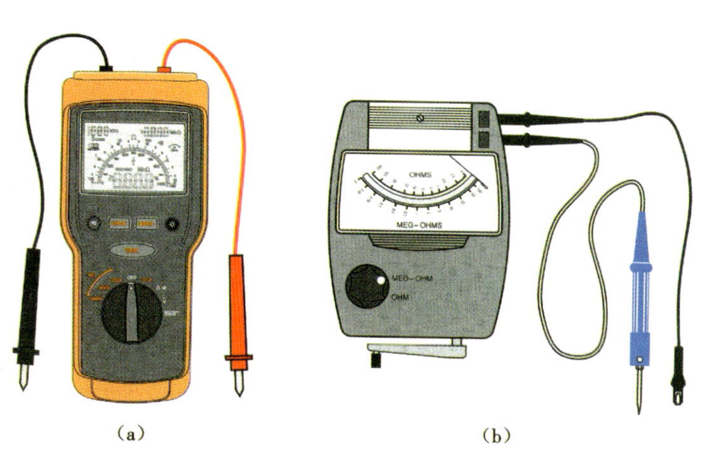
(a)
(b)

彩图 2-16　兆欧表
(a)电池供电;(b)手摇供电

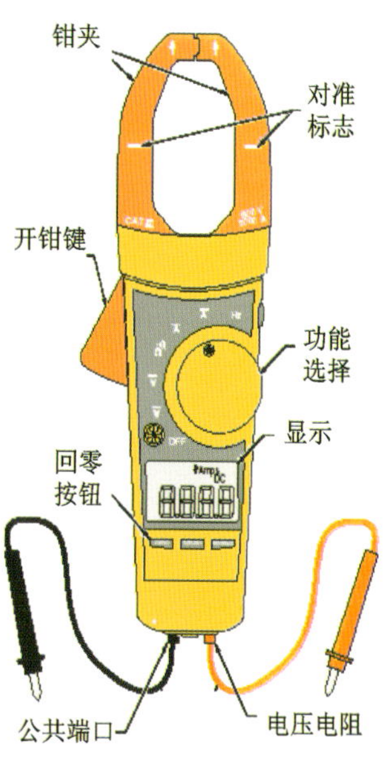

彩图 2-17　多功能钳形表

彩图 2-43　测车转速

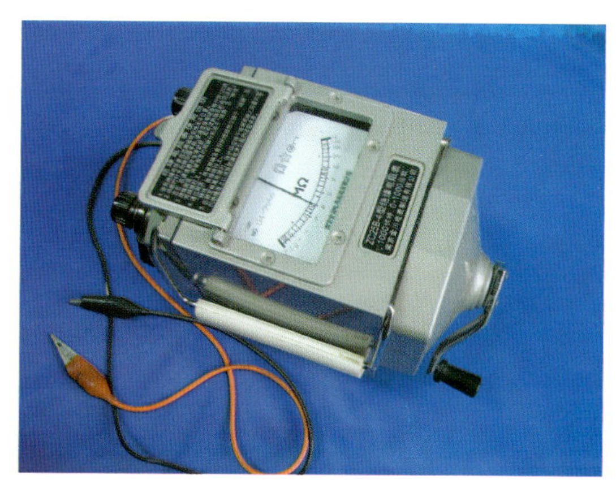

彩图 2-44　手摇式兆欧表

彩图 3-5　电力检修前的接地

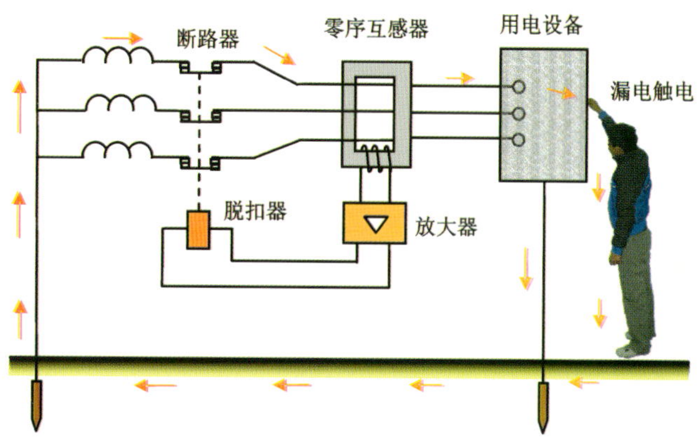

彩图 3-6　电流工作型漏电保护原理图

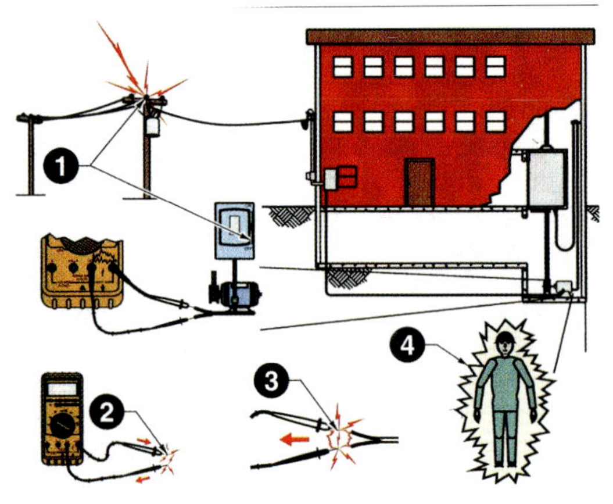

彩图 3-9　在电路测量时遇到暂态电压可能损坏仪表和使人触电

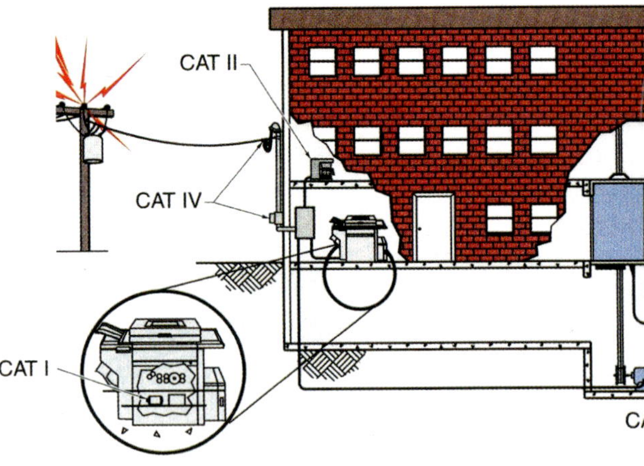

彩图 3-10　IEC1010 暂态过压分类

彩图 3-11　个人防护装置

彩图 3-15　电工安全操作

彩图 4-1　绝缘胶带

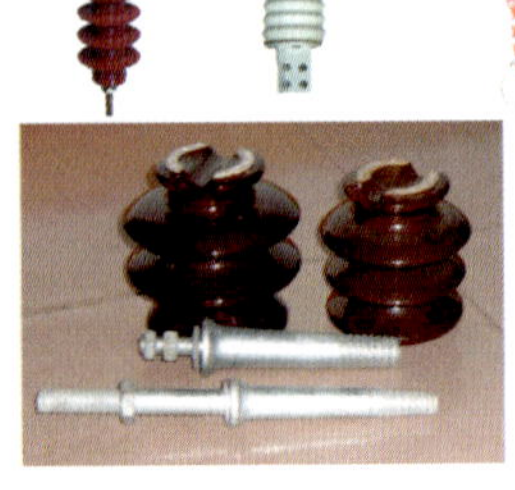

彩图 4-3　电瓷材料

(a)低压线路绝缘子;(b)高压穿墙绝缘子;(c)高压支柱绝缘子;(d)高压盘形悬式绝缘子;(e)高压针式绝缘子

彩图 4-9　聚氯乙烯多芯控制电缆

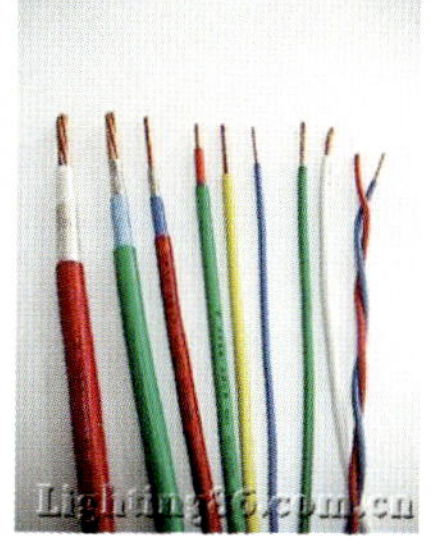

彩图 4-13　布线用电线

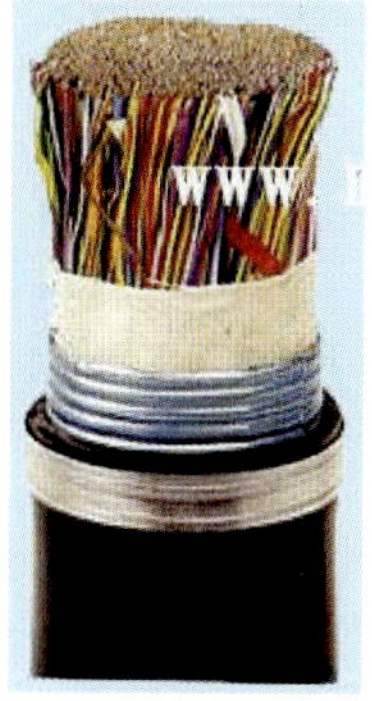

彩图 4-14　通信电缆

(a)

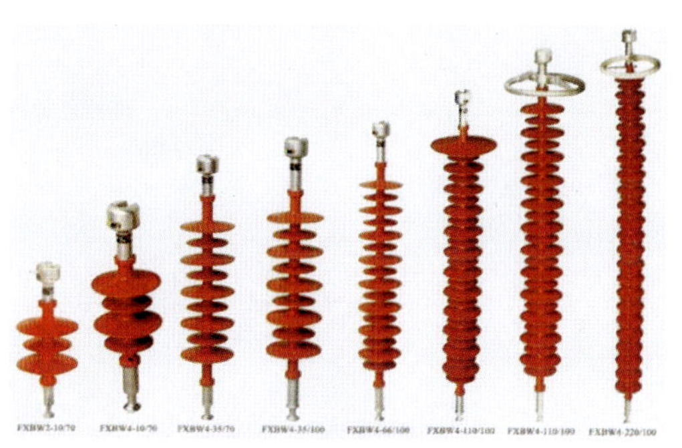

彩图 5-8　高压盘形悬式绝缘子

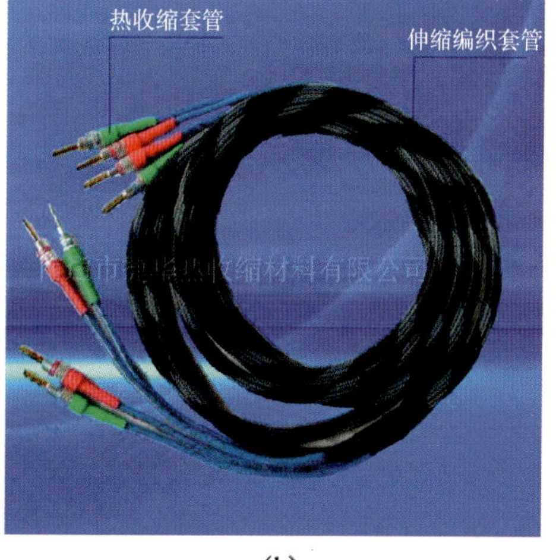

(b)

彩图 4-20　热缩套管

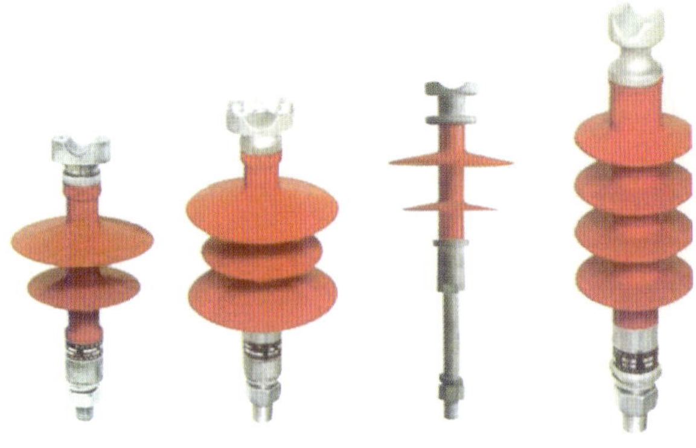

彩图 5-10　高压针式绝缘

彩图 5-14　地下电缆线路与架空线路的连接

彩图 5-16　各种电缆断面结构

彩图 5-19　高压电缆接头的制备过程

①接头制备;② 接头压接;③接头整形;④套热缩管绝缘

彩图 5-21　电缆的敷设现场

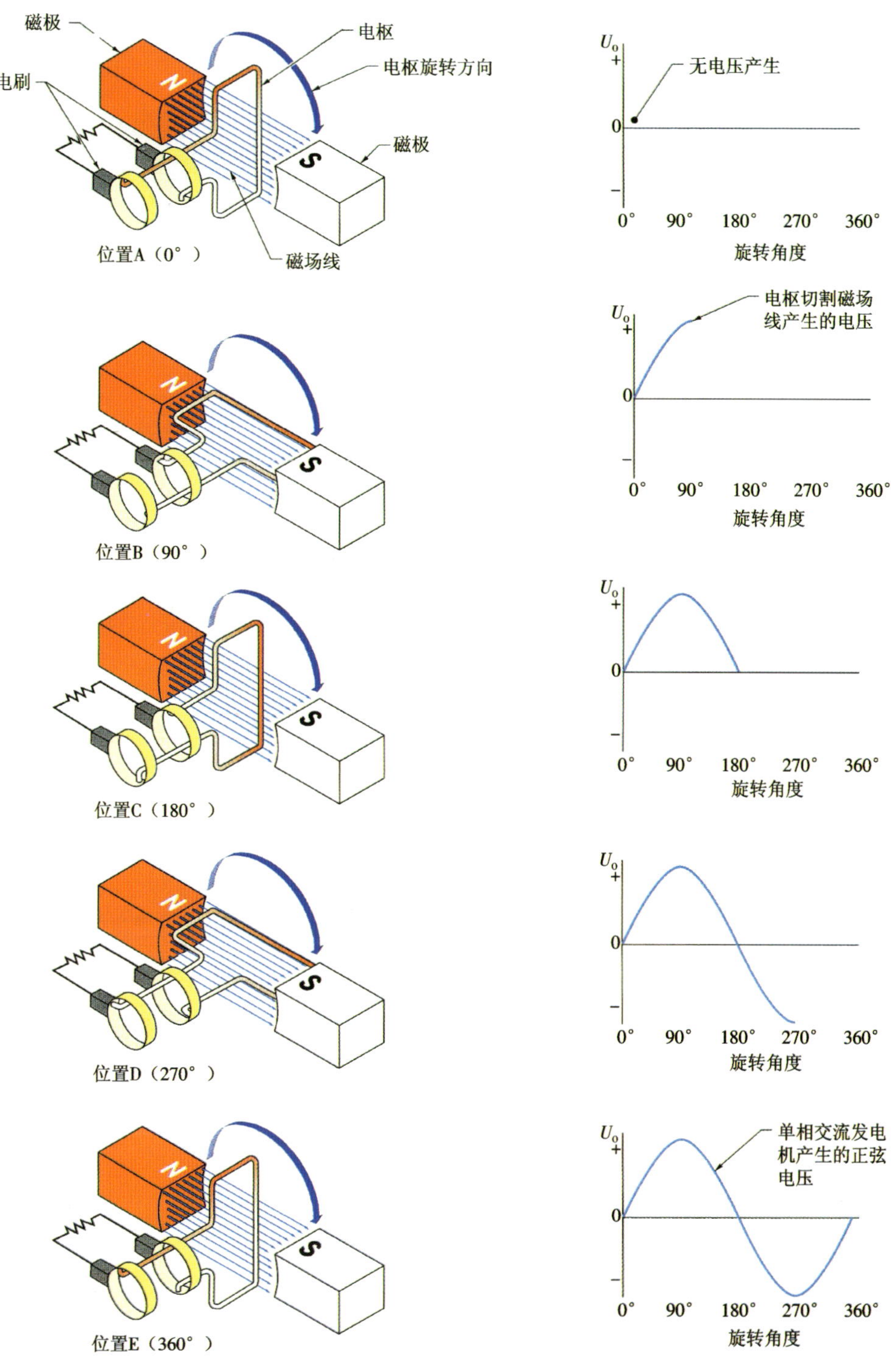

彩图 6-2　单相交流发电机

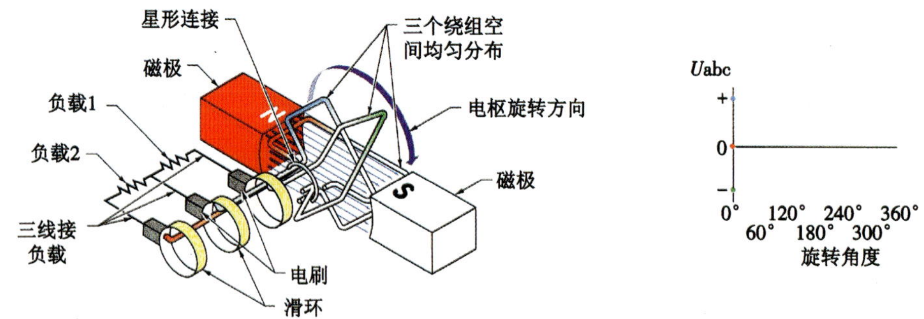

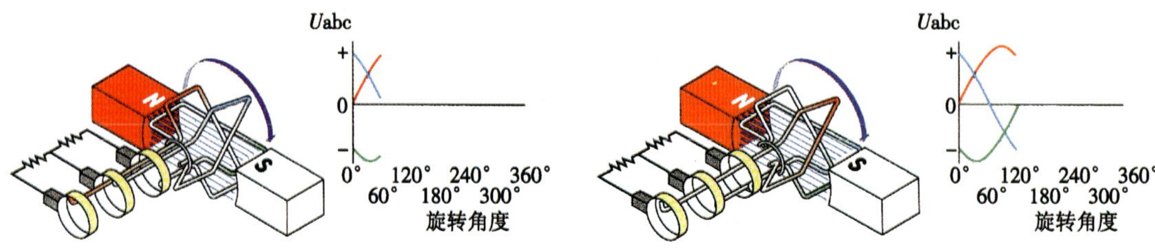

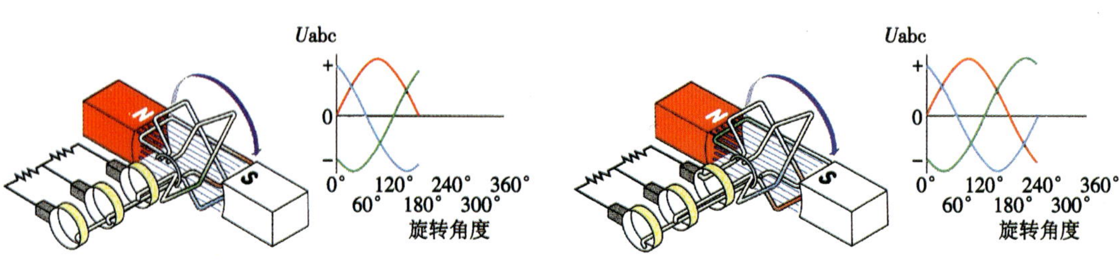

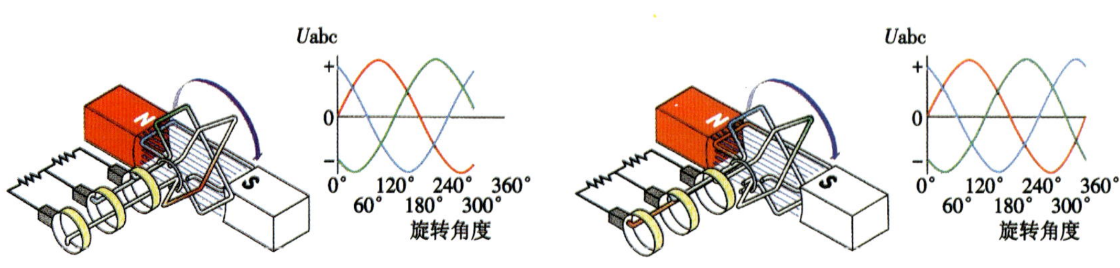

彩图 6-3 三相交流发电机

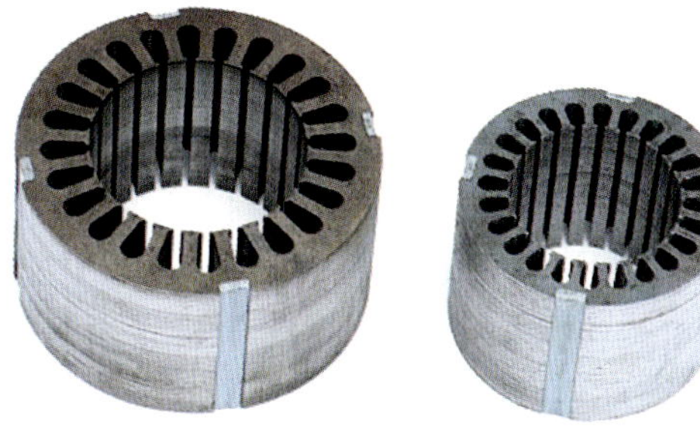

彩图 6-26 交流电机定子铁心叠片

彩图 6-27 三相交流电机的定子绕组

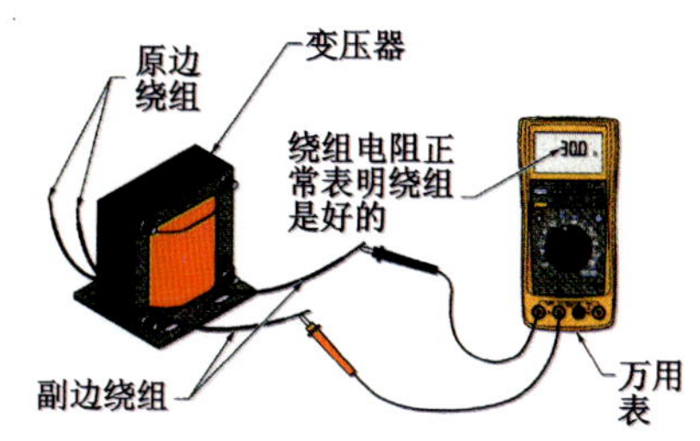

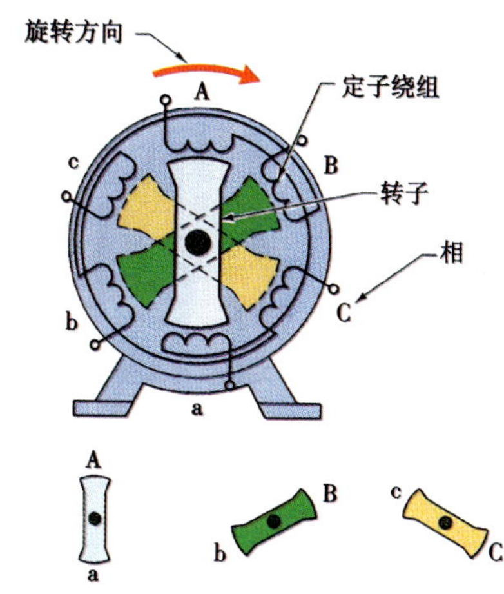

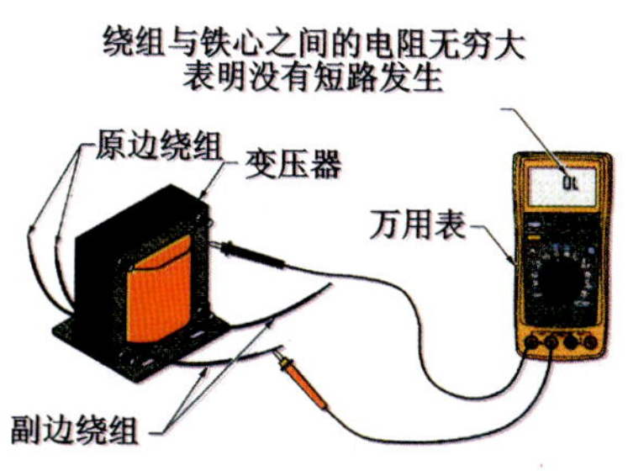

原副边绕组间的绝缘电阻无穷大
表明两绕组间没有短路
原边绕组
变压器
副边
绕组
万用
表

彩图 6-16 用万用表检查变压器

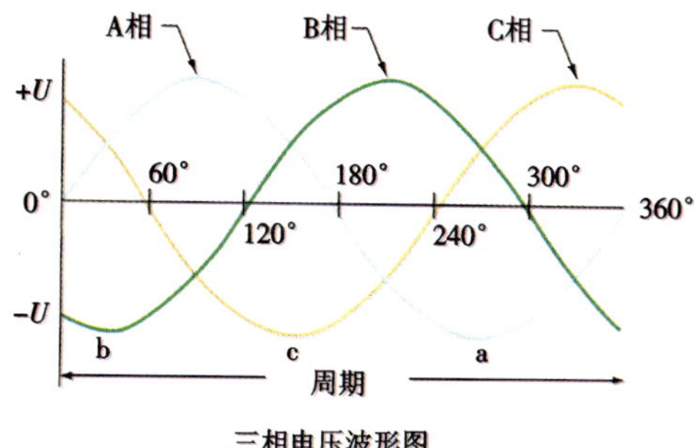

三相电压波形图

彩图 6-24 三相定子绕组

彩图 6-28 铸铝转子

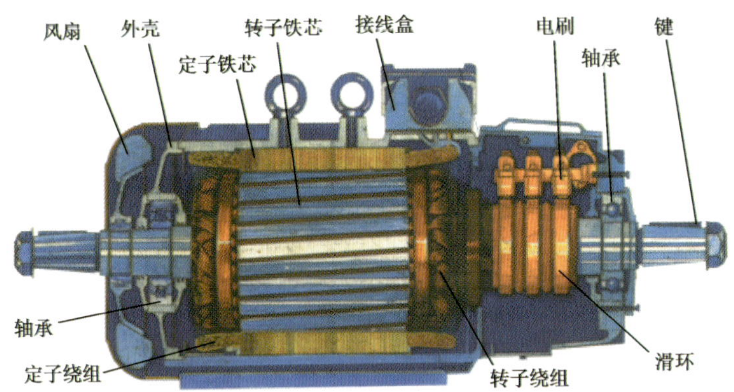

彩图 6-29 线绕转子异步电动机内部结构

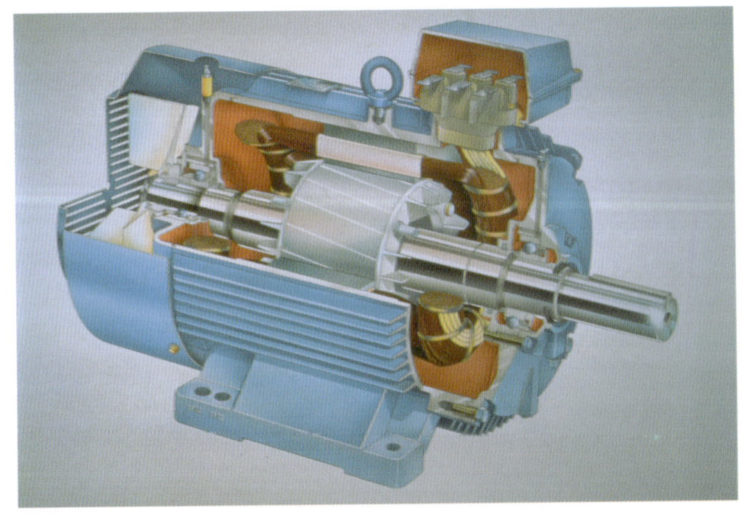

彩图 6-30 笼形异步电动机内部结构

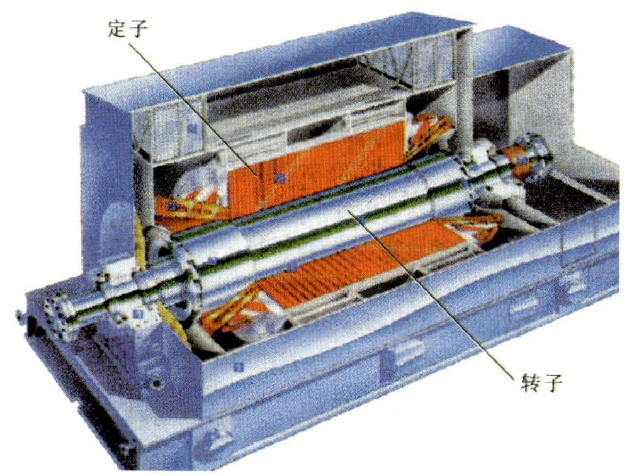

彩图 7-1　隐极式汽轮发电机结构图

彩图 7-2　汽轮机-发电机机组

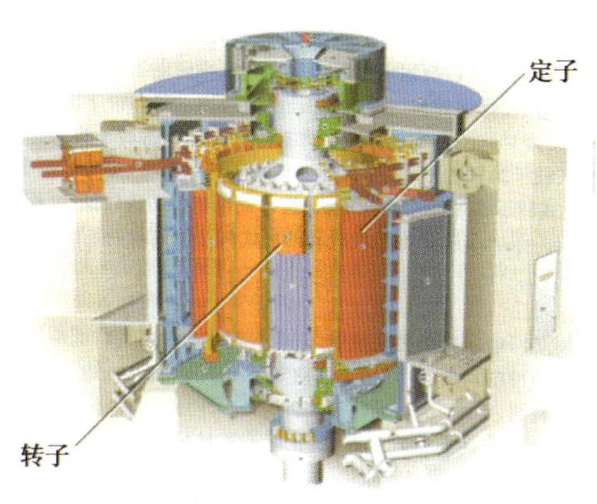

彩图 7-3　凸极式水轮发电机结构

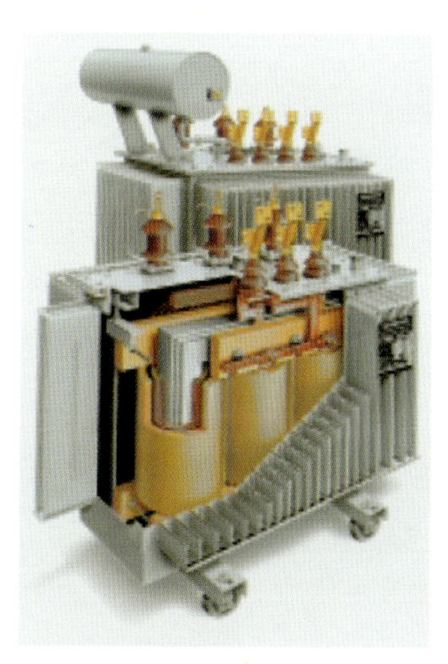

彩图 7-10　小型油浸式波纹油箱电力变压器内部结构

大容量纠结式绕组

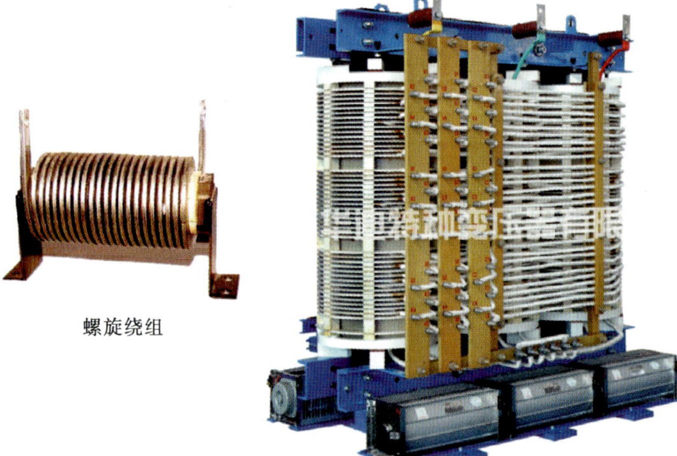

螺旋绕组

低压大电流多段连续绕组

连续式绕组

绕组分接头及分接引线

箔筒式绕组

连续式绕组

彩图 7-16　各种变压器绕组实物图

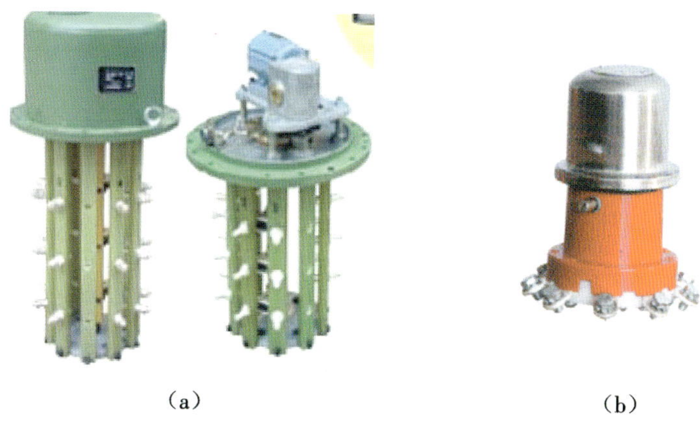

(a)　　(b)

彩图 7-24　立式无载开关

(a)35 kV 立式(笼式)无载开关;(b)10 kV 立式无载开关

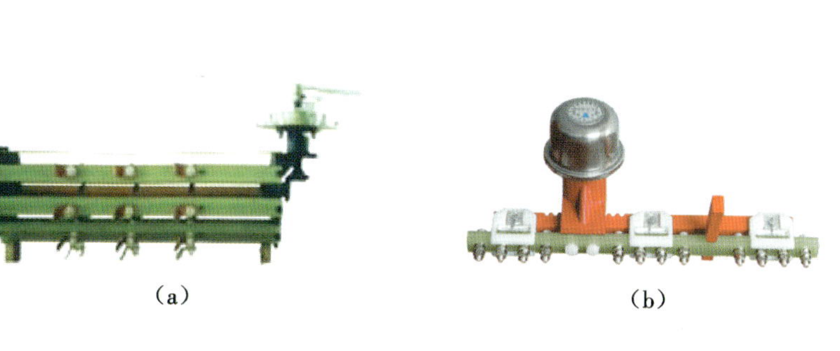

(a)　　(b)

彩图 7-25　10 kV 卧式无载开关

(a)卧式笼形无载天关;(b)卧式条形无载开关

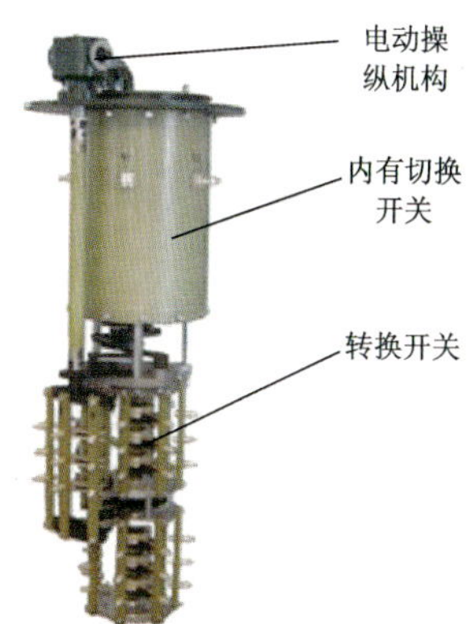

彩图 7-27　35 kV 三相组合式有载分接开关外形图

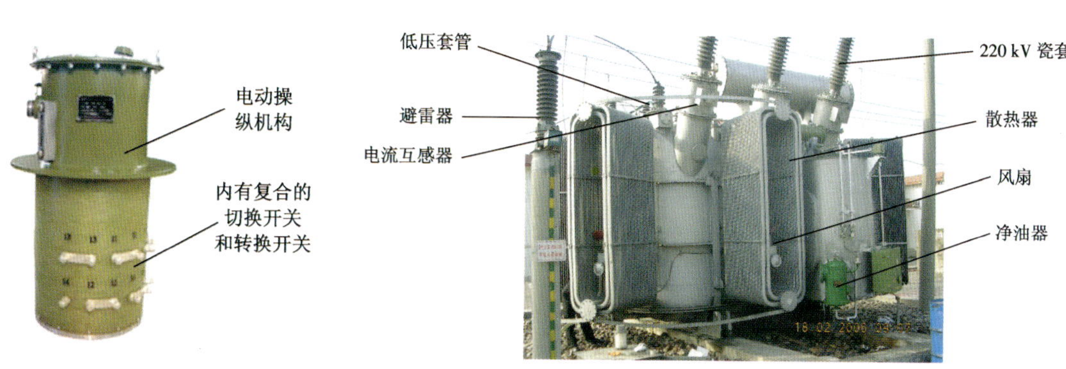

彩图 7-28　35 kV 三相复合式有载分接开关外形图

彩图 7-31　净油器的安置图

(a)　　(b)

彩图 7-34　变压器出线瓷套管

(a)40 kV 瓷套管；(b)330 kV 瓷套管

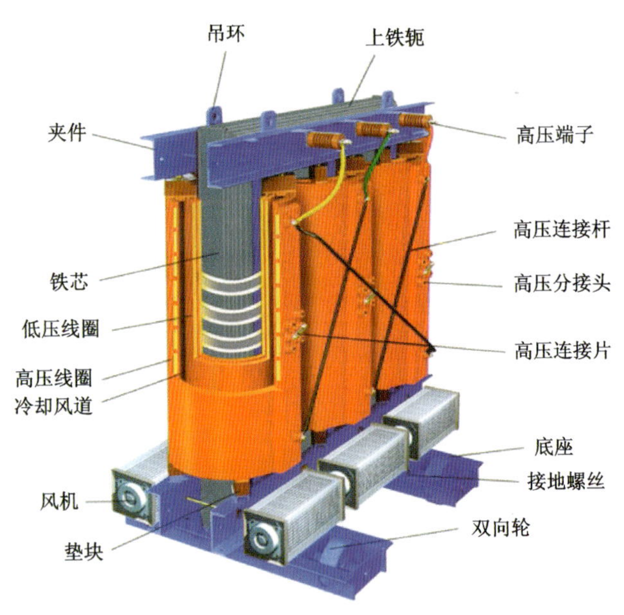

彩图 7-42　浇注干式变压器结构图

(a)

(b)

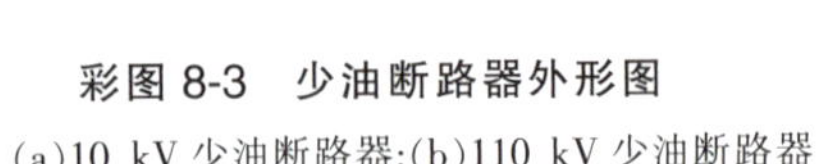

彩图 8-3　少油断路器外形图

(a)10 kV 少油断路器；(b)110 kV 少油断路器

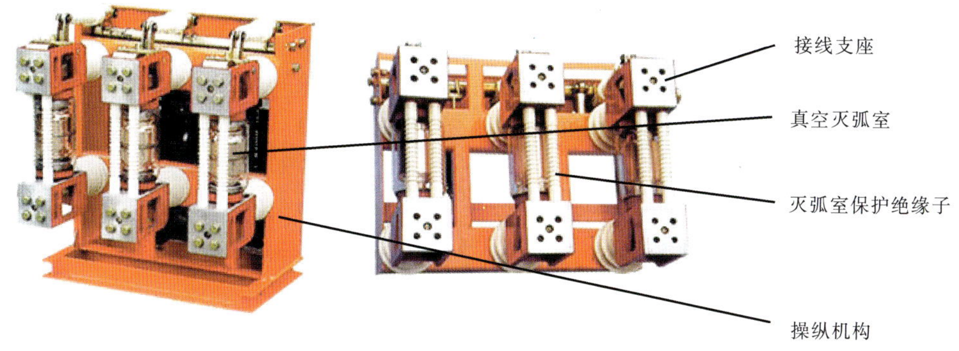

彩图 8-6　10kV 真空断路器外形图

彩图 8-9　单相 500 kV 罐式 SF_6 气体绝缘断路器

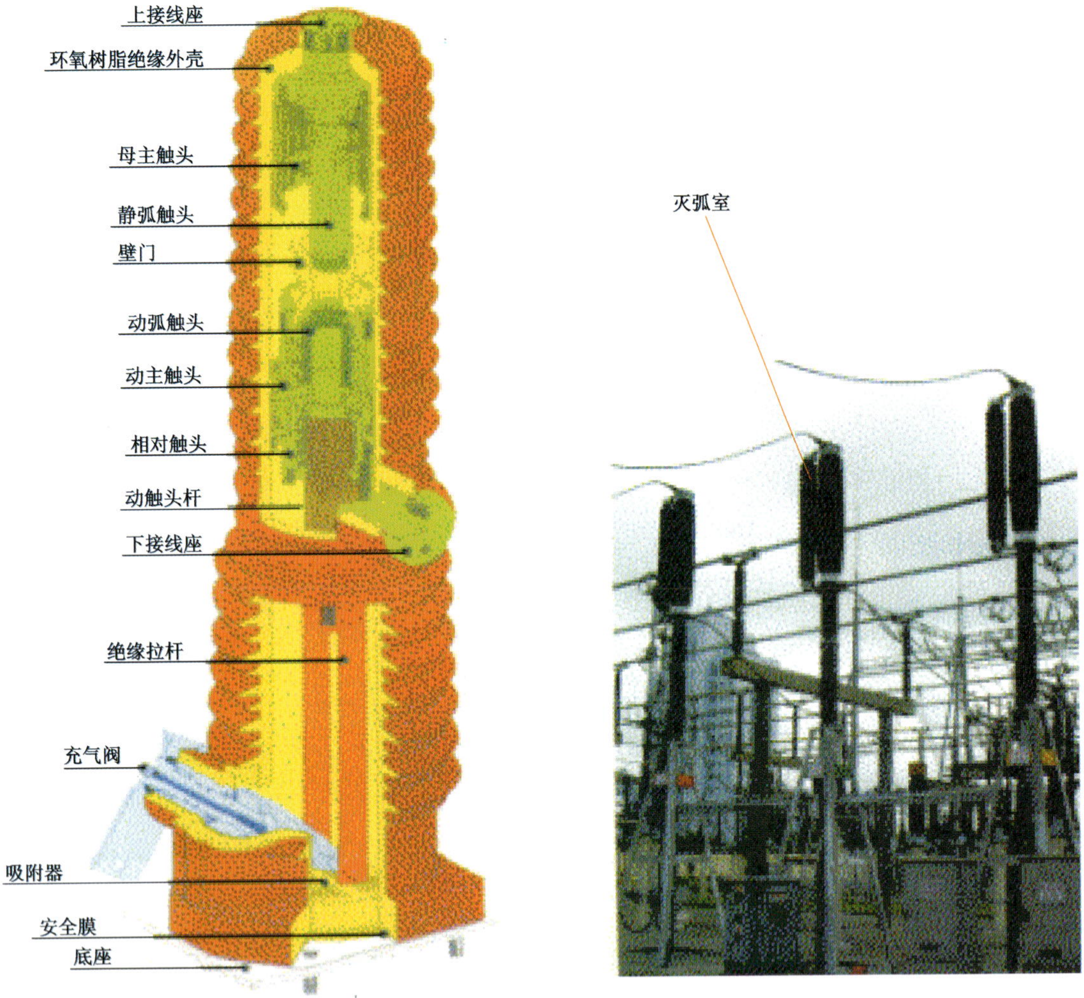

上接线座
环氧树脂绝缘外壳
母主触头
静弧触头
壁门
动弧触头
动主触头
相对触头
动触头杆
下接线座
绝缘拉杆
充气阀
吸附器
安全膜
底座
灭弧室

彩图 8-11　瓷柱式灭弧室结构图

均压电容
断口灭弧室
支持瓷瓶
操动机构

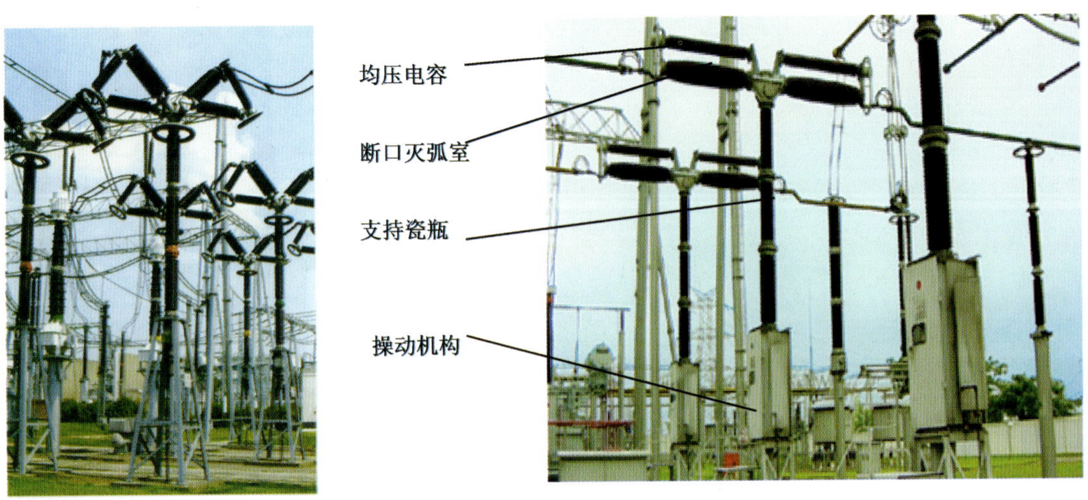

彩图 8-14　330 kV 单相双断口瓷柱式(T 形)断路器

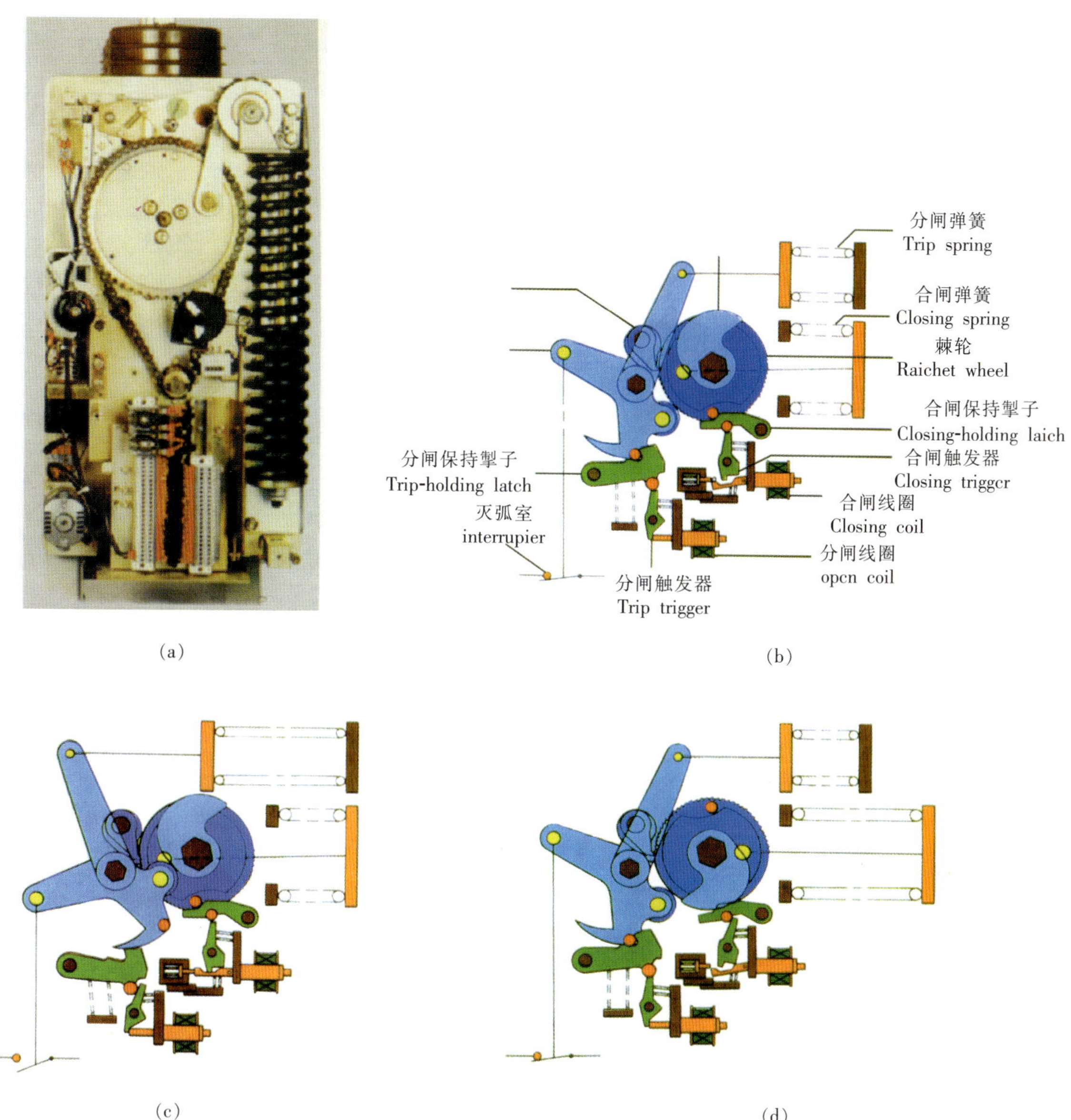

彩图 8-15　弹簧操动机构的工作原理

(a)操作机构实物;(b)合闸位置(合闸弹簧储能);(c)分闸位置(合闸弹簧值储能);(d)合闸位置(合闸弹簧释放)

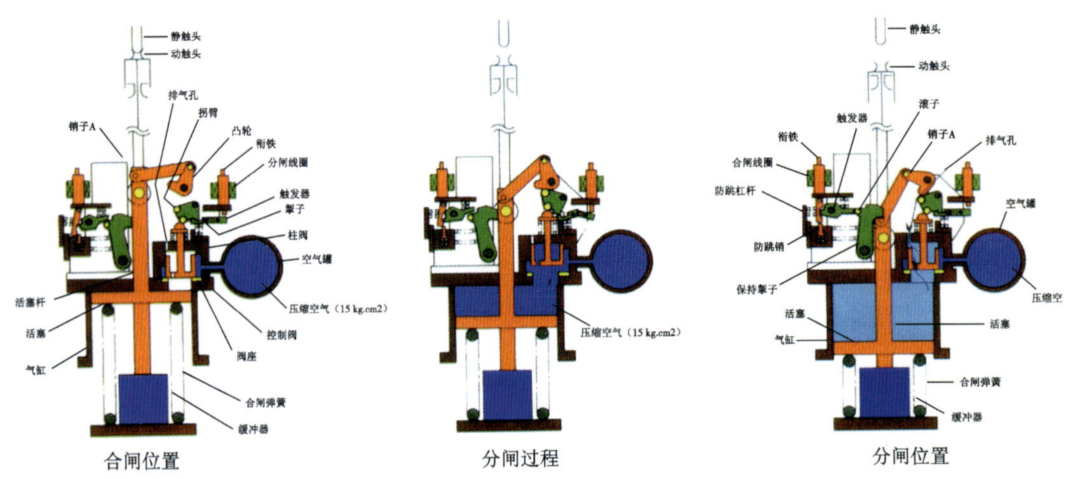

彩图 8-16　气动操动机构

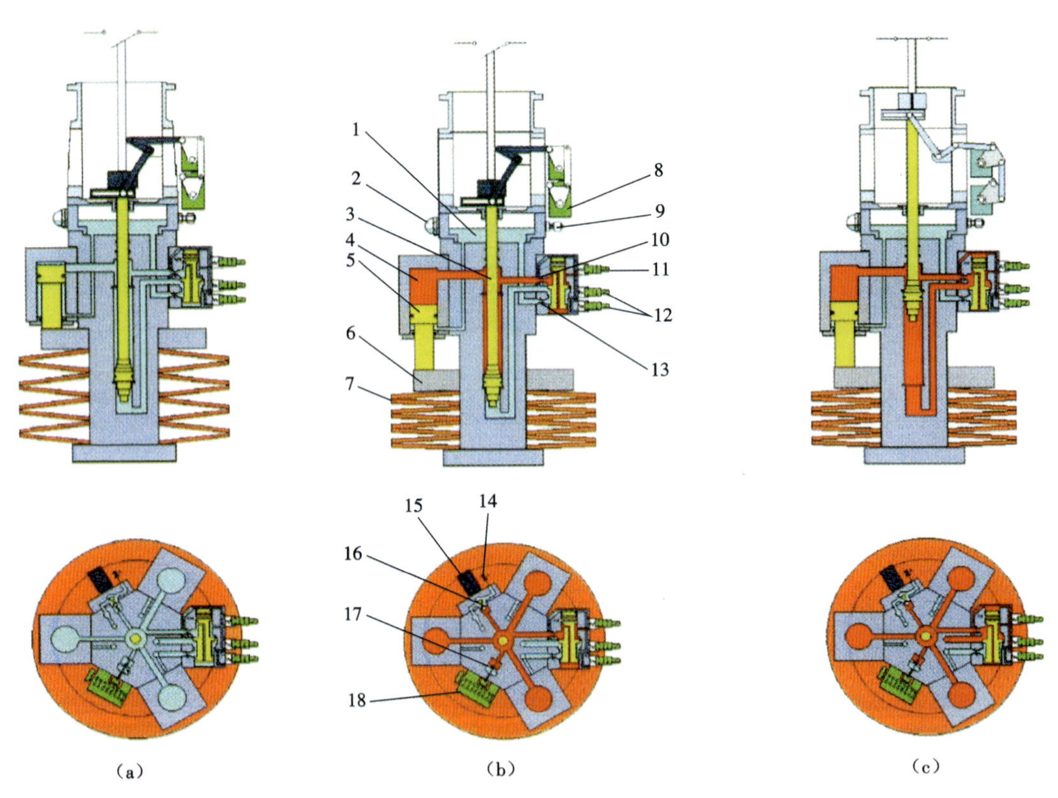

彩图 8-17　液压操动机构

(a)未贮能，分闸状态；(b)已贮能，合闸状态；(c)已贮能，合闸状态

1—低压油箱；2—油位指示器；3—工作活塞杆；4—高压油腔；5—贮能活塞；6—支撑环；7—碟簧；8—辅助开关；9—注油孔；10—合闸节流阀；11—合闸电磁阀；12—分闸电磁阀；13—分闸节流阀；14—排油阀；15—贮能电机；16—柱塞油泵；17—泄压阀

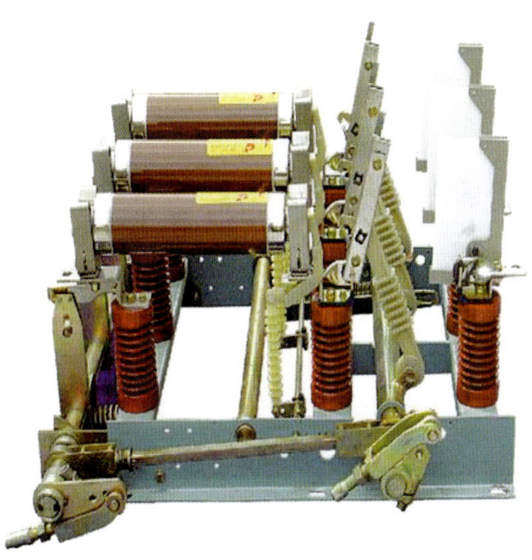

彩图 8-20　负荷开关–熔断器组合

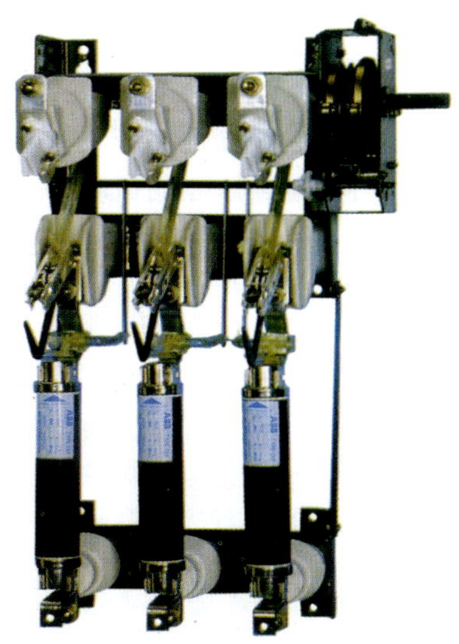

彩图 8-21　10kV 压气式空气绝缘负荷开关–熔断器组合

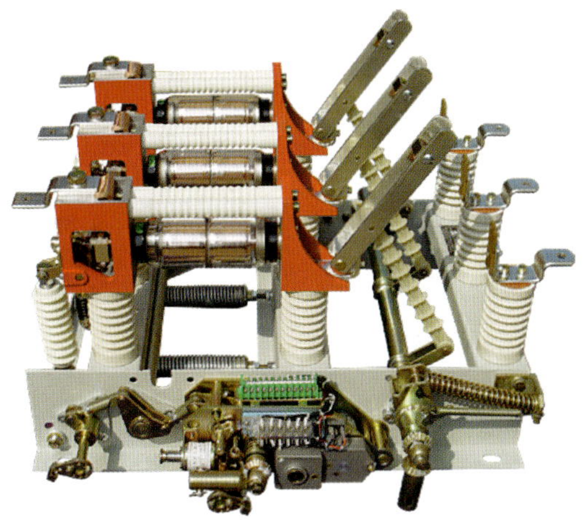

彩图 8-22　隔离开关–真空开关组合

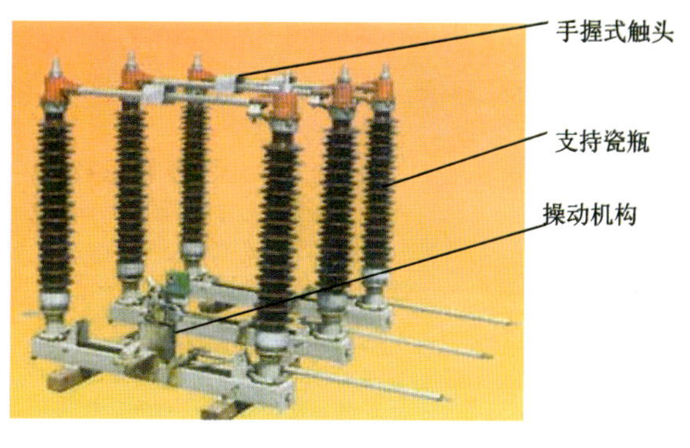

彩图 8-24　110 kV 三相水平转动握式隔离开关之一

彩图 8-25　110 kV 三相水平转动握式隔离开关之二

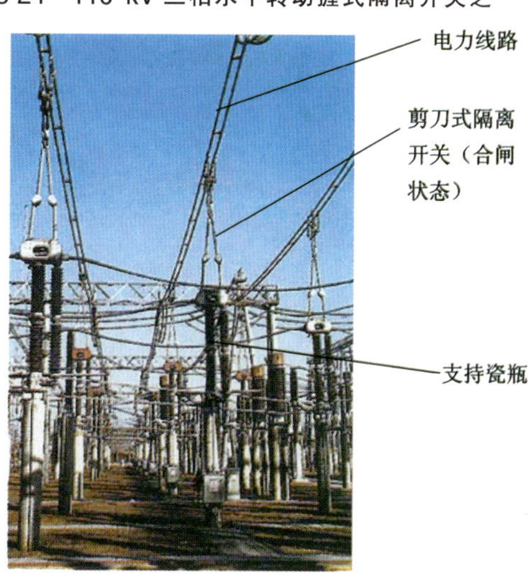

彩图 8-26　220 kV 单相剪刀式隔离开关

彩图 8-27　瓷柱式 SF_6 断路器和剪刀式隔离开关的组合

彩图 8-28　245 kV SF_6 气体绝缘 GIS 组合电器外形

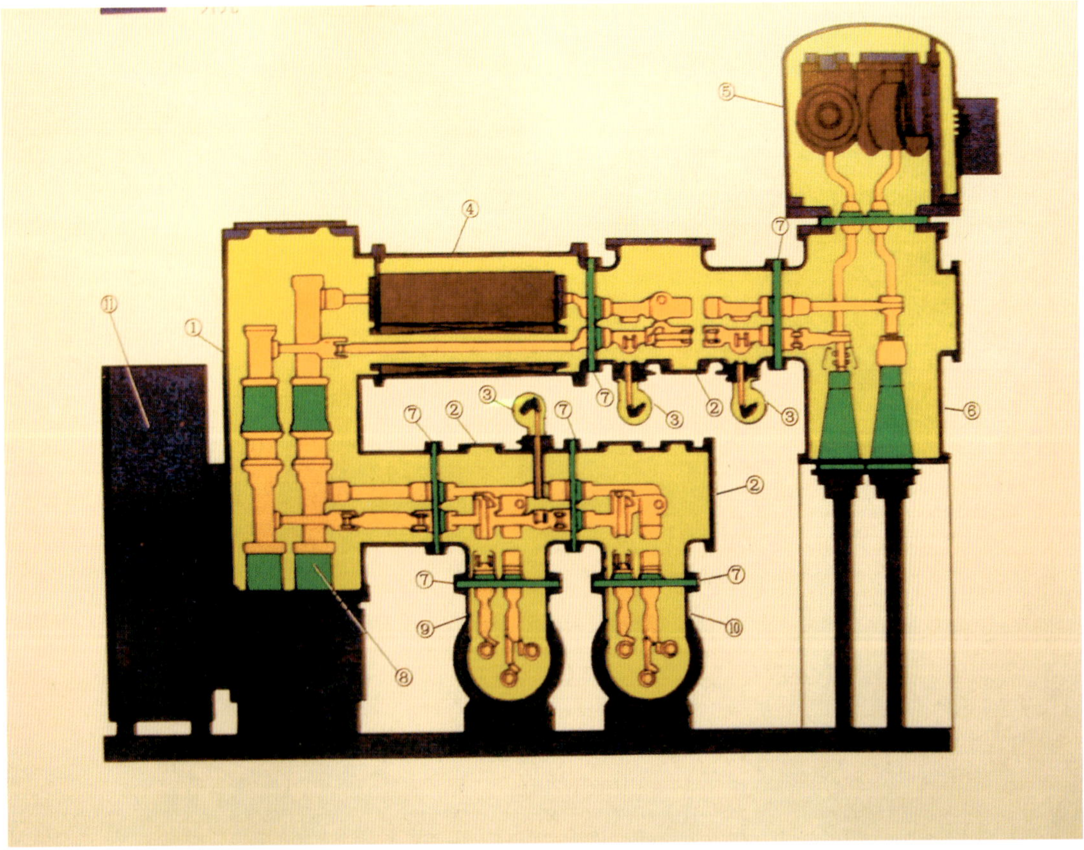

彩图 8-30　245 kV SF_6 气体绝缘 GIS 组合电器内部结构示意图

1—断路器；2—隔离开关；3—接地开关；4—电流互感器；5—电压互感器；6—电缆密封端头；7—盆式绝缘子；8—支持绝缘子；9—主母线；10—备用母线；11—操作机构

注：图中橘红色为带电件；绿色为绝缘件；黄色为 SF_6 气体

彩图 8-33　由 SF_6 气体绝缘 GIS 组合电器组成的户内变电所

彩图 8-34　由 252 kVSF_6 气体绝缘 GIS 组成的 220 kV 变电站

(a)

(b)

彩图 9-4　跌落式熔断器

(a)跌落式熔断器;(b)装置在电杆上的跌落式熔断器

彩图 9-8　阀型避雷器实物

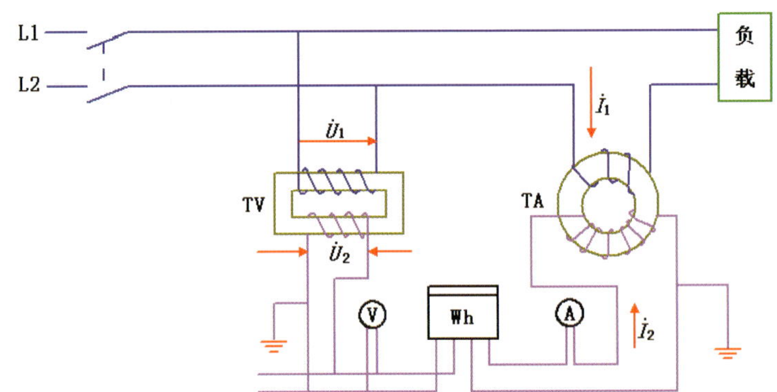

彩图 9-14　电压互感器、电流互感器在电路中接线原理

彩图 9-16　10 kV 户内浇注式电压互感器

彩图 9-24　低压母排式电流互感器应用

彩图 9-28　330 kV 电流互感器外形图

彩图 9-34　10 kV 推车式高压开关柜外形图

彩图 9-36　10 kV 隔离开关、仪表开关柜外形图

彩图 9-37　40 kV 全密封高压开关柜(内装置 SF_6 断路器)

彩图 9-38　10 kV 高压开关、计量柜外形图

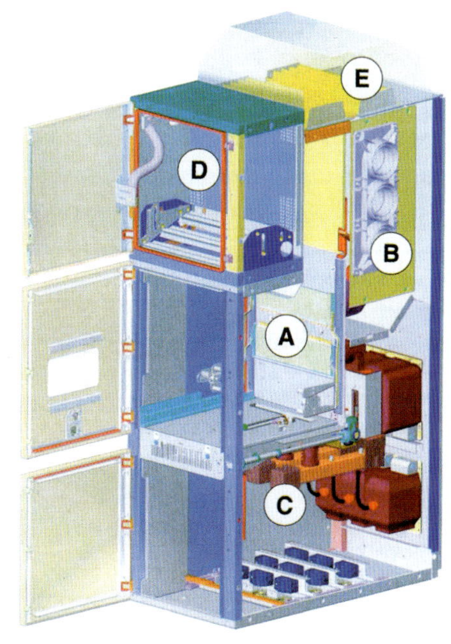

彩图 9-39　开关柜内部布置示意图

A—主开关室;B—母线室;C—电缆室;D—低压室;E—泻压通道,泻放燃弧气压

彩图 9-40　[高]—[变]—[低]结构箱式变电站

(a)

(b)

(c)

彩图 9-42　箱式电站内部结构布置

(a)高压室;(b)补偿电容器室;(c)变压器室;(d)低压室

瓷插式熔断器

三相瓷螺旋式熔断器

瓷螺旋熔断器

熔断器座

“正泰”熔断器

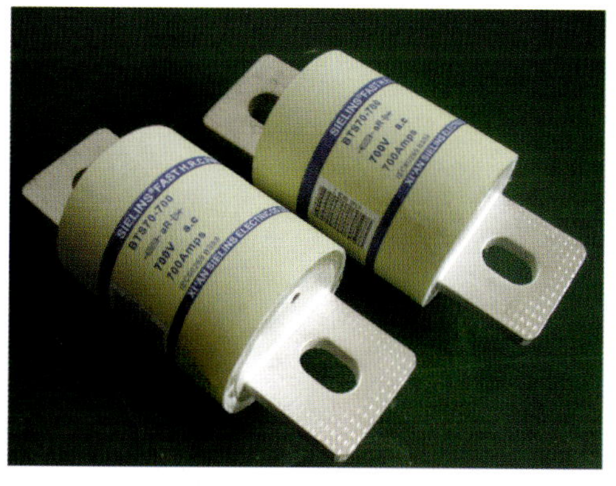

快速熔断器

彩图 9-49　各种低压熔断器实物

DW17　　DZ20

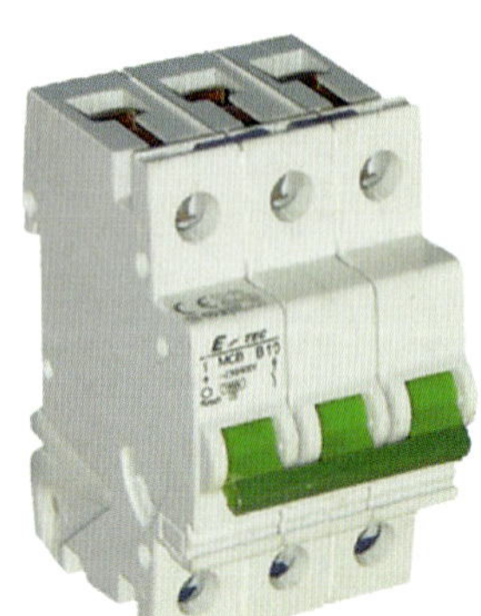

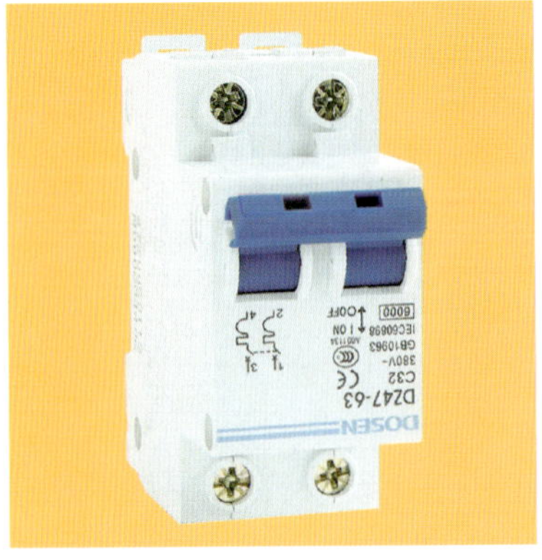

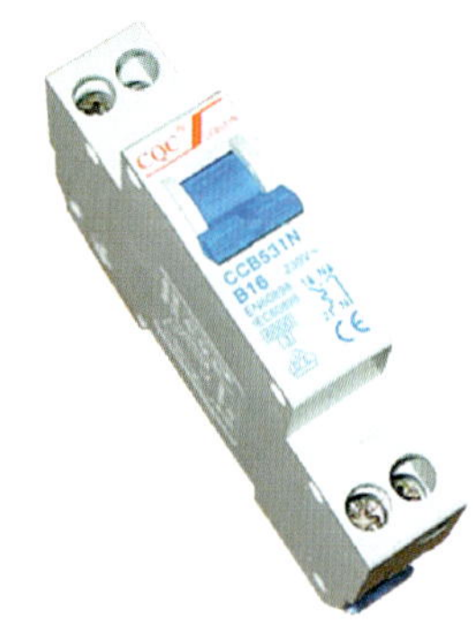

彩图 9-48　各种新型断路器

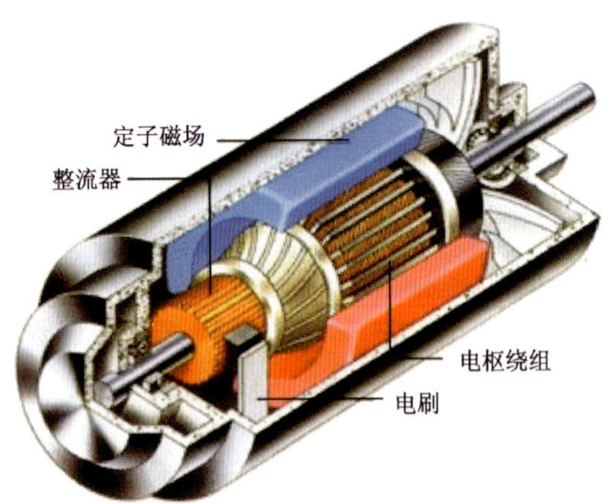

彩图 10-4　直流发电机结构图

彩图 10-11　运行中的电力机车

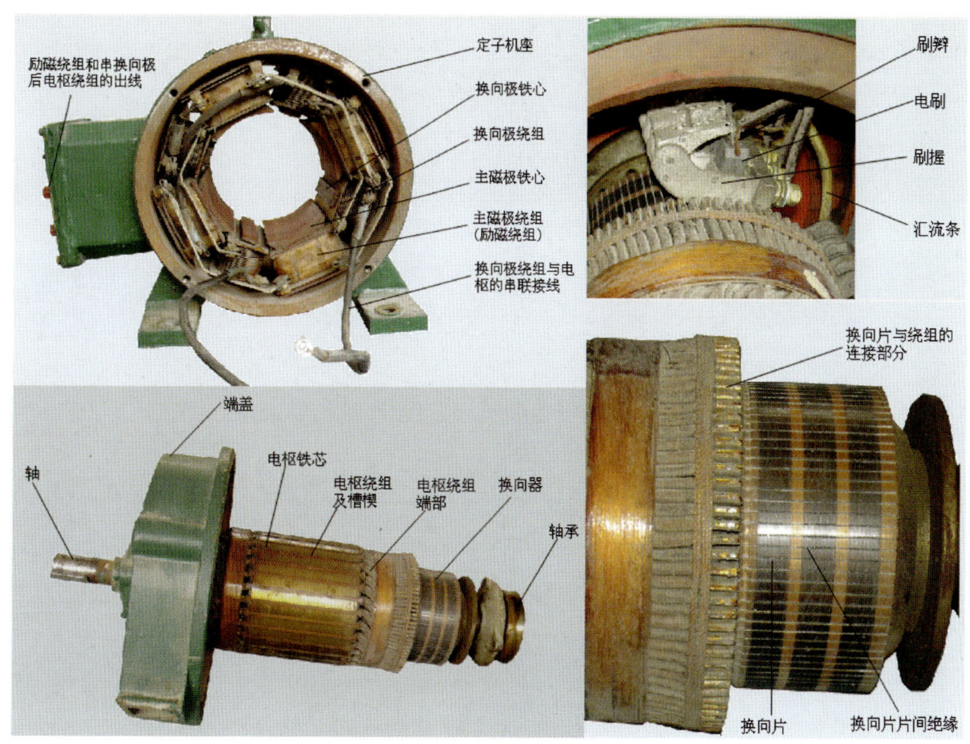

彩图 10-12　直流电动机的内部构造

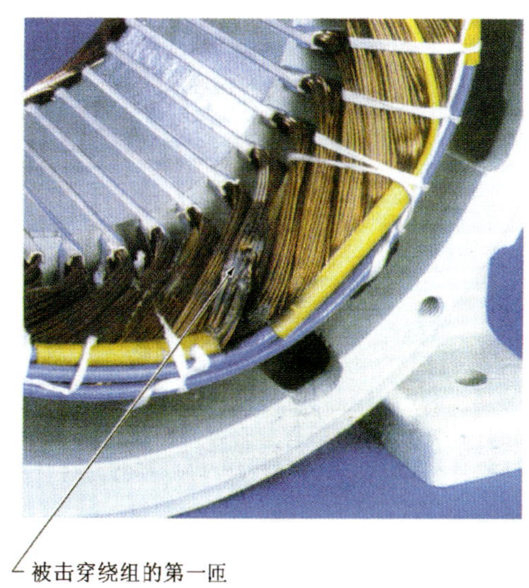

彩图 10-6　浪涌电压将绕组击穿

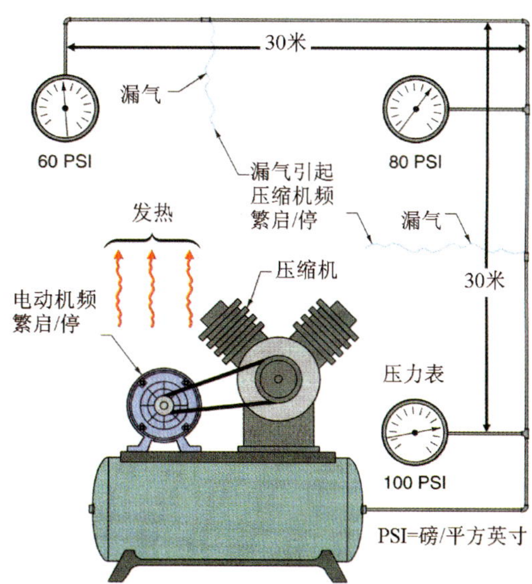

彩图 10-8　频繁启停使电动机过热

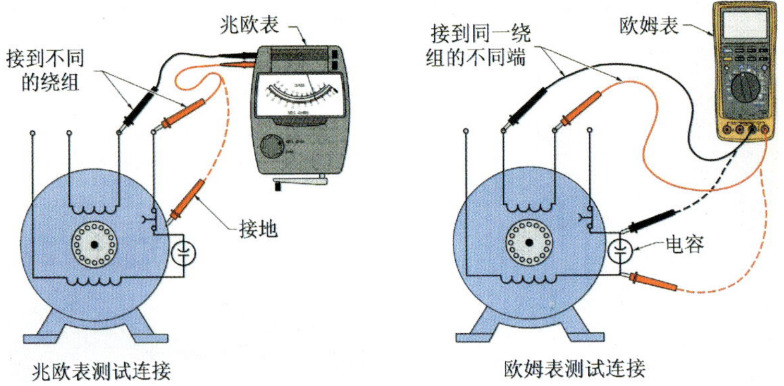

彩图 12-16　绕组绝缘电阻的测量与绕组电阻的测量

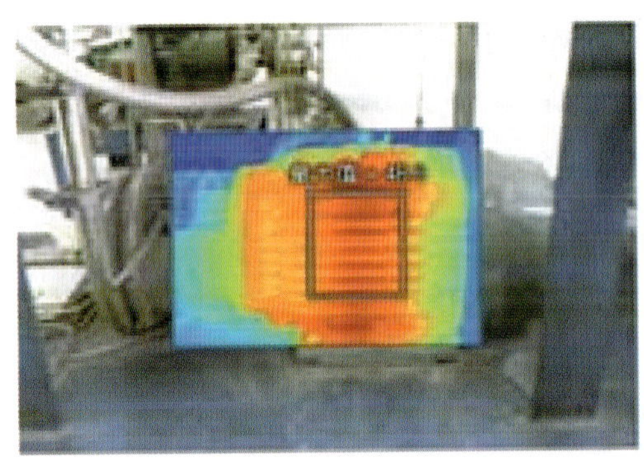

彩图 13-4　利用红外热像仪检测潜水泵电机的外壳温度

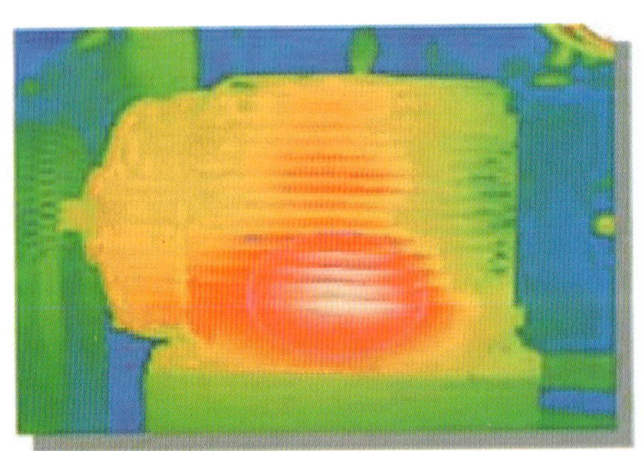

彩图 13-6　利用热像仪监测电机内部温度的热像图

普通高等教育“十二五”电气信息类规划教材

电气工程(电力及电器)实习指南

(修订版)

主　编　刘重轩
副主编　刘　炜　王丽娟

内 容 提 要

全书共分14章，主要涉及：输配电系统概论、常用电工工具及仪表、安全用电及防护、常用电工材料、电力线路、变压器与交流电机原理、电网中电力变压器及三相交流同步发电机、高压开关电器、其他高压电器及低压电器、直流电机、电力设备的维护与大修、电力设备的故障处理、电气设备在线监测。同时详细叙述了电力设备的维护、大修，故障处理和电力设备的在线监测技术。修订版又增加了建筑电气技术内容。

本书特点是包含有大量精美的彩色图片，外形及内部结构清晰，层次分明，为学生提供可靠的感性认识及资讯。

本书为电气工程及其自动化、自动化、机械设计制造及其自动化、机电一体化等专业本科或专科学生的实习指导书，也可供检测技术及仪表、电子信息工程等专业学生及有关工程技术人员参考。

图书在版编目（CIP）数据

电气工程（电力及电器）实习指南/刘重轩主编.
—天津：天津大学出版社，2010.1（2013.8 重印）
普通高等教育“十二五”电气信息类规划教材
ISBN 978-7-5618-3370-4

Ⅰ.①电… Ⅱ.①刘… Ⅲ.①电气工程 - 高等学校 - 教学参考资料 Ⅳ.①TM

中国版本图书馆 CIP 数据核字（2010）第016667号

出版发行 天津大学出版社
出 版 人 杨欢
地　　址 天津市卫津路92号天津大学内（邮编：300072）
电　　话 发行部：022-27403647
网　　址 publish.tju.edu.cn
印　　刷 廊坊市长虹印刷有限公司
经　　销 全国各地新华书店
开　　本 185mm×260mm
印　　张 15.25　　彩插32
字　　数 382千
版　　次 2010年1月第1版　2013年8月第2版
印　　次 2013年8月第2次
定　　价 41.60元

前　言

本书为电气工程及其自动化、自动化、机械设计制造及其自动化、机电一体化等专业本科或专科学生的实习指导书，也可供检测技术及仪表专业、电子信息工程等专业学生及有关工程技术人员参考。

本书是根据作者们在企业、研究所和高等学校多年的工程技术与教学、科研经历和经验，结合目前社会需求而编著的一本很有创意、内容新颖的教程，是学生实习、实训过程必备的学习和动手指南。

近十几年来，随着我国经济的高速发展，在生产、研究和工程第一线的技术开发、设备制造、现代管理等方面，各工矿企业之间、研究所之间、公司之间出现了激烈的竞争局面，资讯相互封锁，生产和生活场地集约化，用人单位对学生期望值很高但缺失长远"投资"培养意识等等，使得学生到基层实习、实训极度困难，工科学生实习就更加困难，电类专业的学生实习就难上加难。目前有些有远见卓识的高校都在校内建设了实习、实训基地，成功地解决了这一矛盾，取得了很好的效果。但目前还没有见到一本能解决这一矛盾的实习、实训教材。经过一年多的调研、走访和收集材料、拍摄照片，多年的夙愿终于在我们笔下实现了。

本书具有其他书籍所没有的显著特点：实用为主，简述原理；图片丰富，文字简明；介绍详尽，教学从略；以电气工程中的电力系统为主线，涵盖了高、低压电器设备及电气工程必备基本工具和技能；包含有大量精美的彩色图片，设备外形及内部结构清晰、层次分明，为学生提供可靠的感性认识及资讯；内容全面，覆盖电力、电机、电器等；每章后面包含有思考题和建议的实训课题。

全书共分 14 章：第 2 章到第 6 章主要涉及常用电工工具及检测仪表、安全用电及防护、常用电工材料、交直流电机、变压器原理等基本知识和能力。

第 1 章、第 7 章到第 10 章是输变电系统概论、结构和设备，让学生了解电能是怎样生产、变换、输送和分配的，了解电力网中的各种电器设备的原理、构造、功能和特点，特别是对现代电力网、变电所的构成和特点，对近十几年来开发的高科技电力设备的结构和特点进行了大篇幅的叙述。第 11、12、13 章详细叙述了电力设备的维护、大修，故障处理和电力设备的在线监测技术。第 14 章着重介绍了建筑电气技术。

本书第 1、5、6、7 章由刘重轩教授编写，第 8、9、11、12 章由刘炜工程师编写，第 14 章由王丽娟高级工程师编写，第 2、3、4、10 章由丁学文教授编写，13 章由张永宜讲师编写，刘重轩教授统稿全书。张琰老师为本书的绘图和录入做了大量工作，张婧老师为本书在现场拍摄了大量的照片。

本书编写过程中参阅了大量文献资料，从网上下载、在实地拍摄了很多图片，在此谨对有关作者及单位表示衷心谢意，特别是对西安东郊 330 变电所、西安航天自动化技术公司、西安黑河发电站、西安高压开关厂、西安中西电炉变压器厂等单位的大力支持表示衷心的感谢。

虽然在本书编写过程中花费了不少精力，并多次集体审阅，但书中难免有错误和不足之处，敬请广大读者批评指正。

编者

2013 年 2 月修订于西安

目　录

第 1 章　输配电系统概论

本章知识架构

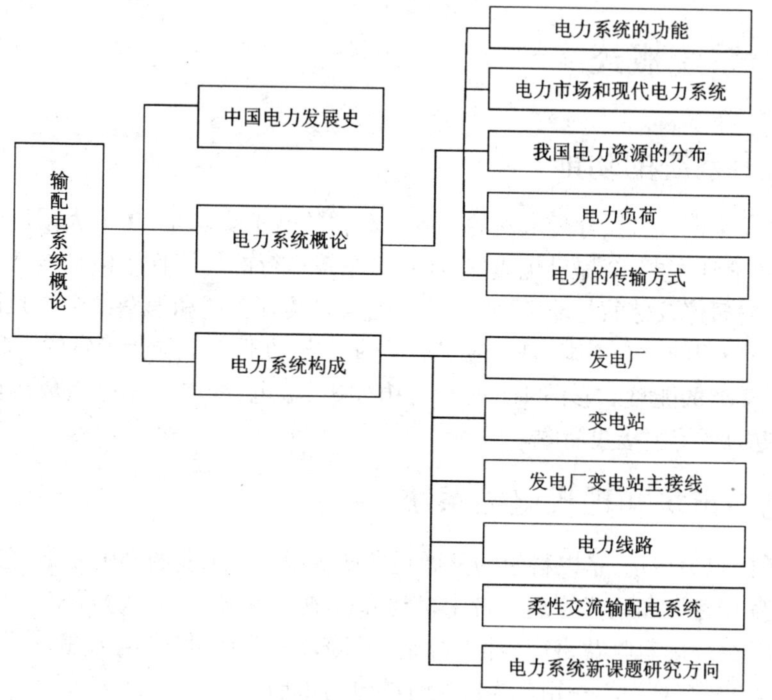

本章教学目标与要求

★ 了解电力系统的基本状况

★ 了解电力系统的构成及建立感性认识

★ 了解基本能源发电技术

1.1 中国电力发展史

1882 年法国人多普勒在慕尼黑博览会上表演了将 57 km 外水电厂的电力输送到慕尼黑，形成了世界上最早、最简单的电力系统。直至 1891 年生产出了三相异步电动机、三相变压器，建立了三相交流输电系统后才奠定了近代输电技术的基础。

在我国，1893 年在上海有了第一座发电厂（容量为 150 kW），主要供附近地区的照明用电。1949 年新中国成立后，特别是在改革开放以后，电力工业得到了飞快的发展。目前，我国已经形成了多个跨省区的电力系统（如华东、华北、华中、东北、华南、西北和西南等），有些区间已经联网，系统容量已经超过 30 GW，500 kV 等级线路已经成为这些大系统的骨架。西北网中跨青海、甘肃、陕西的 750 kV 输电工程 2004 年开工，部分已经投运。1 000 kV 特高压系统已进行了输电试验。

1.2 电力系统概述

1.2.1 电力系统的功能

电力系统是生产、输送、分配电能的系统。对它的基本要求是：①最大限度地满足用户的需求；②安全可靠地供电；③提供优质的电能；④系统运行的经济性。但是电力从生产到使用的过程中要让它暂停及储藏是非常困难的，因此电力具有生产和消费都必须是同时进行的特点。这样，电力使用的一个原则，是对应于需要的变化，在保持其质量稳定的同时，要求没有障碍地保证提供需要的能量。彩图 1-1 所示为由发电、输电、变电和用电组成的电力系统示意图，图 1-2 为电力系统主接线简图。

1.2.2 电力市场和现代电力系统

建立完善的电力市场，是以科学的发展观发展我国电力工业的必由之路，它将给电力系统的科学研究、发展建设和运营管理等带来机遇和挑战。我国《电力法》规定："制定电价，应当合理补偿成本，合理确定收益，依法计入税金，坚持公平负担，促进电力建设。"形成以发电—供电—调度中心—结算中心—用户为市场链的电力市场。

电力市场带来的技术问题是如何灵活控制潮流，最大限度地满足电源与用户间的最优输送能力，以及在厂网分开的独立经营条件下保证电网的安全、稳定运行，提高可靠性。它使得技术和经济的联系更加紧密、更加错综复杂。

所以现代电力系统应该是一个电力、现代发配电设备、计算机、信息技术和各种用户综合的系统工程，它要求电力系统容量更大，传输距离更远，电压更高，网络更复杂，开关调度更灵活，计量更准确，同时还要求电力系统降低损耗、节能和防止环境污染等。随着电力电子技术的迅速发展，柔性交流输电系统将使目前的输电系统焕然一新。太阳能、风能、地热、潮汐和生物质能源发电等新能源已崭露头角，也将加入到电网大家庭。图 1-3 为现代电力系统自动化控制系统示意图。

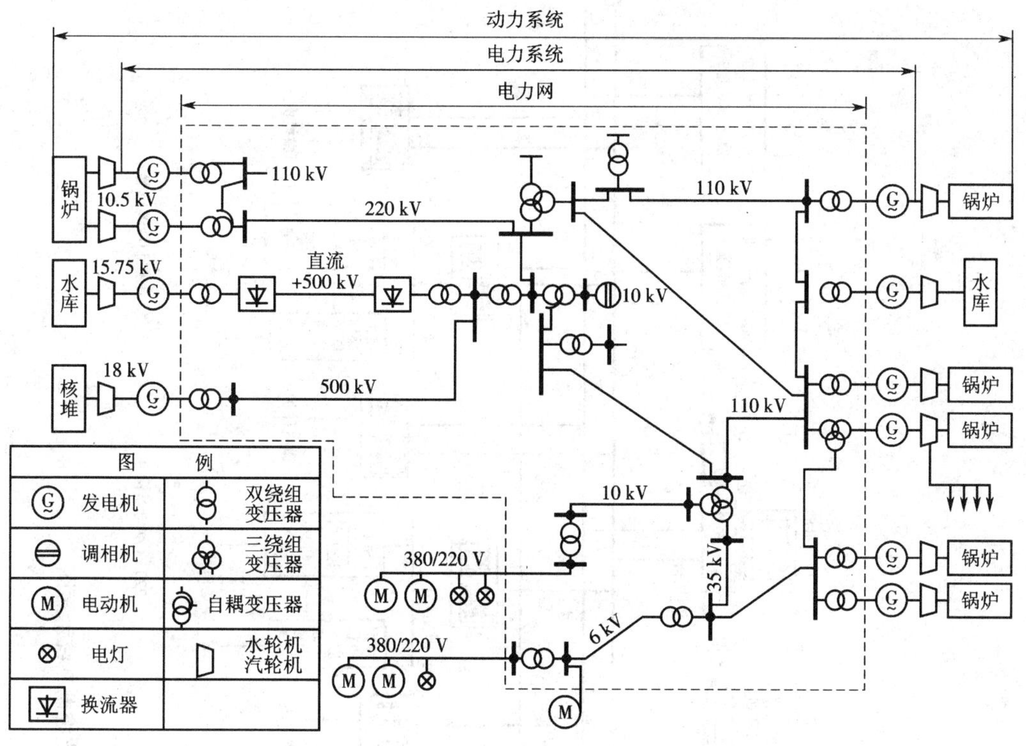

图 1-2　电力系统主接线简图

1.2.3　我国电力资源的分布

我国发展电力工业的基本政策是：积极发展火电，同时注意发展水电和核电，根据各地实际情况执行水、火并举，因地制宜开发多种能源。

我国有丰富的煤炭资源，探明储量在 7 000 亿 t 以上，居世界第一。大力发展煤矿的坑口大型火电厂，是解决煤炭运输的经济合理办法。我国可开发利用的水电资源约为 3.7×10^{8} kW，分布在黄河、长江和西南地区，但离用户较远，必须解决远距离输电和投资较大的问题，还要考虑水资源综合利用问题。原子能的利用是现代科学技术的一项重大成就，我国秦山核电站于 1991 年并网发电，以后又建设了大亚湾、大鹏湾等核电站，总装机容量达 8.7×10^{6} kW。我国风力资源丰富，新疆、甘肃、西藏、东北和沿海地区都有风电厂，总装机容量达 5.75×10^{4} kW。我国还有丰富的地热、太阳能资源。图 1-4 为中国电力网分布及容量图。

1.2.4　电力负荷

1. 负荷等级

系统中所有电力用户的用电设备所消耗的电功率总和就是电力系统的负荷。根据用户对供电可靠性的不同要求，目前我国将电力负荷分为以下三级。

(1)一级负荷

这类负荷中断会造成：①人身伤亡；②环境严重污染；③重要设备损坏，产品大量报废；④政治和军事上的重大影响；⑤重要公共场所秩序混乱。

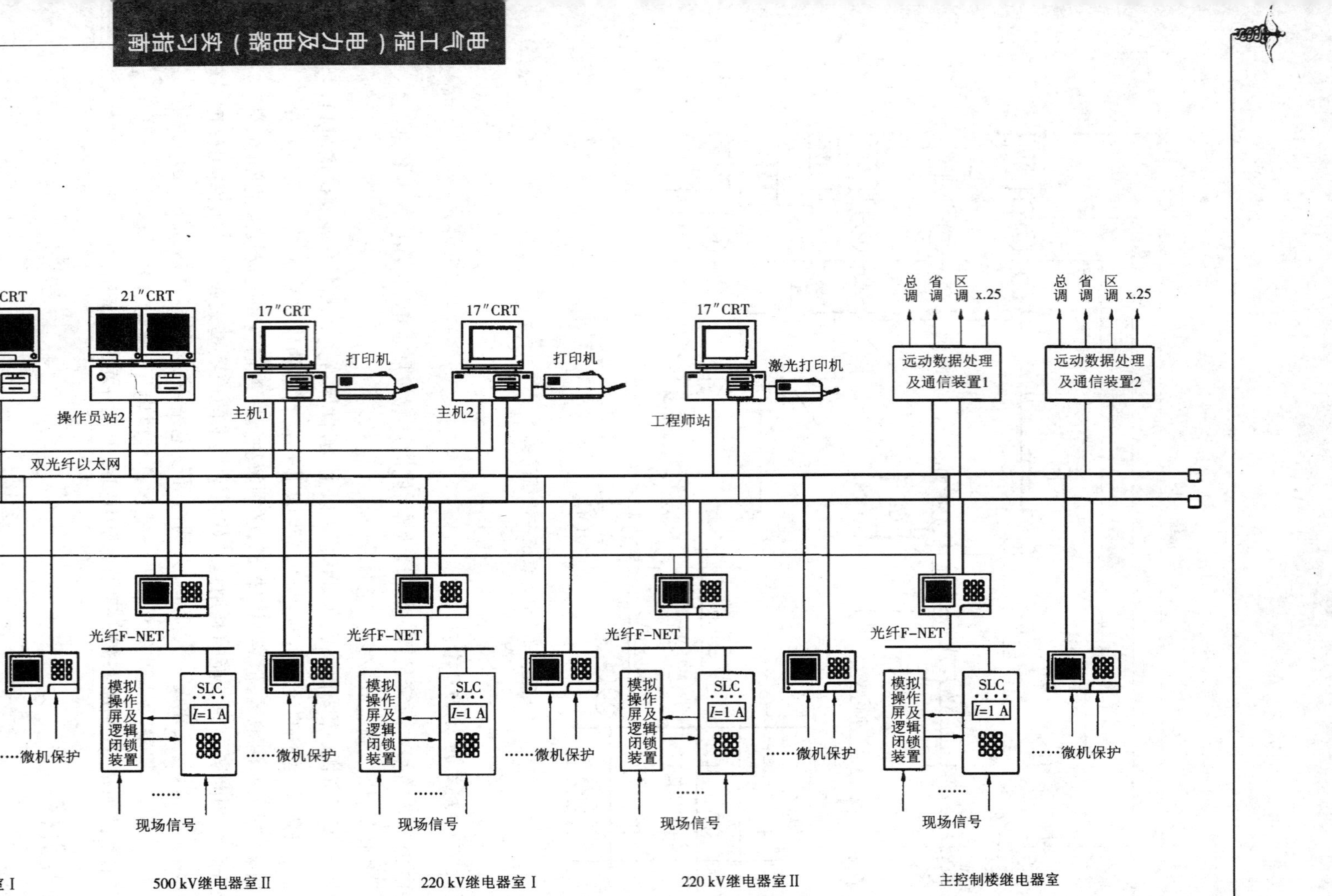

图1-3 现代电力系统自动化控制系统示意图

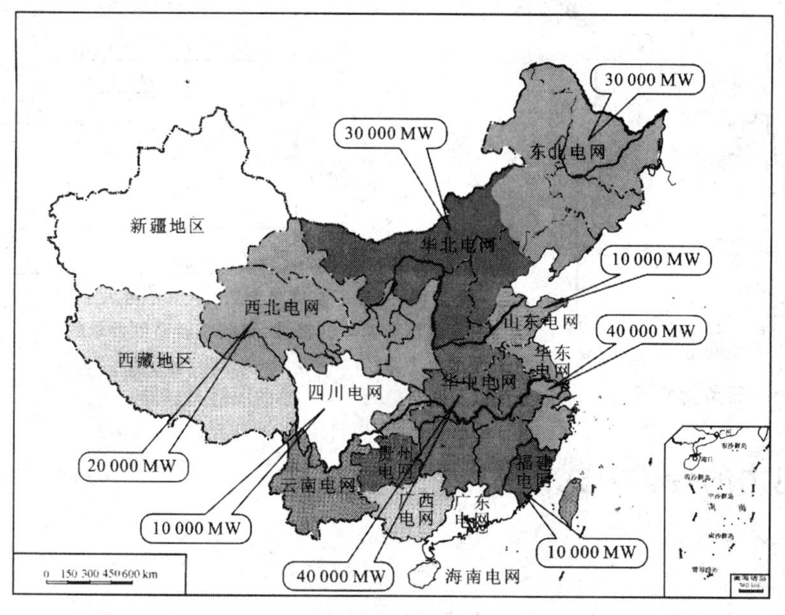

图 1-4　中国电力网分布及容量

(2)二级负荷

这类负荷中断会造成工厂大量减产,城市中大量机关、居民的正常生活受到影响。

(3)三级负荷

除一、二级负荷以外的其他负荷。

2. 负荷曲线

用户用电量是随时间变化的,所以电力系统的供电负荷也是时刻在变化的。负荷曲线是用来描述电力负荷随时间延续而变化的曲线。按负荷种类,负荷曲线可分为有功负荷曲线和无功负荷曲线。一般用日负荷曲线和年持续负荷曲线来描述一天和一年负荷的变化。

(1)日负荷曲线

日负荷曲线是由自动记录仪或运行人员运行记录日志的有关数据画出,日负荷曲线描述了电力负荷 24 h 的变化情况,如图 1-5 所示。

(2)年持续负荷曲线

年持续负荷曲线是根据全年的负荷变化,依据一年中系统负荷的数值大小及其累计时间的长短,按负荷从大到小顺序排列而绘制成的,如图 1-6 所示。

3. 供电等级

一级负荷的供电方式:应由两个独立电源供电。所谓独立电源是指若干电源中任一电源发生故障或停止供电时,不影响其他电源供电。

二级负荷的供电方式:应由双回线路供电,当取得双回线路有困难时,允许由一回专用线路供电。

三级负荷的供电方式:对供电方式无特殊要求。

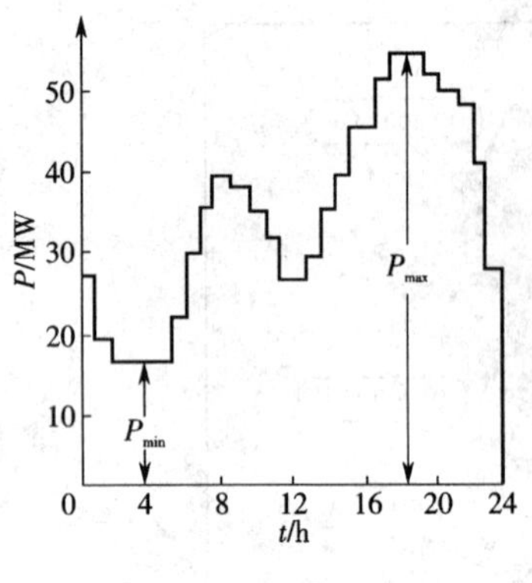

图 1-5　日负荷曲线

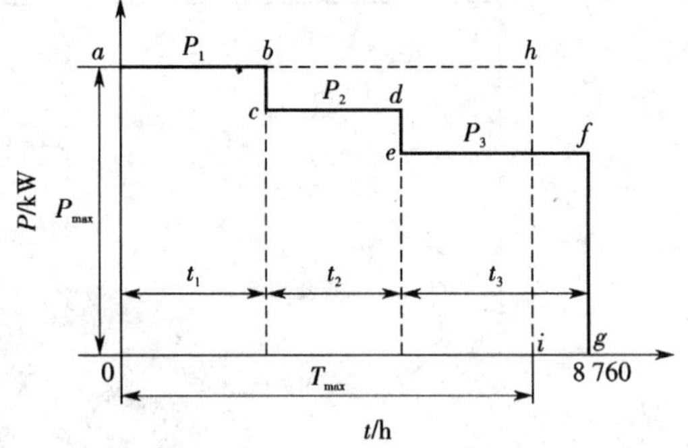

图 1-6　年持续负荷曲线

1.2.5　电力的传输方式

1. 交流传输方式

1）交流电相制

以正弦交流方式输送电流，由于变压器很容易升降压，所以广泛应用于电力传输。常用的传输方式是单相二线制、三相三线制，如图 1-7 所示。

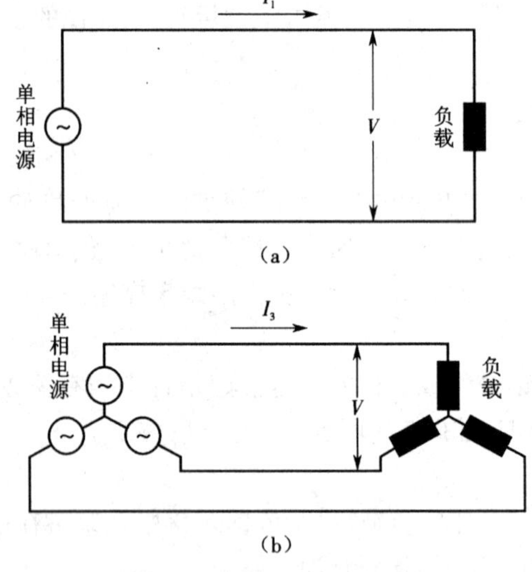

图 1-7　交流电相制示意图

（a）单相二线制；（b）三相三线制

2）三相制中性点运行方式

（1）中性点不接地系统（如图 1-8 所示）

这种运行方式的特点是：当发生单相接地短路时，如图 1-9 所示，仅有较小的电容电流，由于线电压保持不变，对电力用户并没有影响，用户可继续工作，提高了供电的可靠性。但由于非接地相对地电压会升高，长期使用会影响绝缘寿命。所以当发生单相接地短路时，应由继电器发出警告信号，通知工作人员进行处理，并规定允许继续运行时间不得超过 2 h，并须加强监

视。

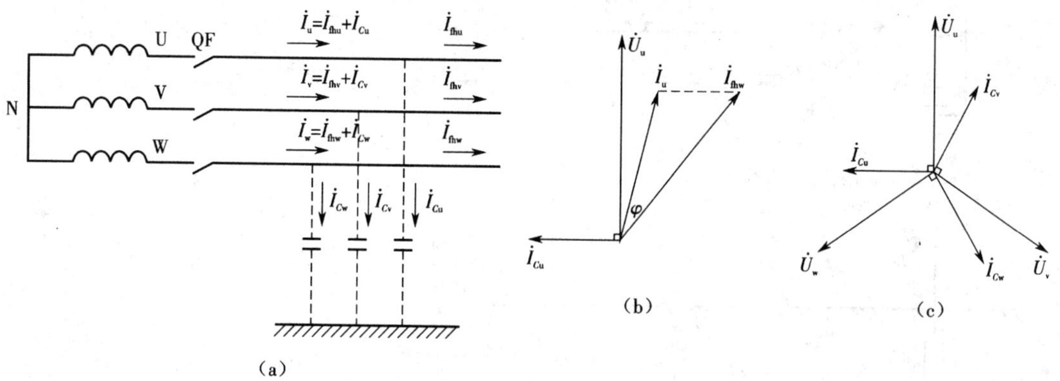

图 1-8　中性点不接地系统的正常运行情况

(a)电路图;(b)、(c)向量图

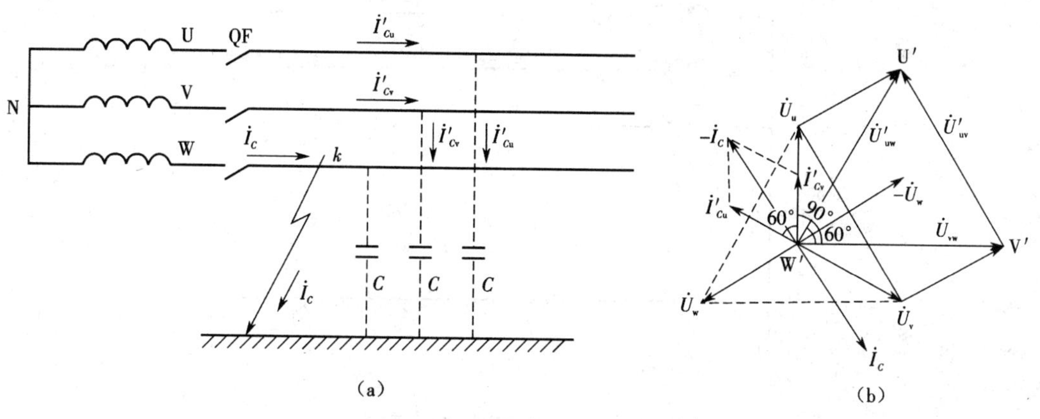

图 1-9　中性点不接地系统发生单相接地时

(a)电路图;(b)向量图

(2)中性点经消弧线圈接地系统

在中性点不接地系统发生单相接地短路时,若线路电压更高,短路点的电容电流比较大时,在短路点要产生电弧,就要采用中性点经消弧线圈接地系统,如图 1-10 所示。消弧线圈的外形像一台小容量单相变压器,是一个具有铁芯的可调电感线圈。它接在系统发电机或变压器的中性点与大地之间。正常运行时,中性点对地电压为零,消弧线圈中没有电流流过。单相接地短路时,中性点电压升高,在消弧线圈中产生电感电流,如果线圈电感调的合适,电感电流和电容电流相互削弱甚至抵消,从而消除了短路处的电弧以及电弧带来的危害。

(3)中性点直接接地系统

随着电力系统输电电压的增高和输电距离的不断增大,单相接地电流亦随之增大,上面两种方式已不能满足电力系统安全、经济运行的要求。可以采取中性点直接接地的运行方式,即中性点经一非常小的电阻与大地连接,如图 1-11 所示。当发生单相接地短路时,短路电流很大,继电保护装置将立即动作,使断路器断开,切除故障。

这种接地方式也用于三相四线制的低压系统中,如图 1-12 所示。

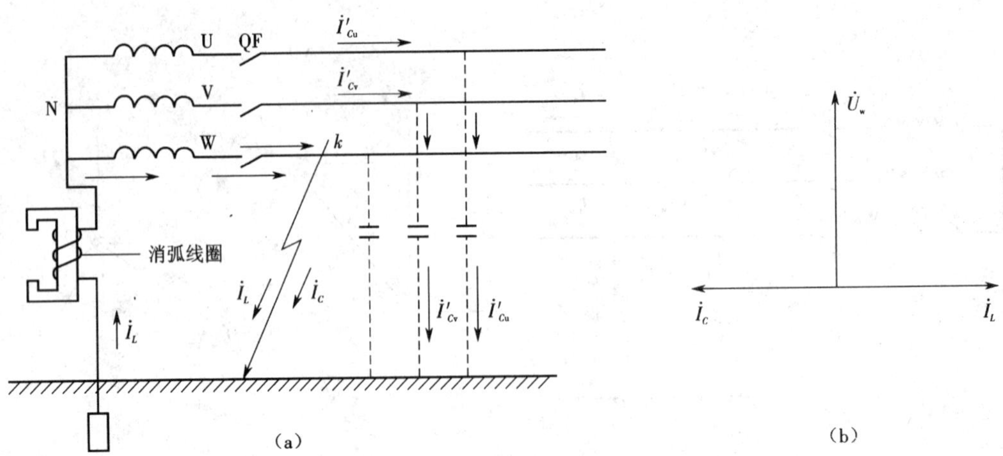

图 1-10　中性点经消弧线圈接地系统

(a)电路图;(b)向量图

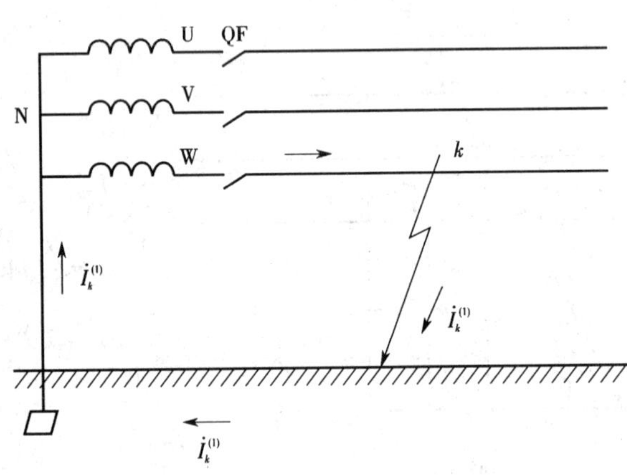

图 1-11　中性点直接接地系统

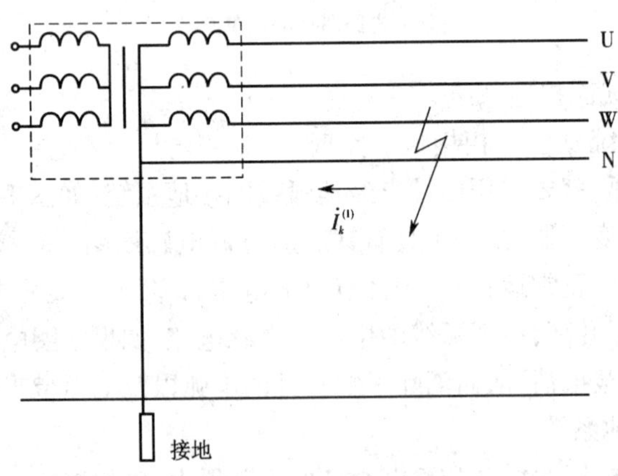

图 1-12　三相四线制低压系统

2. 直流传输方式

用直流电输送有以下优点:①不存在电抗和电抗压降,磁感应损耗和介质损耗小;②在相同的有效值下,它比交流制的幅值小 $1/\sqrt{2}$,降低了绝缘水平;③输电的稳定性高。但必须组合

到交流电网才能实现。直流传输方式的构成如图 1-13、图 1-14 所示。

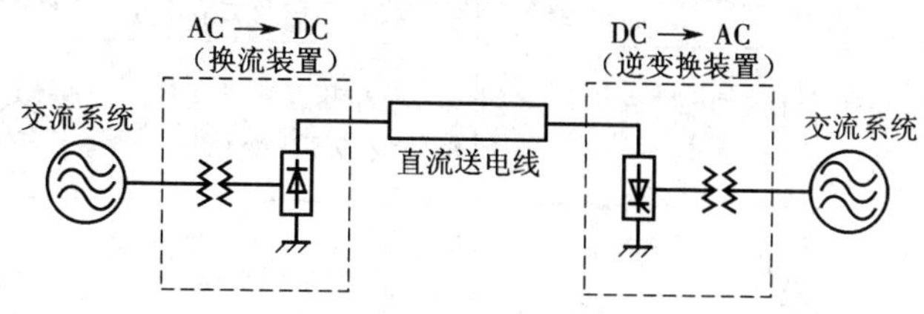

图 1-13　直流传输方式

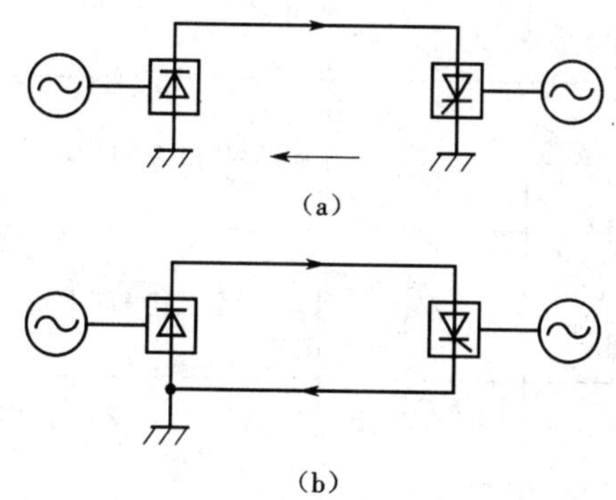

（a）

（b）

图 1-14　直流传输回路方式

（a）大地回路方式；（b）导体回路方式

1.3　电力系统构成

交流电力系统是由多个发电厂、升压变电所、降压变电所、电力线路和用户组成的供电系统，如图 1-15 所示。

直流电力系统目前只能和交流电力系统相结合使用，是交流电力系统中的一部分，只是在送、受电端各设置有正变换装置、逆变换装置和相关的设备。电力系统常用主要设备图形符号见表 1-1。

表 1-1　电力系统常用主要设备图形符号一览表

电气设备名称及文字符号	图形符号	简化图形	电气设备名称及文字符号	图形符号	简化图形
电力变压器 B			母线及母线引出线 M		
断路器 DL			电流互感器（单次级流变）LH		
负荷开关 F			电流互感器（双次级流变）LH		
隔离开关 G			电压互感器（单相式压变）YH		

续表

电气设备名称及文字符号	图形符号	简化图形	电气设备名称及文字符号	图形符号	简化图形
熔断器 RD			电压互感器（三线圈压变）YH		
跌落式熔断器 DR			阀式避雷器 FZ		
自动开关短路器（低压空气开关）ZK			电抗器 DK		
刀开关 DK			移相电容器 C		
刀熔开关 RK			电缆及其终端头 L		
自耦变压器			交流发电机	G ~	

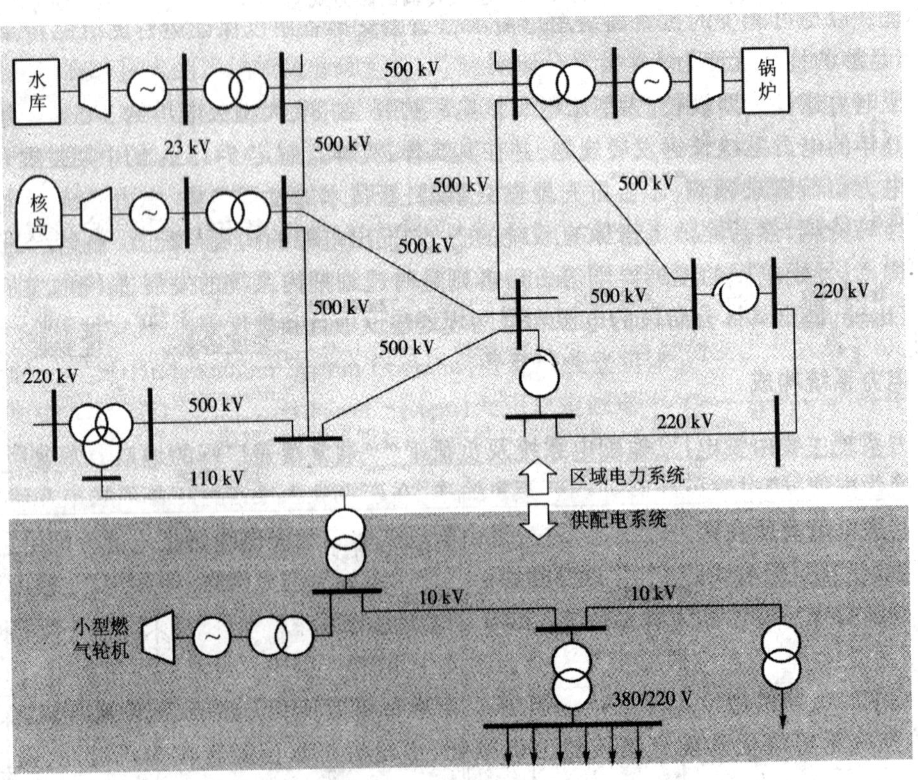

图 1-15　交流电力系统图

1.3.1 发电厂

1. **火力发电厂**

火力发电厂是把燃料的化学能转换成电能的工厂，常见的燃料有固体燃料（煤）、液体燃料（石油）和气体燃料（天然气）。火力电厂分为以下两种。

1）凝汽式火力发电厂（简称火电厂）

燃料在炉膛内燃烧发出热量，被锅炉内的水吸收后产生高温高压的蒸汽，送到汽轮机，使汽轮机转子高速旋转带动发电机发出电能。已做过功的蒸汽进入汽轮机末端的凝汽器，被冷却水还原为水后又重新送回锅炉。在凝汽器中，大量的热量被循环水（冷却水）带走，带有热量的冷却水再进入冷却池或冷却塔进一步冷却。所以整个系统效率低，仅 30% ~40%。火电厂原理示意图和外景分别如彩图 1-16 和彩图 1-17 所示（无冷却塔式）。彩图 1-18 是火电厂模型剖面图，可以看到发电厂的各个部分（有冷却塔式）。

2）供热式火力发电厂（简称热电厂）

供热式火力发电厂和火电厂的区别仅在于，已做过功的蒸气进入汽轮机末端的热交换器，将冷水加热，把热水供企业和居民有偿使用，降温后的蒸汽还原成水后再回锅炉加热。这样一来使系统效率大大提高，能达 60% ~70%，目前在大力发展热电厂。

2. **水力发电厂**

水力发电厂是将水的势能和动能转换为电能的工厂。它是人为地制造较大的集中落差，使上游的水位提高，高水位的水经压力水管进入螺旋形蜗壳，推动水轮机转子旋转，带动发电机转子转动发出电能，做过功的水经尾水管排往下游。按水利枢纽布置的不同，水电厂可分为以下两种。

1）堤坝式水电厂

在河流的适当位置上修建堤坝，将水积蓄起来，形成水库以抬高水位，利用坝的上下游水位较大的落差，引水发电，称为堤坝式水电厂。堤坝式水电厂又分为坝后式和河床式等。

坝后式水电厂的机房建在水坝的后面，不受水的压力，水库的水由压力水管引入机房，转动水轮发电机组发电，一般适用于高、中水头水利枢纽。如长江三峡、黄河刘家峡等水电站均为坝后式水电站。坝后式水电站如图 1-19 和彩图 1-20 所示。

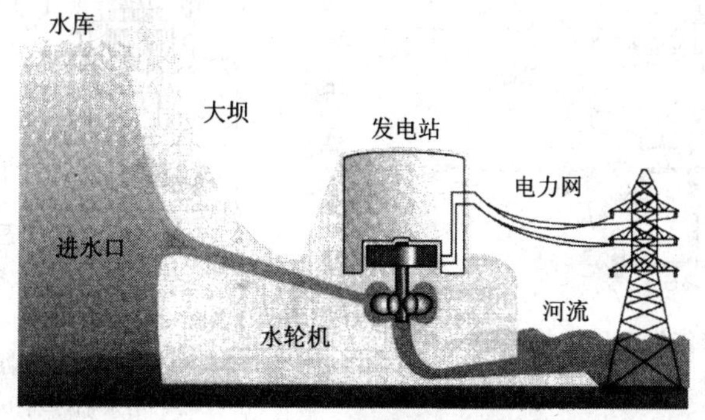

图 1-19　坝后式水电厂原理图

河床式水电厂的厂房和堤坝连成一体，要承受水的压力，水位一般在 20 ~30 m 以下，是适合中、低水位的水电厂。长江葛洲坝水电厂就是河床式水电厂，如图 1-21 和彩图 1-22 所示。

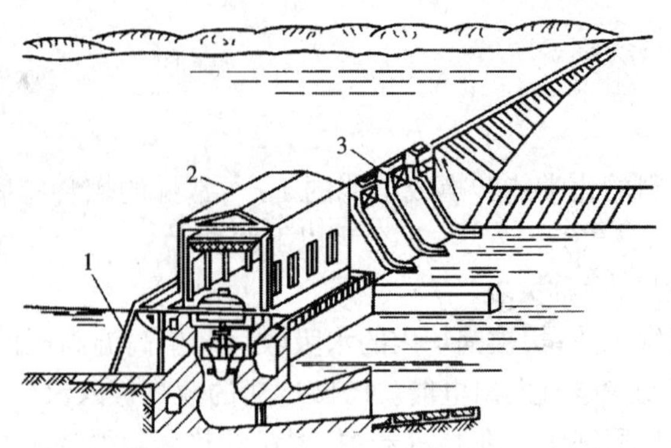

图 1-21　河床式水电厂原理图

1—进水槽;2—水轮发电机组厂房;3—溢流坝

2)径流式水电厂

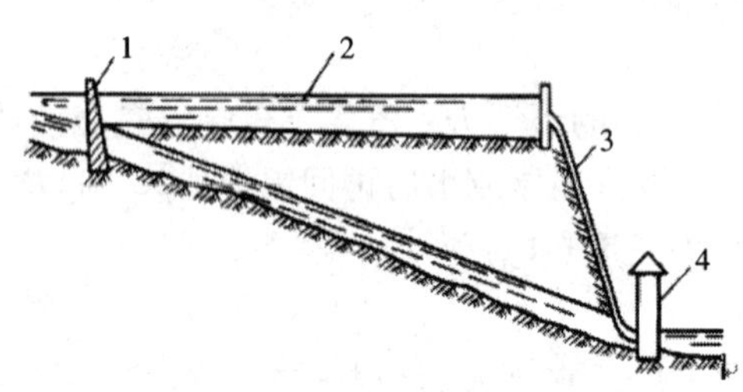

图 1-23　径流式水电厂原理图

1—围坝;2—引水渠;3—压力水管;4—水轮发电机房

径流式水电厂也称引水式水电厂,它是利用有较高水位落差的急流江河建坝,没有形成水库,而是直接将水引入水轮发电机发电,装机容量一般均小。受季节水量变化的影响较大。径流式水电厂原理图如图 1-23 所示。

3. 核能发电厂

核电机组和普通火力发电机组中的汽轮机、发电机部分基本相同,不同的是以核反应堆和蒸汽发生器代替了锅炉设备,如图 1-24、图 1-25 所示。在核反应堆中,铀-235 在慢中子的撞击下发生链式反应,使原子核分裂,放出巨大的热能,水在蒸汽发生器内吸热变成蒸汽,经汽轮机做功后而凝结成水,再由水泵送回蒸汽发生器。核电厂能取得较大的经济效益,而需要的原料极少,1 kg 铀-235 发出的电能与 2 700 t 标准煤所发出的电能相等。所以各国都很重视核电的发展,彩图 1-26 为我国秦山核电厂。

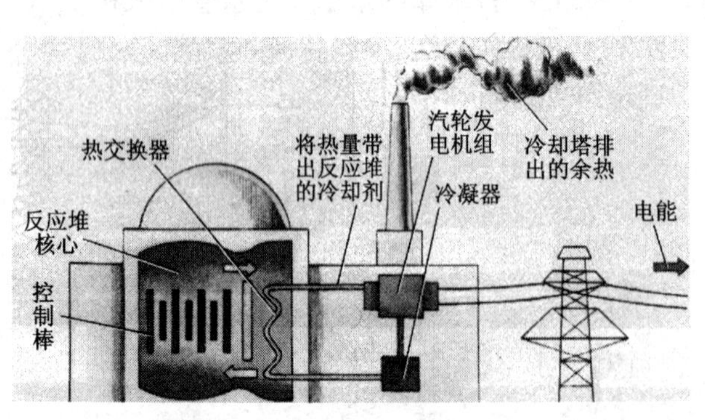

图 1-24　核能发电厂结构原理

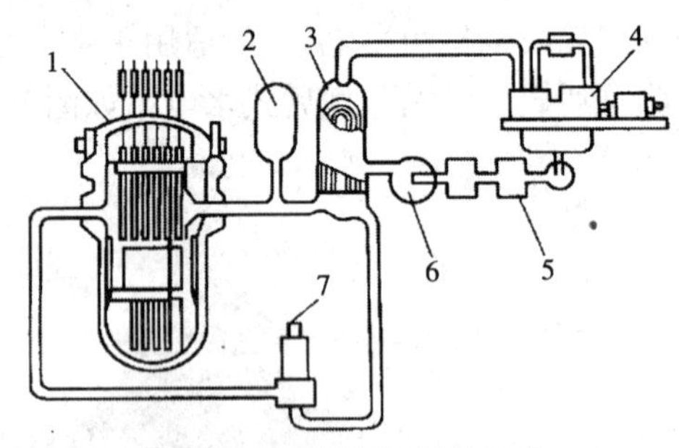

图 1-25　核能发电原理图

1—核反应堆;2—稳压器;
3—蒸汽发生器;4—汽轮发电机组;
5—给水加热器;6—给水泵;7—主循环泵

4. 风力发电场

风力发电场是利用风力推动风车,风车带动发电机旋转来发电。由于受自然风的影响较大,运行很不稳定,功率也不稳定。但因为是无价的能源,又无污染,所以很受各个国家的重视。近几年我国也开始发展风力发电。我国最大的风电场是新疆达坂城风电场,2006 年 6 月

底已有 6 种机型、171 台机组投入运行，总装机容量为 5.75×10^{4} kW。风力发电站如彩图 1-27 和彩图 1-28 所示。如何解决多台风力发电机同步和频率稳定是风力发电的核心技术问题。风力发电的系统模式很多，常用的方式是：将每台发电机发的电送给蓄电池储存，变为直流电，再经过逆变器变为固定频率和一定电压的交流电后与电网并网。

5. 太阳能发电厂

太阳能发电是利用太阳光或太阳热发电。

太阳光发电是利用单晶硅太阳光电池将太阳光直接转换为电能。世界上最大的太阳电池发电厂建在美国加州，容量为 6 500 kW，光电转换效率为 11%。太阳光发电场如图 1-29和彩图 1-30 所示。

图 1-29　太阳光发电场

太阳热发电是利用太阳的辐射热，将水加热成高温蒸汽，推动汽轮机带动发电机发电。太阳热发电如彩图 1-31 和图 1-32 所示。

图 1-32 中电站塔顶上装有锅炉，也叫中心接收器，塔周围的定日反射镜把阳光反射集中在锅炉上，锅炉内的集热介质被加热后送给热交换器 3，并通过鼓风机 9 循环，管道燃烧器 2 对有的介质不需要。热交换器加热水管里的水变成高温高压蒸汽送到汽轮机 4 旋转，并带动发电机 5 发电，做完功的蒸汽通过泵 8 再回到热交换器加热循环使用。做完功的蒸汽还可经过另一热交换器 7 供热水给热力用户 6，以提高系统效率。

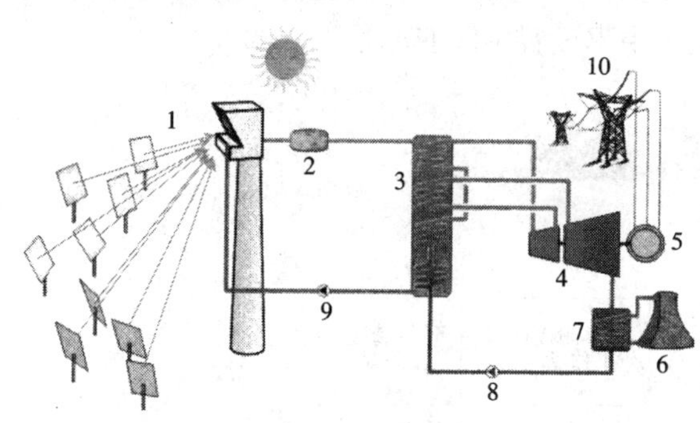

图 1-32　太阳热发电原理图

1—定日反射镜；2—管道燃烧照；3—热交换器；4—汽轮机；5—发电机；6—热力用户；7—热交换器；8—泵；9—鼓风机；10—电力网

还有地热发电、潮汐发电等，由于受地理环境影响大，还不是很普遍。

1.3.2　变电站

变电站是联系发电厂和用户的中间环节，它的作用是变换电能电压、接受和分配电能。变电站由变压器、断路器、隔离开关、接地开关、电压互感器、电流互感器、电抗器、避雷器、控制室等组成。

1. 变电站按功能分类

根据其在电力系统中的地位和作用，可以分为以下几类。

1）枢纽变电站

枢纽变电站位于电力系统的枢纽点，连接电力系统高压和中压的几个部分，汇集着多个电源，出线回路多，变电容量大。电压等级一般在 330 kW 及以上，信息化程度高。枢纽变电站如彩图 1-33、彩图 1-34 和图 1-35 所示。

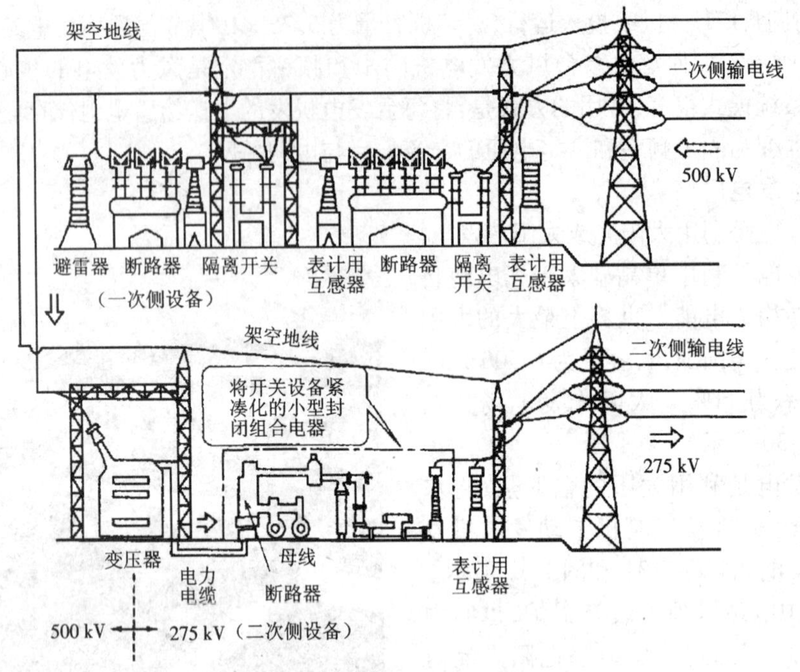

图 1-35 变电站构成示意图

2) 中间变电站

中间变电站位于系统主干环线或系统干线的接口处，电压等级一般为 220 ~ 330 kV，高压侧以交换功率为主，降压侧向地区用户供电，如彩图 1-36 所示。中间变电站自动化、信息化程度高。图 1-37 为自动化系统结构图。在小系统中不设置中间变电站。

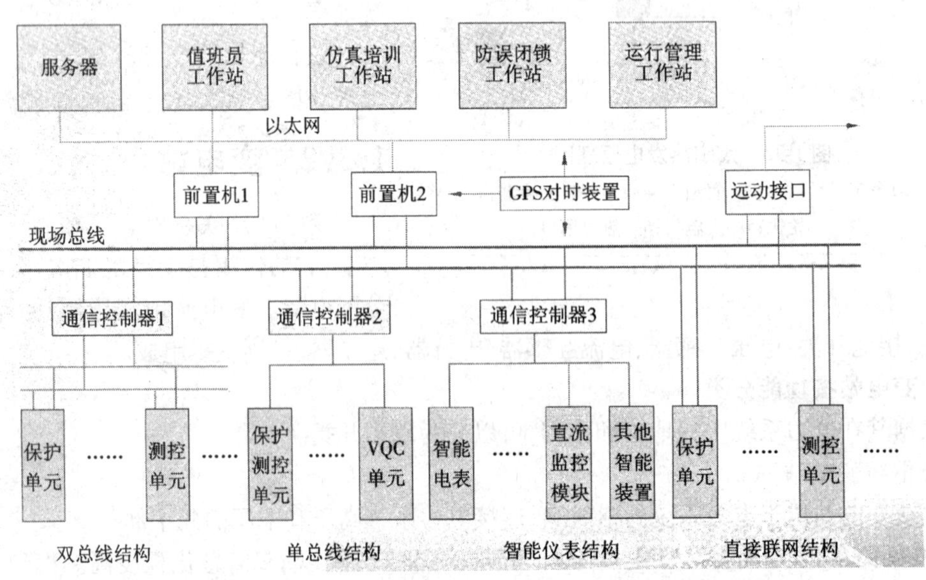

图 1-37 220/110 kV 中间变电站自动化系统结构图

3）区域变电站

区域变电站是一个地区和一个中、小城市的主要变电站，与中间变电站结构相似，电压等级一般为 110～220 kV，变压器二次侧一般是两个电压等级：35 kV 和 10 kV，为一定范围的用户供电，是本地区用户的负荷中心。区域变电站如图 1-38 所示。它已进入城市中心。

4）企业总变电站

企业总变电站是大、中型企业的专用变电站，电压等级为 35～110 kV，1～2 个回路进线。企业总变电站如图 1-39 所示。

5）终端变电站

终端变电站位于输配电线路的终端，在负荷点附近，电压等级多为进线 35～10 kV，降为 400/230 V 向中、小型企业，机关和居民住宅配电室供电。图 1-40～图 1-44 为终端变电站内部布置图。典型电力系统的变电站分布如彩图 1-1。

图 1-38　位于西安南二环东段的 110/35/10 kV 区域变电站

图 1-39　110/10 kV 企业总变电站

图 1-40　高压室

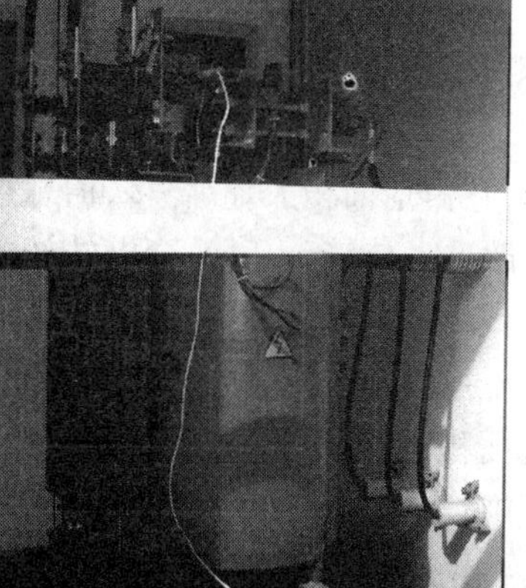

图 1-41　变压器室

图 1-42　低压配电室

图 1-43　低压总开关柜

图 1-44　低压回路开关柜

2. 变电站按设备的形式分类

变电站按设备的形式分为传统变电站和现代变电站。

1) 传统变电站

主要由变压器、多油断路器、少油断路器、隔离开关、电压互感器、电流互感器、避雷器等组成，它占地面积大，故障多，信息化程度低，实现大电网调度困难。目前还没有完全退役，待逐步改造。传统 110 kV 变电站如彩图 1-45 所示。

2) 现代变电站

主要由变压器、SF_6 气体绝缘断路器或 SF_6 气体绝缘的 GIS 组合电器组成的变电站，它占地面积小，几乎无故障，设备和电网的自动化、信息化程度高，能实现大电网调度，目前主要用于枢纽变电站、中间变电站和区域变电站。我国目前正在大力发展现代变电站。

由 SF_6 气体绝缘断路器组成的变电站，如彩图 1-46、彩图 1-47 和彩图 1-50 所示。

由 SF_6 气体绝缘的 GIS 组合电器组成的变电站，如彩图 1-48 和彩图 1-49 所示。

彩图 1-51、图 1-52、图 1-53 为由 GIS 组成的变电站双母线结构模型图、主接线图和布置图。

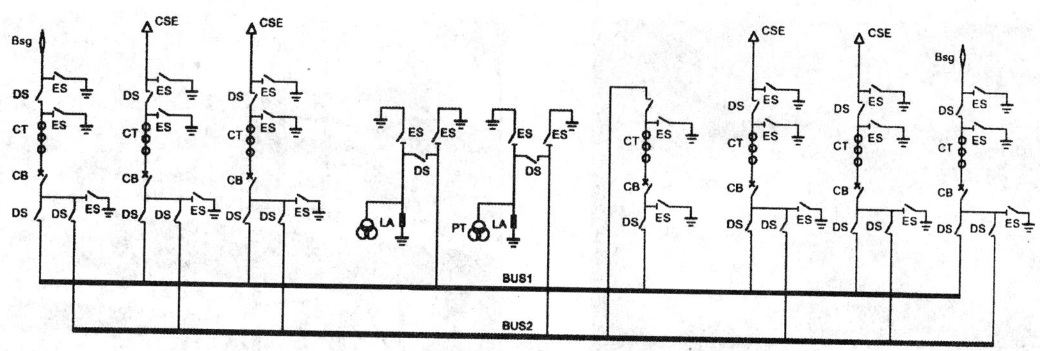

图 1-52　由 GIS 组成的变电站双母线结构主接线图

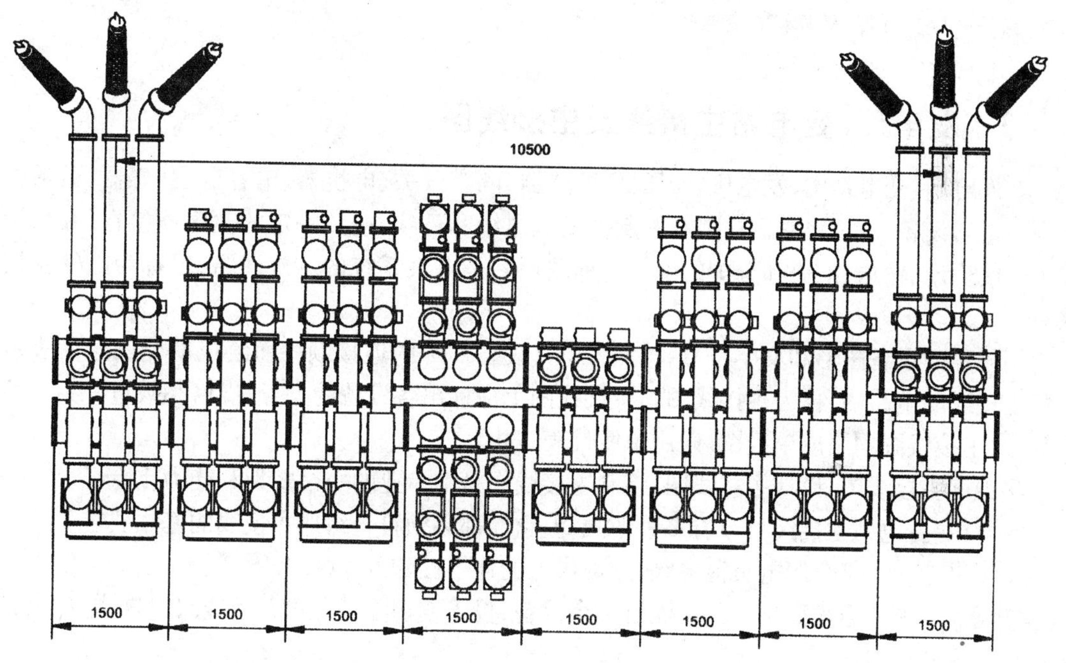

图 1-53　由 GIS 组成的变电站双母线结构平面布置图

3. 可移动箱式组合变电站

箱式组合变电站是终端变电站，将高压一次设备、变压器、低压一次设备和二次仪表等集成在一个箱体中，进行供配电的小型变电所。由于设备紧凑、体积小、质量小，且可移动，所以得到了广泛的应用。一般有两种组合方案：[高]—[变]—[低]的三室结构和[变]—[低]的两室结构。图 1-54 是三室结构的箱式变电站。

4. 交—直—交变换站（简称换流站）

直流输电是最新的输电方式，通常组合到交流电力系统中，交流换流站是它的连接点。换流站的基本功能有电力的正变换、逆变换、启动、停止等。这些功能基本上靠晶闸管的触发相位控制。图 1-55 为换流站。

图 1-54 运行在西安思源学院的[高]—[变]—[低]结构箱式变电站

图 1-55 交—直—交换流站

1.3.3 发电厂、变电站主接线及主接线图

在发电厂、变电站中，发电机、变压器、断路器、隔离开关、电抗器、电容器、互感器、避雷器等高压电器设备，以及将它们连接在一起的高压电缆和母线，按照一定的次序连接在一起，构成了电能生产、输送、汇集和分配的电气主回路。它是电气系统的一次回路，也称为电气主接线。

用规定的设备图形和文字符号，按照各电气设备实际的连接顺序而绘成的能够全面表示电气主接线的电路图，称为主接线图。主接线图上应标出各设备的型号、规格和数量。为了绘图简单，主接线图均画成单线图，即用单线代表三相。

学会读主接线图、设计主接线图、绘制主接线图是本专业的一个知识和能力重点。

发电厂、变电站主接线可以有多种形式，但它们都必须符合组成主接线的基本要求：

①可靠性——符合用电负荷等级，提高供电的连续性和可靠性；

②灵活性——力求简单、明显，没有多余设备，投入或切除部分设备或线路时操作方便，具有适应发展的可能性；

③安全性——在进行一切操作切换、维护检修时，工作人员和设备均安全；

④经济性——投资和运行费用经济合理。

1. 电气主接线的基本形式

电气主接线的基本形式分类如图 1-56 所示。课本上有详细介绍。这里重点介绍目前发电厂变电所常用的新颖的、典型的主接线。

2. 典型的主接线

①3/2 断路器双母线接线。如图 1-57 所示，每两回进、出线占用 3 台断路器构成“一串”，接在两组母线之间，因而称为 3/2 断路器接线，也称一台半断路器接线，这种接线有许多优点，所以是现代大型发电厂、变电所、超高压(330,500 kV 及以上电压)配电装置的常用接线形式。其优点如下。

a. 可靠性高：任何一个元件故障均不影响其他元件运行，如彩图 1-58(a)、(b)所示，图中仅画出电源 1 故障、母线 W_1 故障时主接线的运行情况(仅画部分通路)。

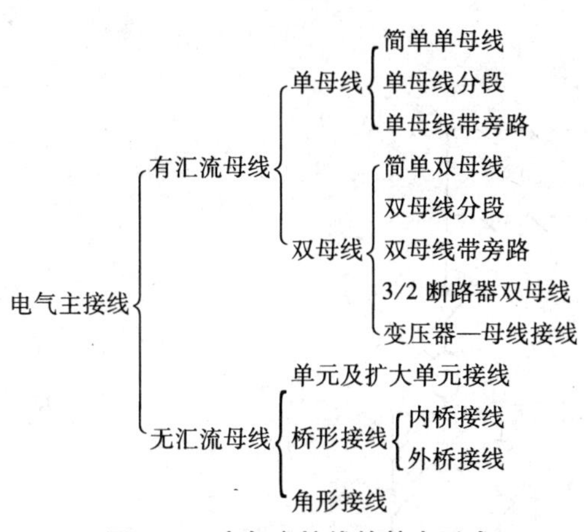

图 1-56　电气主接线的基本形式

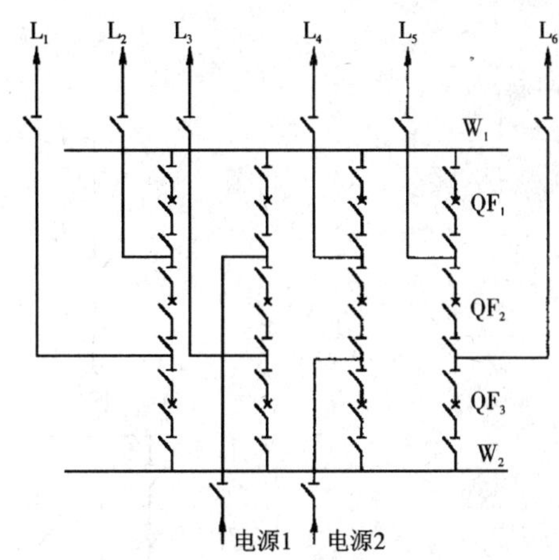

图 1-57　3/2 断路器双母线接线

b. 调度灵活：两组母线和所有断路器都投入时，可形成多环网供电。

c. 操作方便：只需操作断路器，而不操作隔离开关就可进行倒闸操作。

d. 检修方便：检修断路器或是检修母线时只需断开断路器和相关隔离开关即可。

缺点是需要的断路器多。

②典型的火力发电厂电气主接线图如图 1-59 所示。

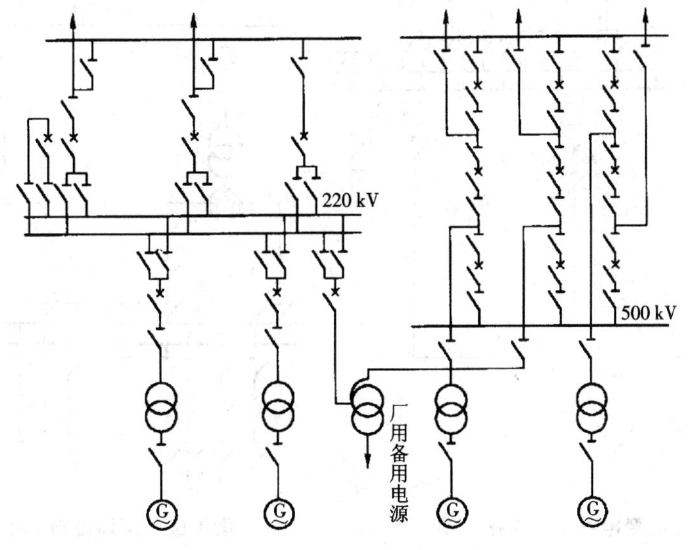

图 1-59　4 × 300 MW 火力发电厂电气主接线图

③典型的水力发电厂电气主接线图如图 1-60 所示。

④典型的枢纽变电站电气主接线图如图 1-61 所示。

⑤典型的区域变电站电气主接线图如图 1-62 所示。

⑥典型终端变电所电气主接线图(10 ~ 35 kV 供配电系统)，对于中、小型用电户，其供配电系统较为简单，如图 1-63、图 1-64 和图 1-65 所示。一个工厂车间配电系统的例子如图1-66 所示。

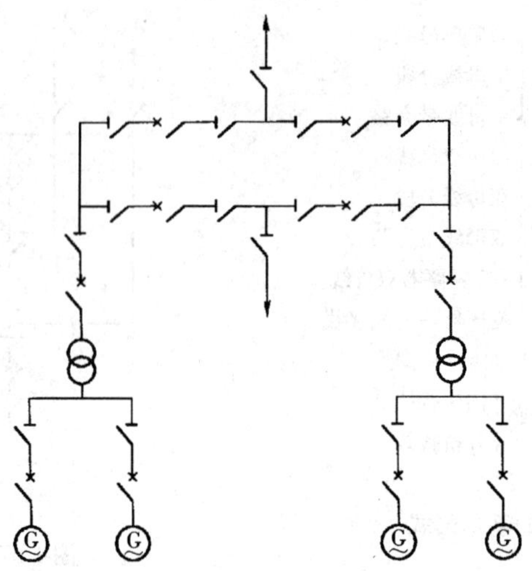

图 1-60　水力发电厂电气主接线图

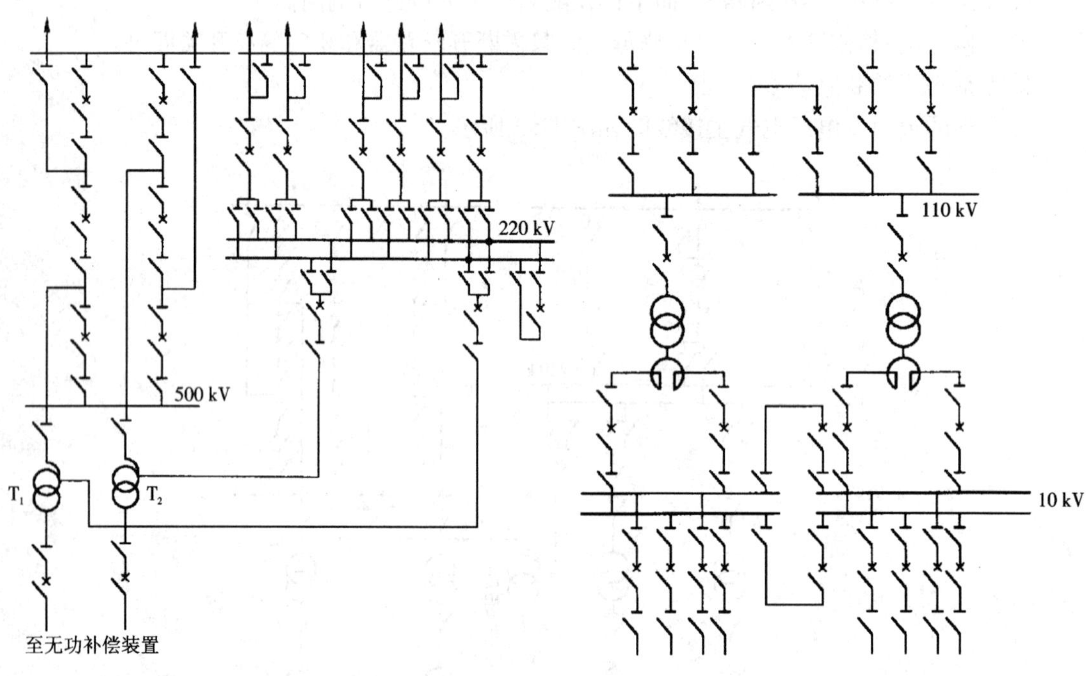

图 1-61　枢纽变电站电气主接线图

图 1-62　区域变电站电气主接线图

⑦典型的环网供电电气主接线图(10～35 kV 供配电系统)如图 1-67 所示。

1.3.4　电力线路

电力线路是用来连接发电厂和用户、传输电能的,按结构分为架空线路和电缆线路。

1. 架空线路

图 1-68 为输电杆塔上的架空线路。

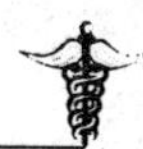

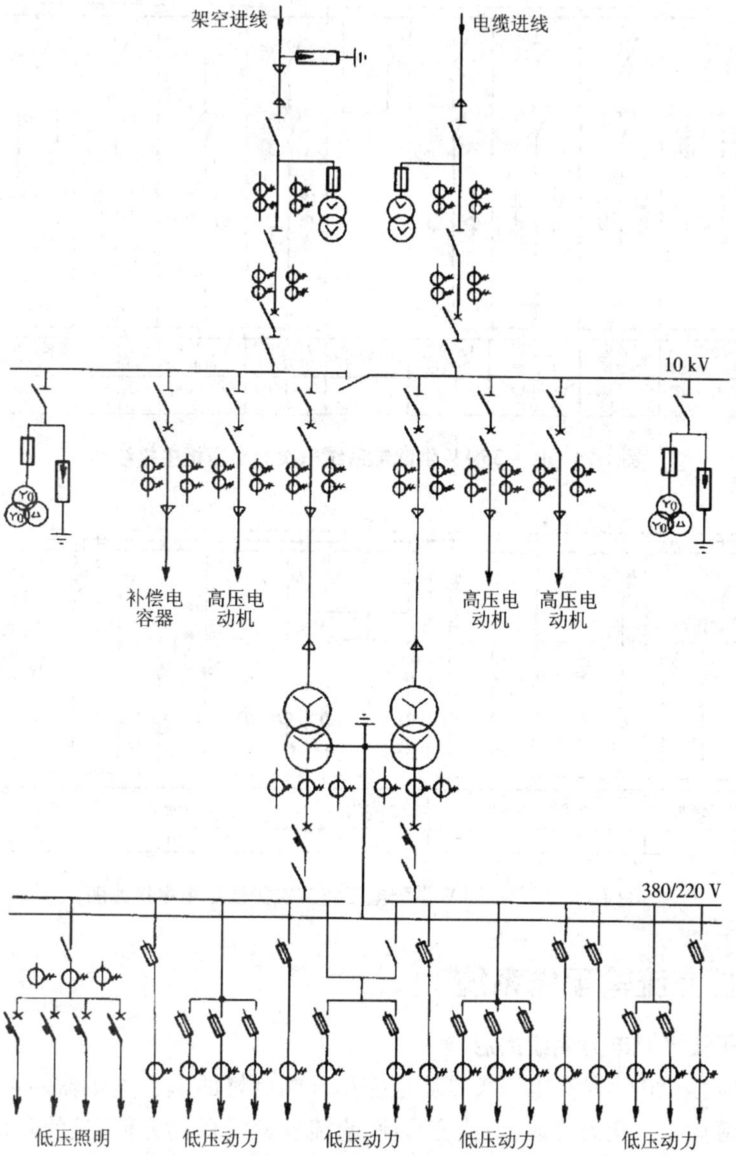

架空进线
电缆进线
10 kV
补偿电容器
高压电动机
高压电动机
高压电动机
380/220 V
低压照明
低压动力
低压动力
低压动力
低压动力

图 1-63　10～35 kV 供配电系统主接线图

2. 电缆线路

电缆是导线外部有绝缘层包敷的导线，可以做成单相，也可以做成三相，超高压线路为单相。电缆线路虽然造价较高，且检修不方便，但它不需架设杆塔、不受外界环境影响，故障发生概率小，特别是三相电缆因其感抗小、压降小，被广泛应用。在大城市为了安全和美观或在海底和穿越江河时往往使用电缆。图 1-69 为地下电缆线路的敷设，图 1-70 为电缆线路与架空线路的连接。

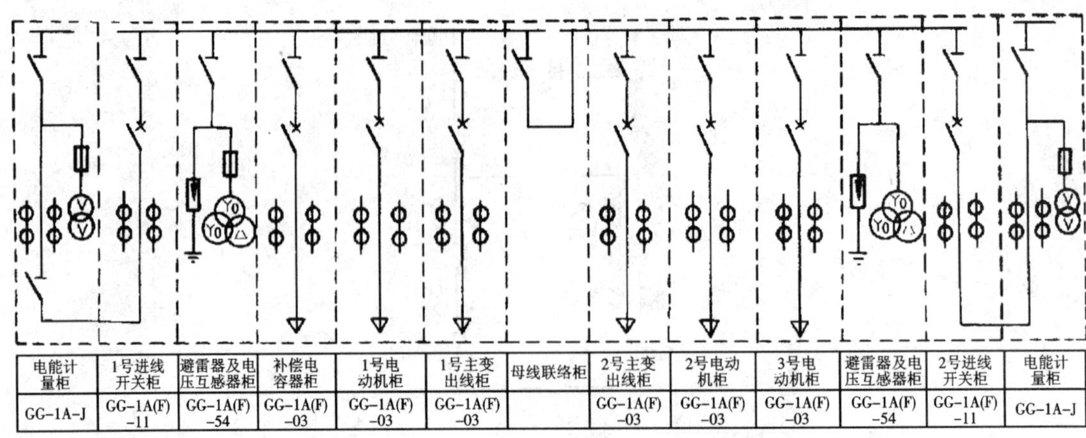

图 1-64　10～35 kV 供配电系统一次侧高压柜主接线图

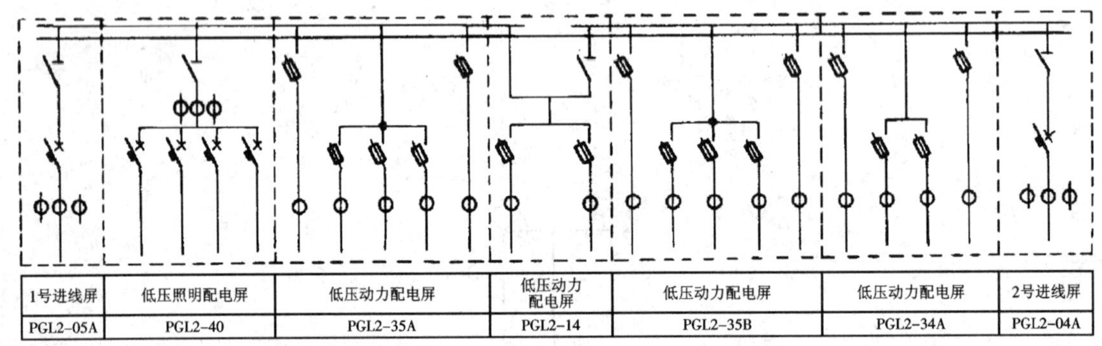

图 1-65　10～35 kV 供配电系统二次侧低压柜主接线图

1.3.5　柔性交流输配电系统

1. 电力电子技术对电力系统的影响

①自从 20 世纪 80 年代高电压大电流且控制性能良好的电力电子器件走向工业应用后，大规模发展直流输电才变为可能，交流变直流、直流变交流极其方便，且使目前直流输电的传输功率、输送距离、电压等级和控制技术产生了很大的飞跃。

②电力系统正常运行方式的可控性发生巨大变化，原来功率流动的大小只能靠远方电源的出力实施控制，而现在的综合潮流控制器可方便地就地控制；原来系统的电压波动控制很难解决，但在新型无功电源和变压器抽头有载可控调节器的帮助下迎刃而解。

③由于电力电子开关动作迅速且具备故障电流的限制作用，系统发生故障的影响程度减轻、故障恢复速度加快，大大减小故障对系统的冲击。

④系统的静态和动态特性发生了变化，系统同步运行稳定性、电压和频率的稳定性都得到了改善。

2. 柔性交流输配电技术

柔性交流输配电技术，简称 FACTS 技术，它是在交流输电系统的主要部位，采用具有专门功能的电力电子器件和现代自动控制装置或组合体，对输电系统的运行状态变量和参数，如电

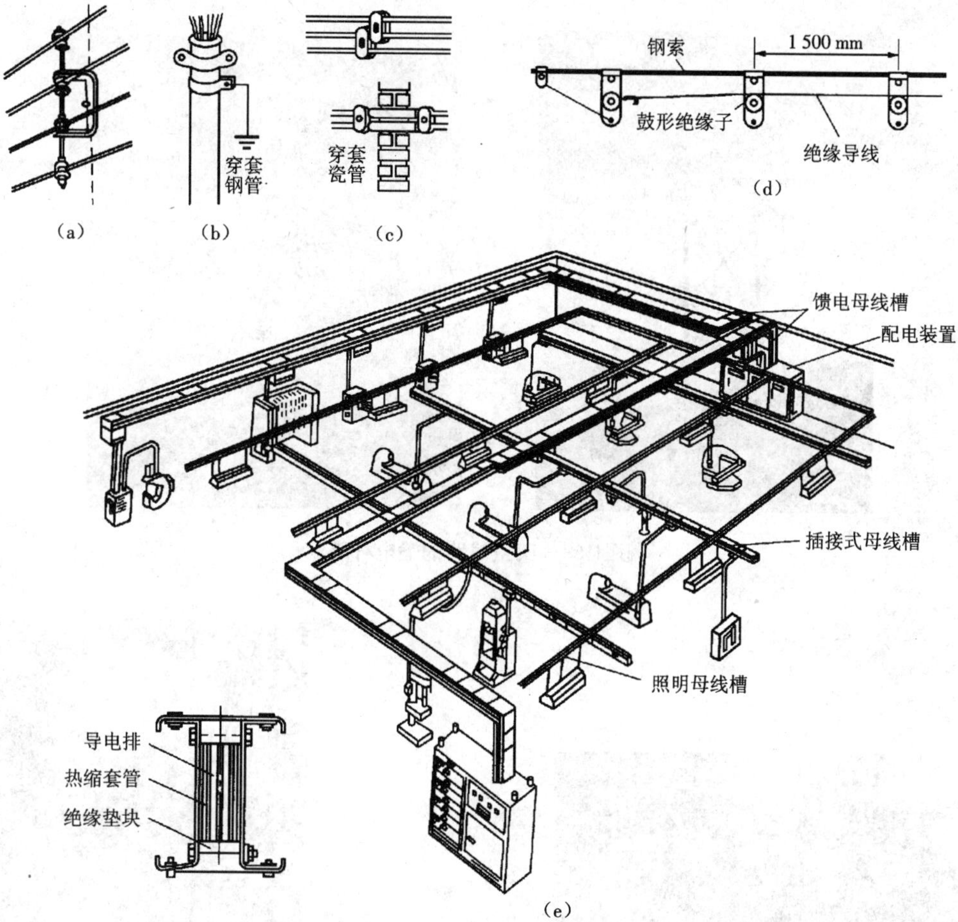

图 1-66　车间配电系统示意图

(a)沿墙支架敷设;(b)穿管敷设;(c)瓷夹敷设;(d)钢索敷设;(e)母线封闭式敷设

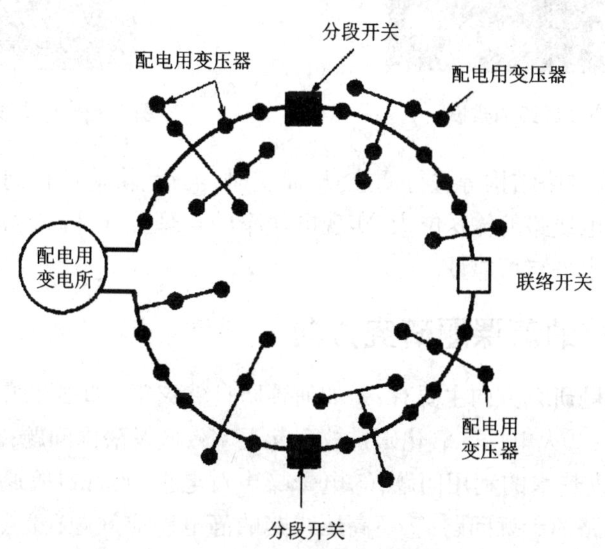

图 1-67　典型的环网供电电气主接线图

图 1-68　架空线路的输电杆塔

图 1-69　地下电缆线路的敷设

图 1-70　电缆线路与架空线路的连接

压、相位差和电抗以及网络结构等进行调控，从而实时、灵活、快速地控制交流输电功率，以大幅度提高现有高压输电线路的输送能力，实现电功率的合理分配，降低功率损耗及发电成本，提高系统稳定运行的水平与可靠性。

1.3.6　电力系统的新课题研究方向

电力系统的新课题研究方向主要有：①如何预防自然灾害（如强冰雪、强雷电、强台风等）对电网的影响及破坏；②火电厂二氧化碳排放引起温室效应及酸雨问题；③核电站的辐射及核废料的储存问题；④废热水的利用问题；⑤电晕噪声对电视、收音机等通信设备的干扰问题；⑥电流谐波对通信线路的干扰问题；⑦超高压线路的静电感应问题；⑧风电、光伏发电与传统电网的并网问题；⑨变电站小型化、发展地下变电站的前景问题；⑩柔性输电问题。（见图 1-71）

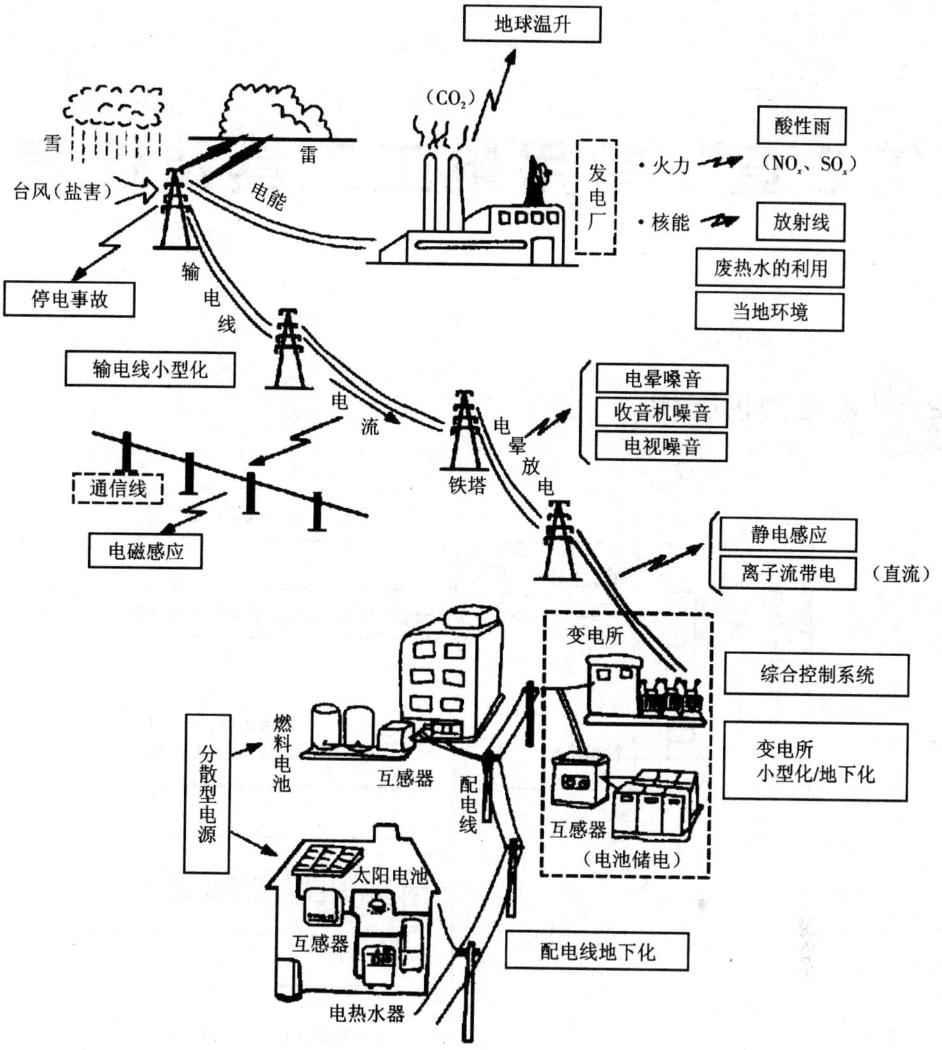

图 1-71　电力系统的新课题研究方向

思考题

1. 电力系统由哪几部分构成？现代电力系统的特点是什么？

2. 你认为还有哪些能源可以用于发电？

3. 电力市场的基本原则是什么？

4. 柔性交流输电技术的作用是什么？

5. 在中性点不接地三相系统中，发生单相接地故障时，各种电压和电流是如何变化的？请画出向量图。

6. 试叙述中性点直接接地的三相系统发生单相接地故障时，电压和电流的变化情况。

7. 变电所一般分为哪些类型？功能是什么？

8. 发电厂变电所为什么要设置备用电源？为什么要设置直流电源？

第 2 章　常用电工工具及仪表

本章知识架构

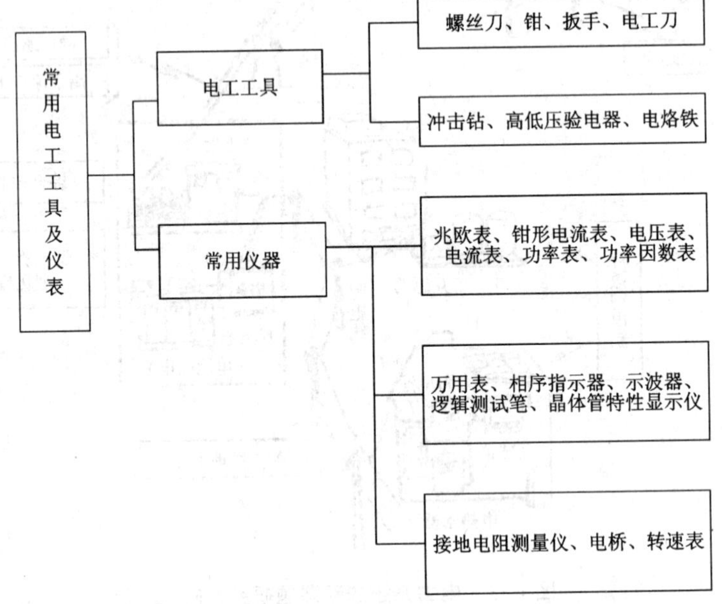

本章教学目标与要求

★ 掌握各种工具的知识和使用

★ 掌握各种仪表、仪器的认知和现场使用

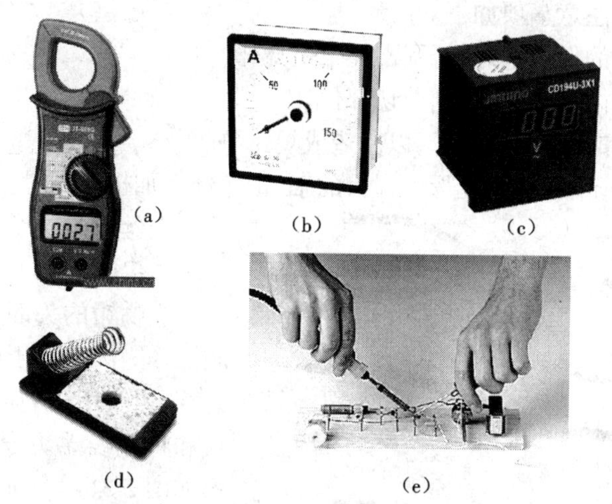

图 2-1 仪表、工具

(a)钳形电流表;(b)指针电流表;(c)数字电压表;(d)烙铁座;(e)焊接

2.1 常用电工工具及其使用

常用电工工具是指一般专业电工经常使用的工具。

2.1.1 螺丝刀

螺钉旋具俗称螺丝刀,又称改锥,用来紧固和拆卸各种带槽螺钉,如彩图 2-2 所示。按头部形状不同分为一字形和十字形两种。一字形螺丝刀用来紧固或拆卸带一字槽的螺钉,其规格用柄部以外的体部长度来表示,电工常用的有 50 mm 和 150 mm 两种。而十字形螺丝刀用来紧固或拆卸带十字槽的螺钉,其规格有 4 种: Ⅰ号适用于螺钉直径为 2 ~2.5 mm,Ⅱ号适用于3 ~5 mm,Ⅲ号适用于 6 ~8 mm,Ⅳ号适用于 10 ~12 mm。

螺丝刀使用注意事项如下。

①螺丝刀的绝缘柄应绝缘良好,以免造成触电事故。

②螺丝刀的头部形状和尺寸应与螺丝钉尾部槽形和大小相匹配。不要用小螺丝刀去拧大螺钉,以防拧豁螺钉尾槽或损坏螺丝刀头部;同样也不能用大螺丝刀去拧小螺钉,以防力矩过大而导致小螺钉滑扣。

③使用时应使螺丝刀头部顶紧螺钉槽口,以防打滑而损坏槽口。

2.1.2 钳

1. 钢丝钳

钢丝钳又名克丝钳,是一种钳夹和剪切工具,常用来剪切、钳夹或弯绞导线,拉剥电线的绝缘层和紧固、拧松螺母等。通常剪切导线用刀口,剪切钢丝用侧口,扳螺母用齿口,弯绞导线用钳口。常用的规格有 150 mm、175 mm 和 200 mm 3 种。电工用的钢丝钳,在钳柄上必须套有耐压 500 V 以上的绝缘套。

钢丝钳的使用及注意事项如下。

①钳柄须有良好的保护绝缘,否则不能带电操作。

②使用时钳口朝内侧,便于控制剪切部位。

③剪切带电导体时,须单根进行,以免造成短路事故。

④钳头不可当锤子用,以免变形。钳头的轴、销应经常加机油润滑。

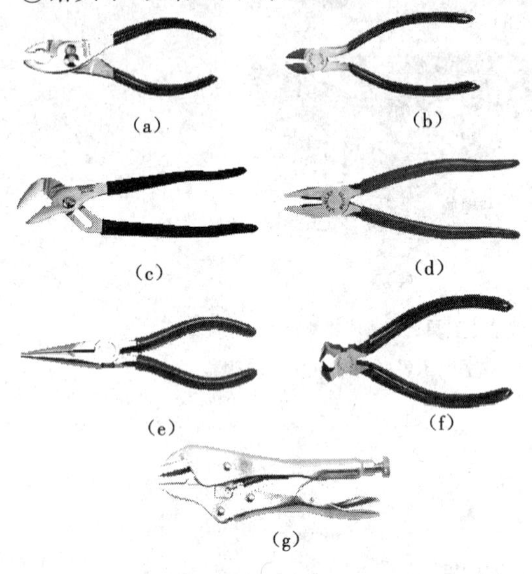

图 2-3 钳子

(a)变口钳;(b)斜口钳;(c)舌榫钳;
(d)钢丝钳;(e)尖嘴钳;(f)端切钳;(g)封口钳

钢丝钳的外形如图 2-3(d)所示。

2. 尖嘴钳

尖嘴钳的头部尖细,适用于在狭小空间操作。刀口用于剪断细小的导线、金属丝等,钳头用于夹持较小的螺钉、垫圈、导线和将导线端头弯曲成所需形状。其外形如图 2-3(e)所示。其规格按全长分为 130 mm、160 mm、180 mm 和 200 mm 4 种。电工用尖嘴钳手柄套有耐压 500 V 以上的绝缘套。

3. 斜口钳

斜口钳又称断线钳,其头部扁斜锋利,电工用的绝缘柄斜口钳的外形如图 2-3(b) 所示,其耐压为 1 000 V。

斜口钳专用于剪断较粗的金属丝、线材和电线、电缆等。

4. 剥线钳

剥线钳用于剥削直径 3 mm 以下塑料或橡胶绝缘导线的绝缘层。其钳口有 0.5 ~3 mm 多个直径切口,以适应不同规格的线芯剥削。其外形之一如图 2-4 所示。它的规格以全长表示,常用的有 140 mm 和180 mm两种。剥线钳柄上套有耐压在 500 V 以上的绝缘套管。

使用时注意,电线必须放在大于其芯线线径的切口中切削,以免损伤导线。

5. 压线钳

压线钳用于连接导线。将要连接的导线穿入压接管中或接线片的端孔中,然后用压线钳挤压压接管或接线片端孔使其变扁,将导线夹紧,达到连接的目的。如图 2-4 所示是一种剥线、压线、断线组合钳,其使用情况如彩图2-5 所示。

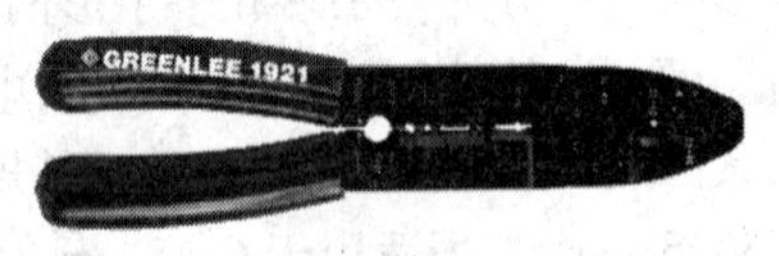

剥线压线断线组合钳

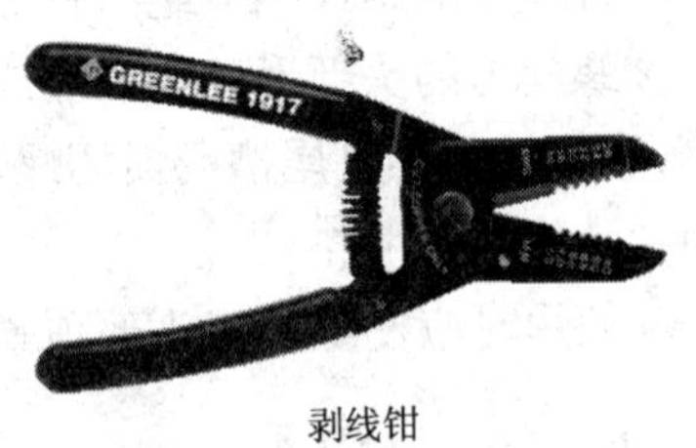

剥线钳

图 2-4 压线钳/剥线钳

2.1.3 扳手

扳手是一种用来紧固或拧松螺母的专用工具,其各种类型的结构如彩图 2-6 所示。

1. 活络扳手

活络扳手的扳口宽度可以调节，以适应不同尺寸的螺母，常用的有 150 mm(6 英寸)、200 mm(8 英寸)、250 mm(10 英寸)和 300 mm(12 英寸)4 种。

活络扳手的使用方法及注意事项如下。

①旋动蜗轮将扳口距离调到比螺母稍大些，卡住螺母再旋动蜗轮，使扳口夹紧螺母。

②握住扳手的头部施力。在搬动小螺母时，手指可随时旋调蜗轮，收紧活扳唇，以防打滑。

③活络扳手不可反用或用钢管接长柄施力，以免损坏活络扳唇。

④活络扳手不可作为撬棒或手锤使用。

2. 呆扳手

呆扳手又称死扳手，其开口宽度不能调节。

3. 套筒扳手

套筒扳手是由一套尺寸不同的梅花套筒头和一些附件组成，可用在一般扳手难以接近螺钉或螺母的场合。

4. 内六方扳手

内六方扳手用以旋动内六角螺钉或螺母。

5. 管扳手

管扳手用于管道作业，可以夹紧和旋动管子、管螺母。

2.1.4 冲击钻

冲击钻是一种旋转带冲击的电动工具。它具有两种功能：一是作为普通电钻使用，此时选择开关应调到“钻”的位置，装上普通麻花钻头能在金属上钻孔；二是选择开关调到“锤”的位置，装上镶有硬质合金的钻头，便能在混凝土和砖墙等建筑构件上钻孔。冲击钻通常可冲打直径为 6 ~ 16 mm 的圆孔。其外形如图 2-7 所示。

图 2-7 冲击钻

冲击钻的使用方法及注意事项如下。

①为确保操作人员的安全，在使用前用 500 V 兆欧表测定其相应绝缘电阻，其值应不小于 0.5 MΩ。

②使用时应戴绝缘手套、穿绝缘鞋或站在绝缘地板上。

③钻孔时不应用力过猛，遇到坚硬物时不能施加过大的力，以免钻头退火或因过载而损坏；当快钻通孔时，应适当减轻手的压力。

④钻孔时应时常将钻头从钻孔中抽出，以便排出钻屑。

2.1.5 电工刀

电工刀是用来刨削或切削电工材料的常用工具，其外形如图 2-8 所示。电工刀有普通型和多用型两种，多用电工刀除具有刀片外，还有折叠式的锯片、锥针和螺丝刀。可锯削电线槽板和锥钻木螺丝的底孔等。

使用方法和注意事项如下。

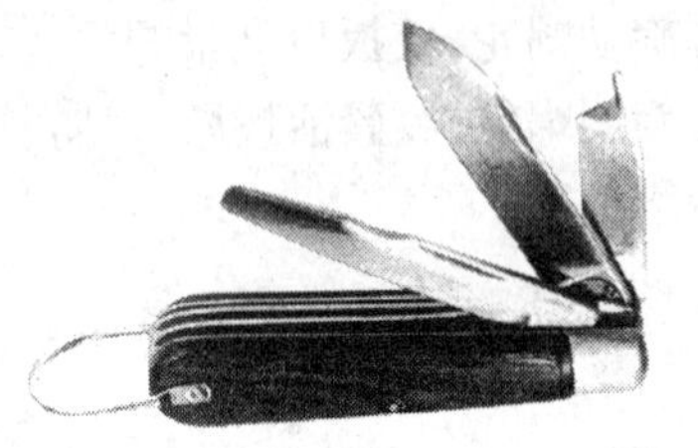

图 2-8　电工刀

①在刨削电线绝缘层时，可把刀略向内倾斜，用刀刃的圆角抵住线芯，刀向外推出。这样刀口就不会损坏芯线，又不会伤害操作者。

②电工刀的刀柄无绝缘，严禁在带电体上使用。

2.1.6　低压验电器

低压验电器又称试电笔，是检验低压导体和电气设备是否带电的一种常用工具，其检验电压范围为 60 ~ 500 V。其结构如彩图 2-9 所示，主要由验电触头（笔头）、降压电阻、氖泡、弹簧等部件组成。这种验电器是利用电流通过验电器、人体、大地形成回路，其漏电电流使氖泡发光而工作的。只要带电体与大地之间电位差超过一定数值(36 V)，验电器就会发出辉光，低于这个数值，就不发光，从而来判断低压电气设备是否带电。

在使用前，首先应检查验电笔的完好性，即四大组成部分是否缺少，氖泡是否损坏，然后在有电的地方验证一下，只有确认验电笔完好后，才可进行验电。在使用时，一定要手握笔帽端金属挂钩或尾部螺丝帽，用验电金属笔头接触带电设备，湿手时不要去验电，不要用手接触笔尖金属探头。

低压验电笔除了主要用来检查低压电气设备和线路外，还可区分相线与零线、交流电与直流电以及电压的高低。通常氖泡发光者为火线，不发光者为零线，但要注意中性点发生位移的情况，此时零线同样也会使氖泡发光。交流电通过氖泡时，氖泡两极均发光；直流电通过时，仅有一个电极附近发光。氖泡暗红、轻微亮时，电压低；氖泡发黄红色、亮度强时，电压高。

一种新式的低压验电器如图 2-10 所示，能粗略地测出被验电压的数值，包括直流和交流。

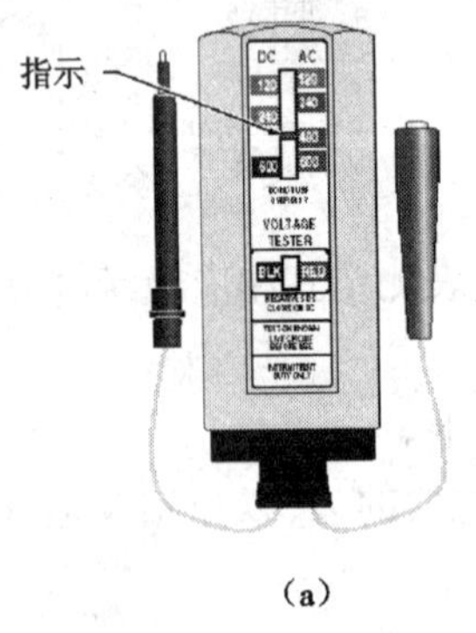

(a)

(b)

图 2-10　低压验电器与验电

(a)验电器；(b)验电

2.1.7　高压验电器

高压验电器主要用来检验对地电压在 1 200 V 以上的高压电气设备。目前，广泛采用的有发光型、声光型两种类型。它们一般都是由检测部分（指示器部分）、绝缘部分、握手部分 3

大部分组成。绝缘部分是指自指示器下部金属衔接螺丝起至罩护环止的部分，握手部分是指罩护环以下的部分。其中绝缘部分、握手部分根据电压等级的不同其长度也不相同。

在使用高压验电器进行验电时，首先必须认真执行操作监护制度，一人操作，一人监护。操作者在前，监护人在后。使用验电器时，操作者应手握罩护环以下的握手部分，先在有电设备上进行检验。检验时，应渐渐地移近带电设备至发光或发声止，以验证验电器的完好性；然后再在需要进行验电的设备上检测。同杆架设的多层线路验电时，应先验低压，后验高压；先验下层，后验上层。

需要特别说明的是，在使用高压验电器验电前，一定要认真阅读使用说明书，检查一下试验是否超周期（每半年试验一次），外表是否损坏、破伤。例如，对于 GSY 型系列高压声光型验电器在操作前应对指示器进行自检试验，才能将指示器固定在操作杆上，并将操作杆拉伸至规定长度，再作一次自检后才能进行验电操作。注意，高压验电器不能检测直流电压。

一种高压验电器如彩图 2-11 所示，它适用于额定频率为 50 Hz，电压等级为 10，35，110，220 kV 的交流电压，作直接接触式验电用。

使用方法与注意事项如下。

①其额定电压与被验电气设备的额定电压等级应相适应。

②操作人员必须带绝缘手套，手握操作手柄，并将操作杆全部拉出定位后方可按有关规定顺序进行验电操作。

③在非全部停电场合进行验电操作，应先将验电器在有电部位上测试，再到施工部位进行测试，然后回复到有电部位上复测，以确保安全。不得以验电器的自检按钮试验替代本项操作。自检按钮试验仅供参考。验电器的电子元件有自然老化的过程，为确保验电操作的安全可靠，保障电网设备及验电操作人员的人身安全，验电器的正常使用寿命自出厂之日起定为 3 年，特殊情况需延长使用年限时，须征得制造厂同意，办妥有关复检手续并出具同意延长使用证明后方可继续使用，但最长使用年限不得超过 5 年。

④为保证人身和设备的安全，验电器必须根据电业安全工作规程规定的期限，定期进行预防性试验。

⑤验电时人与导电体应保持足够的安全距离，10 kV 以下的安全距离为 0.7 m 以上。

⑥需在气候良好的情况下使用，以保障操作人员的安全。

2.1.8 电烙铁

电烙铁是锡焊和塑料烫焊的常用工具，通常以电热丝作为热元件，其外形如图 2-12 所示。常用的有 25，45，75，100 和 300 W 等多种。图 2-13 为恒温调温电烙铁。

图 2-12 电烙铁

电烙铁使用注意事项如下。

①电烙铁金属外皮一定要有接地线或接零保护。

②焊接弱电元件时，宜采用 45 W 以下的电烙铁，功率过大，容易烫坏元件；焊接强电元件时，

宜采用45 W以上的电烙铁。

③在使用过程中,要经常用湿布或湿海绵清污,去掉烙铁头上的杂质。

④当烙铁头的表面被氧化不易粘上焊锡时,可用锉刀在烙铁断电时挫去氧化层,沾上松香再用。一般不宜沾上焊油膏助焊,以免日久使焊点腐蚀,损坏电器。

电烙铁的基本操作如下。

1)焊件表面处理

手工操作常用机械刮磨和酒精、丙酮擦洗等方法对焊件表面进行清理,去除焊件表面上的锈迹、油污、灰尘等影响焊接质量的杂质。

2)预焊

为了防止虚焊,在正式焊接前一般应进行预焊。

①元器件预焊。将需要焊接的部位先用焊锡润湿,也称镀锡、上锡等。预焊可用电烙铁直接上锡,也可在松香里上锡。

②导线预焊。导线的预焊又称挂锡。对导线进行预焊时,应先剥去绝缘层。对多股导线剥掉绝缘层后,应将线扭成螺旋状。挂锡时应边挂锡边旋转,旋转的方向与导线拧合的方向一致。

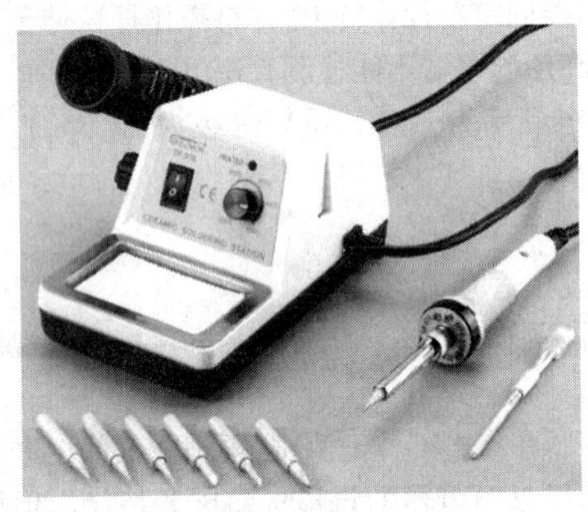

图 2-13　恒温调温电烙铁

3)施焊

①准备好焊锡丝和电烙铁。

②加热焊件:将电烙铁接触焊点,对焊点均匀加热。

③融化焊料:当加热到能融化焊料时,将焊锡丝置于焊点,此时焊料开始融化并润湿焊点。等融化一定量的焊锡后,将焊锡移开。

④移开电烙铁:当焊锡完全湿润焊点后,沿45°的方向向上提起电烙铁。

4)注意事项

①对一般焊点,施焊大约2~3 s。

②焊锡量不要过多或过少:焊锡过多既消耗焊锡,又增加焊接时间,降低工作效率,且在高密度的电路中,过量的焊锡很容易造成不易察觉的短路;焊锡过少不能形成牢固的结合,降低焊点的强度,日久可能造成焊点脱落。

③焊剂要适中,过量的松香不仅会增加清洗工作量,而且会延长加热时间,降低工作效率。若加热不足,焊剂又容易夹杂到焊锡中,形成"夹渣"缺陷。对使用有松香芯的焊丝来说,基本上可不用助焊剂。

2.2　常用电气测量仪器仪表及其使用

2.2.1　万用表

万用表又称多用表,是一种多功能、多量程的便携式电工仪表,一般可用来测量交直流电

压、直流电流和电阻等多种物理量，有些还可以测量交流电流、电感、电容和晶体管直流放大系数等。

1. 指针式(模拟式)万用表

指针式万用表又称模拟式万用表，如图2-14(a)所示。指针式万用表刻度如图2-15所示。

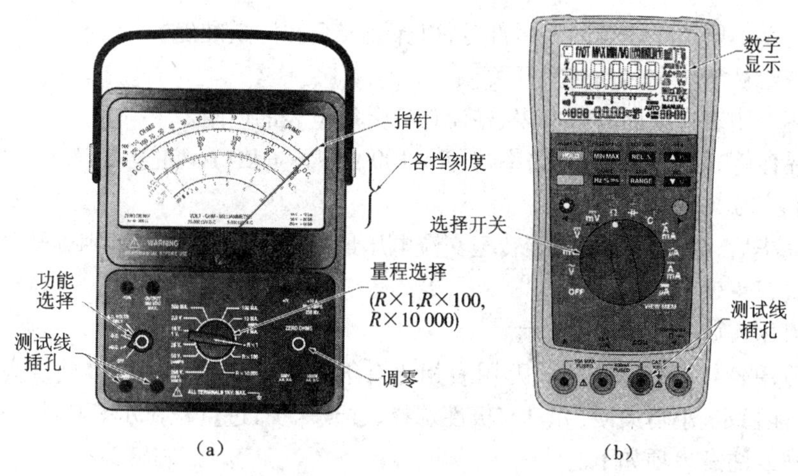

图2-14 万用表

(a)模拟式万用表;(b)数字式万用表

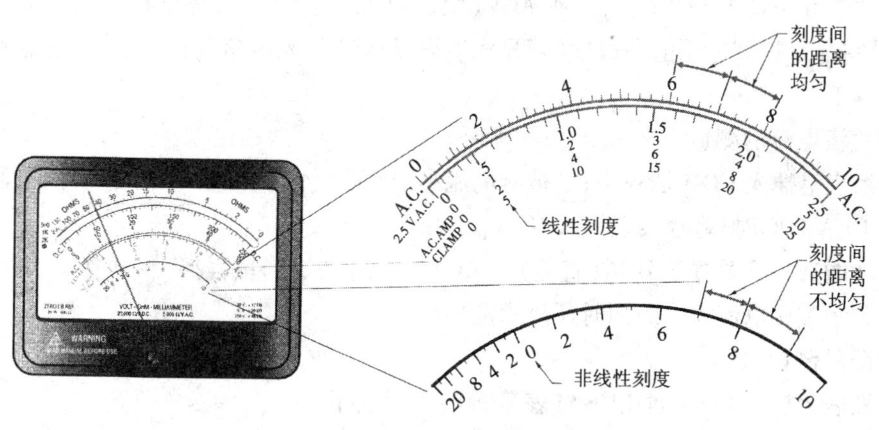

图2-15 指针式万用表刻度

使用方法及注意事项如下。

①测试棒要完好，绝缘符合要求。

②观察表头指针是否指向电压、电流的零位，若不是，则调节机械零位调节器使其指零。

③根据被测参数种类和大小选择转换开关的位置(如Ω、$\overline{\overline{V}}$、$\widetilde{V}$、μA、mA)和量程，应尽量使表头指针偏转到满刻度的2/3处。如事先不知道被测量的范围，应从最大量程开始逐渐减小到适当的量程挡。

④测量电阻前，应先对相应的欧姆挡调零(即将两表笔相碰，旋转调零旋钮，使指针指示在0 Ω处)。每换一次欧姆挡都要进行调零。如旋转调零旋钮无法使指针达到零位，则可能

是表内电池电量不足,需要更换新电池。

⑤测量直流量时注意极性,测量直流量时电流从表笔正(+)端流入,从负端(-)流出;测直流电压时,红表棒接高电位,黑表棒接低电位。

⑥测量读数要从相应的标尺去读,并注意量程。若被测量是电阻,则读数=标尺读数×倍率。

⑦测量时手不要去碰表棒的金属部分,以保证安全和测量准确。

⑧不能带着被测对象转动转换开关。

⑨不要用万用表直接测量微安表、检流计等灵敏电表的内阻。

⑩测量晶体管时,要用低压高倍率挡($R\times100\ \Omega$,$R\times1\ k\Omega$)。注意"-"为内电源的正端,"+"为内电源的负端。

⑪测量完毕后,应将转换开关旋转至交流电压最高挡,有"OFF"挡的则旋转至"OFF"。

2. 数字式万用表

数字式万用表如图2-14(b)所示。

数字式万用表与指针(模拟)式万用表相比有很多优点:灵敏度高、准确度高、显示直观、功能齐全、性能稳定、小巧灵便,并具有极性选择、过载保护、过量程显示等功能。

使用方法及注意事项如下。

1)交直流电压的测量

①将黑表棒插入COM插孔中,红表棒插入V/Ω插孔中。

②将功能开关置于DCV(直流)或ACV(交流)的适当量程挡,将表棒并接到被测电路两端,显示器将显示被测电压值和极性(若显示器只显示"1",表示超量程,应使功能选择开关置于更高量程挡)。

2)交直流电流的测量

①将黑表笔插入COM插孔中;当被测电流小于400 mA时,红表笔插入A孔,被测电流在400 mA~10 A之间时,将红表笔插入10 A孔中。

②将功能选择开关置于DCA(直流)或ACA(交流)的适当量程挡,测试棒串入被测电路,显示器在显示被测电流大小的同时还显示极性。

3)电阻的测量

①将黑表笔插入COM插孔中,红表笔插入V/Ω插孔中。

②将功能选择开关置于电阻的适当量程挡,将表笔接在被测电阻上,显示器将显示被测电阻值。

4)二极管的测量

①将黑表笔插入COM插孔中,红表笔插入V/Ω插孔中。

②将功能选择开关置于"二极管"挡,将表笔接到被测二极管两侧,显示器将显示二极管正向压降的mV值。当二极管反接时,则显示"1"。

③若两个方向均显示"1",表示二极管开路;若两个方向均显示"0",则表示二极管击穿短路。这两种情况均说明二极管已经击穿,不能使用。

④该量程挡还可以用作带声响的通断测试,即当所测电路的电阻在70 Ω以下时,表内的蜂鸣器发声,表示电路导通。

5)晶体管放大系数的测量

①将功能选择开关置于 h_{FE} 挡。

②确认晶体管是 NPN 型还是 PNP 型,将 E、B、C 三脚分别插入相应的插孔内,显示器将显示晶体管放大系数的近似值。

6)电容器的测量

①将功能选择开关置于 CAP 适当量程挡,调节电容调零器使其显示为"0"。

②将被测电容插入"Cx"测试孔中,显示器将显示其电容值。

2.2.2 兆欧表

兆欧表又称摇表、高阻计或绝缘电阻测定仪,是一种简便的、常用来测量高电阻或绝缘电阻的直读式仪表。一般用来测量电路、电机绕组、电线电缆的绝缘电阻,其外形如彩图 2-16 所示。兆欧表有两种形式:手摇供电和电池供电。下面的讨论仅针对手摇兆欧表。

使用方法及注意事项如下。

①使用前先对兆欧表进行一次开路和短路试验,检查兆欧表是否良好。空摇兆欧表,指针应指向"∞"处,然后再慢慢摇动手柄,使两端瞬时短接,指针应迅速指在"0"处。

②不可在设备带电的情况下测量绝缘电阻,且应对具有电容的高压设备先行放电(约 2 ~ 3 min)。

③兆欧表与被测线路或设备的连接要用绝缘良好的单根导线,不能用双股绝缘线或绞线,避免因绝缘不良引起测量误差。

④摇动手柄的速度要均匀,一般规定 120 r/min,允许有 ±20% 的变化。通常要摇动 1 min 后,待指针稳定后再读数。如被测电路中有电容时,先持续摇动一段时间,让兆欧表对电容充电,指针稳定后再读数。若测量中发现指针指零,则应立即停止摇动。

⑤在兆欧表未停止摇动前,切勿用手触及设备的测量部分和兆欧表的接线端。测量完毕后对设备充分放电,否则容易引起触电事故。

⑥禁止在雷电时或邻近有高压导体的设备处使用兆欧表。

2.2.3 钳形电流表

钳形电流表又称钳形表,一种是电流互感器的变形,可以在不断开电路的情况下直接测量交流电流。如果采用霍尔效应原理制作钳形电流表,则交、直流电流均可被测量。彩图 2-17 所示为交、直流均可测量的多功能钳形表,除测量交、直流电流外,还可以测量交、直流电压和电阻。

使用方法及注意事项如下。

①检查钳口开合情况,要求钳口可动部分开合自如,两边钳口结合面接触紧密。

②检查电流表指针是否在零位,否则调节回零按钮使其指零。

③功能选择旋钮置于适当位置,不准在测量过程中切换功能选择旋钮。

④将被测导线置于钳口内中心位置即可读数。

⑤测量结束后将功能选择旋钮置于 OFF 位置。

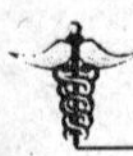

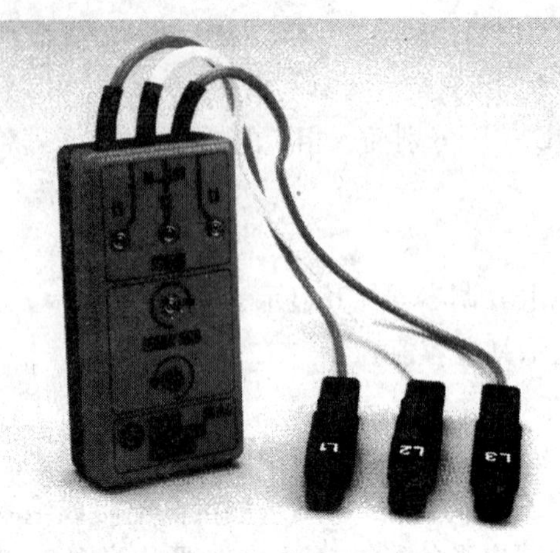

图 2-18 相序指示器

2.2.4 相序指示器

在三相交流电动机中相序决定电动机的转向,在电力电子变流技术中相序决定触发脉冲的对应关系。在这些情况下,接线的相序是不能颠倒的。相序指示器是一种简便的判断相序的测试工具,如图 2-18 所示。

使用方法及注意事项如下。

①注意不要超出相序指示器的使用电压范围。

②将 L1、L2、L3 三个接线夹子夹住三相电源线的金属端。

③上面的指示灯亮表明所接线为顺序;下面的指示灯亮表明所接线为逆序。

④使用相序指示器可以判断接线的相序是否一致,可以判断电动机的转向是否符合要求。

2.2.5 示波器(Oscilloscope)

示波器可以直接观测电信号的波形,测试多种电量参数,如频率、幅值、相位和时间周期等,是分析和研究电路的重要工具。

下面以双通道示波器 COS5020D 为例介绍它的面板旋钮和使用方法。

1. 面板操作

该示波器如彩图 2-19 所示,它的面板如图 2-20 所示。图中各标号说明如下。

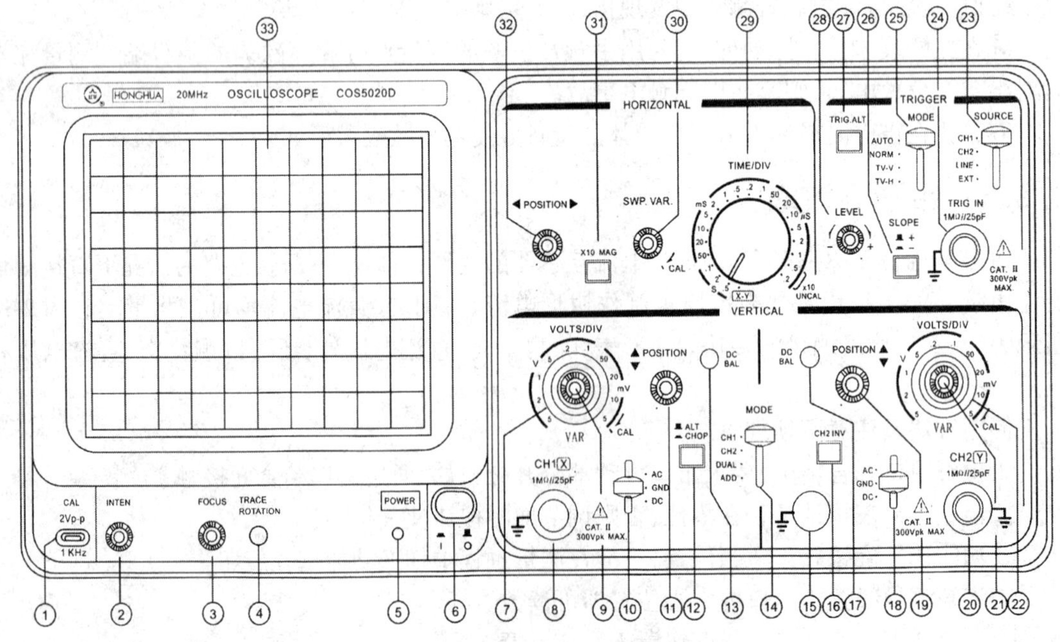

图 2-20 示波器面板(型号:COS5020D/50400)

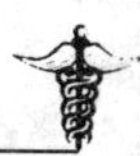

(1)CRT 部分

⑥电源:主电源开关。

②亮度

③聚焦

④轨迹旋转:用来调整水平轨迹与刻度线平行。

㉝滤波片:使波形看起来更加清晰。

(2)垂直部分

⑧CH1(X)输入:在 X-Y 模式下,作为 X 轴输入端。

⑳CH2(Y)输入:在 X-Y 模式下,作为 Y 轴输入端。

⑩⑱AC-GND-DC:选择垂直轴输入信号的输入方式。

AC:交流耦合。

GND:垂直放大器的输入接地。

DC:直流耦合。

⑦㉒垂直衰减开关:调节垂直偏转灵敏度从 5 mV/div ~5 V/div,分 10 挡。

⑨㉑垂直微调:微调灵敏度大于或等于 1/2.5 标示值,在校正位置时,灵敏度校正为标示值。

⑬⑰CH1 和 CH2 的 DC BAL:用于衰减器的平衡调试。

⑪⑲▼▲垂直位移:调节光迹在屏幕上的垂直位置。

⑭垂直方式:选择 CH1 和 CH2 放大器的工作模式。

a. CH1 或 CH2:通道 1 或通道 2 单独显示。

b. DUAL:两个通道同时显示。

c. ADD:显示两个通道的代数和 CH1 + CH2;按下 CH2 INV⑯按钮,为代数差 CH1 - CH2。

⑫ALT/CHOP:在双踪显示时,放开此键,表示通道 1 和通道 2 交替显示(通常用在扫描速度较快的情况下);当此键按下时,通道 1 和通道 2 同时断续显示(通常用在扫描速度较慢的情况下)。

⑯CH2 INV:通道 2 的信号反向,当此键按下时,通道 2 的信号以及通道 2 的触发信号同时反向。

(3)触发部分

㉔外触发输入端子:用于外部触发信号。当使用该功能时,开关㉓应设置在 EXT 的位置上。

㉓触发源信号选择:可选择内(INT)或外(EXT)触发。

a. CH1:当垂直方式选择开关⑭设定在 DUAL 或 ADD 状态时,选择通道 1 作为内部触发信号源。

b. CH2:当垂直方式选择开关⑭设定在 DUAL 或 ADD 状态时,选择通道 2 作为内部触发信号源。

c. LINE:选择交流电源作为触发信号源。

d. EXT:外部触发信号接于㉔作为触发信号源。

㉗TRIG. ALT:当垂直方式选择开关⑭设定在 DUAL 或 ADD 状态,而且触发开关。

㉓选在通道 1 或通道 2 上,按下㉗时,它会交替选择通道 1 和通道 2 作为内触发信号源。

㉖极性：触发信号的极性选择。“＋”上升沿触发，“－”下降沿触发。

㉘触发电平：显示一个同步稳定的波形，并设定一个波形的起始点。向“＋”方向旋转触发电平向上移，向“－”方向旋转触发电平向下移。

㉕触发方式：选择触发方式。

a. AUTO：自动——当没有触发信号输入时，扫描处在自由模式下。

b. NORM：常态——当没有触发信号输入时，踪迹处在待命状态时并不显示。

c. TV-V：电视场——当想要观察一场的电视信号时。

d. TV-H：电视行——当想要观察一行的电视信号时。

（仅当同步信号为负脉冲时，方可同步电视场和电视行信号。）

（4）时基部分

㉙水平扫描速度开关：扫描速度可以分为20挡，从0.2 μs/div到0.5 s/div。当设置到*X-Y*位置时可用作*X-Y*示波器。

㉚水平微调：微调水平扫描时间，使扫描时间被校正到与面板上的TIME/DIV指示的一致。TIME/DIV扫描速度可连续变化，当反时针旋转到底为校正位置。整个延时可达2.5倍以上。

㉜水平位移：调节光迹在屏幕上的水平位置。

㉛扫描扩展开关：按下时扫描速度扩展10倍。

（5）其他部分

①CAL：提供幅度为2*V*pp、频率为1 kHz的方波信号，用于校正10∶1探头的补偿电容器和检测示波器水平与垂直的偏转因数。

⑮GND：示波器机箱的接地端子。

2. 基本操作（单通道操作）

按表2-1设置有关控制元件。

表2-1　有关控制元件的设置

功　能	序　号	设　置
电源（POWER）	⑥	关
亮度（INTEN）	②	居中
聚焦（FOCUSE）	③	居中
垂直方式（VERT MODE）	⑭	通道1
交替/断续（ALT/CHOP）	⑫	释放 ALT
通道2反向（CH2 INV）	⑯	释放
垂直位置（▼▲POSITION）	⑪⑲	居中
垂直衰减（VOLTS/DIV）	⑦㉒	0.5 V/div
调节（VARIABLE）	⑨㉑	CAL（校正位置）
AC-GND-DC	⑩⑱	GND
触发源（SOURCE）	㉓	通道1
极性（SLOPE）	㉖	+
触发交替选择（TRIG. ALT）	㉗	释放

续表

功能	序号	设置
触发方式(TRIGGER-MODE)	㉕	自动
扫描时间(TIME/DIV)	㉙	0.5 ms/div
微调(SWP. VER)	㉚	校正位置
水平位置(▲▼ POSITION)	㉜	居中
扫描扩展(×10 MAG)	㉛	释放

将开关和控制部分按以上设置后,接上电源线,继续如下操作。

①电源接通,电源指示灯亮,约 20 s 后屏幕出现光迹。

②分别调节亮度、聚焦,使光迹亮度清晰、适中。

③调节通道 1 位移旋钮与轨迹旋钮,使光迹与水平刻度平行。(用螺丝刀调节轨迹旋转电位器 4)

④用 10∶1探头将校正信号输入至 CH1 输入端。

⑤将 AC-GND-DC 开关设置在 AC 状态。一个频率为 1 kHz 的方波会出现在屏幕上。

⑥调整聚焦使图形清晰。

⑦对于其他信号的观测,可通过调整垂直衰减开关、扫描时间到所需的位置,从而得到合适的波形。

⑧调整垂直和水平位移旋钮,使得容易读出波形的幅度与时间。

以上为示波器的最基本操作,通道 2 的操作与通道 1 的相同。

3. 双通道操作

改变垂直方式到 DUAL 状态,于是通道 2 的光迹也会出现在屏幕上。这时通道 1 显示一个方波(来自校正信号输出的方波),而通道 2 仅显示一条直线。现将校正信号也接至 CH2 的输入端,将 AC-GND-DC 设置到 AC 状态,调整垂直位置⑪和⑲使两通道的波形一样高。释放 ALT/CHOP 开关(置于 ALT 方式)。CH1 和 CH2 上的信号交替地显示在屏幕上,此设定用于观察扫描时间较短的两路信号。按下 ALT/CHOP 开关(置于 CHOP 方式),CH1 和 CH2 上的信号以 250 kHz 的速度独立地显示在屏幕上,此设定用于观察扫描时间较长的两路信号。在进行双通道操作时(DUAL 或加减方式),必须通过触发信号源的选择开关来选择通道 1 或者通道 2 的信号作为触发信号。如果 CH1 和 CH2 的信号同步,则两个波形都会稳定地显示出来。反之,则仅有触发源的信号可以稳定地显示出来;如果 TRIG/ALT 开关按下,则两路波形都会稳定地显示出来。

4. 加减操作

通过设置垂直加减开关到“加”的状态,可以显示 CH1 和 CH2 两路信号的代数和,如果 CH2 INV 开关被按下则为代数减。为了得到加减的精确值,两个通道的衰减必须一致。垂直位置可以通过“▲▼位置键”来调整。鉴于垂直位置放大器的线性变化,最好将该旋钮设置在中间位置。

5. 触发器的选择

正确地选择触发源对于有效地使用示波器至关重要,用户必须十分熟悉触发源的选择功能及其工作次序。

1)方式 MODE 开关

①AUTO:当选为自动模式时,扫描发生器自动产生一个没有触发信号的扫描信号;当有触发信号时,它会自动转换到触发扫描,通常第一次观察一个波形时,将其设置为“AUTO”,当一个稳定的波形被观察到以后,再调整其他设置。当其他控制部分设定好以后,通常将开关设回到“NORM”方式,因为该方式更加灵敏。当测量直流信号或小信号时必须采用“AUTO”方式。

②NORM:常态。通常扫描器保持在静止状态,屏幕上无光迹显示。当触发信号经过由触发电平开关设置的阀门电平时,扫描一次。之后扫描器又回到静止状态,直到下一次被触发。在双踪显示“ALT”与“NORM”扫描时,除非通道 1 与通道 2 有足够的触发电平,否则不会显示。

③TV-V:电视场。当需要观察一个整场的电视信号时,将 MODE 开关设置到 TV-V,对电视信号的场信号进行同步,扫描时间通常设定到 2 ms/div(1 帧信号)或 5 ms/div(1 场 2 帧隔行扫描信号)。

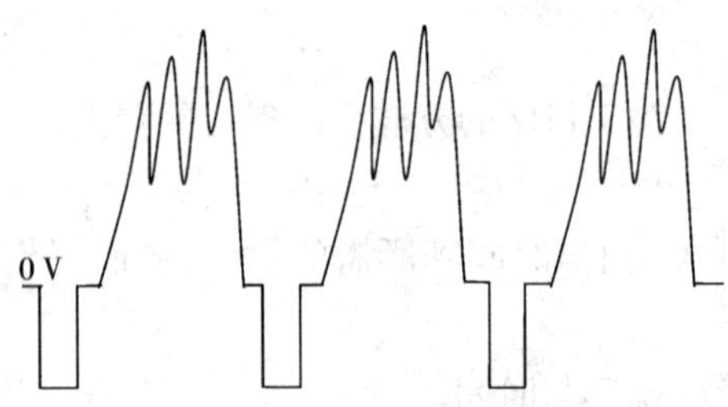

图 2-21　送入示波器的同步信号

④TV-H:电视行。对电视信号的行信号进行同步,扫描时间通常为 10 μs/div,显示几行信号波形。可以用微调旋钮调节扫描时间到所需要的行数。送入示波器的同步信号必须是负极性的,见图 2-21。

2)触发信号源功能

为了在屏幕上显示一个稳定的波形,需要给触发电路提供一个与显示信号在时间上有关联的信号,触发源开关就是用来选择该触发信号的。

①CH1/CH2:大部分情况下采用的是内触发模式。送到垂直输入端的信号在预放以前分一支到触发电路中。由于触发信号就是测试信号本身,因此显示屏上就会出现一个稳定波形。在 DUAL 和 ADD 方式下,触发信号由触发源开关来选择。

②LINE:用交流电源的频率作为触发信号。这种方法对于测量与电源频率有关的信号十分有效。如音响信号的交流噪声、晶闸管电路等。

③EXT:用外来信号驱动扫描触发电路。该外来信号因与要测的信号有一定的时间关系,波形可以更加独立地显示出来。

3)触发电平与极性开关

当触发信号通过一个预置的阈门电平时会产生一个扫描触发信号,调整触发电平旋钮可以调整该电平,向“+”方向旋转时可以提高阈门电平,向“-”方向旋转时可以减小阈门电平,当在中间位置时,阈门电平设定在信号的平均值上。触发电平可以调节扫描起点在波形的任一位置上。对于正弦信号,起始相位是可变的。注意:如果触发电平的调节过正或过负,也不会产生扫描信号,因为这时触发电平已经超过了同步信号的幅值。极性触发开关设置在“+”时,上升沿触发;极性触发开关设置在“-”时,下降沿触发。

4)触发交替开关

当垂直方式选定在双踪显示时,该开关用于交替触发和交替显示(适用于 CH1、CH2 或相加方式)。在交替方式下,每经过一个扫描周期,触发信号交替一次。这种方式有利于波形幅度、周期的测试,甚至可以观察两个在频率上并无联系的波形。但不适合于相位和时间对比的

测量,对于此种测量,两个通道必须采用同一同步信号触发。

在双踪显示时,如果“CHOP”和“TRIG. ALT”同时按下,则不能同步显示,因为“CHOP”信号成为触发信号。此时请使用“ALT”方式或直接选择 CH1 或 CH2 作为触发信号源。

6. 扫描速度控制

调节扫描速度旋钮,可以选择想要观测的波形个数。如果屏幕上显示的波形过多,则调节扫描时间更快些,如果屏幕只有一个周期的波形,则可以减慢扫描时间。当扫描速度太快时,屏幕上只能观测到周期信号的一部分。如对于方波信号,可能在屏幕上显示的只是一条直线。

7. 扫描扩展

当需要观测一个波形的局部时,需要很高的扫描速度。但是如果想要观测的部分远离扫描的起点,则想要观测的部分可能已经伸出到屏幕之外。这时就需要使用扫描扩展开关。当扫描扩展开关按下后,显示的范围会扩展 10 倍。这时扫描的速度是“扫描速度开关”上的值乘以 1/10。如 1 μs/div 可以扩展到 100 ns/div。

8. *X-Y* 操作

将扫描速度开关设定在 *X-Y* 位置时,示波器工作方式为 *X-Y*。

X 轴:CH1 输入

Y 轴:CH2 输入

X-Y 方式允许示波器进行常规示波器所不能做的很多测试。CRT 可以显示一个电子图形或两个瞬时的电平。它可以是两个电平直接的比较,就像向量示波器显示视频彩条图形。如果使用一个传感器将有关参数(频率、温度、速度等)转换成电压的话,*X-Y* 方式就可以显示几乎任何一个动态参数的图形。一个例子是频率响应的测试,这里 *Y* 轴对应于信号幅度,*X* 轴对应于信号的频率。

9. 直流平衡调整

将 CH1 和 CH2 的输入耦合开关设定为 GND,触发方式为自动,将光迹调到中间位置。将衰减开关在 5 mV 和 10 mV 之间来回切换,调整 DC BAL 到光迹在零水平线不动为止。

2.2.6 逻辑测试笔

逻辑测试笔是一个特殊的电压表,用来测试数字逻辑电路的“1”和“0”。图 2-22 所示逻辑测试笔的探头上带有显示,当检测到逻辑“1”时,上面的 LED 点亮;当检测到逻辑“0”时,下面的 LED 点亮;当检测到逻辑跳变时,脉冲 LED 闪烁。

图 2-22 逻辑笔

记忆开关设定后,逻辑测试笔还能捕捉到几个 ns 宽的短脉冲,之后记忆 LED 点亮。

TTL/CMOS 开关用来选择探测的逻辑类型:TTL 逻辑是晶体管—晶体管逻辑,它使用的电压是 5 V 或 ±2.5 V;CMOS 逻辑使用互补金属氧化物半导体逻辑,它使用的电压为 3 ~ 18 V。图中红、黑两个夹头接相应的电源。

逻辑测试笔能探测到数字逻辑电路的故障点,为维修带来极大的方便。

2.2.7 晶体管特性图示仪

晶体管特性图示仪是一种能直接显示各种半导体器件的特性曲线和测量其静态参数的专用仪器，如图 2-23 所示。

1. 晶体管特性图示仪的使用方法

下面以 XJ4810 型晶体管特性图示仪为例介绍它的使用方法和注意事项。

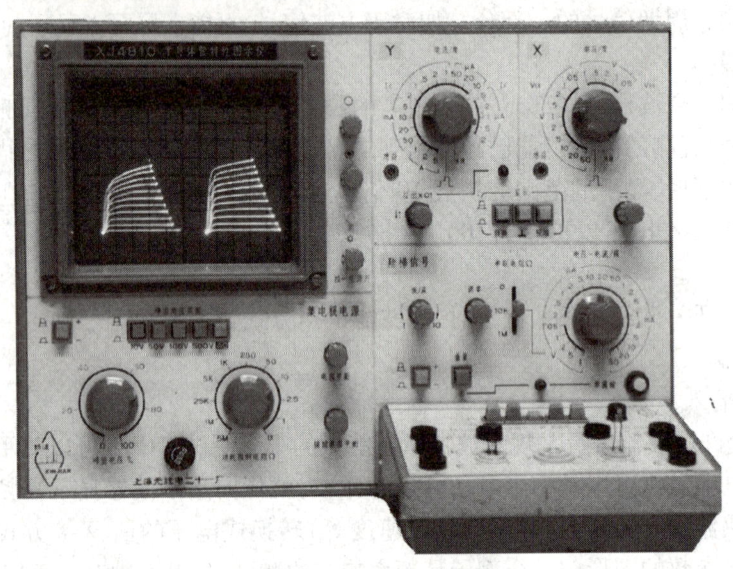

图 2-23 晶体管特性图示仪

①开启电源，指示灯亮，预热 5 min。

②调节亮度旋钮，使亮度适宜，调节聚焦和辅助聚焦，使光点清晰。

③调节集电极扫描部分时，要注意以下事项。

a. 在不清楚被测管的反向击穿电压的情况下，峰值电压范围置于最小挡 0 ~ 10 V。

b. 测试 NPN 管用"+"极性，测试 PNP 管用"-"极性。

c. 切忌在峰值电压调节未逆时针旋转到底时（0%），直接加大峰值电压范围，例如从 0 ~ 10 V 改为 0 ~ 100 V，这样极易损坏被测管。峰值电压调节应从 0 慢慢增大。

d. 集电极功耗电阻要适当，由大到小逐渐减小。测试小功率晶体管时，功耗电阻一般大于 50 Ω，否则易损坏被测管。

④调节阶梯信号部分时，注意以下事项。

a. 基极阶梯电流大小要适当，视被测管的功率大小而定（从小到大逐渐增大）。测试小功率晶体管时，阶梯电流一般选 0.5 mA/级，否则易损坏被测管。若要测试场效应晶体管的特性曲线，应选用阶梯电压。

b. 阶梯极性选择与集电极扫描极性选择方法相同。

c. 阶梯置"重复"，可显示一簇特性曲线。

⑤调节 X 轴和 Y 轴作用。

X 轴和 Y 轴放大器灵敏度选择应使波形大小适宜，以便读数。

⑥如果要精确读出被测管的 β、I_{ceo} 值（或场效应管的 g_m、I_{DDS} 值），应该正确使用"阶梯调

零”、“零电流”和“零电压”等开关。具体操作方法见实例。

⑦被测试管引脚应正确插入测试台上相应的插座。测试单只晶体管时,应直接使用“左”或“右”,避免使用“二簇”状态。

⑧测试台上的“测试选择”开关平时应放在“关”的位置。

2. 晶体管特性图示仪的测试范例

1)二极管测试(以 2CP12 为例)

二极管的接法如图 2-24 所示。

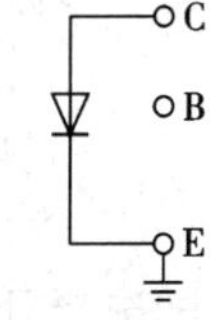

图 2-24　二极管的接法

(1)正向特性

①将光点零点移至坐标左下角。

②调节集电极扫描部分:峰值电压范围:0 ~ 10 V

极性:　+

功耗电阻:　250 Ω

③调 X 轴作用:集电极电压 U_C:0.1 V/div

④调 Y 轴作用:集电极电流 I_C:10 mA/div

⑤峰值电压由 0 逐渐增大,可得正向特性曲线。

(2)反向特性

①将光点零点移至坐标右上角。

②调节集电极扫描部分:峰值电压范围:0 ~ 500 V

极性:　+

功耗电阻:　25 kΩ

③调 X 轴作用:集电极电压 U_C:50 V/div

④调 Y 轴作用:集电极电流 I_C:10 μA/div

⑤峰值电压由 0 逐渐增大,可得反向特性曲线。

2)晶体管测试(以 3DG6 为例)

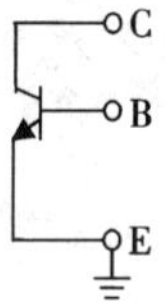

C
B
E

图 2-25　晶体管的接法

晶体管接法如图 2-25 所示。

输出特性测试步骤如下。

①光点移至左下角。

②调节集电极扫描部分:峰值电压范围:0 ~ 10 V

极性:　+

功耗电阻:　250 Ω

③调 X 轴作用:集电极电压 U_C:1 V/div

④调 Y 轴作用:集电极电流 I_C:1 mA/div

⑤阶梯信号:阶梯电流:10 μA/div

阶梯极性:+

级/簇:　10

⑥峰值电压由零逐渐增大,可得输出特性曲线。

3)场效应管测试(以 3DJ6 N 沟道为例)

场效应管接法如图 2-26 所示。

(1)输出特性

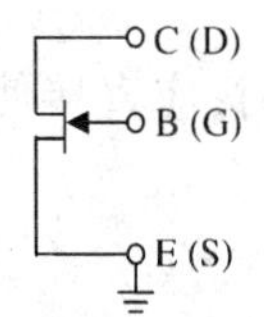

图 2-26　场效应管的接法

①光点移至左下角。

②调节集电极扫描部分:峰值电压范围:0 ~ 10 V

极性:　　+

功耗电阻:　　1 kΩ

③调 X 轴作用:集电极电压 U_C:1 V/div

④调 Y 轴作用:集电极电流 I_C:0.5 mA/div

⑤阶梯信号:阶梯电压:0.2 V/div

阶梯极性:-

级/簇:　10

串联电阻:0 Ω

⑥测试选择开关。

“零电压按入”:被测场效应管的栅、源两极短路,显示其 I_{DSS} 曲线。

“弹出”:峰值电压由 0 逐渐增大,得输出特性曲线,调节“阶梯调零”,使曲线的零阶梯线(最上面的一根曲线)和“零电压按入”的零阶梯线重合。

⑦调节串联电阻:从 0→10 kΩ→1 MΩ 来回反复变化,输出特性曲线应无变化或变化很小,否则说明场效应管输入阻抗很小,性能较差或损坏。

(2)转移特性

①光点移至右下角。

②调节集电极扫描部分:峰值电压范围:0 ~ 10 V

极性:　　+

功耗电阻:　　1 kΩ

③调 X 轴作用:置机内 0.05 V/级阶梯信号

⑤调 Y 轴作用:集电极电流 I_C:0.5 mA/div

⑤阶梯信号:阶梯电压:0.5 V/div

阶梯极性:-

级/簇:　10

峰值电压由 0 逐渐增大,得到转移特性。

2.2.8　电压测量仪表

测量电压时必须将电压表与被测电路并联。电压表的内阻要尽量大,以减小测量误差。电压表内阻通常在表盘上以 Ω/V 标明。如一只量程为 100 V 的电压表,内阻为 200 kΩ,则电压表的内阻可表示为 2 000 Ω/V。

1. 直流电压测量仪表

①电压表“+”端钮接被测电路高电位端,“-”端钮接被测电路低电位端。

②根据被测电压大小选择量程。尽量使指针的偏转或数字显示在满量程的 2/3 处附近。如果不能事先估计被测电压的大小,则量程由大至小切换至适当量程。

③如果需要扩大量程,可外串分压电阻 R_V(倍压器),如图 2-27 所示。

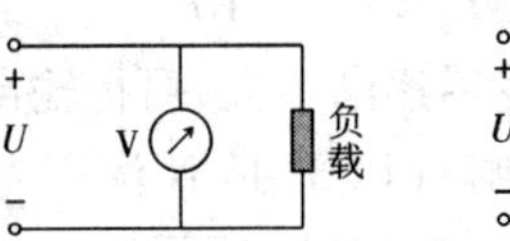

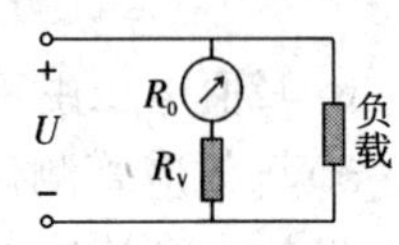

图 2-27　电压表和倍压器

设 R_0 为电表内阻,U_0 为电压表量程,U 为扩大

后电压表量程,则

$$U/U_0=(R_0+R_V)/R_0$$

$$R_V=R_0(U/U_0-1)$$

2. 交流电压测量仪表

用交流电压表测交流电压时,电压表不分极性,但同样要注意量程选择。如需扩大量程可加接电压互感器,此种方法多用于电力系统中测量几千伏以上的高电压。电气工程上配给电压互感器的电压表量程一般为100 V,如3 000/100 V、10 000/100 V等,根据被测电压等级选择电压互感器,可从表盘上直接读数。

2.2.9 电流测量仪表

测量电流时必须将电流表与被测电路串联。电流表内阻尽可能小。

1. 直流电流测量仪表

①电流表"+"正端钮为电流的流入端,"-"端钮为电流的流出端。

②量程选择同电压表。

③如需扩大量程可并接一分流器 R_A,如图2-28所示。

设 R_0 为电流表内阻,I_0 为电流表量程,I 为扩大后电流表的量程,则

$$I/I_0=R_0/(R_0+R_A)$$

$$R_A=R_0/(I/I_0-1)$$

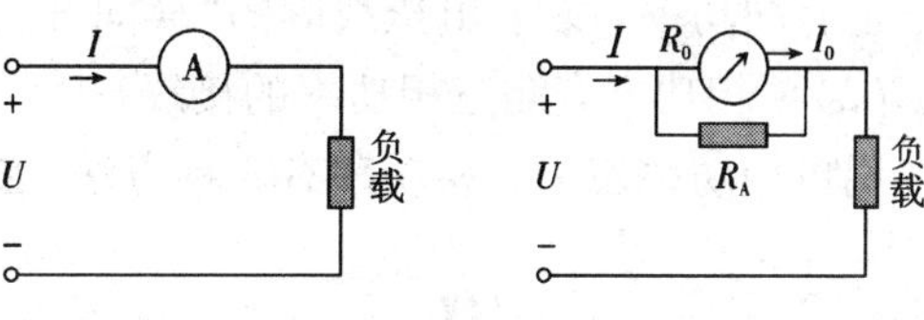

图2-28 电流表和分流器

2. 交流电流测量仪表

用交流电流表测交流电流时,无需注意电流表的极性,但也要注意量程的大小。如需扩大量程可加接电流互感器。电气工程上配给电流互感器的电流表量程一般为5 A,根据被测电流大小选择互感器,并可从表盘上直接读取被测电流。

2.2.10 功率和电能测量仪表

1. 功率表

功率表又称瓦特表,是测量电功率的仪表。

1)功率表形式选择

测直流或单相负荷的功率可用单相功率表,测三相负荷的功率可用单相功率表,也可直接用三相功率表。

2)功率表量程选择

要保证所选功率表的电压和电流量程分别大于被测电路的工作电压和电流。

3)功率表读数

$$功率\ P=C\alpha$$

$$C=U_N I_N/\alpha_N$$

式中:C 为分格常数;

U_N、I_N 为电压和电流量程;

α_N 为标尺满刻度格数;

α 为实测时指针偏转格数。

4)功率表接线

(1)单相功率表的接线

单相功率表有 4 个接线柱,其中两个是电流端子,两个是电压端子。在电流和电压端子上各有一个标有“ * ”的标记,这是标示电流和电压线圈的电源端(也叫发电机端)的符号。接线时必须注意以下事项。

①电流线圈与负载串联,电压线圈与负载并联。

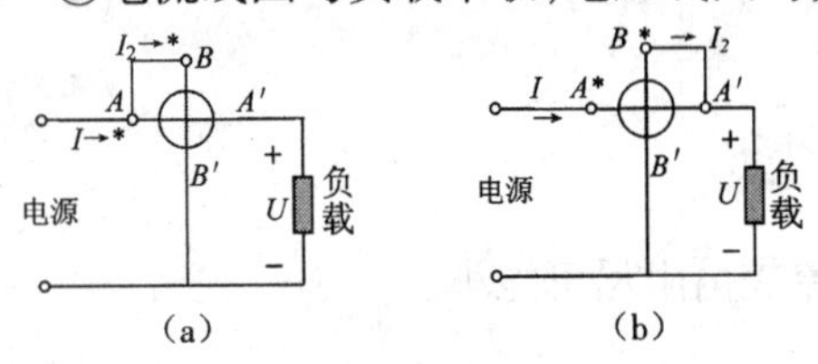

图 2-29　单相功率表接线原理图

(a)前接法;(b)后接法

②两线圈的发电机端接在电源的同一极性端上,如图 2-29 所示。图 2-29(a)为“前接法”,适用于负载电阻远大于功率表电流线圈电阻的场合;图 2-29(b)为“后接法”,适用于负载电阻远小于电压线圈支路电阻的情况。

若接线不正确,功率表反偏,表明该电路向外输出功率,这时应将电流端钮换接一下。也有的功率表装有电压线圈的“换向开关”,则转动换向开关即可。

(2)单相功率表测三相功率的接线

用单相功率表测三相功率有 3 种方法,如图 2-30 所示。

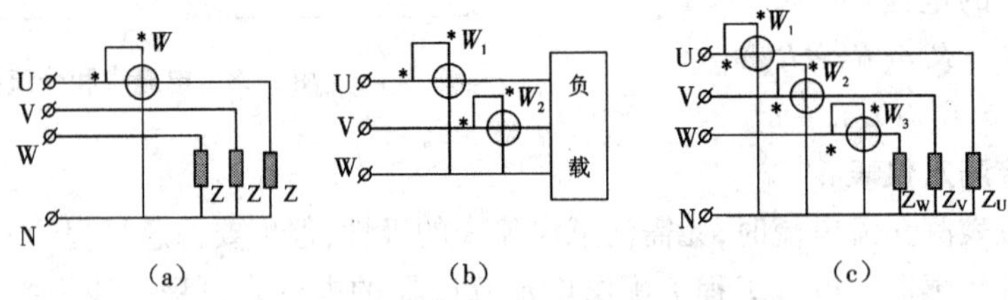

图 2-30　用单相功率表测三相功率接线图

(a)一表法;(b)二表法;(c)三表法

①一表法:仅适用于电源和负载都对称的三相电路,即只用一只功率表测出三相中一相的功率,则三相功率 $P=3P_1$。

②二表法:适用于三相三线制电路,三相功率 $P=P_1+P_2$。注意,如果功率表反偏,则应将功率表的电流线圈反接。

③三表法:适用于不对称的三相四线制电路,即用 3 只功率表分别测出三相的功率,则三相功率 $P=P_1+P_2+P_3$。

(3)三相功率表测三相功率的接线

三相功率表实际上是根据“二表法”原理制成的,所以工程上三相三线制线路常用三相功率表直接测量,其接线如图 2-31 所示。

在高电压或负荷电流很大线路上测量功率时,要通过电压互感器或电流互感器,然后再与功率表相连。

2. 电能测量仪表

电能表又称电度表,是用来测量电能的仪表,是组成低压配电板或配电箱的主要电气设备。

1）电能表形式的选择

对单相负荷选单相电能表；对动力和照明混合供电的三相四线制线路选三相四线电能表；对三相三线制线路选三相三线电度表。单相预付费电度表如图 2-32 所示。

2）额定电压额定电流的选择

电能表的额定电压应等于负载电压（供电电压），额定电流应等于或大于被测电路正常情况下可能出现的最大电流。还要注意负载的最小电流不要低于额定电流的 10%。

3）电能表的接线

（1）单相电能表的接线

单相电能表有 4 个接线柱，从左到右按 1、2、3、4 编号，接线一般如图 2-33 所示。1、3 为电源进线，2、4 为电源出线。也有些电能表 1、2 为进线，3、4 为出线，因此要根据说明书或铭牌上的接线图把进线和出线依次对号接在电能表的接线端子上。

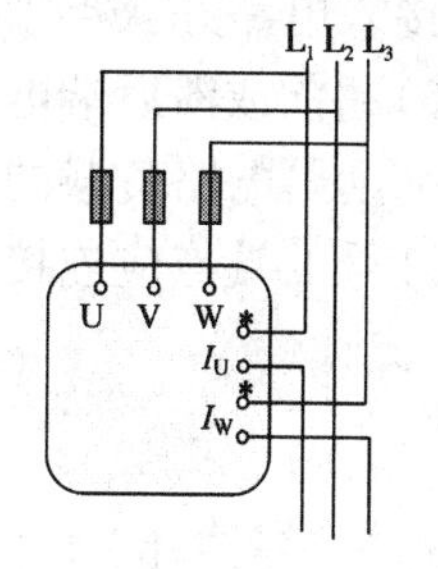

图 2-31　三相功率表的接线图

图 2-32　单相预付费电度表

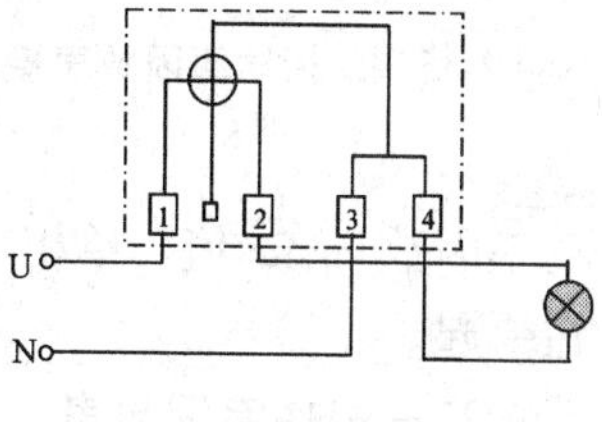

图 2-33　单相电能表接线图

（2）三相电能表的接线

①三相四线电能表的接线。三相四线电能表也称三相三元件电能表，常用的有 DT 系列，它一共有 11 个接线柱，从左到右按 1～11 编号，其中 1、4、7 为三相电源进线，3、6、9 为三相电源出线，10 为中性线进线，11 为中性线出线，2、5、8 为仪表内部各电压线圈端钮，接线如图 2-34（a）所示。

②三相三线电能表的接线。三相三线电能表也称三相二元件电能表，常用的有 DS 系列，它一共有 8 个接线端，其中 1、4、6 为三相电源进线，3、5、8 为三相电源出线，2、7 为表内各电压线圈端钮，接线如图 2-34（b）所示。

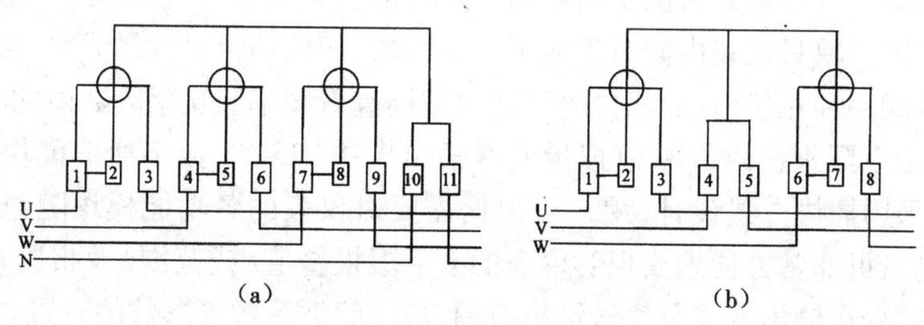

图 2-34　三相电能表的接线

（a）三相四线电能表的接线；（b）三相三线电能表的接线

与三相功率可用单相功率表测量一样，三相电能也可用单相电能表测量，方法与用单相功率表测三相功率相同。

若要测量高电压大电流线路的电能，则要加接电压或电流互感器。

2.2.11　功率因数表

1. 单相功率因数表

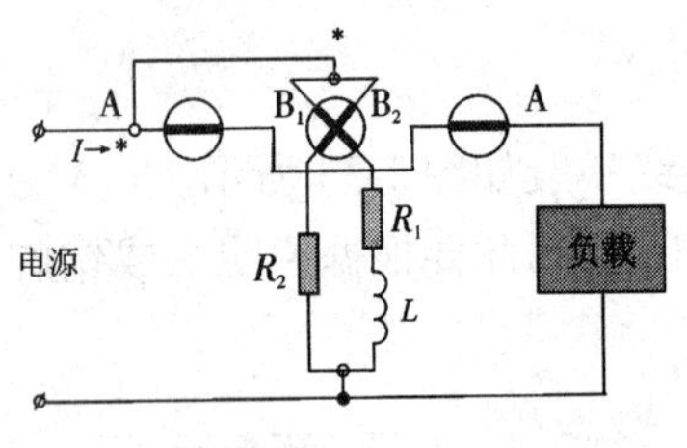

图 2-35　单相功率因数表接线原理图

单相功率因数表（又称相位表）的工作原理如图 2-35 所示。它有 2 个固定的线圈 A，另有 2 个互成某一角度并固定在同一支架上的可动线圈 B_1 和 B_2，R_1、R_2 和 L 分别是附加电阻和电感。其特点是没有反作用弹簧，因此使用前仪表的指针可停留在任意位置。使用时 2 个可动线圈产生的力矩方向相反，仪表的设计使仪表接入电路并获得平衡时，其偏转角正比于电流（即负载电流）超前或滞后端电压的相角 φ，从而在仪表的刻度盘上便可读出电路负载的功率因数 $\cos\varphi$ 值。单相功率因数表的接法与单相功率表相同，有 *（或 ±）号的端点应连接在一起。

2. 三相功率因数表

三相功率因数表是专门用来测量三相对称电路（三线制，各相负载对称的电路）负载的功率因数。其接线原理如图 2-36 所示。图中 A 为固定线圈（电流线圈）串接在 L_1 相电路中，2 个固定在同一支架上的可动线圈（电压线圈）B_1、B_2 分别跨接在线电压 L_1、L_2 相与 L_1、L_3 相间，R_1 与 R_2 为附加电阻。接法上，若电流线圈接头串接在 L_1 相，则 2 个电压线圈必须依次接到 L_1、L_2 相和 L_1、L_3 相，不可接错（余下类推）。仪表的设计使平衡时指针的偏转反映负载的相角 ϕ（或负载的功率因数角 φ），于是从仪表盘的刻度值上便可读得负载的功率因数 $\cos\varphi$。

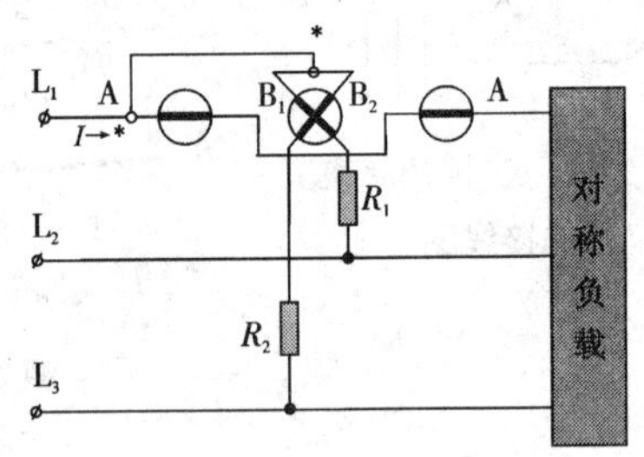

图 2-36　三相功率因数表接线原理图

实际的功率因数表如图 2-37 所示，图 2-37(b) 中的多功能表除了测量功率因数外还能测量频率。新一代可编程数显功率因数、相位表，主要用于对单相或三相用电线路中的功率因数、相位（功率因数角度）值进行实时测量与指示，并通过 RS485 接口或模拟量变送输出接口对被测电量数据进行远传。具有测量精度高、稳定性好、长期工作免调校、可通过面板按键现场设置参数等特点。单只仪表内同时集成了功率因数、相位和频率测量线路，实现功率因数表可通过按键查看频率和相位值，而相位表可通过按键查看频率和功率因数值的功能，仪表均备有开关量输出（上下限报警）模块、模拟量变送输出模块、RS485 数字通信模块供用户任意选择，且各模块都采用插拔方式设计，用户可根据需要对仪表的各功能模块随意进行组合与增减。通过仪表键盘可非常方便地实现对仪表的上下限报警值（或范围）及报警切换差、通信地址及通信波特率、变送输出方式及变送输出范围、数字滤波系数等参数的设置。仪表内部取消了调校电位器，采用软件调校。

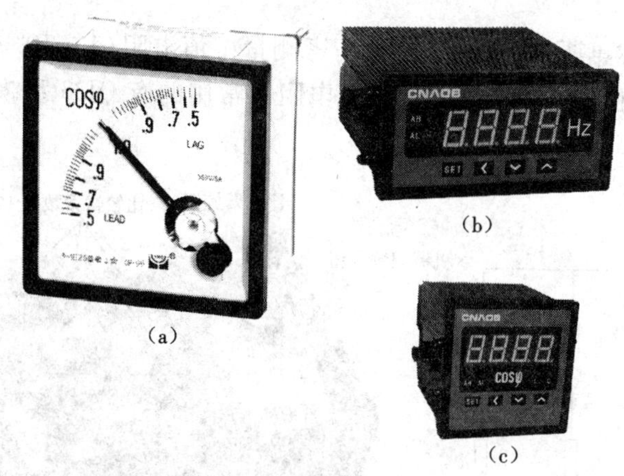

(a)　(b)　(c)

图 2-37　各种功率因数表

指针式功率因数表;(b)多功能表(频率/功率因数);(c)数字式功率因数表

2.2.12　接地电阻测试仪(Ground Resistance Tester)

接地电阻测试仪用来测试电力系统、工业设备、避雷装置等的接地情况是否良好。图 2-38 所示为ZC—8 接地电阻测试仪(摇表)。

ZC—8 型摇表由手摇发电机、电流互感器、可变电阻及零指示器组成,外形与普通摇表相似,所以也称为接地摇表。外附有 2 只探针、3 根导线(5 m、20 m、40 m)。

为消除导线电阻造成的测量误差,用摇表 0 ~ 1/10、1/100 Ω 挡测得电阻小于 1 Ω 的时候,应将 E 端的连接片打开,分别用导线连接到接地体上,以消除连接导线电阻产生的误差。使用方法详见说明书。

电气设备的金属外壳在正常情况下是不带电的,一旦绝缘损坏,外壳便会带电,人触及外壳就会触电。接地是防止这类事故的有效措施。

接地电阻应小于某一数值(欧姆级),为了安全,应定期进行检查和测试,每年至少一次。

图 2-38　ZC—8 接地电阻测试仪

2.2.13　电桥

当需要精确测量电阻的阻值时,必须用“电桥”测量。

测电阻的平衡电桥原理如图 2-39(a)所示。当电桥平衡时(电表 G 指针指零),被测电阻按下式计算:

$$R_x = \frac{R_1}{R_2} R_3$$

通常是大致选择比率 R_1/R_2,再调整标准电阻 R_3,直至电桥平衡,此时即可根据标准电阻

R_3的读数按上式求出被测电阻 R_x的值。

1. 直流单臂电桥

直流单臂电桥又称惠斯登电桥，是一种精密测量中值电阻（$1\sim10^6\ \Omega$）的直流平衡电桥。通常用来测量各种电机、变压器及电器的直流电阻。常用的有 QJ23 型携带式直流单臂电桥，如图 2-39（b）所示。

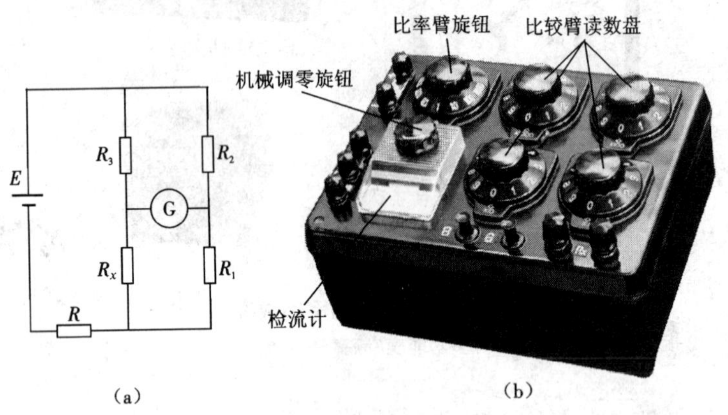

图 2-39　QJ23 直流单臂电桥

（a）平衡电桥原理；（b）QJ23 直流单臂电桥

QJ23 型直流单臂桥使用方法及注意事项如下。

①将金属连接片接至内附检流计能够工作的位置（将外接电源用金属片短接），再调节机械调零旋钮使检流计指针指向零。

②用万用表粗测 R_x的大小，以便预先正确选好比率臂（R_1/R_2）和比较臂（R_3）的位置，保证比较臂 4 挡电阻都能用上，提高其测量精度。比率臂比率选择如表 2-2 所示。

表 2-2　比率臂比率与被测电阻的关系

被测电阻	比率臂	被测电阻	比率臂
1 ~ 10 Ω	0.001	10 ~ 100 kΩ	10
10 ~ 100 Ω	0.01	100 kΩ ~ 1 MΩ	100
100 ~ 1 000 Ω	0.1	1 ~ 10 MΩ	1 000
1 ~ 10 kΩ	1	—	—

③用粗短导线将被测电阻牢固地接至标有"R_x"的两个接线端钮之间，尤其是测量小电阻时，以免接触电阻影响测量精度。

④测量时，先按下电源按钮"B"，再按下检流计按钮"G"，若检流计按钮偏向" + "，则应增大比较臂电阻；若指针偏向" - "，则应减小比较臂电阻。调节平衡过程中不能把检流计按钮按死，待调到电桥接近平衡时，才可将检流计按钮锁定进行细调，直到指针指零。

⑤测量完毕后，应先松开"G"按钮，后松开"B"按钮，以防检流计损坏。

⑥测量结束后，应锁上检流计锁扣（将金属片接至内接），若长时间不用，应取出电池。

⑦测量高阻值（大于 1 MΩ）电阻时，因电路中电流较小，平衡点不明显，可使用外接电源和高灵敏度检流计，但外接电压应按规定选择，过高会损坏桥臂电阻。

2. **直流双臂电桥**

直流双臂电桥又称凯尔文电桥，是一种适用于测量 1 Ω 以下的低阻值电阻的直流平衡电桥(如分流器、电机和变压器绕组的电阻)。常用的直流双臂电桥有 QJ103 型和 QJ44 型等。图 2-40 所示为 QJ44 型。

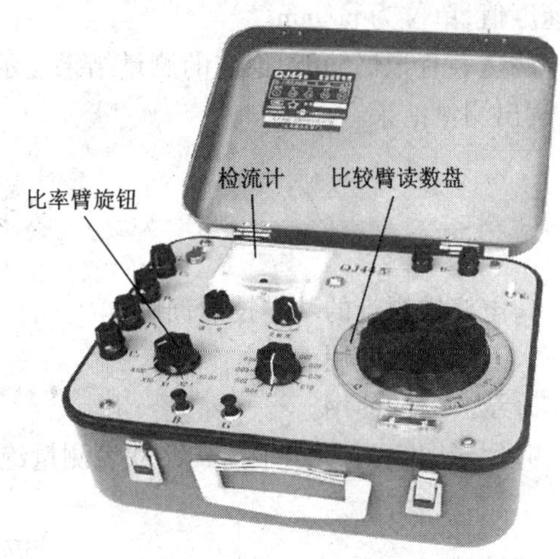

图 2-40 QJ44 型直流双臂电桥

调节比率臂旋钮和比较臂转盘使电桥平衡，则

被测电阻 R_x = 比率臂比率 × 比较臂电阻

使用直流双臂电桥的方法与直流单臂电桥基本相同，但还应注意以下几点。

①直流双臂电桥有 4 个被测电阻接线端，即 P_1、P_2、C_1 和 C_2，其中 P_1、P_2 是电压端钮，C_1、C_2 是电流端钮。为了减小测量误差，电压应取自被测电阻的内侧，电流应接被测电阻的外侧。

②连接导线应尽量短而粗，导线接头应接触良好。

③直流双臂电桥工作电流很大，测量时“B”按钮不要锁定，且动作要快。

2.2.14 转速表

转速表可以用来测量轴、辊等旋转物体的转速，测速原理上有接触式和非接触式之分。一个接触式测速表如图 2-41 所示。非接触式转速表使用光电测速原理。

测量转速时，使用锥形测试头，将锥形测试头对准并轻压在电机轴上的中心锥形槽，等待稳定以后，正确的测量结果便显示在液晶屏上，如图 2-42 和彩图 2-43 所示，显示的转速单位是转/min。

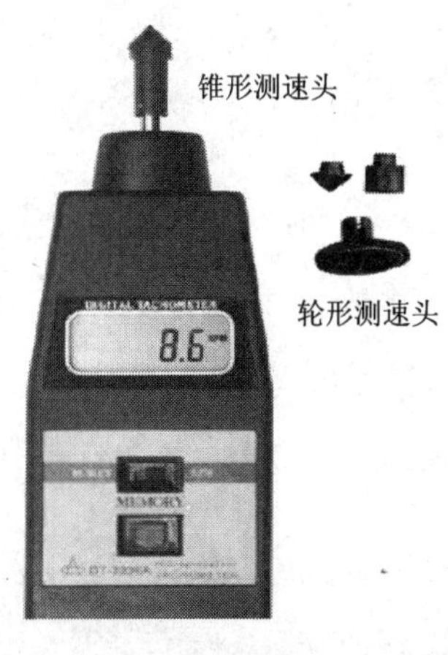

图 2-41 测速表

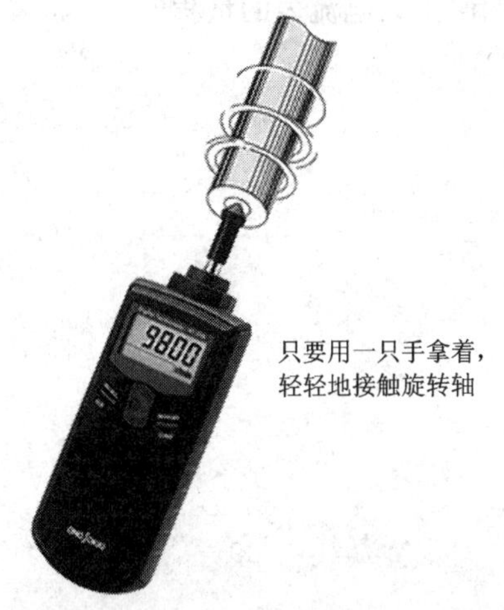

图 2-42 测量转速

转速表也可以用来测量运动物体的线速度，测量线速度时使用轮形测速头。拨动切换开

关到线速度测量，将轮形测速头轻轻接触运动物体的表面，待稳定后，液晶屏便可显示正确的线速度值，单位为 m/min。

测速表有记忆功能，稳定的测量结果显示出来后，压住“MEMORY”键，就可以离开被测物体，读出测量结果。

实训课题

1. 电烙铁焊点的基本技能训练。
2. 万用表的使用。
3. 示波器的使用。
4. 用彩图 2-44 所示手摇式兆欧表测量绝缘电阻。

思考题

1. 用彩图 2-9 所示低压验电笔验电时，如何判断所验电是直流或是交流？
2. 能否用高压验电器检测直流电压？
3. 10 kV 以下的安全距离是多少？
4. 用电烙铁焊接时，焊锡量过多有什么坏处？焊锡量过少有什么坏处？
5. 指针式万用表如何调零？
6. 使用指针式万用表测量晶体管时，用电阻挡 $R\times1\ \text{k}\Omega$，哪一端为内电源的正端？哪一端为内电源的负端？
7. 使用数字式万用表时，哪一端为内电源的正端？哪一端为内电源的负端？
8. 测量完毕后，应将万用表的转换开关转至什么位置？
9. 如何扩大电压表的量程？
10. 如何扩大电流表的量程？

第 3 章　安全用电及防护

本章知识架构

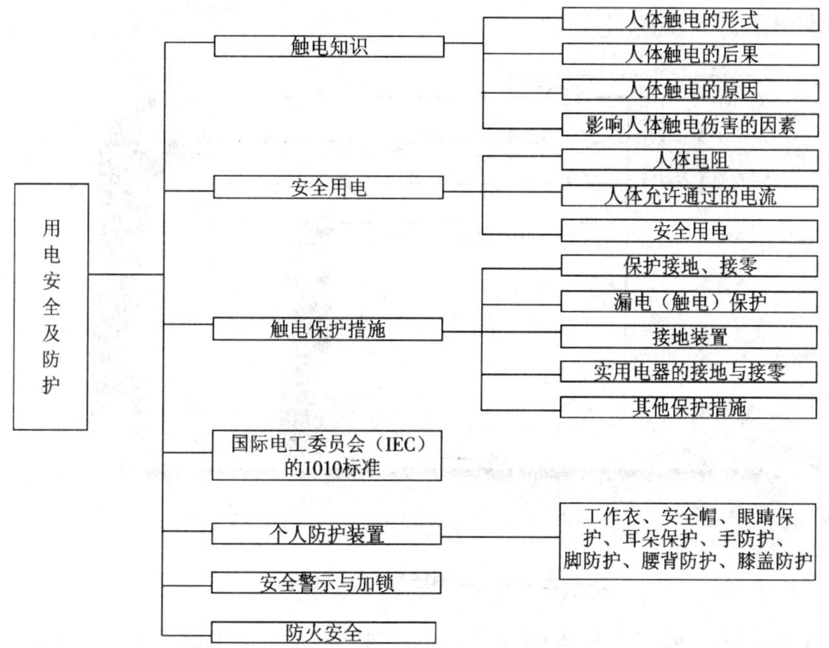

本章教学目标与要求

★ 了解触电的知识

★ 了解触电的条件及因素

★ 了解防触电保护设施和方法

★ 了解个人防护的内容和设备

3.1 有关人体触电的知识

3.1.1 人体触电的形式

①单相触电。这是常见的触电方式。人体的一部分接触带电体的同时,另一部分又与大地或零线相接,电流从带电体流经人体到大地形成回路,这种触电称为单相触电,如图 3-1 所示。

②两相触电。人体的不同部位同时接触三相电源中的两相带电体而引起的触电称为两相触电,如图 3-1 所示。对于这种触电,人体所承受的电压将比单相触电时高,危险性更大。

③跨步电压触电。雷电流入地或电力输电线断落触地时,会在雷电流入点或导线接地点周围形成强电场,其电位分布以接地点为圆心向周围扩散逐步降低。人、畜跨入这个区域,两脚之间将存在电压,称为跨步电压。

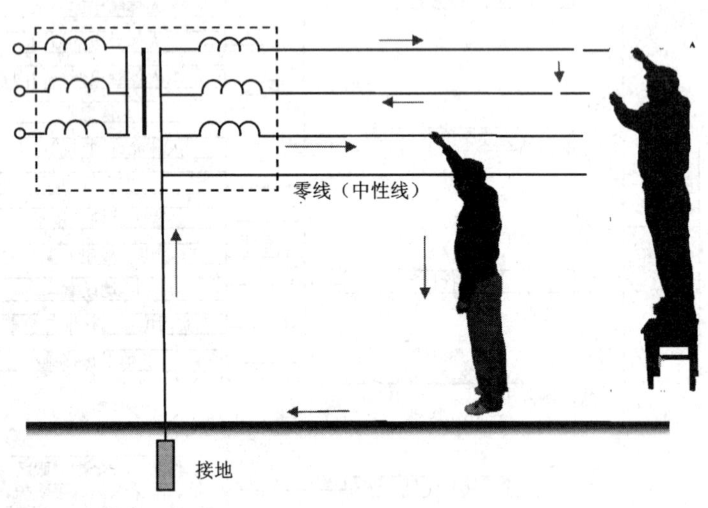

图 3-1 单相触电与两相触电

④悬浮电路触电。隔离变压器的二次侧不接地,称为悬浮电路。若人站在地上接触到二次侧一根带电导体,不会形成电流回路,因而也不会触电,这就是隔离变压器比较安全的原因。但是,如果人体的一部分接触到二次侧绕组的一端,另一部分接触到二次绕组的另一端,则会造成触电,称为悬浮电路触电。在接触这类电器时,一般要求单手操作。

3.1.2 触电的后果

①电击。电击是指电流流过人体时所造成的内伤。它可能是肌肉抽搐、内部组织损伤,严重时将引起昏迷、窒息甚至心脏停止跳动而死亡。绝大部分触电死亡系电击造成。

②电伤。电伤是指在电流的热效应、化学效应、机械效应作用下造成的人体外伤。常见的有灼伤、烙伤和皮肤金属化等。

3.1.3　触电的原因

①线路架设不合规格。如为节省导线采用一线一地制的违章线路架设;通信线、广播线与电力线距离过近或同杆架设;开关、熔断器误装在中性线上等。

②用电设备不合要求。如电器设备内部绝缘损坏,金属外壳未加接地保护措施,开关、插座外壳破损,照明电路或家用电器接线错误致使灯具或外壳带电等。

③电工操作制度不健全。如带电操作时不采取可靠的保护措施;不熟悉电路和电器而冒险修理;停电修理时闸刀开关上未挂“警示牌”;使用不合格的安全工具进行操作等。

④操作电时不谨慎。如违反布线规程乱拉电线;未切断电源去移动灯具或家用电器;用水冲洗电线、电器或用湿布擦拭;随意加大熔断器规格或任意用铜丝代替,失去保护作用。

3.1.4　影响人体触电伤害程度的因素

1. 电流的强弱

触电时,人体成了电路的一部分,电流通过人体形成通路。触电对人体造成的伤害程度与通过人体的电流有很大关系,流过人体的电流越大,伤害程度越大,如图 3-2 所示。

电流的强弱	对人体的伤害
超过20 mA	引起肌肉抽搐、昏迷、心脏停止跳动
15~20 mA	严重的电击感,不能自我脱离触电点
8~15 mA	严重的电击感,靠自然反应脱离触电点
小于8 mA	有电击感,但不严重

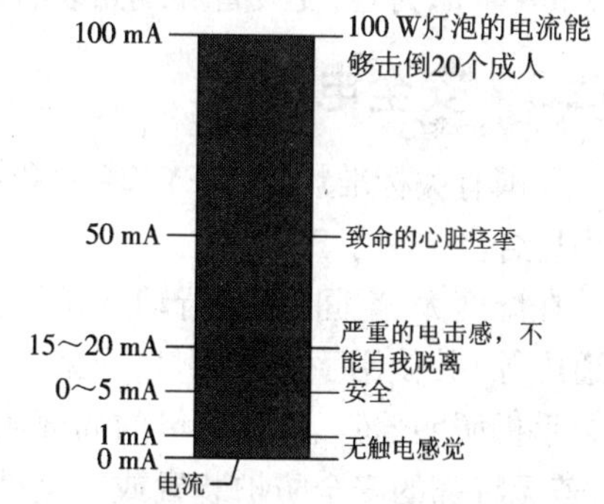

图 3-2　触电电流强弱对人体伤害的关系

2. 电压的高低

人体接触的电压越高,流过人体的电流越大,对人体的伤害程度也越严重。统计表明,70% 以上的触电死亡是在对地电压为 220 V 低压下触电造成的。如果以触电者人体电阻为 1 kΩ 计,在 220 V 电压作用下,通过人体的电流是 220 mA,能迅速使人致死。对地 220 V 以上的高压,危险性更大,但由于人们接触的机会少,对它的警惕性高,所以触高压电致死的在 30% 以下。

3. 触电时间的长短

常用触电电流与触电持续时间的乘积(电击能量)来衡量电击对人体的伤害程度。触电电流越大,触电时间越长,对人体的伤害越严重。若电击能量超过 50 mA · s,触电者就有生命危险。

4. 人体电阻的大小

人体电阻越大,受触电伤害越轻。通常人体电阻可按 1 ~2 kΩ 考虑,这个数值主要由皮肤表面的电阻值决定,如果皮肤表面的角质层损伤、潮湿等将会大幅度降低人体电阻,增加触电的伤害程度。

3.2　安全电压

触电时,人体所承受的电压越低,流过人体的电流越小,触电伤害就越轻,当电压低到某一

值后,对人体就不会造成伤害。也就是说,在不带任何防护设备的条件下,当人体接触带电体时对人体各部分组织均不会造成伤害的电压值,称为安全电压。

3.2.1 人体电阻

影响人体电阻的因素很多。除皮肤角质层薄厚外,皮肤潮湿、接触面积和接触压力增大都能降低人体电阻;接触电压增高会击穿角质层,并增强肌体电解,也会降低人体电阻。

体内电阻基本上不受外界的影响,约为0.5 kΩ;皮肤电阻占人体电阻的绝大部分,并且随外界条件的不同可在很大的范围内变化,不同条件下的人体电阻如表3-1所示。

表3-1 不同条件下的人体电阻

接触电压(V)	人体电阻(Ω)			
	皮肤干燥	皮肤潮湿	皮肤湿润	皮肤浸入水中
10	7 500	3 500	1 200	600
25	5 000	2 500	1 000	500
50	4 000	2 000	875	440
100	3 000	1 500	770	375
250	1 500	1 000	650	325

3.2.2 人体允许的电流

人体允许的电流是指发生触电后,触电者能自行摆脱触电点,解除触电危害的最大电流。在通常情况下,人体允许的电流,男性为9 mA,女性为6 mA。一般情况下,人体允许的电流应按5 mA考虑为宜;在设备和线路装有触电保护设施的条件下,人体允许电流可达30 mA。

3.2.3 安全电压

我国有关标准规定,12 V、24 V和36 V三个电压等级为安全电压级别,分别适用于不同的应用场合。

在湿度大、空间狭窄、行动不便、周围有大面积接地导体的场所(如金属容器内、矿井内、隧道内等)并使用手提照明灯,应采用12 V安全电压。

手提照明器具、危险环境的局部照明灯、高度不足2.5 m的一般照明灯、携带式电动工具等,若无特殊的安全防护装置或安全措施,均应采用24 V或36 V的安全电压。安全电压的规定是从总体上考虑的,对于某些特殊情况或某些人也不一定绝对安全。所以即使在规定的安全电压下工作,也不可粗心大意。

3.3 触电保护措施

电气设备的金属外壳在正常情况下是不带电的,一旦绝缘损坏,外壳便会带电,人触及外壳时就会触电。接地和接零是防止这类事故的有效措施。

3.3.1 保护接地/接零

保护接地/接零是将用电设备所有暴露出来的不带电的金属部分连接到大地,起到保护设

备和人身安全的作用。电动工具、电动机、各种用电设备外壳的适当接地或者接零可以避免触电事故和消除火灾隐患。接地线可以连接到地下金属水管道、建筑物的金属框架、水泥浇筑的接地电极或者专用的接地环上，如图 3-3 所示，所有的接地线通过接地铜排连接在一起。接地线必须有足够的横截面，并且尽可能短，以保证接地电阻足够小。接地线上绝不能加装熔断器和开关一类的东西，以保证接地电路总是畅通无阻。

大多数电源变压器的副边、发电机、太阳能电池、蓄电池电源引出线的一端接地，称为零线，通过零线接地又称为接零，如图 3-1 所示。

外壳接地或接零可以将绝缘损坏时外壳上的对地电压限制在安全的范围内；或者通过外壳流过很大的接地短路电流使熔断器断开或断路器跳闸，切断电路。

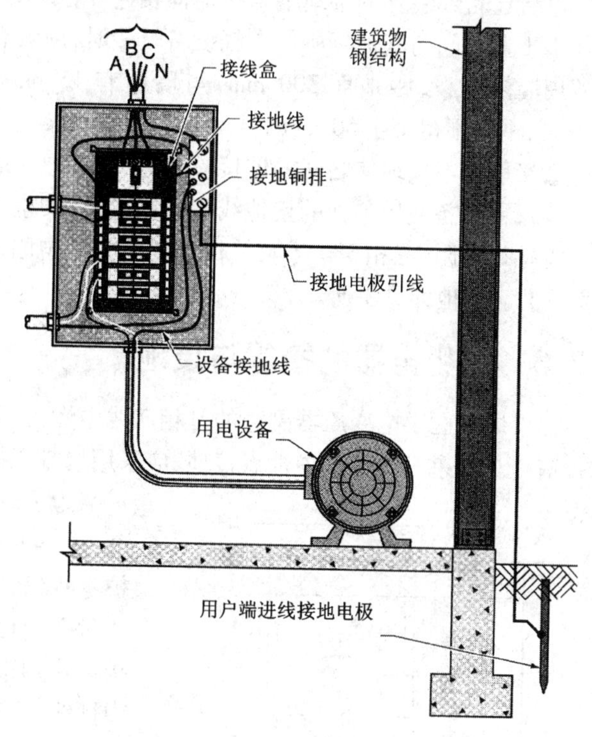

图 3-3　接地保护

3.3.2　接地装置

接地装置由接地体和接地线两部分组成。

1. 接地体

接地体是埋入地下并和大地直接接触的导体组，分为自然接地体和人工接地体。

1）自然接地体

自然接地体是利用与大地有可靠连接的金属构件、金属管道、钢筋混凝土建筑物基础等作为接地体。装设接地装置时应首先利用自然接地体，对螺栓连接的管道、钢结构等采用跨接线焊牢。

2）人工接地体

人工接地体使用型钢如角钢、钢管、圆钢等打入地下而成。

人工接地体的设置要求如下。

①在腐蚀性较强的土壤中，接地体应采用镀锌等措施。

②接地体顶端应在地面下 0.5 ~ 0.8 m。

③接地体根数不应少于两根，两根之间的距离不应小于 5 m。

④接地体与建筑物的距离不小于 3 m。

⑤常用的接地体的尺寸如下：钢管直径 40 ~ 50 mm，壁厚不小于 3.5 mm。

2. 接地线

电气设备或装置的接地端与接地体相连的金属导体称为接地线,分为干线与支线。

①工业车间与其他场所如电气设备较多时,应设置接地干线。车间接地干线一般为沿车间四周墙体明设,距地面 300 mm,与墙体有 15 mm 的距离。最小截面积,铜材不得小于 25 mm^2,钢材不得小于 50 mm^2。

②接地线与接地体之间的连接一般为焊接,埋入地下的连接点应在焊接后涂沥青漆防腐。

③每台设备使用单独的接地线与干线连接,禁止在一条接地线上串联多台接地设备。

④接地电阻:三相 380 V 及单相 220 V,接地电阻为 4 Ω;三相 220 V 及单相 127 V,接地电阻为 8 Ω。其他详见手册。

3.3.3 家用电器的接零与接地

如果居民区供电变压器副边的三相四线中性点不接地,家用电器必须采用保护接地作为保护措施。如果三相四线中性点接地,应采用接零保护。

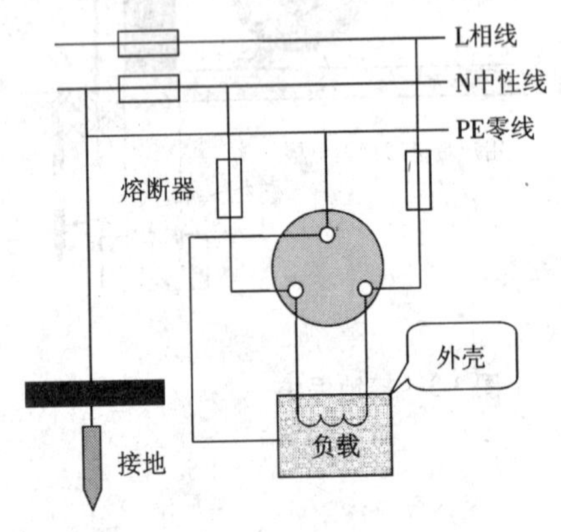

图 3-4 单相三眼插座的正确接线

为了改善和提高三相四线低压电网的安全程度,提出了三相五线制和单相三线制,即增加一根保护零线(PE),而三相四线制中的中性线称为工作零线(N),如图 3-4 所示。这一点对家用电器的保护接零特别重要。因为目前单相电源的进线(相线和中性线)上都安装有熔断器,此时的中性线(N)就不能作为保护接零用了。所有的接零设备都要通过三孔插座接到保护零线(PE)上。(三孔插座中间粗大的孔为保护接零,其余二孔为电源线)

居民住宅一般是单相三线供电,即一根相线 L,一根零线 PE,一根中性线 N。多数采用三脚插头和三眼插座连接。

三眼插座的正确接法是将插座上接零线的孔连接到零线 PE 上,接中性线的孔接到中性线 N 上,如图 3-4 所示,家用电器的外壳通过零线 PE 接地。注意零线 PE 上不能有熔断器。

在电力系统线路检修前,停电后为了检修安全,仍然要用接地线跨接在线路上,如彩图 3-5所示。

3.3.4 漏电(触电)保护

当电器设备绝缘不良引起漏电时,其外壳或其他外露的可导电部分就可能长期带电,这增加了人体触电的危险。漏电保护断路器就是针对这种情况发展起来的新型保护装置。

漏电保护断路器的特点是在判断到漏电或触电(触电实际上也是一种漏电)故障时,能自动切断故障电路,如彩图 3-6 所示。

正常情况下穿过零序电流互感器的三相电流之和等于零。当三相中的任意一相绝缘损坏导致漏电发生时,三相电流之和将不等于零,引起零序电流互感器励磁,副边绕组有输出。副边绕组的输出经放大器放大驱动脱扣器动作,断路器断开电源,防止了漏电/触电事故的发生与扩大。

按保护功能区分，漏电保护有两种：一种是带过流保护的，它除具备漏电保护功能外，还兼有过载和过流保护功能，使用这种类型，不再配用熔断器和普通断路器；另一种是不带过流保护功能的，使用时尚需配用相应的过流保护装置。

表3-2是我国生产的电流动作型漏电保护装置的技术数据。其中DZL18—20型采用了国际电工委员会标准，适用于额定电压为220 V、电源中性点接地的单相回路。

表3-2　漏电保护装置技术数据

型号	名称	极数	额定电压（V）	额定电流（A）	漏电动作电流（mA）	漏电动作时间（s）	保护功能
DZ15—20L	漏电开关	3	380	3、4、5	30、50、70、100	<0.1	过载、短路、漏电保护
DZ15—20		4		6、10、15 20、30、40			
DZL16		2	220	6、10、15 25、40	15		漏电保护
		3	380		36		
		4					
DZL18—20		2	220	20	10、30、6、15		过载、短路、漏电保护
DZL20							
JD—100	漏电继电器	贯穿孔	380	100	100、200、300、500		漏电保护专用
JD—200				200	200、300、400、500		

3.3.5　其他保护措施

1. 绝缘

用绝缘材料将带电体封闭起来。良好的绝缘材料所提供的高绝缘电阻是保证电气设备和输电线路安全运行的重要措施。不同的设备或电路对绝缘电阻的要求不同。新装和大修后的低压设备和线路的绝缘电阻不应小于0.5 MΩ；运行中的设备和线路的绝缘电阻不应低于1 kΩ/V，在潮湿工作环境下，则要求不低于0.5 kΩ/V；便携式电气用具的绝缘电阻不应低于2 MΩ；高压电气设备的绝缘电阻不应低于1 000 MΩ。检测电机的绝缘电阻如图3-7所示。

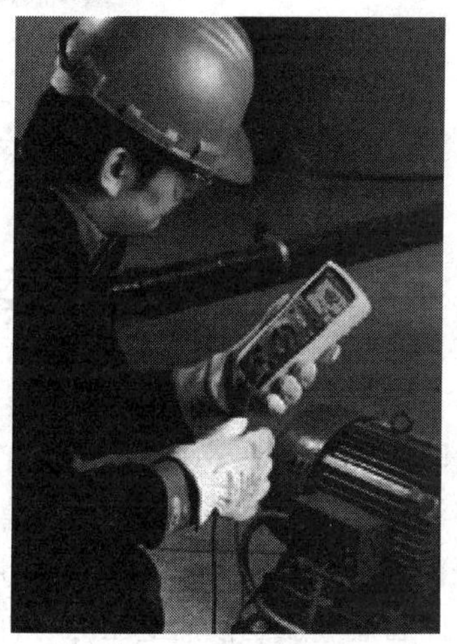

图3-7　检测电机的绝缘电阻

2. 屏护

采用屏护装置将带电体与外界隔绝。常用的屏护装置，如电器的绝缘外壳、金属网罩、变压器的遮拦、栅栏等都属于屏护措施。凡金属材料制作的屏护装置，应接地或接零。

3. 间距

为防止人体触及及过分接近带电体，防止火灾、过电压放电及短路事故的发生，带电体与地面之间、带电体与带电体之间、带电体与其他设备之间，均应保持一定的安全距离。安全距离的大小取决于电压的高低、设备的类型及安装方式等因素。导线与建筑物的最小距离如表3-3所示。

表 3-3 导线与建筑物的最小距离

线路电压(kV)	垂直距离(m)	水平距离(m)
<1.0	2.5	1.0
10.0	3.0	1.5
35.0	4.0	3.0

4. 电气隔离

采用隔离变压器或具有同等隔离作用的发电机,使电气线路或设备带电部分处于悬浮状态。即使该设备或线路绝缘损坏,人站在地面与之接触也不易触电,如图 3-8 所示。注意,单手触及隔离变压器的负载侧不会构成电流通路,但双手分别触及隔离变压器的负载侧 2 根电力线仍会触电。

5. 自动断电

在带电线路或用电设备上发生触电事故或其他事故(短路、过载、欠压等)时,在规定的时间内能自动切断电源。如漏电保护、过流保护、过压或欠压保护、过载保护、触电保护等都属于自动断电保护。

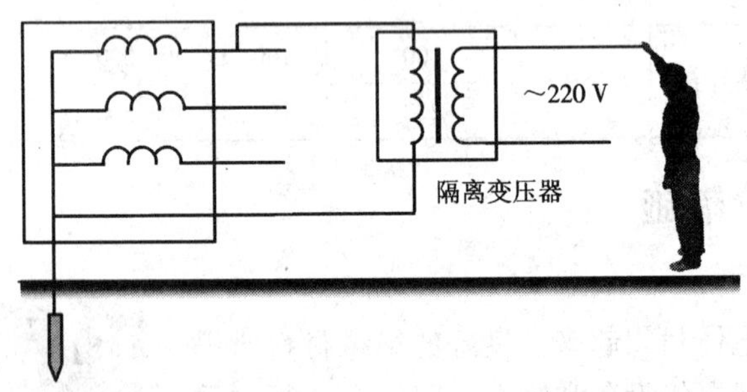

图 3-8 隔离变压器隔断了电流通路

3.4 国际电工技术委员会(IEC)的 1010 安全标准

国际电工技术委员会是一个为电气设备制定安全标准的国际组织,它制定的安全标准有效降低了在未知环境下使用电工测试仪表时所造成的安全灾难。例如,在输配电线路上存在浪涌电压,它虽然短暂,但比正常电压高出许多倍,用数字万用表(DMM)进行测试时会在万用表内部形成电弧。

暂态电压是浪涌电压的一种,有很大的破坏性。例如,雷击造成暂态电压;未经滤波的用电设备造成暂态电压;电源合闸或分断时造成暂态电压等。在 220 V 输电线路上的暂态电压可能达到数千伏。

如彩图 3-9 所示,用万用表测量时可能的浪涌或暂态电压会在探头端部生成电弧:

①雷击与开关大负载可能在电力线上形成浪涌和暂态电压,在测试中的数字万用表的输入端和内部可能产生电弧;

②测量大电流时,万用表探头端部可能出现电弧;

③当在大的声响惊吓之下万用表探头缩回时,其端部可能出现电弧;

④一旦电弧出现，对电力线路形成短路，即使暂态电压消失，电弧继续维持，周围空气被电离，引起弧爆，可能威胁到操作者的生命。

电弧引起的短路电流的大小和潜在的损害取决于短路发生的电力系统的具体位置，沿电力系统配有熔断器或者断路器，它们的设定值决定了短路故障的影响范围。一般说来，距离主配电屏越远，熔断器或者断路器的额定电流值越小，短路产生的损害也越小。

IEC1010—1 定义了 4 类数字万用表可以使用的设备过压分级标准，它们是 Ⅰ类～Ⅳ类。它们分别规定了在电力系统中使用的数字万用表或其他的电工装置必须承受的暂态电压标准。例如，一个用在Ⅲ类环境中的数字万用表或其他的电工装置必须能够承受 6 000 V 的暂态电压而不引起电弧发生。如果在 600 V 以上的电路中使用，数字万用表必须能够承受 8 000 V以上的暂态电压。

在规定承受的暂态电压下，数字万用表可能损坏，但电弧和电弧爆不能发生。保护功能必须内置于测试设备内部。分类号越大，表明能够承受的电环境具有较高的暂态功率和较大的短路电流，详见彩图 3-10。

配电系统被分成“类”的原因是基于危险的高能暂态电压（例如雷电）通过电网传送到地的过程中存在被电网 AC 阻抗衰减这样一个事实。对于 IEC1010 标准的同一“类”内部来说，较高的电压额定意味着较高的暂态电压承受能力。例如，一个Ⅲ类 1 000 V（稳态）额定的 DMM 比Ⅲ类 600 V（稳态）额定的 DMM 有较好的暂态电压保护能力。但在标准“类”之间，较高的电压额定（稳态）不一定提供较高的暂态电压承受能力。例如，一个Ⅲ类 600 V 的 DMM 比Ⅱ类 1 000 V 的 DMM 有较好的暂态电压承受能力。所以，选用 DMM 时首先应根据“类”，其次根据额定电压（稳态）。

彩图 3-10 表示出 4 类 DMM 可以分类使用的暂态电压如下。

Ⅰ类（CAT Ⅰ）：保护电子设备，限制暂态电压较低。

Ⅱ类（CAT Ⅱ）：家用电器、小型工具等。

Ⅲ类（CAT Ⅲ）：固定设备、三相电动机等。

Ⅳ类（CAT Ⅳ）：电源进线、电源侧过流保护装置等，暂态电压较高。

3.5 个人防护装置

个人防护装置是指电气技术人员和操作人员在工作现场穿戴的个人防护用品。

个人防护装置包括：工作衣、安全帽、电工鞋、防护眼镜、护耳、护膝、护背和绝缘垫等，如彩图 3-11 所示。

1. 工作衣

工作衣可以提供安全保护，避免可能接触到尖锐物体、过热物体、有害物体造成的人体伤害。工作衣应该用耐磨材料（例如劳动布）制成，既贴身又不妨碍移动，靠近机器时不易被纠缠卷入。口袋应方便掏取，又不易被工具撕裂。被油污弄脏的工作衣应及时洗涤，不要让它变成易燃物。

当在高电压环境下工作时，工作衣还应该用不易起弧的材料制成，纤维表面涂有 PVC。抗起弧工作衣必须满足以下三个要求：

①不易起火和燃烧；

②穿着凉爽；

③不易被电弧冲击波撕开。

在高压环境下工作，还应注意保持与高压带电体之间的安全距离。

2. 安全帽

坚硬的头盔可以保护头部免遭下落或飞行物体的伤害，也可避免头部触电。安全帽用轻而坚固的材料制成，内部衬垫使头部不接触坚硬的头盔外壳，既抗震又通风。

安全帽按保护等级分类。在工业和建筑业中使用的头盔分A、B、C三类：A类安全帽可以保护低压触电、燃烧和撞击，在建筑业和制造业中广为使用；B类安全帽可以保护高压触电、燃烧和被下落、飞行物体撞击刺穿；C类安全帽用轻型材料制成，防撞击。

3. 眼镜防护

在工作现场必须佩戴防护镜，避免眼镜或面部受到飞行的尘粒、触头引起的电弧和辐射能量的伤害，如图3-12所示。

防护镜使用防冲击玻璃或塑料镜片、加固的镜框和边护，以免触电或撞击时对眼镜或面部造成伤害。边护对飞行物体的伤害提供附加的保护。镀锡安全镜片保护免受低压电弧的伤害。

面罩是眼睛和面部防护装置，用透明塑料覆盖了整个面部，保护免受飞行物体的伤害。镀锡面罩还可以防止低压电弧的伤害。

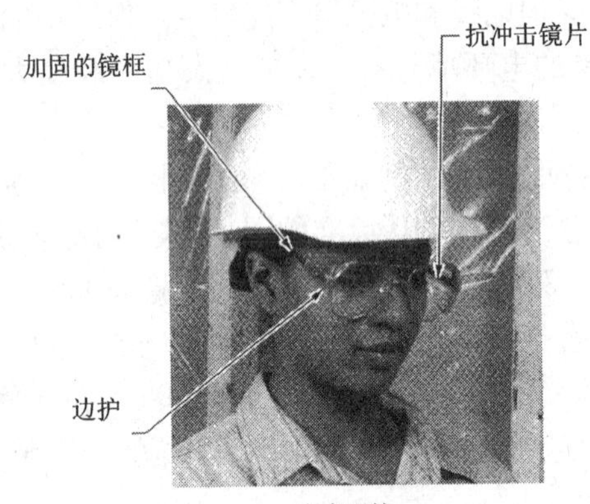

安全眼镜

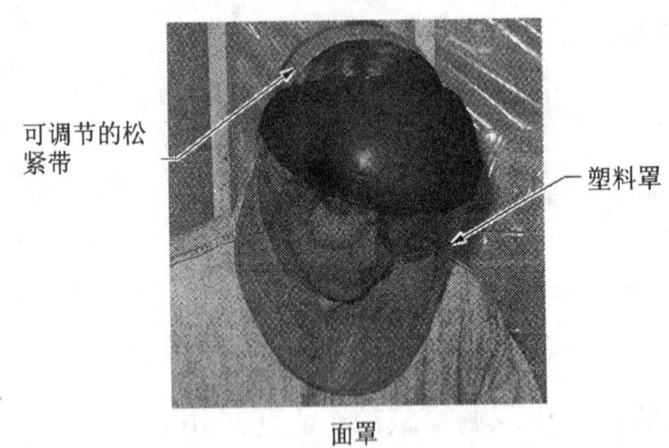

面罩

图3-12　眼睛与面部防护

4. 耳朵防护

耳朵的防护装置主要是限制噪音进入，包括耳塞和耳罩。耳塞用可模橡胶或塑料制成，塞入耳道内；耳罩则捂在耳朵的外面，阻止噪音进入。

动力工具和设备工作时可能产生很大的噪音，不加防护可能在一段时间内造成人耳失聪。噪音的相对水平用分贝表示。

耳朵防护装置的降噪额定值（NRR）是基于对噪声的衰减程度，例如，NRR等于27意味着噪音大小被降低了27分贝（出厂测试）。为了现场确定大概的噪音降，可以用出厂标称值减去7，即一个27分贝的降噪装置在现场可以降低噪声20分贝。

5. 手防护

手防护装置主要指绝缘手套，用于保护双手免遭触电的伤害。绝缘手套由乳胶橡胶制成，能提供的耐压等级由500 V到26 500 V不等。皮护套戴在橡胶手套的外面，防止橡胶手套被尖锐的东西刺穿并提供附加的触电保护，如图3-13所示。

橡胶绝缘手套和皮护套的最主要的目的是保护手和小臂避免接触带电导体。橡胶绝缘手

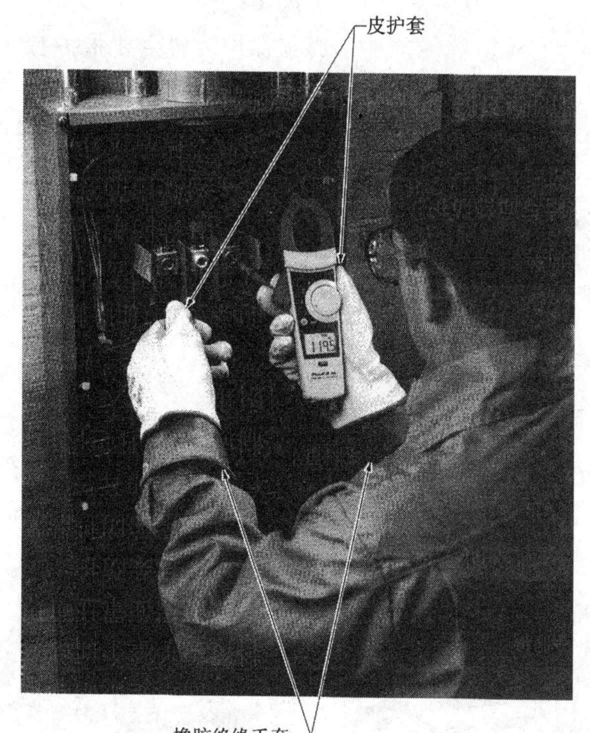

图 3-13　手防护

套提供高绝缘电阻，皮护套保护橡胶绝缘手套不被尖锐的东西刺穿并提供附加的触电防护。

注意不要不适当地单独使用橡胶绝缘手套和皮护套。使用前注意检查不要在其中夹带金属或其他可能导致绝缘能力降低的物质颗粒。每次使用前要检查橡胶绝缘手套的整个表面（目检和漏气检查），每 6 个月对绝缘手套的绝缘状况进行一次测试。目检时，展开一个小区域，特别是指尖部分，审视有无缺陷和小孔、嵌入的外部物质颗粒、切痕、油污引起的橡胶老化等。

当有理由怀疑绝缘手套受损时，必须进行漏气检查。紧紧卷起橡胶手套，看是否有空气充胀其中；或使用机械的充气设备充胀手套，检查有无漏气之处。没有通过检查的绝缘手套或皮护套应贴上“不能使用”的标签，或作其他适当处理。

6. 脚防护

脚防护装置主要指安全鞋，它能保护脚不被下落的重物砸伤。安全鞋的指尖部分有加强的钢前部，保护脚趾不被挤压或撞击。电工作业时穿有橡胶底的绝缘鞋可防止触电事故的发生。在存在尖锐物体（例如钉子）的工作场合，穿厚底工作鞋，以免刺破脚底。

7. 腰背防护

工作失手的时候易造成腰背受伤，例如，不适当地抬举重物。避免的方法是当搬运重物时作一个可行的计划并仔细安排和选择一个适当的帮手。当从地面上抬举、搬运重物时要确保通道上无障碍，膝盖弯曲，双手抓牢，抬起时靠弯曲的膝盖伸直，背部一直尽可能保持直立。

细长的物体可能并不重，但搬运时要注意平衡，如果可能，应尽可能由两个人或更多的人进行。如果一个人肩扛，应尽可能保持前端低，以免转弯和过门时伤及他人。

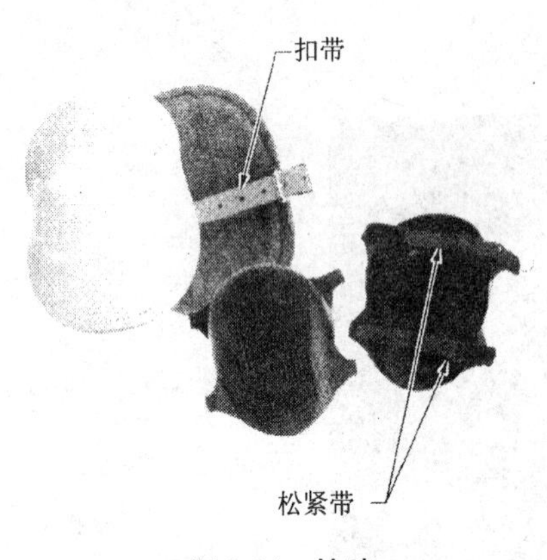

图 3-14　护膝

8. 膝盖保护

膝盖保护装置主要指护膝。护膝由橡胶、皮革或者塑料制成，使用时裹在膝部。当电气技术人员必须长时间跪下工作以便尽可能接近对象时，使用护膝。护膝被带扣的带子扎紧在膝部，如图 3-14 所示。

总之，要安全操作，如彩图 3-15 所示。

3.6　安全警示与加锁

当电气设备或线路维修、检查和定期服务时，必须断电。为了确保人员和设备的安全，必须确保此期间电源不被合闸、设备不被操作，需要挂警示牌并加锁。警示牌告知不可合闸，直到警示牌撤销；操作站被加锁，不能启动有关的电、液、气，如图 3-16 和 3-17 所示。

图 3-16　警示与加锁

图 3-17　管道加锁

除了被授权的人之外，任何人无权移动警示牌和打开锁，除非情况紧急。

使用安全警示牌或加锁的一般规则如下：

①尽可能使用安全警示牌和加锁；

②当加锁不可能的时候仅使用安全警示牌；

③当使用一把锁不保险的时候，加多把锁；

④断掉所有的电源，包括一次侧与二次侧；

⑤使用万用表确认电源确实被断掉。

当几个电气技术人员在同一台设备上或同一条线路上执行检修任务时，每个人挂自己的安全警示牌、加自己的锁。

在服务或者维修完成以后，准备恢复正常运行，需要按照下列步骤进行。

①确保所有的工具和不必要的东西取出，确保所有的安保装置恢复工作；

②检查现场，确保所有的人撤离，准备上电；

③通知所有的加锁和挂警示牌的个人，锁和安全警示牌将被去掉；

④确保只有被授权的个人移掉安全警示牌和锁。

3.7　防火安全

减少火灾的最好办法是进行预防，技术人员应负起责任，杜绝火灾隐患的出现。常用的润滑油、油棉纱、溶剂等都是易燃物品。擦拭布上粘有汽油、酒精、油漆、机油等，极易燃烧，应将其放置在一个远离建筑物的有盖的金属罐内，如图 3-18 所示。密封的盖将油污与空气隔绝，以避免自燃的可能。

靠重力闭合的盖

开盖脚踏

通风孔

图 3-18　油污垃圾罐

应该制定防火安全计划。防火安全计划要示出电路主断路器的位置、出口的位置、火灾报警器的位置、灭火器的位置等。

在易燃易爆环境下，例如煤矿、化工厂、可燃性气体泄漏的地方，使用电气设备可能导致爆炸或起火。在这种环境下使用的电气设备应满足要求，例如电机应是防爆型的。

1. 电气火灾

电气火灾是由于电气设备故障（如短路、过载）产生过热或电火花（工作火花如电焊火花飞溅；故障火花如拉闸电弧、接头松脱火花、熔丝熔断等）而引起的火灾。

2. 预防方法

在线路设计时应充分考虑负载容量及合理的过载能力；在用电时禁止过度超载及乱接、乱搭电源线，防止短路故障；用电设备有故障时应停用并尽快维修；某些电气设备应在有人监护下使用。对于易引起火灾的场所，应加强防火，配置防火器材，使用防爆电器。

3. 电火灾的紧急处理步骤

①切断电源。在紧急的情况下可以用木柄消防斧切断电源进线，防止事故的扩大和火势的蔓延，以及灭火过程中发生的触电事故，同时拨打 119 火警电话，及时向消防部门报警。

②正确使用灭火器材。发生电火灾时绝不可以用水或普通灭火器去灭火，因为水和普通灭火器中的溶液都是导体，一旦电源未被切断，救火者就有触电的危险。所以发生电火灾时应使用干粉二氧化碳或 1211 等灭火器灭火，也可以使用干燥的黄沙灭火。

③注意安全事项。救火人员不要随便触碰电气设备及电线，尤其要注意断落在地上的电线。此时，对于火警现场的一切线缆都应按带电体处理。

4. 电气爆炸

与用电相关的爆炸，常见的有可燃性气体、蒸汽、粉尘与助燃气体混合后遇火源而发生爆炸。

5. 防爆措施

为防止爆炸应注意以下事项：

①合理选用防爆电气设备和敷设电气线路，保持场所的良好通风；

②保持电气设备的正常运行，防止短路、过载；

③安装自动断电保护装置，把危险大的电气设备安装在危险区域之外；

④防爆场所一定要采用防爆电机等防爆设备，如图 3-19 所示；

图 3-19　防爆电机

⑤采用三相五线制与单相三线制；

⑥线路接头采用熔焊和钎焊。

实训课题

1. 电气接地和接零。
2. 用图 3-20 所示摇表测试电机的绝缘电阻。

图 3-20　摇表（兆欧表）

电气事故

人身事故: 触电造成的人身事故,触电是指电流流过人体所引起的损伤。这种损伤可以分为直接损伤和间接损伤两类。直接损伤包括:电击——电流对人体内脏的伤害,主要有心室纤维颤动、心血管中枢衰竭等;电伤——电流对人体皮肤的伤害,主要有电弧的高温灼伤、皮肤金属化形成的电烙印、电弧强光对人眼的刺伤等。间接损伤主要有因触电从高处落下的摔伤、电气起火的烧伤、电气爆炸的伤害等。

设备事故: 一是过电压击穿,原因有雷电过电压、操作过电压、电源电压升高等;二是过电流烧伤,原因有过载、短路、环境温度过高等。过电流损坏和过电压损坏往往是互相关联的。

操作事故: 操作事故是指误操作而引起的停电、设备和人身事故。

思考题

1. 规定的安全电压是指多少伏以下的电压?
2. 影响人体触电危害程度的因素有哪些?
3. 电击能量超过多少 mA · s,触电者就有生命危险?
4. 如何防止机电设备金属外壳漏电造成人的触电?
5. 三相 380 V 或单相 220 V 电系统中的接地电阻一般为多少欧姆?
6. 三相五线制中的中性线 N 与保护零线 PE 有什么差别?
7. 为什么隔离变压器能增加操作人员的安全性?

第 4 章　常用电工材料

本章知识架构

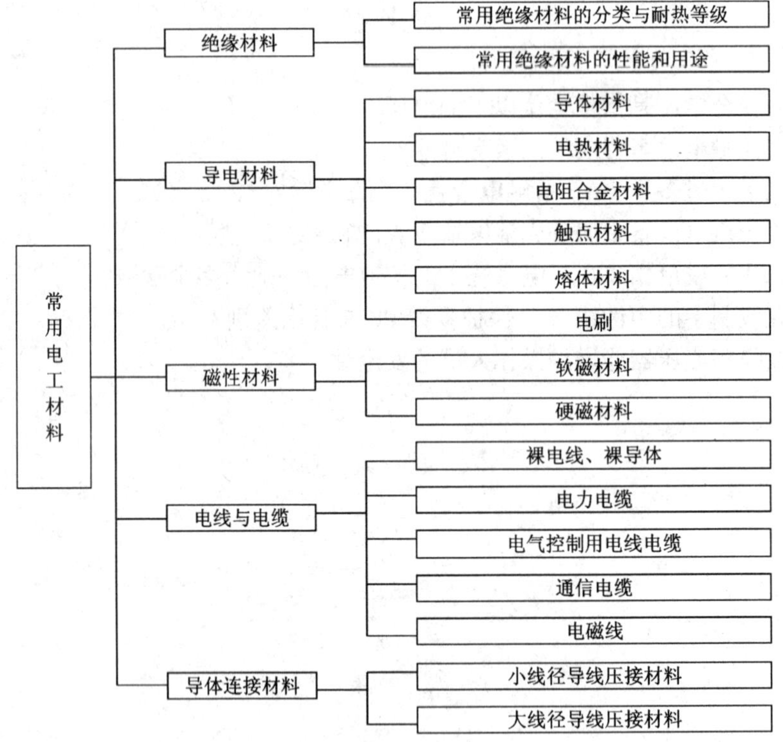

本章教学目标与要求

★ **认知各种绝缘材料及用途**

★ **认知各种导电材料及用途**

★ **认知电线、电缆的结构、特点和用途**

各种电工设备都是由多种电工材料制成的，材料的性能在一定程度上决定了设备性能的优劣。

4.1 绝缘材料

绝缘材料的主要作用是隔离带电的导电体或不同电位的导电体，使电流按设定的方向流动。在有些场合绝缘材料还起着机械支撑、导体防护、散热、灭弧等作用。因此绝缘材料应具有较高的绝缘电阻和耐压强度，较好的耐热性和导热性，机械强度高而且耐潮，方便加工等特点。

4.1.1 常用绝缘材料的分类和耐热等级

1. 绝缘材料的分类

常用的绝缘材料按其化学性质可以分为以下 3 类。

①无机绝缘材料，有云母、石棉、大理石、瓷器、玻璃等，主要用做电机、电器的绕组绝缘，开关的底板和绝缘子等。

②有机绝缘材料，有虫胶、树胶、橡胶、棉纱、纸、麻、蚕丝、人造丝等，大多用于制造绝缘漆、绕组导线的被覆绝缘物等。

③混合绝缘材料，指由以上两种绝缘材料经加工后制成的各种成型绝缘材料，主要用做电器的底座、外壳等。

2. 绝缘材料的耐热等级

绝缘材料在使用过程中，由于各种因素长期作用会产生老化，使电气性能和力学性能降低。导致老化的因素很多，其中主要是温度的影响。为了保证绝缘材料的安全使用寿命，规定了它们在使用中的极限温度，即耐热等级，如表 4-1 所示。

表 4-1　绝缘材料耐热等级和极限温度

耐热等级	极限温度/℃	绝缘材料类型
Y	90	棉纱、丝、纸、木材等材料及其组合物，如布
A	105	用漆、胶浸渍过的棉纱、丝、纸等材料，如油性漆包线、黄漆布、黄漆绸等
E	120	合成有机薄膜、合成有机磁漆等材料及其组合物，如环氧树脂、油性玻璃漆布等
B	130	用树脂胶剂黏合或浸渍、涂覆过的云母、石棉、玻璃纤维，如聚酯漆包线、三聚氰氨醇玻璃漆布等
F	155	用耐热性好的有机胶剂黏合或浸渍、涂覆过的云母、石棉、玻璃纤维，如云母带、层压玻璃布板等
H	180	用有机硅树脂黏合或浸渍、涂覆过的云母、石棉、玻璃纤维及其组合物，如硅有机漆、复合薄膜等
C	>180	不采用任何有机黏合剂及浸渍剂的无机物，如云母、石棉、石英、玻璃、陶瓷及聚四氟乙烯塑料等

4.1.2 常用绝缘材料的性能和用途

1. 浸渍漆

浸渍漆主要用来浸渍电机、电器、变压器的线圈和绝缘零部件，以填充其间隙和微孔。浸渍漆固化后能在浸渍物表面形成连续平整的漆膜，并使线圈黏接成一个结实的整体，提高绝缘结构的耐潮性、导热性和机械强度。常用的有 1030 醇酸浸渍漆、1032 三聚氰胺酸浸渍漆。这

两种都是烘干漆，具有较好的耐油性和绝缘性，漆膜平滑而有光泽。而 1010 沥青漆则供浸渍不需耐油的电机绕组。聚酰胺酰亚胺漆耐热性、电气性能优良，粘合力强，耐辐射性好，供浸渍耐高温或在特殊条件下工作的电机、电器绕组。

2. 覆盖漆和瓷漆

覆盖漆和瓷漆主要用来涂覆经浸渍处理后的绕组和绝缘零部件，在其表面形成连续而均匀的漆膜，以防止机械损伤及大气、润滑油和化学药品的侵蚀。常用的覆盖漆有 1231 醇酸晾干漆，其干燥快、漆膜硬度高并有弹性，电气性能好。常用的瓷漆有 1320（烘干漆）、1321（晾干漆）醇酸灰瓷漆，它们的漆膜坚硬、光滑。

3. 电缆浇注胶

电缆浇注胶广泛用于浇注电缆中间接线盒和终端盒。如 1811 沥青电缆胶和 1812 环氧电缆胶适合于 10 kV 以下的电缆。前者耐潮性能好，后者密封性能好，电气、力学性能高。而 1810 电缆胶电气性能好、抗冻裂性高，适用于浇注 10 kV 以上的电缆。

4. 玻璃纤维漆布（带）

玻璃纤维漆布（带）主要用作电机、电器的衬垫和绕组绝缘。如 2010 玻璃纤维漆布柔软性能好，但不耐油，可用于一般电机、电器的衬垫或绝缘。2012 玻璃纤维漆布耐油性好，可用于变压器油或汽油侵蚀的环境中。2450 有机硅玻璃漆布，具有较高的耐热性、良好的柔软性，耐油、耐霉和耐寒性也好，适用于 H 级电机、电器的衬垫和绝缘。2432 醇酸玻璃漆布（带）的电气、力学性能，耐油性和耐潮性都较好，且具有一定的耐霉性，可用于油浸变压器、油断路器等线圈的绝缘。

5. 漆管

漆管主要用作电机、电器和仪表的引出线或连接线的绝缘套管。如 2730 醇酸玻璃漆管有良好的电气、力学性能，耐油性、耐潮性较好，但弹性较差，可用做油浸变压器、油断路器等的引出线或连接线的绝缘套管。

6. 绑扎带

绑扎带主要用于绑扎变压器铁芯和代替合金钢丝绑扎电机转子绕组端部。常用的是 B17 玻璃纤维无纬胶带（即无纬玻璃丝带）。

7. 层压制品

层压制品常用的有 3240 环氧酚醛层压玻璃布板、3640 环氧酚醛层压玻璃布管和 3840 环氧酚醛层压玻璃布棒等。此 3 种层压玻璃纤维制品适宜作电机、电器的绝缘结构零件，它们的电气、力学性能好，耐油性、耐潮性好，加工方便，并可在变压器中使用。

8. 压塑料

压塑料主要用作各种规格的电机、电器的绝缘零部件及作为电线、电缆的绝缘和防护材料。常用的 4013 酚醛木粉压塑料、4330 酚醛玻璃纤维压塑料有良好的电气、力学性能和耐潮、防霉性能。交联聚乙烯、聚丙烯是电线、电缆的优良绝缘护层材料，柔韧、耐磨、耐潮、电气性能好。

9. 云母带

云母带在室温下较柔软，适用于电机、电器线圈及连接线的绝缘。常用的有 5434 醇酸玻璃纤维云母带和 5438—1 环氧玻璃云母带。后者厚度均匀、柔软，固化后电气和力学性能良好，目前正在大力推广使用，但需要低温保存。

10. 衬垫云母板

它主要适宜作电机、电器的绝缘衬垫。常用的有5730醇酸衬垫云母板和5737—1环氧衬垫云母板。

11. 薄膜和薄膜复合制品

常用的薄膜复合制品有6520聚酯薄膜绝缘纸(即聚酯薄膜青壳纸)复合箔和6530聚酯薄膜漆布复合箔。常用的薄膜有6020聚酯薄膜。它们都适用于电机槽的绝缘、匝间绝缘和相间绝缘以及其他电工产品的线圈的绝缘。6020聚酯薄膜厚度薄、柔软性好,可用于热带型产品。

12. 绝缘纸和绝缘纸板

①电容器纸和电缆纸。电容器纸主要用作电力电容器的极间介质。电缆纸主要用于3.5 kV以下电力电缆、控制电缆和通信电缆的绝缘。

②绝缘纸板。它可在变压器油中使用。薄型的纸常称为青壳纸,主要用于绝缘保护和补强材料。

③硬钢板纸。俗称反向板,它的机械强度高,适宜作电机、电器的零部件。

13. 绝缘包扎带

绝缘包扎带主要用来包缠电缆接头和电线接头,也可用于低压电器设备的绝缘修理等。

①绝缘胶带。如彩图4-1所示,用于交流380 V以下电线接头的绝缘包扎。

②聚氯乙烯带。其绝缘性能、耐潮、耐蚀和耐油性好,耐热、耐寒性较差。透明无色者作导线接头和某些带电体的加强包缠之用。带颜色的用作相色带,用来包扎电缆接头。

③塑料粘胶带。其绝缘性和防水性均比绝缘胶带(黑胶布)强,适用于交流500 V以下电缆、电线接头的包缠。

④涤纶粘胶带。其绝缘强度、机械强度及不渗水性、化学稳定性均胜过黑胶布和塑料粘胶带,用途更为广泛,不仅可以用作电线、电缆的绝缘包扎,而且可以用作胶扎物密封管子,但价格较高。

⑤自黏性丁基橡胶带。俗称高压防水布,其绝缘性和防水性较好,用于潜水电机线缆及低压电力电缆的连接和端头绝缘包扎。用其包扎的情况如图4-2所示。

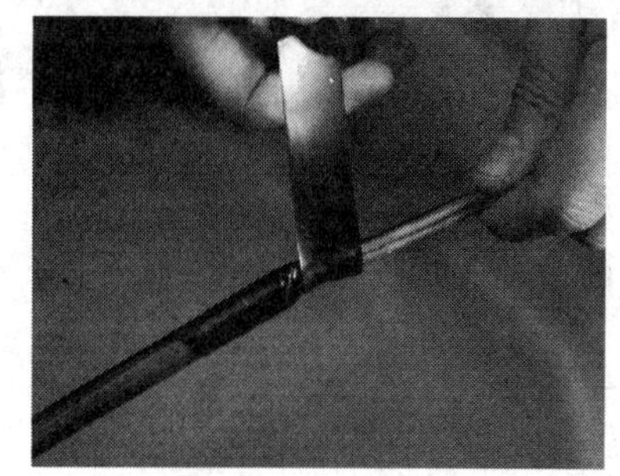

图4-2 用绝缘胶带包扎

14. 电瓷材料

电瓷材料是良好的绝缘体,常用在电力线路中作为绝缘子使用,可以分为低压绝缘子和高压绝缘子。按用途分为线路、电站、电器绝缘子。前者有针式绝缘子、蝶形绝缘子、盘形悬式绝缘子、横担绝缘子和棒形悬式绝缘子。后者包括支柱绝缘子和套管绝缘子,支柱绝缘子又分为针式支柱绝缘子和棒形支柱绝缘子,套管绝缘子包括穿墙套管和用于电器的套管。

①低压线路绝缘子。用于工频交流或直流电压1 kV以下的低压线路中作绝缘和固定导线或作电杆拉线和张紧导线的绝缘和连接之用,如彩图4-3所示。

②高压线路绝缘子。额定电压超过1 kV的为高压绝缘子,如彩图4-3所示。

4.2 导电材料

导电材料主要用来传输电流,一般分为良导体材料和高电阻材料两类。

常用的良导体材料有铜、铝、铁、钨、锡等。其中铜、铝、铁主要用于制作各种导线和母线;钨的熔点较高,主要用于制作灯丝;锡的熔点低,主要用于制作导线的接头焊料和熔丝。

常用的高电阻材料有康铜、锰铜、镍铜和铁铬铝等,主要用作电阻器和热工仪表的电阻元件。

1. 铜和铝

铜的导电性能和机械强度都优于铝,在要求较高的电器设备安装及移动电线电缆中多采用铜导体。如1#铜主要用来制作各种电缆导体;2#铜主要用来制作开关和一般导电零件;1#无氧铜和2#无氧铜主要用来制作电真空器件、电子管和电子仪器零件、耐高温导体、真空开关触点等;无磁性高纯铜主要用于制作无磁性漆包线的导体、高精度电气仪表的动圈等。

图4-4　钢芯铝绞线

铝导体的导电性能和机械强度虽然比铜导体差,但质量轻、价格便宜、资源较丰富,所以在架空线、电缆、母线和一般电气设备安装中广泛使用,如图4-4所示。

2. 电热材料

电热材料用来制作各种电阻加热设备中的发热元件。常用的电热材料规格和用途见表4-2。

3. 电阻合金

电阻合金是制造电阻元件的重要材料,广泛用于电机、电器、仪表和电子等工业中。如康铜、新康铜、镍铬、镍铬铁、铁铬铝等合金的机械强度高,抗氧化和耐腐蚀性能好,工作温度较高,一般用于制造调节元件。而康铜、镍铬基合金和锰铜等耐腐蚀性能好,表面光洁,接触电阻小且恒定,一般用于制造电位器和滑线电阻。

表4-2　常用电热材料的规格和用途

品种		工作温度/℃		性能和用途
		常用	最高	
镍铬合金	Cr20Ni80	1 000 ~ 1 050	1 150	电阻率较高,加工性能好,高温时力学性能较好,用后不变脆,适用于移动设备上
	Cr15Ni60	900 ~ 950	1 050	
铁铬铝合金	1Cr13A14	900 ~ 950	1 100	抗氧化性能比镍铬合金好,电阻率比镍铬合金高,价格较便宜,高温时力学性能较差,用后会变脆,使用于固定设备上
	0Cr13A16Mo2	1 050 ~ 1 200	1 300	
	0Cr25A15	1 050 ~ 1 200	1 300	
	0Cr27A17Mo2	1 200 ~ 1 300	1 400	

4. 触点材料

触点材料承担电路的接通、载流、分断和隔离的任务。强电和弱电用的触点性能要求不同,选用的材料也不同。常用的触点材料如表4-3所示。

表 4-3 常用触点材料

类别		品种
强电	纯金属	铜
	复合材料	银钨(Ag-W50)、铜钨(Cu-W50、Cu-W60、Cu-W70、Cu-W80)、银-碳化钨(Ag-WC60)
	合金	黄铜(硬)、铜铋(CuBi0.7)
	铂族合金	铂铱、钯银、钯铜、钯铱
弱电	金基合金	金银、金镍、金锆
	银及其合金	银、银铜
	钨及其合金	钨、钨钼

5. 熔体材料

熔体材料是熔断器的主要部件,当通过熔断器的电流大于规定值时,熔体立即熔断,自动切断电源,从而起到保护电力线路和电气设备的作用。

常用的熔体材料有:银、铜、铝、锡、铅和锌。锡、铅、锌是低熔点材料,融化时间长;银、铜、铝是高熔点材料,融化时间短。

银具有良好的导电性、导热性、耐腐蚀性、耐延伸性、耐焊接性和热稳定性,在电力和通信系统中,广泛用作高质量、高性能熔断器的熔体。

铜具有良好的导电、导热性,机械强度高,但在温度较高时易被氧化,熔断特性不够稳定;铜熔体熔化时间短,金属蒸汽少,有利于灭弧,宜作精度要求较低的熔体。

铝导电性能仅次于银和铜,但其耐氧化性能好,熔体特性较稳定,在某些场合可以代替纯银作熔断器的熔体。

钨、铅熔化时间长,机械强度低,热导率小,宜作保护电动机等的慢速熔体。

总之,各类熔断器所选用的熔体材料不尽相同,不同的熔体对相同的熔化电流,熔化时间也相差很大。低熔点熔体熔化时间长,高熔点熔体熔化时间短。如保护电子设备希望熔化时间越短越好,此时应该选用快速熔体;若为保护电动机过载,则希望有一定的延时,此时应选用慢速熔体。延时熔断器的熔体通常由部分焊有锡的银线、铜线或银、铜、锡制成的熔体互相串联而成。快速熔断器常用细银线作熔体。

6. 电刷

电刷对直流电机、线绕转子滑环异步电机和直流励磁同步电机的运行有很大关系。一般的选择是根据电刷的电流密度、滑环和整流子的圆周速度,在电刷特性表中找到所需要的电刷种类,再结合电机的参数(额定电压、额定电流)和运行条件(连续、断续、短时),就可以决定电刷的具体型号。

常用的电刷有以下几种。

①石墨电刷,适用于一般整流条件正常、负载均匀的电机。

②电化石墨电刷,适用于各种类型的电机以及整流条件困难的电机。

③金属石墨电刷,适用于大电流的电机,如充电、电解和电镀用的直流发电机,也适用于小型牵引低压电动机、汽车和拖拉机的启动电动机等。

4.3　磁性材料

1．软磁性材料

软磁性材料主要用于传递、转换能量或信息的磁性部件上。如电工用纯铁一般用于直流磁场；铁中加入 0.8% ~4.5% 的硅就是硅钢，硅钢片常用作电机、变压器、继电器、互感器等产品的铁芯；铁镍合金用于频率在 1 MHz 以下的低磁场中工作的器件；铁铝合金用于低磁场和高磁场下工作的器件；软磁铁氧体用于高频或较高频范围内的电磁元件；铁钴合金用于航空器件的铁芯。

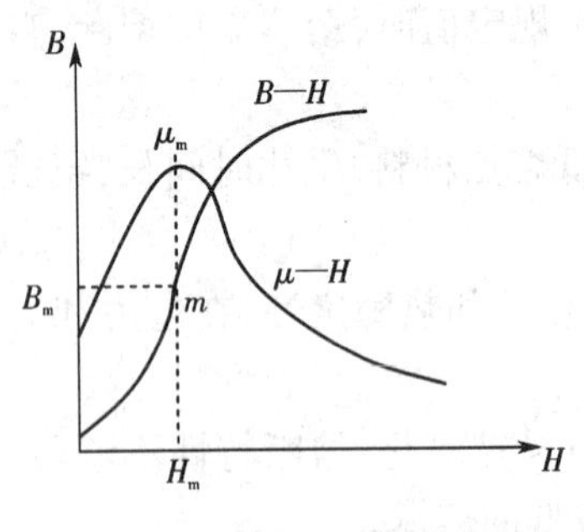

图 4-5　软磁材料的特性

软磁材料选用时所考虑的主要因素有：磁通密度、磁导率、损耗、价格等。确定软磁材料工作磁通密度时，需要使用图 4-5 所示的对应于 B—H 曲线的 μ—H 曲线。μ—H 曲线的峰值点就是最大磁导率 μ_m 点，它所对应的磁场强度为 H_m，对应的磁感应强度为 B_m。在 B—H 曲线上所对应的就是拐点 m，它就是选用软磁材料的参考点。

1）用于高磁场下的软磁材料

常用的软磁材料是硅钢片，如图 4-6 所示。硅钢片是一种含碳极低的硅铁软磁合金，一般含硅量为 0.5% ~4.5% 。加入硅可提高铁的电阻率和最大磁导率，降低矫顽力、铁芯损耗（铁损）和磁时效，主要用来制作各种变压器、电动机和发电机的铁芯。所用硅钢片的工作点一般选在磁化曲线上高于 m 点的某点处。冷轧单取向硅钢片和热轧无取向硅钢片通常分别选在 1.7 T（特斯拉）和 1.5 T（1 特斯拉 = 10 000 高斯）左右，这时产品效能虽会降低，但铁芯体积和质量减小，硅钢片的性能得到充分利用。表 4-4 表示出了冷轧晶粒取向的带钢牌号及性能举例。

图 4-6　硅钢片

对于不同产品应选用不同的硅钢片。如电力变压器，为减少损耗，常选用低损耗和高磁感应强度的材料；小型电机由于铁芯体积小，铁耗较小，为减少铜耗常选用高磁感应强度的硅钢片；大型电机因铁芯体积大，铁耗较大，故对铁耗的要求就较高；大型高速电机因离心力大，转子用硅钢片除要求磁性好以外，还要求有足够高的抗拉强度；对于互感器，特别是电流互感器，因要求误差小，故工作点应选在 m 点或者低于 m 点的 B—H 曲线上的某处。

2)用于低磁场下的软磁材料

低磁场下通常选用铁镍合金、铁铝合金及冷轧单取向硅钢薄带等。但对不同产品仍应选用不同材料。如磁放大器要求有高饱和磁感应强度、高微分磁导率、高电阻率、高剩磁比和低矫顽力,故宜选用 1J51 铁镍合金;电源变压器要求高磁导率和高饱和磁感应强度,常选用冷轧单取向硅钢薄带;小功率音频变压器则常选用 1J79 铁镍合金或 1J16 铁铝合金,以免产生非线性失真。

3)用于高频下的软磁材料

一般选用铁氧体软磁材料,它的磁导率高、矫顽力较低、电阻率非常高。应按应用频率范围适当选择。

表 4-4　晶粒取向磁性带钢牌号及性能举例

厚度/mm	牌号	GB/T 2521—1996		典型磁性	
		最大铁损 P1.7/50 W/kg	最小磁感 B800 T	铁损 P1.7/50 W/kg	典型磁性
0.27	27Q120	1.20	1.78	1.16	1.84
	27Q130	1.30	1.78	1.28	1.84
	27Q140	1.40	1.75	1.38	1.83
0.30	30Q120	—	—	1.18	1.84
	30Q130	1.30	1.78	1.25	1.83
	30Q140	1.40	1.78	1.35	1.83
	30Q150	1.50	1.75	1.45	1.82
0.35	35Q135	1.35	1.78	1.33	1.83
	35Q145	1.45	1.78	1.42	1.82

4)用于特殊条件下的软磁材料

在空间技术中,要求器件的体积小、质量轻,故常选用饱和磁感应强度最高的 1J22 铁钴合金。为了易于加工,可在铁钴合金中加入少量钒;记忆元件和开关元件可选用具有矩形磁滞回线的铁氧体或铁镍合金;自动控制系统中使用的恒电感扼流圈铁芯可选用 1J22 铁钴合金、1J23 铁铝合金或铁氧体压磁材料。

2. 硬磁材料

硬磁材料主要用来制造永久磁铁,产生恒定的磁场,在测量仪器、永磁电机中使用较多。

硬磁材料的种类很多,目前被广泛采用的是铝镍钴永磁材料、铁氧体永磁材料和稀土永磁材料。图 4-7 示出了这 3 种材料的典型退磁曲线。这 3 种材料中,稀土永磁材料性能最好,剩余磁密 B_r、矫顽力 H_c 和最大磁能积 $(HB)_{max}$ 都相当大,但价格也最贵,现代高性能电动机如永磁直流电机、无刷直流电动机、正弦波永磁同步电动机等大都采用稀土永磁材料。铁氧体常用于永磁点火机、永磁选矿机、磁推轴承、磁分离器、扬声器、医疗磁片等;铝镍钴常用于精密磁电式仪表、流量计、微电机、传感器等。

有一点应注意,永磁材料本身的磁导率比较小,它的相对磁导率略大于 1,难以被磁化,也难以被退磁。用永磁材料作同步电机转子,多使用瓦片形的薄片,如图 4-8 所示,贴在非永磁材料的转子铁芯上,相当于等效的空气间隙加大,如图 4-9 所示。

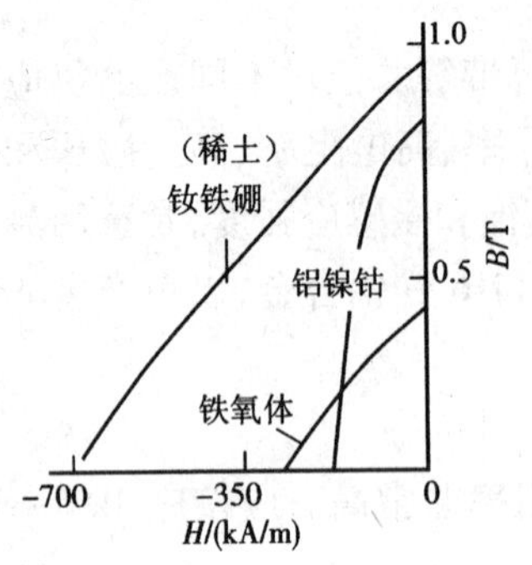

图 4-7 常用永磁材料的磁性能

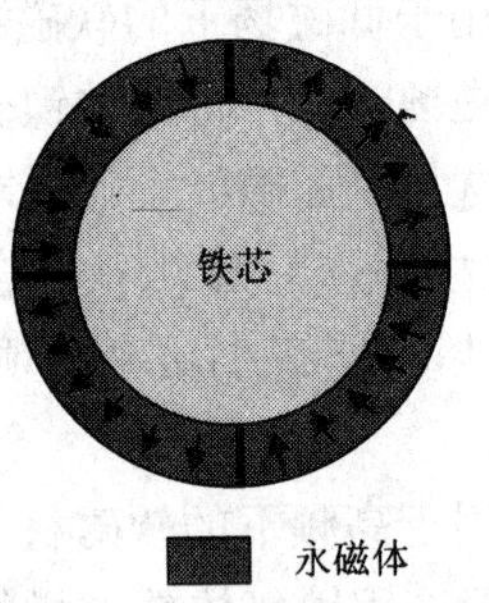

图 4-9 永磁转子结构示意图

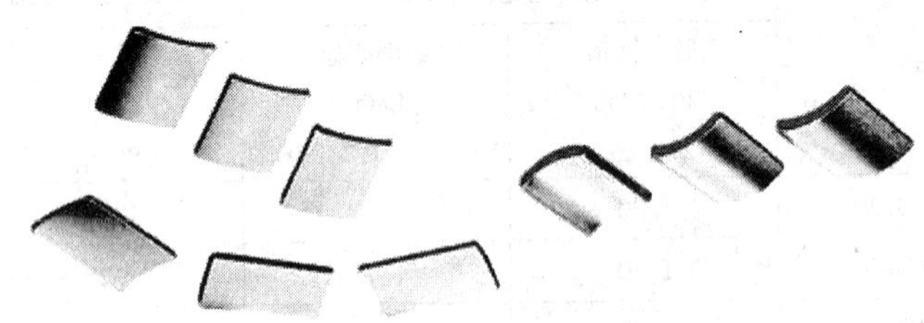

图 4-8 钕铁硼瓦片形永磁体

4.4 电线与电缆

电线与电缆是用于电力系统传输电能、通信系统传输信号的导线。“电线”和“电缆”并没有严格的界限。通常将芯数少、直径小、结构简单的称为电线，没有绝缘的称为裸线；芯数多、直径大、结构复杂的称为电缆。导体截面积较大的（大于 6 mm^2）称为粗缆，导体截面积较小的（小于或等于 6 mm^2）称为细缆。

电线电缆主要包括绝缘线、裸线、电磁线、电力电缆、通信电缆与光缆。

电线电缆产品主要分为 5 大类。

1. 裸电线及裸导体制品

裸电线主要特征是：导体金属无绝缘及护套层，如钢芯铝绞线、铜铝汇流排、电力机车线等；加工工艺主要包括熔炼、压延、拉制、绞合/紧压绞合等；产品主要用于城郊、农村、用户主干线、开关柜内布线等。架空裸线如图 4-10 所示。

2. 电力电缆

电力电缆用于传输和分配电能的电缆。常用于城市地下电网、发电站的引出线路，工矿企业的内部供电及过江、过海的水下输电线。在电力线路中，电缆所占的比重正逐渐增加。

电力电缆的特点如下：

①一般埋设于土壤中或敷设于室内、沟道、隧道中，线间绝缘距离小，不用杆塔，占地少，基本不占地面上空间；

②受气候条件和周围环境影响小，传输性能稳定，可靠性高；

③具有向超高压、大容量发展的更为有利的条件，如低温、超导电力电缆等。

图 4-10　架空裸线

图 4-11　电力电缆

电力电缆如图 4-11 所示，聚氯乙烯多芯控制电缆如彩图 4-12 所示，主要特征是：在导体外挤(绕)包绝缘层，或单芯或多芯(对应电力系统的相线、零线和地线)；或再增加护套层，如塑料/橡套电线电缆。主要的加工工艺有拉制、绞合、绝缘挤出、成缆、铠装、护层挤出等。用于发、配、输、变、供电线路中的强电电能传输，通过的电流大(几十 A 至几 kA)、电压高(220 V 至 500 kV 及上)。

3. 电气控制用电线电缆

电气控制用电线电缆又称布线用电线，如彩图 4-13 所示，主要特征是：外有绝缘，线径较细，适合室内或电器柜内布线用，品种规格繁多，应用范围广泛，使用电压在 1 kV 及以下者较多。面对特殊场合不断衍生新的产品，如耐火线缆、阻燃线缆、低烟无卤/低烟低卤线缆、防白蚁线缆、防老鼠线缆、耐油/耐寒/耐温/耐磨线缆、医用/农用/矿用线缆、薄壁电线等。常用的塑料绝缘线安全载流量如表 4-5 所示。

表 4-5　塑料绝缘线安全载流量表　(A)

标称截面/mm²	导电线芯结构		明　线		钢管布线(2 根)		塑料管布线(2 根)		软线	
									单芯	双芯
	根数	单径/mm	铜	铝	铜	铝	铜	铝	铜	铝
0.50									8	7
0.75									13	10.5
0.80									14	11
1.00	1	1.13	17		12		10		17	13
1.50	1	1.37	21	16	17	13	14	11	21	17
2.00	1	1.60							25	18
2.50	1	1.76	28	22	23	17	21	16	29	21
4.00	1	2.24	37	28	30	23	27	21		
6.00	1	2.73	48	37	41	30	36	27		
10.00	7	1.33	65	61	56	42	49	36		
16.00	7	1.70	91	69	71	55	62	48		

注：所列载流量数据是根据线芯最高允许温度为 65 ℃，周围空气温度为 35 ℃条件下规定的，在实际空气温度超过 35 ℃的地方，安全载流量应乘以校正系数。

4. 通信电缆

近 20 多年来,随着通信技术的飞速发展,与之配套的线缆产品也有惊人的变化。从过去简单的电话电报线缆发展到有几千对芯线的话缆、同轴缆、光缆、数据电缆,甚至组合通信缆等。

彩图 4-14 所示为大对数实心绝缘非填充型通信电缆,适用于本地电信网的城市与乡镇电信线路,也适用于接入公用网的专用网线路。

通信电缆的结构主要由三部分构成:导线为退火裸铜线,铜线直径为 0. 32、0. 40、0. 50、0. 60、0. 70、0. 80、0. 90 mm;绝缘材料为高密度聚乙烯、中密度聚乙烯或聚丙烯,绝缘线的颜色符合全色谱标准;绝缘线对是将 2 根不同颜色的绝缘线按照不同的节距扭绞成对,采用规定的色谱组合。

5. 电磁线

电磁线又称绕组线、绝缘导线,是在导电导线外包覆一定厚度的绝缘层。主要用于绕制各种电机、变压器、电磁铁、仪表等的绕组,主要的种类有漆包线、玻璃丝包线、纸包线、薄膜绕包线等。图 4-15 所示为漆包线,图 4-16 所示为双玻璃丝包缠绕组线。

图 4-15　漆包线

图 4-16　双玻璃丝包缠绕组线

6. 耐热铝合金导线(或母线)

耐热铝合金导线是近几年开发出来的新型导线,在先进国家使用的较多,也出现在一些进口设备上,国内已经开始生产,并用于工程上。

1)耐热铝合金导线的结构和特点

耐热铝合金导线采用铝锆合金作为导电材料,以提高导线允许运行温度,从而提高输送容量。因为铝锆合金可以有效抵抗高温退火的影响,能在 230 ℃下保持它的强度。目前分为普通型铝合金线(TAL),超耐热型铝合金线(ZTAL),特耐热型铝合金线(XTAL)。

在架空线上还有殷钢芯耐热型铝合金绞线(TACIR),殷钢是由铁镍等元素合金,膨胀系数只有普通钢材的 1/3。耐热型铝合金线在 210 ℃运行时弧垂满足要求。

耐热型铝合金线的载流量:

	导电率/%	温度/℃	载流比
钢芯铝绞线(LGJ)	61	90	1
普通型耐热铝合金线(TACSR)	60	150	1.6
殷钢芯耐热铝合金绞线(ITACIR)	60	210	2.0
殷钢芯特耐热铝合金绞线(XTACIR)	58	230	2.1

2)线损问题

耐热型铝合金线的损耗大,但过负荷能力是它的最大优点。使用时必须综合考虑,即耐热型铝合金线的低建设投资、高运行投入与常规导线的高建设投入、低成本运行要进行综合比较。

4.5 导线连接材料

线路的故障常发生在导线接头处,导线连接的质量将直接影响线路和设备运行的可靠程度。其基本要求是电气接触良好、机械强度足够、接头整齐美观、绝缘强度不低于导线本身的绝缘强度。导线连接所用的方法主要有压接、铰接和焊接等多种,其中以压接应用最为广泛,特别是铝导线,由于难于焊接,更是以压接为主。下面简介压接时所需的材料与工具。

1. 小线径压接材料

1)接线端子

小截面导线可用剥线钳剥去端部绝缘层,清除芯线表面的氧化膜后,立即涂上凡士林锌膏粉或中性凡士林,然后插入接线端子孔中,再用螺钉压接。接线端子种类繁多,如图 4-17 所示。

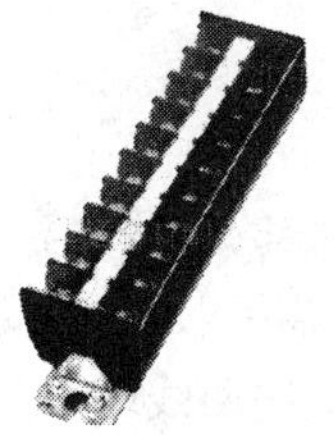

图 4-17　接线端子

2)接线片

有时为了连接可靠和增加接触面积,常使用接线片。图 4-18 所示为几种常用的接线片。

将电线的裸露端头从后面插入接线片的管孔中,用压线钳挤压管孔变形(扁)压紧导线,实现可靠的连接。

3)压线钳

压线钳如图 4-19(a)所示,压接成的接线端子如图 4-19(b)所示。

4)热缩套管

热缩套管是针对导线连接和电子零件的绝缘、保护而设计开发的产品。热缩套管用专用的热吹风机加热时,套管内径迅速收缩(可以收缩到原来的 1/2),将被保护的导线端部或电子部件紧紧包覆在套管内,与外界隔绝,如彩图 4-20 所示。热缩套管具有绝缘和防水功能,有广泛用途。

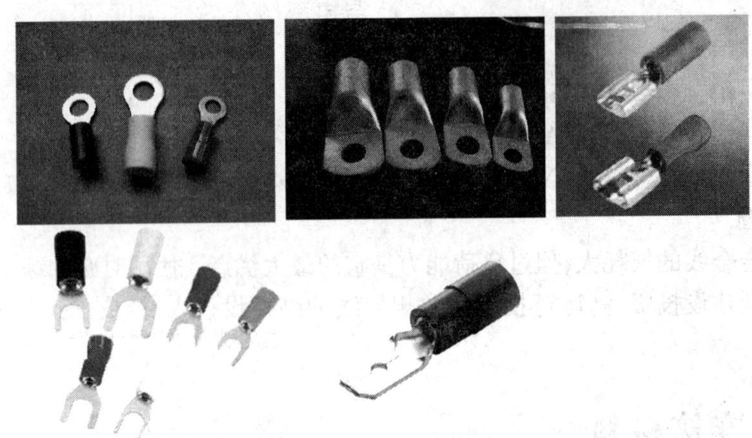

图 4-18　接线片

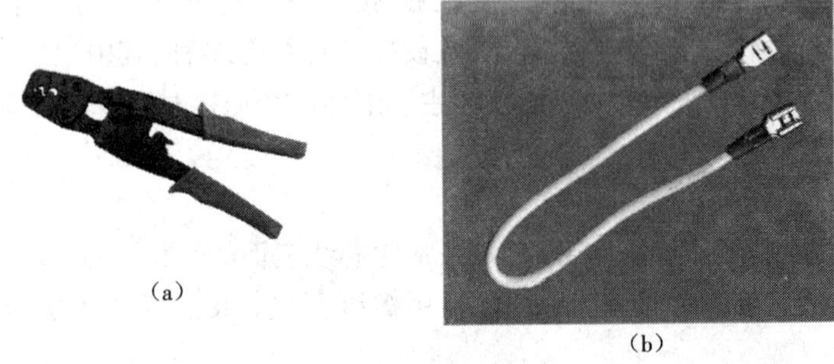

(a)　(b)

图 4-19　压线钳挤压接线片压紧导线

(a)压线钳；(b)压接成的接线端子

2. 大线径导线的压接材料

导线较粗时需要使用压接管、压线板和挤压力更大的压线钳完成导线的压接，如图 4-21 所示。压线时，先把两线端头插入到压接管中，在压接管的两端应分别留有 25 ~ 30 mm，将压接管置于压接钳的钳口中，用力将压接管压扁，将导线压紧。

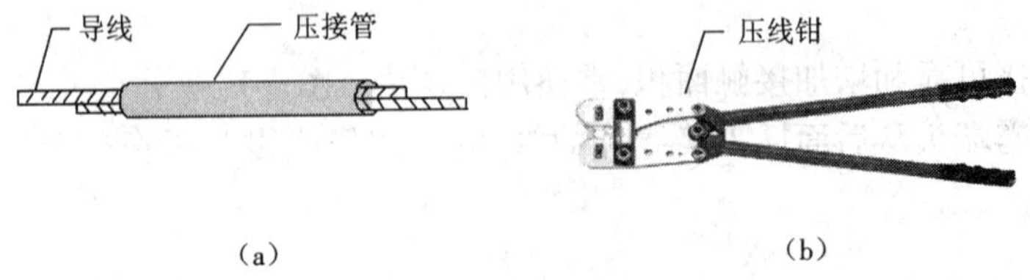

(a)　(b)

图 4-21　大线径导线的压接

(a)压接管；(b)压线钳

导线较粗时也可以使用接线片，如图 4-22(a)所示。一种长臂电缆钳可以轻松地将接线片的套管挤压变形(变成六边形)，将导线压紧在接线片的套管中，无须焊接。图 4-22(b)中还表示出了一种长臂电缆剪，可以轻松地将较粗的电缆剪断。

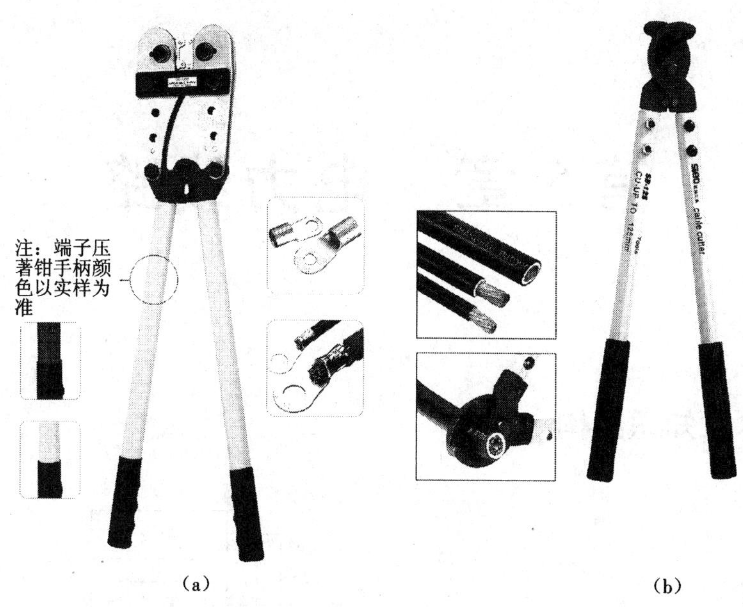

图 4-21　长臂电缆钳/剪

(a)长臂电缆钳;(b)长臂电缆剪

实训课题

1. 常用电工材料的识别。
2. 导线接头的制作。

思考题

1. 绝缘材料的耐热分为哪几个等级,与它们对应的极限温度是多少?
2. 铝的导电性能不如铜,但架空线经常使用铝绞线,为什么?
3. 架空铝绞线经常加入钢心,为什么?
4. 磁通密度的常用单位为特斯拉(T)和高斯(G),它们之间的换算关系是什么?
5. 为什么电动机永磁转子上使用的永磁材料常做成瓦片状,粘贴在转子铁芯的表面?
6. 为什么交流磁路用铁芯常采用涂漆的薄硅钢片叠加而成?
7. 根据表 4-5 估算塑料绝缘线允许的电流密度,它们与哪些布线方式有关?

第 5 章　电力线路

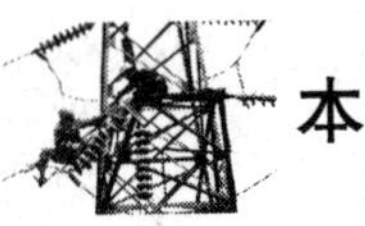

本章知识架构

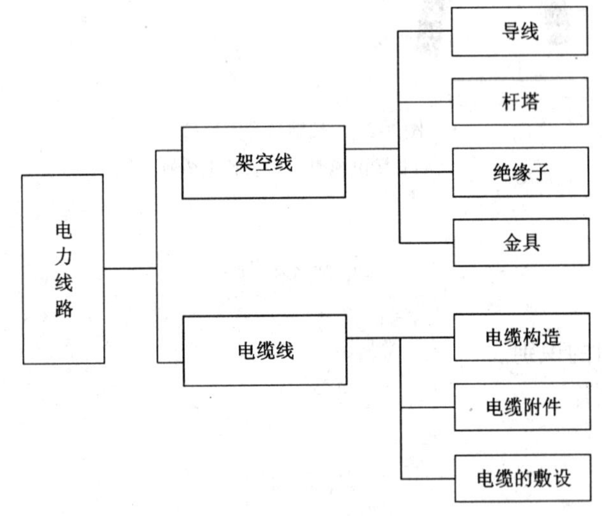

本章教学目标与要求

★ 认知架空线路的特点及要求

★ 认知电缆线路的特点及要求

★ 认知电缆的敷设方法及要求

5.1　架空线路

架空线路由导线、避雷线、杆塔、绝缘子和金具等元件组成。其中导线用来传导电流，输送电能；避雷线用来将雷电流引入大地，使电力线路免遭雷电波的侵袭；杆塔用来支持导线和避雷线；绝缘子用来使导线和杆塔之间绝缘；金具用来固定、悬挂、连接和保护架空线路。

1. 导线和避雷线

导线和避雷线不仅应具有良好的导电性能，还要有较高的机械强度和抗化学腐蚀的能力。

导线主要由铝、钢、铜、铝合金等材料制成，详见第 4 章 4.4 节。避雷线是钢线，装置在杆塔的最高端。

为了防止电晕及减小线路的感抗，超高压线路的导线可采用分裂导线、空心导线和扩径导线（如图 5-1 和图 5-2 所示），目的是增大线径。

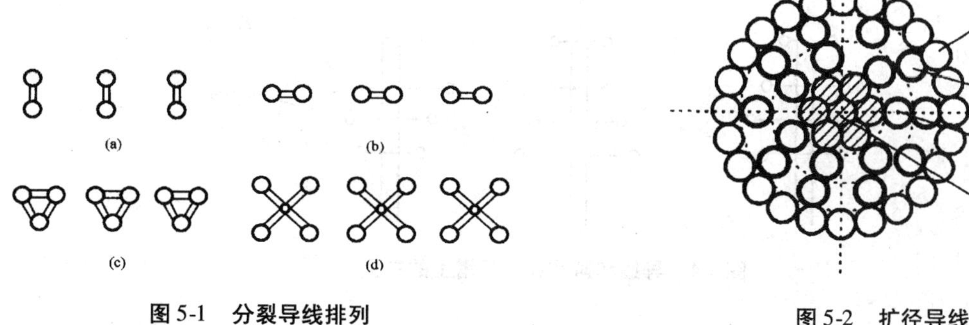

图 5-1　分裂导线排列

图 5-2　扩径导线

2. 杆塔

杆塔有木杆、钢筋混凝土杆和铁塔，如图 5-3 所示。导线和避雷线在杆塔上的布置如图 5-4所示。

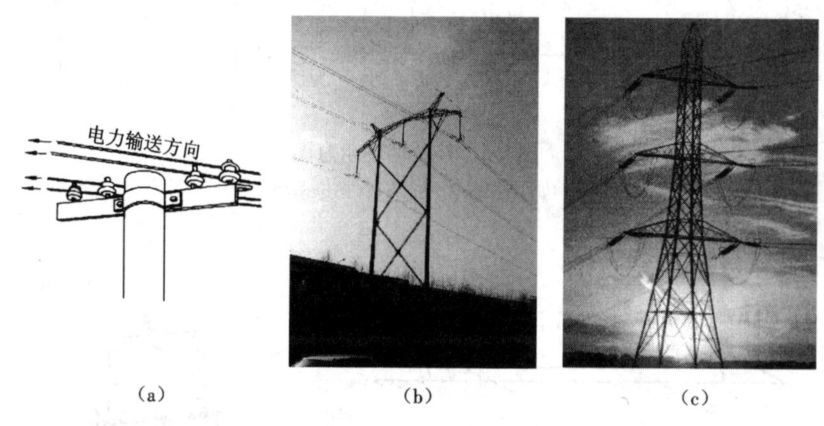

（a）　（b）　（c）

图 5-3　输电杆塔

（a）木杆；（b）钢筋混凝土杆；（c）铁塔

为了减少线路三相参数的不平衡，架空线路的三相导线应进行换位，克服长短不一。换位循环示意图如图 5-5 和图 5-6 所示。

3. 绝缘子

绝缘子按形状分为针式绝缘子、悬式绝缘子、瓷横担绝缘子和棒型绝缘子；按材料分为瓷质绝缘子、钢化玻璃绝缘子和硅橡胶合成绝缘子。各种绝缘子如图 5-7、彩图 5-8、图 5-9、彩图 5-10 所示。

一个盘形悬式绝缘子的耐压按 30 kV 考虑，再加上安全系数，根据绝缘子串的个数可以判断杆塔上线路的电压等级，见表 5-1。

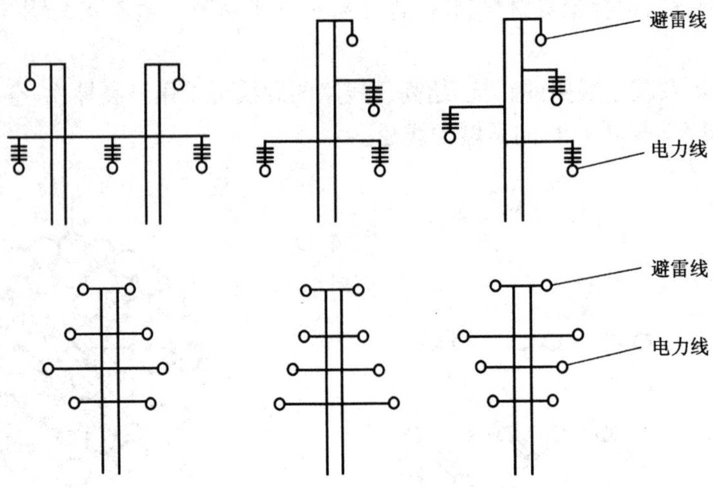

图 5-4　导线和避雷线在杆塔上的布置

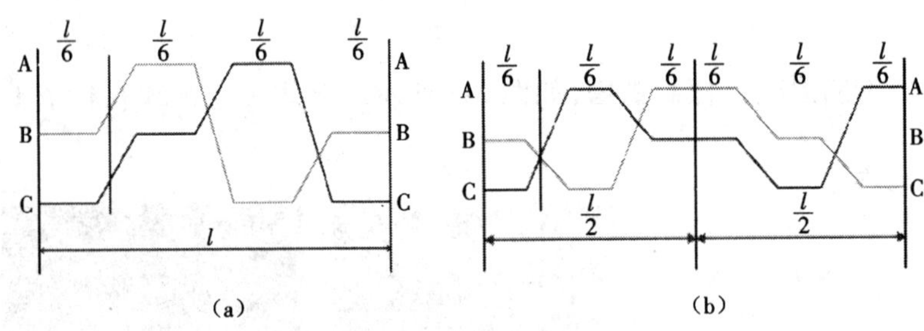

图 5-5　换位循环示意图

(a)单换位循环;(b)双换位循环

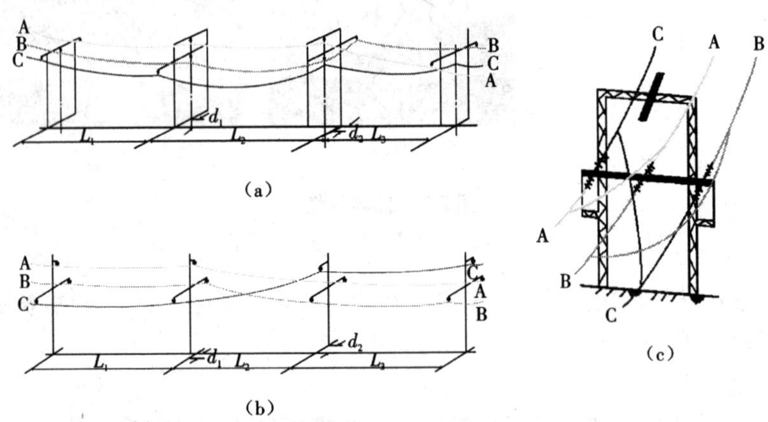

图 5-6　换位杆塔

(a)单循环换位;(b)双循环换位;(c)完全换位

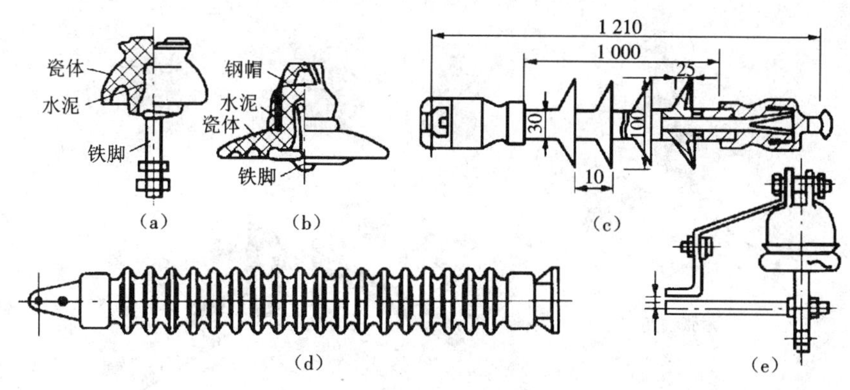

图 5-7　各种绝缘子

(a)高压针式绝缘子;(b)高压盘形悬式绝缘子;(c)瓷横担绝缘子;(d)瓷拉棒;(e)高压瓷拉棒

表 5-1　绝缘子串数对应电压等级

线路额定电压(kV)	35	60	110	220	330	500
每串绝缘子数量(个)	3	5	7	13	19	28

图 5-9　高压支持绝缘子

4. 金具

金具按其用途大致可分为线夹、保护金具、连接金具等,如图 5-11、图 5-12、图 5-13 所示。

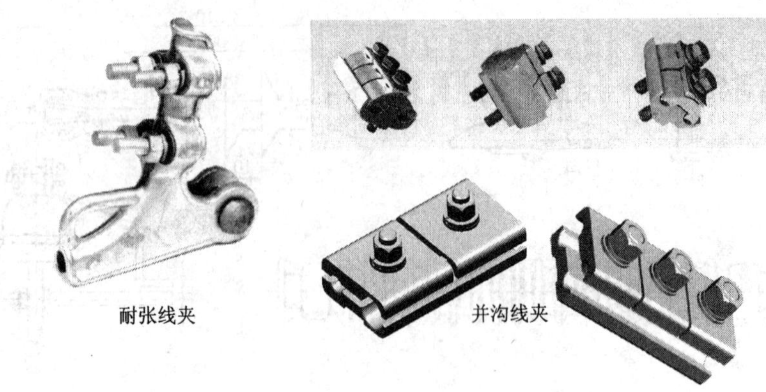

图 5-11　线路线夹

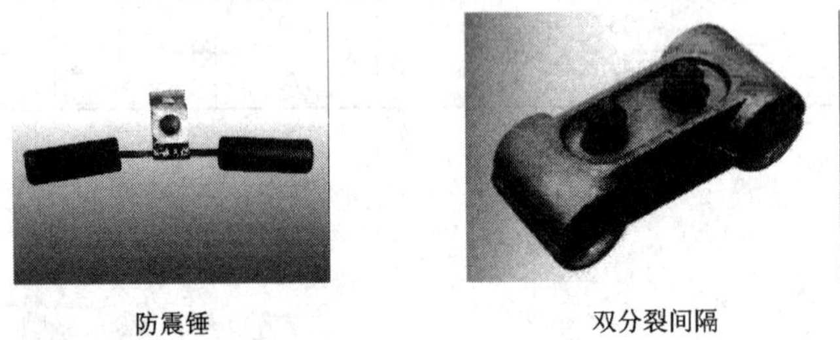

图 5-12　线路保护金具

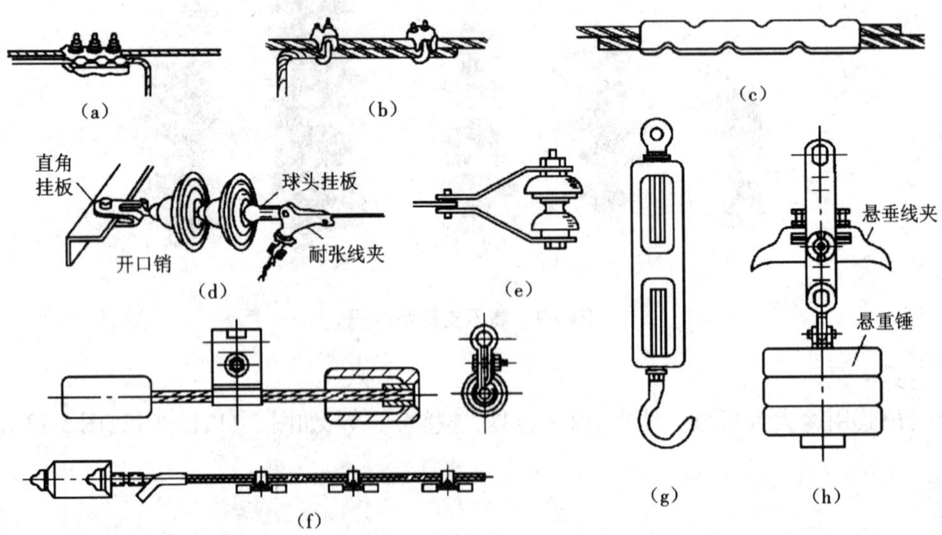

图 5-13　线路连接金具

(a)并沟线夹;(b)U 形线夹;(c)压接管;(d)耐张线夹、直角挂板与球头挂板;(e)曲形挂板;(f)防振锤;(g)花篮螺丝;(h)悬垂线夹与悬重锤

5.2 电缆线路

电缆是导线外部有绝缘层包敷的导线,可以作成单相,也可以作成三相,超高压线路为单相。电缆线路虽然造价较高,且检修不方便,但它不需架设杆塔、不受外界环境影响,故障概率少,特别是三相电缆其感抗小、压降小,被广泛应用。在大城市地下供电,穿越海底、江河,往往用电缆。地下电缆线路与架空线路的连接如彩图 5-14 所示。

1. 电缆的构造

电缆分为单芯、三芯和四芯电缆等,其结构各有不同。图 5-15 所示为油浸纸绝缘三相电缆。彩图 5-16 为各种电缆断面结构。

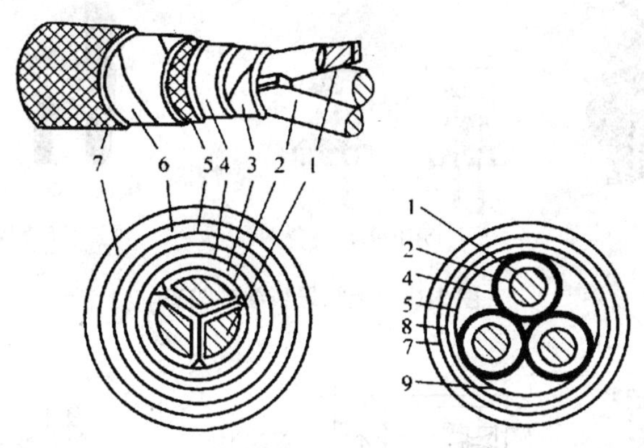

图 5-15　三相电缆结构示意图

1—导体;2—相绝缘;3—纸绝缘;4—铅包皮;5—麻衬;6—钢带铠甲;
7—麻被;8—钢丝铠甲;9—填充物

2. 电缆的附件

电缆在连接、出头时,由于绝缘要求,必须使用电缆连接头和终端盒。电缆终端接头和线夹如图 5-17、图 5-18 所示。彩图 5-19 为高压电缆头的制备过程。

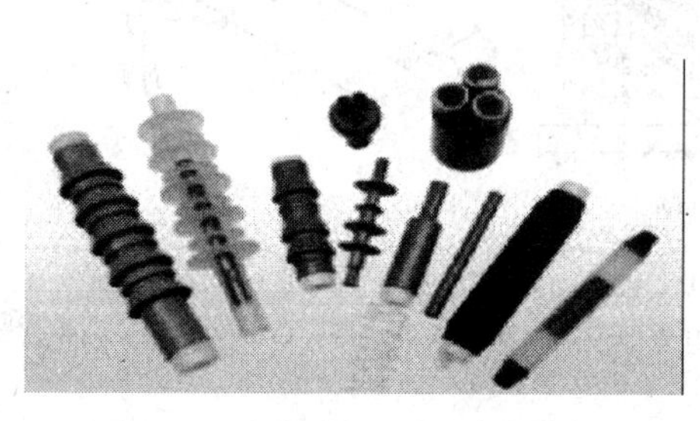

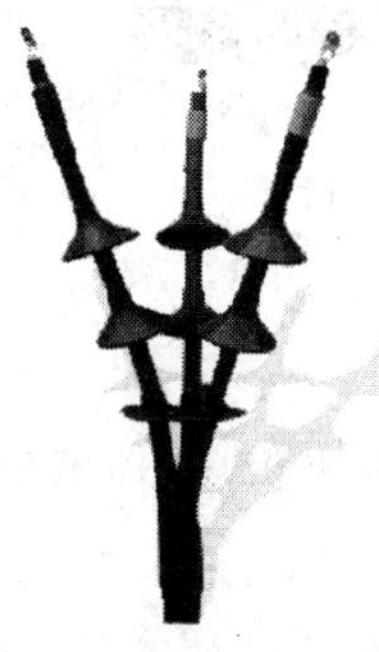

图 5-17　电缆终端接头

3. 电缆的敷设

电缆的敷设方法很多,如直埋、电缆沟、电缆排管、沿墙敷设、沿天花板敷设、电缆隧道、电缆桥架等,根据工程需要确定敷设的方式,如图 5-20 和彩图 5-21 所示。

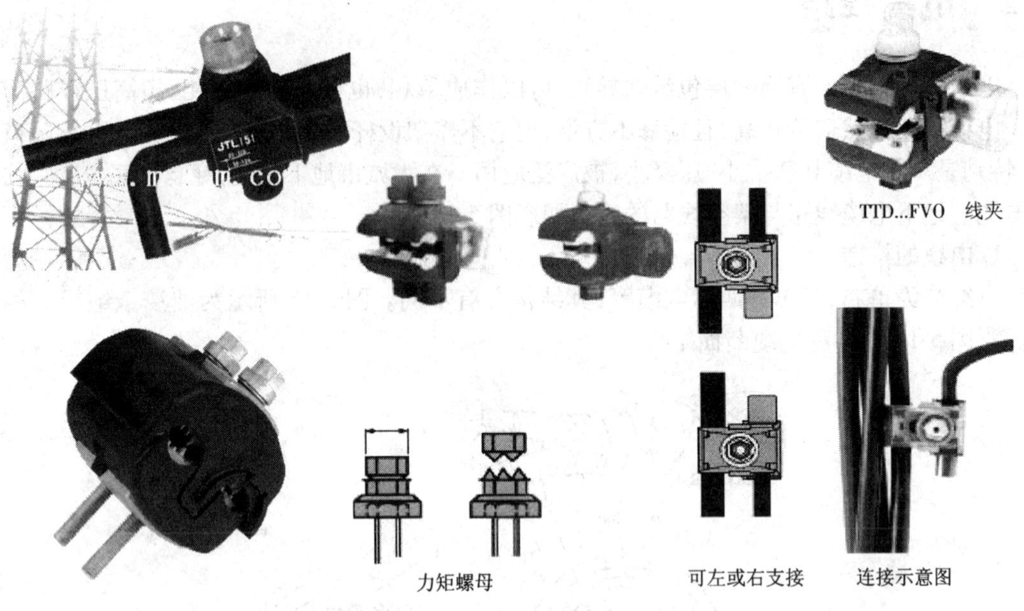

图 5-18　绝缘导线穿刺线夹

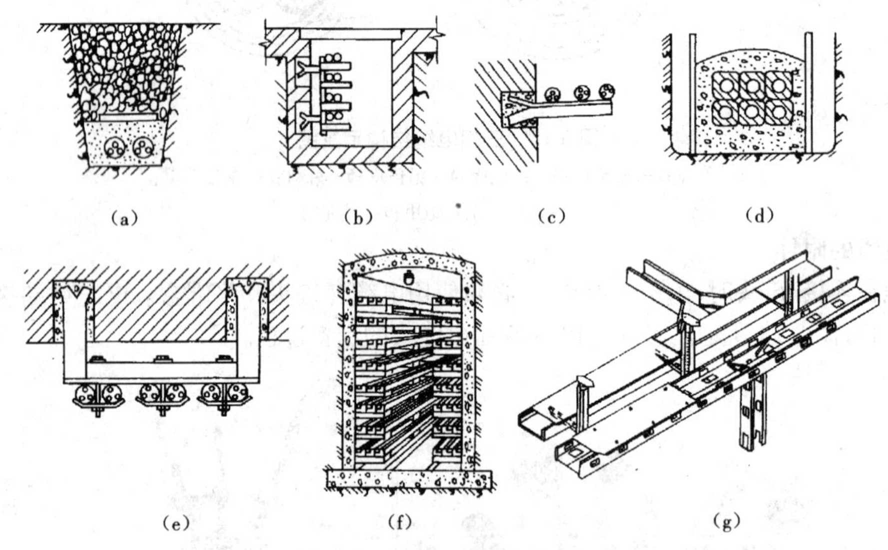

图 5-20　电缆的敷设方式

(a)直埋;(b)电缆沟;(c)沿墙敷设;(d)电缆排管;(e)沿天花板敷设;(f)电缆隧道;(g)电缆桥架

思考题

1. 你认识图 5-22 中的绝缘子吗？各有什么功能？

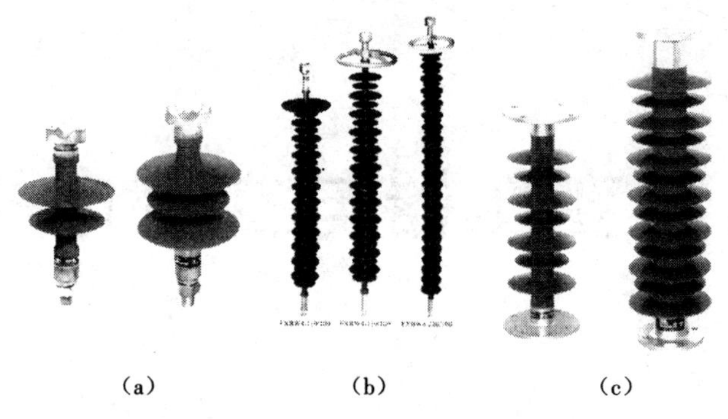

(a)　　(b)　　(c)

图 5-22　各种绝缘子实物

2. 根据什么原则选择电力线路形式？
3. 电力线路的电压等级是由哪些条件决定的？
4. 超高压线路为什么采用分裂导线？
5. 为什么瓷瓶要作成多层伞状？
6. 电缆终端出头时为什么必须用电缆终端盒？
7. 电缆线与架空线相比有哪些优点？

第 6 章　变压器与交流电机原理

本章知识架构

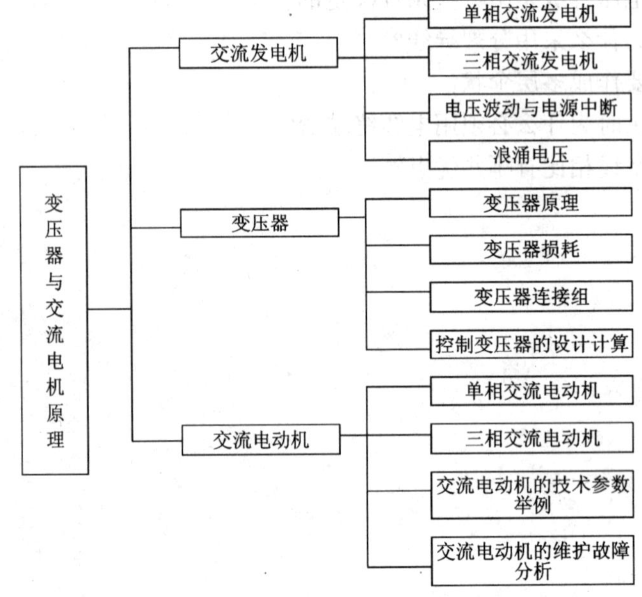

本章教学目标与要求

★ 了解交流发电机原理和认知基本结构

★ 了解交流电动机原理和认知基本结构

★ 了解变压器原理及认知结构

★ 会设计小型控制用电源变压器

6.1　交流发电机

利用电磁感应把机械能变为电能的装置称为发电机，把机械能变为交流电压或交流电流的装置称为交流发电机。交流发电机由励磁绕组、电枢绕组、滑环和电刷组成，如图 6-1 所示。

励磁绕组的作用是产生发电机中的磁场,也可以使用永磁体代替。电枢是发电机磁场中的旋转绕组,其匝数可以很多。电枢绕组的端部被接到滑环,滑环是金属环,用以将电枢绕组上感应出的电压接到电刷。当电枢在磁场中旋转时,电枢中感应出的交流电压通过滑环和电刷接到外部负载电路,电刷起到了滑动触点的作用。

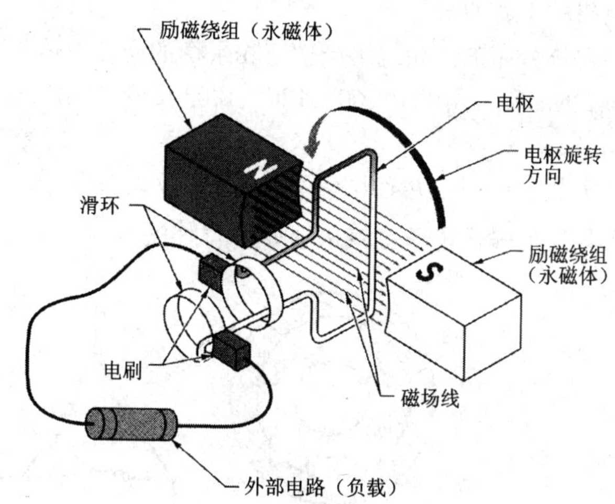

图 6-1　交流发电机原理图

在结构上交流发电机类似于直流发电机。主要的差别在于,直流发电机使用换向器,换向器每半周期将电枢绕组反接一次到外电路,从而维持了外电路电压的恒定极性。交流发电机通过滑环将电枢绕组接到外电路,而滑环不反接电枢绕组产生的电压的极性,结果输出的是一个交变的正弦波。

电枢绕组的两个半边切割磁场线的方向是相反的。例如,当绕组反时针方向旋转时,电枢绕组的上半边向下切割磁场线;而下半边向上切割磁场线,如图 6-1 所示,所感应出的电压方向是相反的。但是考虑到两个半边形成一个闭合绕组,它们感应出的电压是相加的,数值是每半边单独感应出电压的二倍,通过滑环和电刷引出到外部负载。

6.1.1　单相交流发电机

在单相交流发电机中,电枢绕组每旋转一周,产生的交流电压交变一次,如彩图 6-2 所示。

在位置 A(旋转 0°),在电枢开始顺时针旋转之前,电枢不切割磁场线,也没有电压输出,因此外部电路中既无电压也无电流。

当电枢由位置 A 旋转到位置 B 时,电枢绕组的两边都切割磁场线,因而在外部电路中产生电压。电压在一个方向上从零增加到最大值,用正弦波的第一个 1/4 周期(旋转 90°)来描述。

当电枢绕组从位置 B 旋转到位置 C 时,电压在同一方向上继续,从它的最大值衰减到零,用正弦波的第二个 1/4 周期(旋转 180°)来描述。

当电枢绕组继续旋转到位置 D 时,电枢绕组的两边都在相反的方向上切割磁场线,产生相反极性的电压。在这个过程中,电压从零增加到它的负最大值,用正弦波的第三个 1/4 周期(270°)来描述。

当电枢继续旋转到位置 E(位置 A),电压从它的负最大值衰减到零,完成了正弦波的一个完整周期(360°)。

彩图 6-2 中的坐标 U_0为电枢绕组输出电压。

6.1.2　三相交流发电机

除了有 3 个在空间相差 120°分布的相同绕组外,三相交流发电机的工作原理与单相交流

发电机的工作原理相同。

对称分布的三相绕组产生三相平衡的交流电压 U_a、U_b、U_c，相位依次相差120°。转子在不同位置时（旋转角度0°、60°、120°、180°、240°、300°、360°）所产生的三相电压波形如彩图6-3所示。

三相电枢绕组共有6个引出端，可以以三角形连接，也可以以星形连接，如图6-4所示。星形连接的输出电压是三角形连接的$\sqrt{3}$倍。

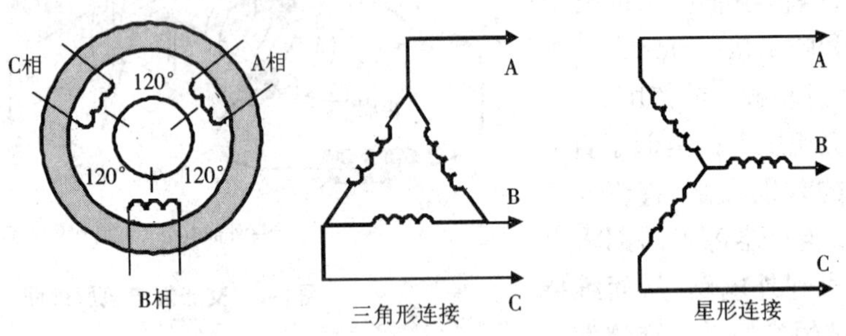

图6-4　三相发电机绕组的连接示意图

彩图6-2所示为单相交流发电机的工作原理，彩图6-3所示为三相交流发电机的工作原理，真实的交流发电机在结构上有所不同。真实的交流发电机多数是励磁绕组在转子上，通过电刷或者滑环流入的是数值较小的直流励磁电流；三相电枢绕组在定子上，避免了高电压或者大电流通过电刷或者滑环引出的不便。如果发电机功率不大，可以使用永磁体，则转子完全不要励磁绕组，彻底免去电刷或者滑环结构；如果发电机功率较大，可以同轴加装励磁发电机，彻底免去电刷或者滑环结构。电刷和滑环容易出故障，需要较多的维护，是薄弱环节。

6.1.3　电压波动与电源中断

交流发电机发出额定电压，额定电压的允许波动范围通常规定为±10%。所有的电气与电子设备也都有指定的额定运行电压范围，超过额定电压称为过电压，低于额定电压称为欠电压。一般说来，过电压比欠电压有更大的危害性。有时，为了节能和降低成本，将允许的电压波动范围限制在+5%到－10%的范围内更为合适。供电系统必须随时对电压的波动进行补偿，以维持其不超过允许的范围。

在电力系统中断供电的情况下备用发电机组投入运行，备用发电机组可以使用内燃机或其他的动力源。供电中断可分为以下3种类型：瞬时供电中断、短时供电中断和持续供电中断，如图6-5所示。

1. 瞬时中断

一条或多条电力线，电压变为零的时间从0.5个电源周期到3 s称为瞬时中断。所有的输配电系统都有瞬时中断的可能，附近的雷电或电路短路、电源切换（从一路切换到另一路）都可能造成电源瞬时中断。

2. 短时中断

一条或多条电力线，电压变为零的时间从3 s到1 min称为短时中断。自动断路器和其他电路保护装置在保护动作发生时会短时间将电路断开，然后在20个电源周期到5 s的时间内将电路再次闭合。如果电力恢复，断开仅是短时的。短时中断也可能发生在电力系统供电中

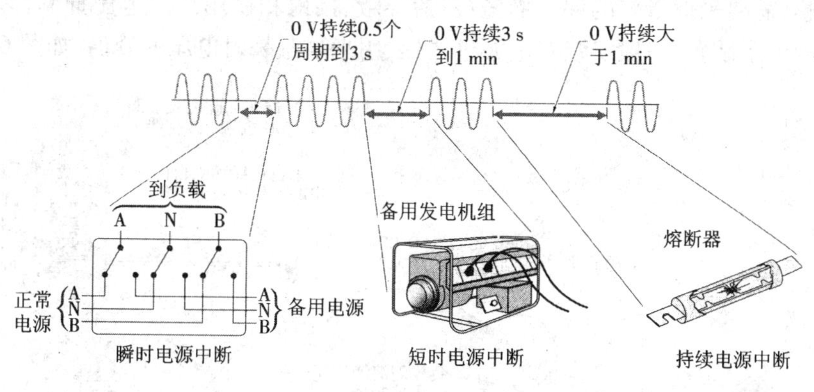

图 6-5　**电源中断**

断和备用电源启动的中间间隙。

3. 持续中断

所有的电力线,电压变为零的时间超过 1 min 称为持续中断。所有的输配电系统都有持续断电的可能,设备故障、断路器跳闸、保险熔断、暴风雨等天气因素等都可能造成持续的电力中断。

电力中断对银行、通信、医院中的一些关键部门来说是不允许的,这些对电源要求比较高的部门需要采用柴油发电机组和不中断电源作备用。

柴油发电机组,如图 6-6 所示,用柴油发动机作动力,运行成本低,可以作为长时间的后备电源使用。但是,它的启动和稳定运行需要几十秒到十几分钟的时间,这么长时间的电源中断需要用不中断电源(UPS)来填补。不中断电源,如图 6-7 所示,使用蓄电池作动力,它能将蓄电池的直流储能经逆变变为交流,再经变压器升压,输出和电力系统一样的工频额定电压。如果使用在线的不中断电源,从电力系统供电中断到 UPS 投入运行的时间延迟不超过几微秒;如果使用开关切换,延迟时间不超过几个毫秒,足以满足所有电源敏感部门对电源中断的苛刻要求。UPS 的蓄电池仅能支撑几十分钟,不宜做长时间的后备电源使用。

图 6-6　**柴油发电机组**

图 6-7　**不中断电源(UPS)**

6.1.4　浪涌电压

浪涌电压是一个暂时出现在电网上的不期望的短时过电压。计算机、电子设备等对浪涌

电压比较敏感,需要采取必要的保护措施:包括屏蔽、接地和使用浪涌电压抑制器。浪涌电压抑制器是一种电子装置,一般安装在电源进线处,用来限制瞬时电压的峰值,如图 6-8 所示。

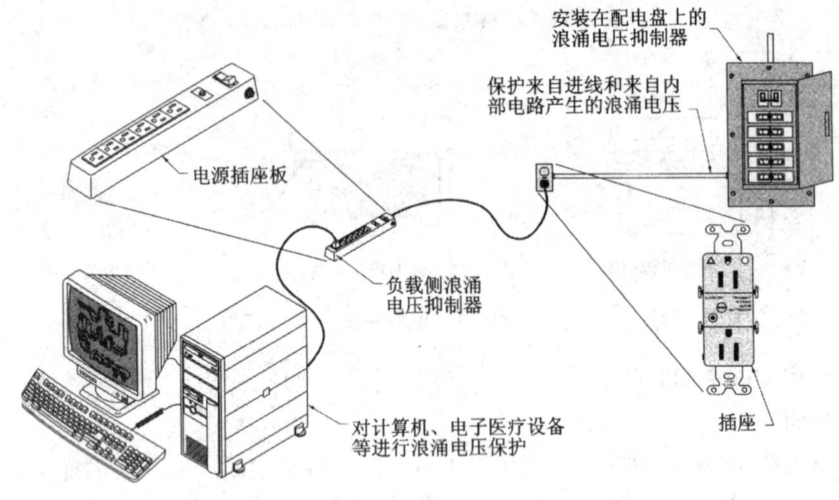

图 6-8　浪涌电压

6.2　变压器

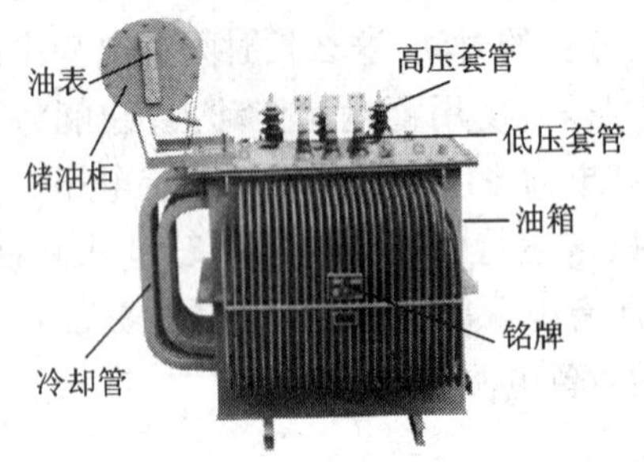

图 6-9　电力油浸变压器

变压器是一种装置,它利用电磁感应原理将原边电压变为副边电压,并且实现原边与副边的电隔离。在输配电系统中利用变压器安全和高效地实现升压和降压。例如,将发电机发出的电压升高,以便高效率地输电;将输电线上的高压降低,以便用户使用。油浸变压器如图 6-9 所示。

大功率变压器通常为电力公司所拥有,并且为受过专门培训的、能在高压线路上操作的熟练电工所维护。

技术人员经常和小功率的控制变压器打交道。控制变压器将动力线路和控制线路隔离,为操作人员提供附加的安全性。在电子电路中,也常使用变压器将动力线电压降低到所需要的工作电压。控制变压器如图 6-10 和 6-11 所示。

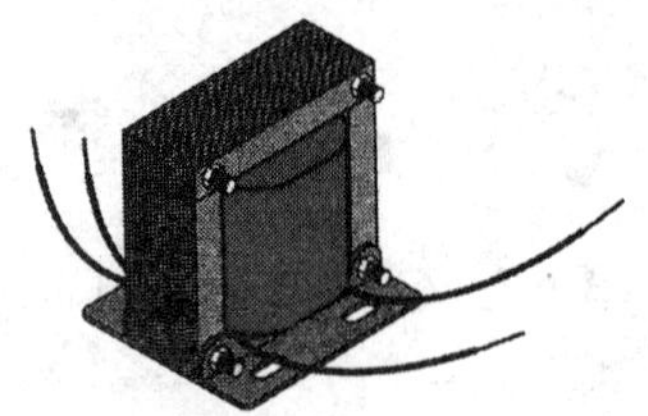

图 6-10　控制变压器 1

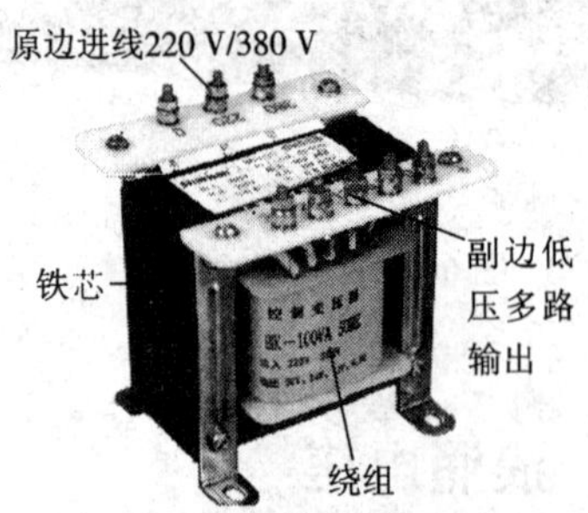

图 6-11　控制变压器 2

6.2.1 变压器原理

变压器由铁芯、绕在铁芯上的原边绕组和副边绕组组成,如图 6-12 所示。原边绕组从电源吸取能量;副边绕组以变换后的电压向负载输出能量。变压器的原边绕组电流在铁芯中建立起磁场,副边绕组借助耦合的交变磁场线感应出与匝数成正比的交流电压。副边电压与原边电压的比值取决于它们的匝数比。上述如图 6-13 和 6-14 所示。

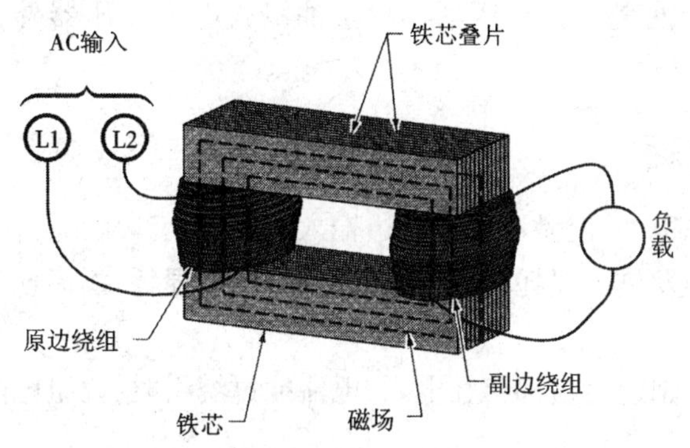

图 6-12　变压器结构原理

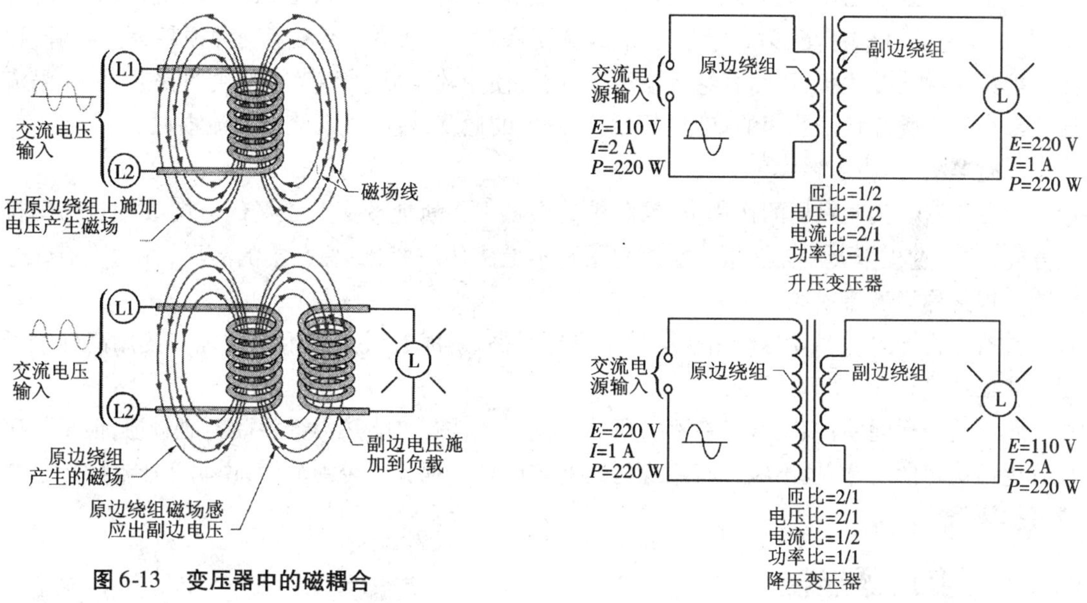

图 6-13　变压器中的磁耦合

图 6-14　变比关系

如果副边绕组的匝数是原边的两倍,副边感应出的电压也是原边的两倍,这样的变压器就是升压变压器。如果副边绕组的匝数是原边的 1/2,副边感应出的电压也是原边的 1/2,这样的变压器就是降压变压器,如图 6-12 所示。

在一个升压变压器中,1∶2的匝数比使副边电压加倍,看起来好像是一个放大器。但是,如果不考虑损耗,原边和副边的功率是相等的。由于功率等于电压乘电流($P=EI$),电压的变化必然导致电流的变化。

例如,在一个 220 V/110 V 的降压变压器中,匝数比等于 2:1,电流从原边的 1 A 增加到副边的 2 A,保持两边功率相等。同样,在一个 110 V/220 V 的升压变压器中,匝数比等于 1:2,电流从原边的 2 A 降到副边的 1 A,保持两边功率平衡。

升电压/降电流的一个重要的优点是可以使用线径较小的传输线,从而降低电能传输的成本。正是因为这个原因,发电机发出的电能通常经过升压变压器升压后,再经传输线送往远处;在最终用户能够使用前,须经降压变压器降低电压。电力系统中使用的一种变压器如图 6-9 所示,是用油冷却的油浸电力变压器。除了油浸式电力变压器外,还有其他类型的变压器,详见第 7 章。

6.2.2 变压器损耗

尽管变压器的效率很高,但做不到将原边输入的能量全部从副边输出,总有损耗存在。主要的损耗表现为变压器发热。损耗根源可以归纳为:电阻损耗、涡流损耗、磁滞损耗 3 种。

1. 电阻损耗

变压器原边绕组和副边绕组都存在电阻,电流通过绕组时,绕组电阻发热所引起的能量损耗称为电阻损耗。

2. 涡流损耗

由于铁芯是导电体,交变磁场在副边绕组感应出电压的同时,也在铁芯里感应出小的电压,这个小电压在铁芯里形成涡流,这个涡流使铁芯电阻发热,代表了一种损耗,称为涡流损耗。把铁芯做成叠片状,片间有绝缘漆绝缘;或者使用粉末状铁芯代替整块的铁芯,可使涡流损耗最小化。叠片状铁芯间的绝缘层阻断了涡流的通路,减小了涡流和涡流损耗。

3. 磁滞损耗

在变压器中交变磁场的作用下,铁芯中的小磁胞不断地按交变磁场的方向改变自己的排列方向,这个过程需要消耗能量。小磁胞跟随不上磁场的变化,总有小的滞后,称为磁滞。这个能量损耗称为磁滞损耗。

磁滞损耗导致铁芯发热。由于类似于机械摩擦,磁滞有时也称为磁摩擦。使用高硅钢可使磁滞损耗最小化。

所有这些损耗使铁芯发热,在额定负载下变压器铁芯可能热得烫手而不能触摸,但是不应该有绝缘烧焦的气味,也不应该有绝缘材料变色或冒烟现象。否则的话,说明变压器已经过载或者损坏。

6.2.3 变压器连接

生活用电主要是为照明、取暖、制冷、烹调等提供能源,入户电压通常是单相 220 V;动力用电通常是三相的,三个单相变压器可以连接成一个三相变压器,采用星形连接或三角形连接,输出线电压为 380 V。进出线可以架空走,也可以地下管道走。

最常用的变压器接线如图 6-15 所示。原边接高压,副边星形连接,中性点接地。A、B、C 三线之间的电压为线电压,有效值为 380 V,A 与 N、B 与 N、C 与 N 之间的电压为相电压,有效值为 220 V。这种接法既能满足生活用电也能满足动力用电,还可以提供接零保护,使用普遍。

6.2.4　变压器的维护和故障分析

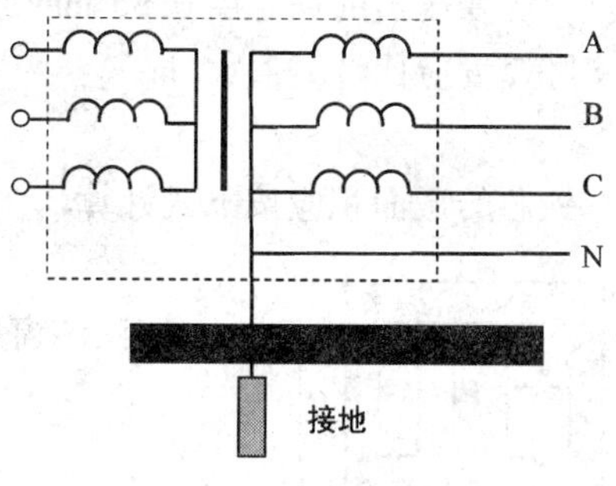

图 6-15　变压器连接

电力变压器在长期运行中,由于各种因素的作用,造成变压器各部件性能下降,甚至危及到变压器的安全运行。因此,必须进行日常巡检和定期检修。

电力变压器的小修是只对变压器油箱外部及其附件进行检修,一般为每年一次。

电力变压器的大修是指吊罩(吊心),对内部进行心体检查及处理,大修将可能全部或局部更换绕组和铁芯,每 5 年进行一次。

电力变压器故障可分为内部故障和外部故障两大类,内部故障包括绕组相间短路、匝间短路、接地短路和铁芯故障等;外部故障主要有套管漏油、引线接头发热、外部原因造成单相接地、相间短路等。

对于小型的控制变压器,可以使用万用表进行简单检查,包括检查输入和输出电压,检测绕组电阻等,如彩图 6-16 所示。

6.2.5　控制变压器的设计与计算

小功率单相控制变压器用途非常广泛,如电子线路电源变压器、仪器电源变压器、继电器控制隔离变压器、安全灯电源变压器等。实际工作中有时需要自制一个小容量干式变压器,其简单计算如下。

1. 容量计算

假定变压器原边一个绕组,电压、电流有效值分别为 U_1、I_1;副边有 3 个绕组,电压、电流有效值分别为 U_2、I_2、U_3、I_3、U_4、I_4。总的输出功率为各绕组输出功率之和,即

$$S_2 = U_2I_2 + U_3I_3 + U_4I_4$$

考虑变压器有损耗,其输入功率为

$$S_1 = S_2/\eta$$

式中,η 为变压器的效率,一般取 0.8 ~0.9。

变压器的额定设计容量

$$S_N = \frac{S_1 + S_2}{2} \quad (\text{V·A})$$

2. 铁芯尺寸计算

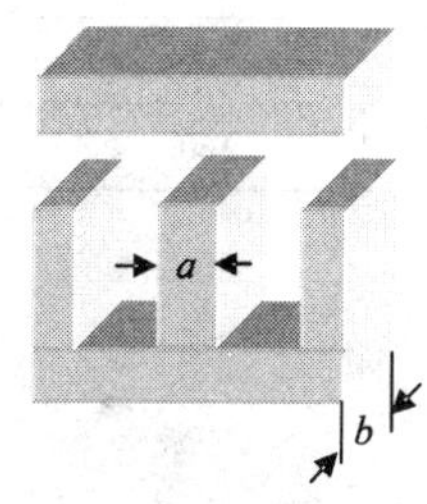

图 6-17　E 字形铁芯

选用 E 字形铁芯,如图 6-17 所示,铁芯柱宽为 a(cm),硅钢片叠厚为 b(cm),铁芯的截面积为

$$A = a \times b$$

已知变压器的容量 S_N,由经验公式计算铁芯的横截面积为

$$A = K\sqrt{S_N}\ \text{cm}^2$$

式中,K 为经验系数,取决于变压器的容量和选取的硅钢片质量,参考表 6-1。

由于变压器的铁芯由 0.35 mm 或 0.5 mm 厚度的硅钢片叠成，考虑到片间的绝缘层，铁芯的实际厚度应比计算值大，取

$$b' = 1.1b$$

铁芯的截面积应按下式计算

$$A = a \times b'$$

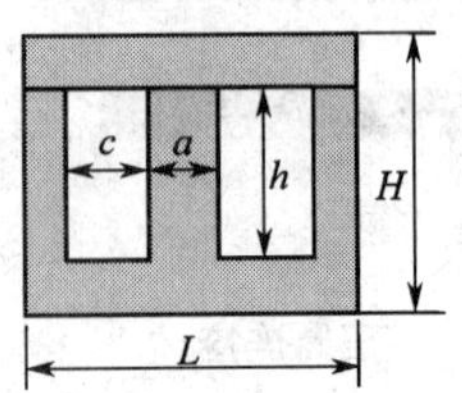

图 6-18　小型硅钢片尺寸

铁芯窗口面积可用下式估算

$$A_0 = ch = \frac{1.6S_N}{A}$$

式中，A、A_0的单位为 cm^2，S_N的单位为 V·A。

为了方便选择硅钢片，表 6-2 列出了通用小型硅钢片规格，表中各尺寸含义表示于图 6-18 中。

表 6-1　铁芯横截面积计算参考数据

变压器容量(VA)	磁感应强度 B_m(T)	K
5 ~ 10	6 000 ~ 7 000	2
10 ~ 50	7 000 ~ 8 000	2 ~ 1.5
50 ~ 100	8 000 ~ 9 000	1.5 ~ 1.3
100 ~ 500	9 000 ~ 10 000	1.3 ~ 1.25
500 ~ 1 000	10 000 ~ 12 000	1.25 ~ 1.1

表 6-2　小型变压器尺寸

a	c	h	L	H
13	7.5	22	40	34
16	9	24	50	40
19	10.5	30	60	50
22	11	33	66	55
25	12.5	37.5	75	62.5
28	14	42	84	70
32	16	48	96	80
38	19	57	114	95
44	22	66	132	110
50	25	75	150	125
56	28	84	168	140
64	32	96	192	160

3. 绕组计算

1）匝数计算

由变压器感应电动势计算公式得

$$N_1 = \frac{U_1}{4.44f\Phi_m \times 10^{-4}} = \frac{U_1}{4.44fB_mA \times 10^{-4}}$$

式中：U_1为变压器一次绕组电压(V)；

N_1为变压器一次绕组匝数；

B_m为变压器铁芯最大磁感应强度(T)；

A 为铁芯横截面积(mm^2)。

若 $f=50$ Hz,一次绕组每伏匝数为

$$N_0=\frac{N_1}{U_1}=\frac{1}{4.44fB_mA\times10^{-4}}=\frac{4.5\times10}{B_mA}$$

考虑到变压器铁芯片间的气隙及绝缘,实际铁芯的截面积将减少为 K_sA,K_s为叠片系数,一般取0.9~0.95,则每伏匝数

$$N_0=\frac{4.5\times10}{K_sAB_m}$$

故一次绕组的匝数为

$$N_1=N_0U_1$$

计算二次绕组匝数时,考虑到阻抗压降,增加5%的匝数裕量,各二次绕组匝数为

$$N_2=N_0U_2(1+5\%)$$

$$N_3=N_0U_3(1+5\%)$$

$$N_4=N_0U_4(1+5\%)$$

2)导线横截面积计算

如果已知各绕组的电流,可直接查电工手册中漆包铜线规格表确定导线的横截面积,也可通过计算确定。计算公式为

$$A'=\frac{I}{J}=\frac{\pi d^2}{4}$$

式中:A'为导线横截面积(mm^2),

d 为导线直径(mm),

I 为导线电流(A),

J 为导线电流密度(A/mm^2)。

小功率变压器的导线允许通过的电流密度为2~3 A/mm^2,100 W以下连续使用的变压器取2.5 A/mm^2,100 W以上的变压器取2 A/mm^2,短时制工作的变压器取4~5 A/mm^2,所以,$d=1.13\sqrt{\frac{I}{J}}$,取 $J=2.5$ A/mm^2。

3)窗口面积计算

变压器窗口的面积 $A_0=ch$,如图6-18所示。各绕组及绝缘材料(包括骨架和层间绝缘)所占的总面积为

$$A'_0=\frac{A''_1N_1+A''_2N_2+A''_3N_3+A''_4N_4}{(0.3\sim0.5)\times100}\ \mathrm{cm}^2$$

式中,A''_1为一次绕组截面积,其他下标类推；

N_1为一次绕组的匝数,其他下标类推；

100为平方厘米至平方毫米的换算系数；

0.3~0.5为铜线的占积率(考虑圆形导线和绝缘材料叠放在方形铁芯窗口内)。

计算后,若 $A'_0<A_0$,说明绕组能装下；反之,则要重选大一点的铁芯,重复上述计算。

6.3 交流电动机

将电能转化为机械能的装置称为电动机,交流电动机将交流电能转化为机械能。与直流电动机比较,交流异步电动机有一系列的优点:没有容易出故障的电刷、滑环结构;不产生电火花,从而对使用环境(易燃易爆)没有限制;速度可以高、功率可以大;价格便宜、坚固耐用。

交流电动机的旋转部分称为转子,静止部分称为定子。定子上有三相绕组的称为三相交流电动机,有单相绕组的称为单相交流电动机。

6.3.1 单相交流电动机

根据电机学的理论,只有一相绕组的交流电机不能产生旋转磁场,只能产生脉动磁场。脉动磁场不可能产生启动转矩,却可以产生运行转矩。因此单相电动机的关键是如何产生旋转磁场,使电动机启动起来。单相交流电动机主要用于人们的日常生活,如洗衣机、电冰箱、空调等家用电器中,用量巨大。下面简单介绍3种单相电动机。

1. 屏蔽极电动机

屏蔽极电动机是最简单的单相电动机,如图6-19所示。它利用屏蔽极的滞后效应产生旋转磁场,从而产生转矩。屏蔽极电动机的功率通常只有几十瓦或更小,其最大的缺点是启动转矩比较小,常用在计算机的冷却风扇驱动,或家庭娱乐设备小功率电气传动上。屏蔽极的实现是用一匝铜环套在主磁极叠片的部分铁芯上,如图6-19所示。

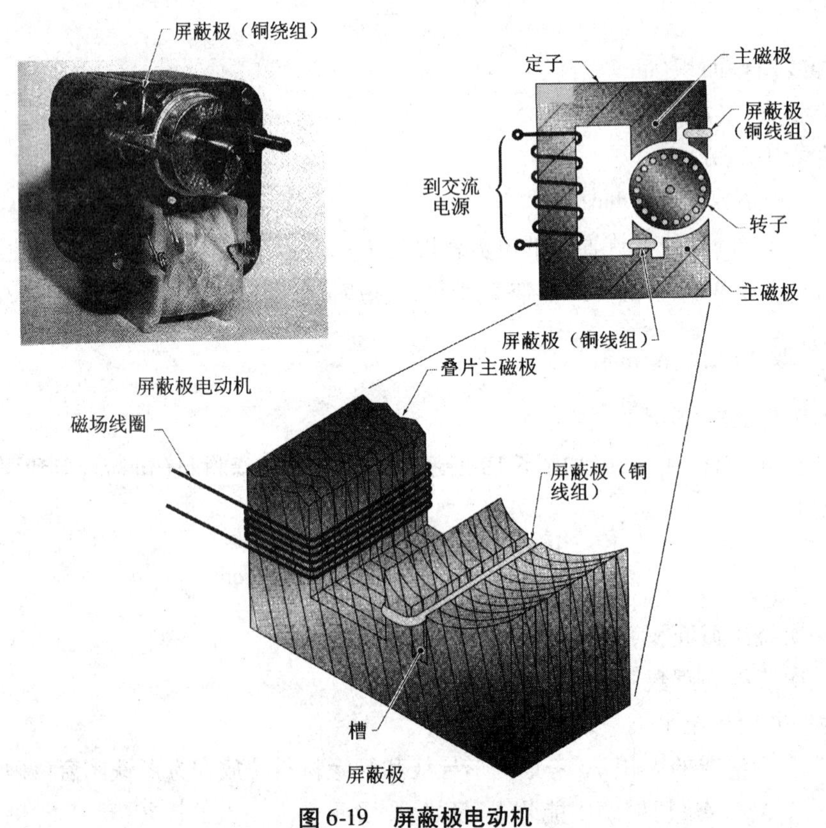

图6-19 屏蔽极电动机

屏蔽极铜线圈中感应出的电流产生差不多滞后主磁场90°的屏蔽极磁场,主磁场和屏蔽极磁场合成的结果,在空气隙中形成从主磁极到屏蔽磁极的旋转磁场,决定了转子的旋转方向。

2. 单相分相电动机

分相电动机是单相电动机,定子上除了主绕组外,还有一个启动绕组。它的功率通常在几十瓦到几百瓦的范围内,因此又称为分马力电机。通常用来拖动洗衣机、家用风扇和各种泵类负载。

如图6-20所示,分相电动机主要由转子和定子两大部分组成,定子上有主绕组和启动绕组。其中还有一个离心力开关,检测到电动机的速度达到稳态速度的60% ~80%时,自动断开启动绕组。

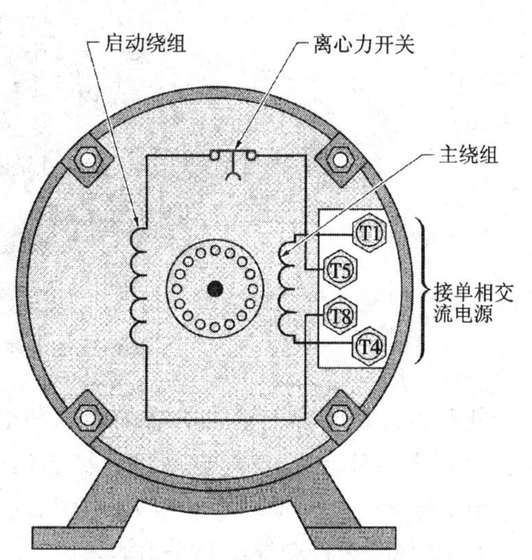

图6-20　单相分相电动机

启动的时候,主绕组和启动绕组并接到单相交流电源。主绕组由粗的绝缘铜线绕制而成;启动绕组由细的绝缘铜线绕制而成。当电动机的速度上升到稳态速度的大约75%时,离心力开关断开,启动绕组脱离电源,电动机仅依靠主绕组工作。当电动机断电停机时,大约在稳态速度的40%,离心力开关重新闭合。

比起启动绕组来,主绕组线粗而且匝数多。当得电的最初时刻,主绕组的电感大而电阻小,对交流电流形成较大的感抗。

相对来说,启动绕组线细而且匝数少。当得电的最初时刻,启动绕组的感抗小而电阻大。

当绕组得电的最初时刻,由于它们的感抗差,主绕组的电流滞后于启动绕组的电流,形成了相位差。为了最大可能地产生转矩,要求它们之间的相位差为90°,但是实际上这个相位差通常比较小。正是由于这个不大的相位差产生了电机启动所需要的旋转磁场。

根据交流电动机的工作原理,定子绕组产生的旋转磁场带动转子也旋转起来。

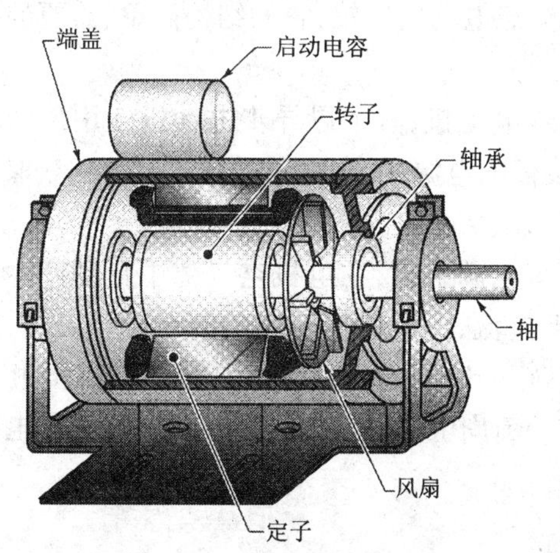

图6-21　单相电容电动机

3. 电容电动机

电容电动机也是一种单相电动机,功率范围从几十瓦到几千瓦不等,如图6-21所示。在它的组成中,除了主绕组和启动绕组外,还包括一个启动电容器。电容电动机广泛地应用在制冷机、压缩机、洗衣机、空调机等设备中,作为动力。在结构上,除了启动绕组中串有电容器外,电容电动机类似于分相电动机。电容器的引入使两个绕组中的电流相位不一样,从而产生了旋转磁场,增加了启动转矩。电容电动机可以分为电容启动型、电容运行型和电容启动/运行型3种。

电容启动型电容电动机的运行特点非常类似于带有离心力开关的分相电动机，详见图6-22。当离心力开关打开时，电容器和启动绕组的串联支路脱离电源。电容器和启动绕组的使用只是为了增加启动转矩，正常运行时并不一定需要它们。

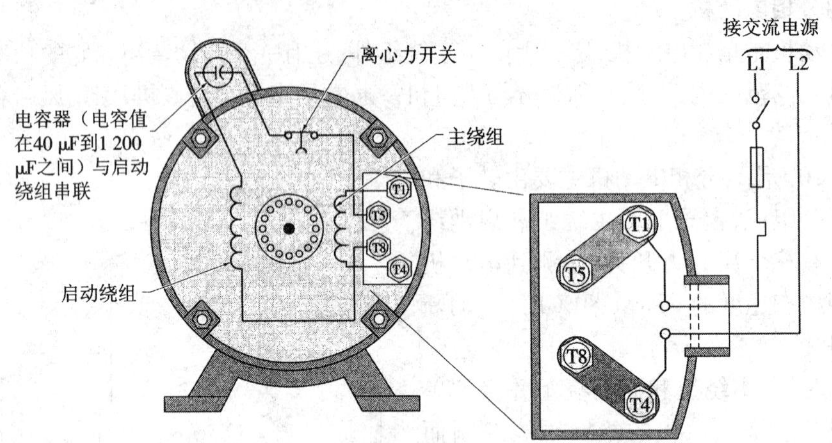

图6-22 **电容启动型电容电动机**

电容运行型电容电动机的启动绕组和电容器串联支路在启动过程结束后仍不脱离电源（无离心力开关），继续参与电动机的稳态运行。所使用的电容值较电容启动型为小，这样可以得到中等大小的启动转矩和较大的运行转矩。

电容启动/运行型使用两个电容器，一个用于启动，另一个用于运行。有时也称为双电容电机。它的优点是：有与电容启动型同样大的启动转矩，又有大于电容启动型的运行转矩。

电容启动/运行型，启动时使用较大数值的电容，运行时使用较小数值的电容。

电容启动/运行型单相电动机通常用作制冷机或压缩机的动力。

6.3.2 三相交流电动机

三相交流电动机是工业生产中最广泛使用的动力来源，其功率范围从分马力到数千千瓦，覆盖了大多数电力拖动应用。与直流电动机和单相交流电动机比较，它的结构简单、需要的维护少、价格便宜。

三相交流电动机包括三相异步电动机和三相同步电动机，其中以异步电动机使用最为广泛。异步电动机又可称为感应电动机，它的转子不接任何电源，仅靠电磁感应从定子侧获取做功的能量。Y2系列三相交流异步电动机如图6-23所示。

当三相交流电动机的三相定子绕组接到三相交流电源上时，在电机空气隙中自动产生旋转磁场，正是这个旋转磁场在转子绕组中感应出交流电流，形成同样转速的转子旋转磁场，定子旋转磁场和转子旋转磁场相互吸引，产生了机械转矩。定子三相绕组分别称为A相、B相和C相，如彩图6-24所示。三相绕组均匀地分布在定子圆周上，位置依次相差120°。交流电机的定子如图6-25所示。

1. 三相异步电动机

由于三相定子绕组能自动产生气隙旋转磁场，三相异步电动机可以自己启动，不需要其他的附加启动方法。

图 6-23　Y2 系列三相交流异步电动机

图 6-25　交流电机的定子

为了产生足够大的旋转磁场,应对异步电动机定子绕组施加适当的外部电压,这个电压标示在电动机的铭牌上。

交流电机的定子铁芯由硅钢片叠片组成,如彩图 6-26 所示。定子绕组镶嵌在硅钢片槽中,三相交流电机的定子绕组如彩图 6-27 所示。

交流异步电机的转子铁芯也是由硅钢片叠片组成,转子绕组可以用铝浇铸而成,如彩图 6-28 所示,也可以是绕制的,如彩图 6-29 所示。铸铝转子因其坚固耐用、成本低廉,使用得相当普遍。铸铝转子也称为笼形转子,铸铝转子异步电动机也称为笼形异步电动机。笼形三相异步电动机的内部结构如彩图 6-30 所示。

三相定子绕组共有 6 个接线端,如果全部引出到电机的接线盒中,用户可以根据需要,选择三角形连接,或选择星形连接。

如果每相绕组的额定电压为 220 V,则三相绕组星形连接时,可以接到线电压为 380 V 的三相交流电源上工作;而三角形连接时可以接到线电压为 220 V 的三相交流电源上工作。小于 4 kW 的三相异步电动机大都采用这种方案。

如果每相绕组的额定电压为 380 V,三相绕组可以三角形连接到线电压为 380 V 的三相交流电源上正常工作,而启动时采用星形连接,相当于降压启动,用这种方法限制启动电流,称为星—三角启动。大于 4 kW 的三相异步电动机大都采用这种方案。

图 6-31 所示为一台功率不大的三相异步电动机的控制电路接线图,电机为星形连接。控制电路的核心是电机启动器,它相当于接触器与热继电器的组合,接触器负责启停电动机,热继电器对电动机进行过载保护。图 6-31 中的熔断器对电机进行过流保护,启停按钮发出启停命令,控制变压器提供隔离的控制电源。

2. 线绕转子异步电动机

线绕转子异步电动机的转子绕组不是铸铝,而是用导线绕制而成,通过滑环和电刷连接外部电阻。调节外部电阻,可以改变电动机机械特性的硬度,从而调节速度。图 6-32 所示,是最早投入使用的交流电机调速方法。它启动转矩大,机械特性软,在起重设备、卷绕设备、传送带驱动等场合获得了广泛应用,如图 6-33、6-34 所示。

线绕转子异步电机调速的最大缺点是效率低,仅适用于短时工作制和功率不大的应用。线绕转子异步电机如图 6-35 所示,电机轴上的滑环和电刷如图 6-36 所示。

如果在转子回路中串接的不是电阻而是电势,则效率可以大为提高。串直流电势,如图

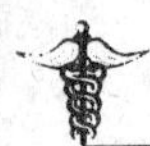

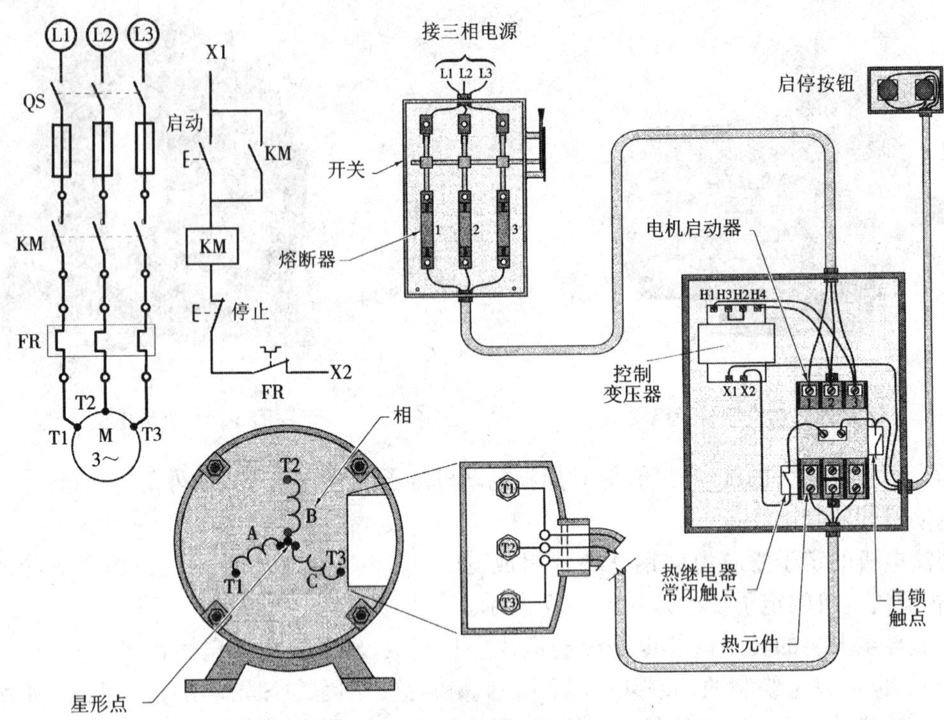

图 6-31　三相电机启停控制

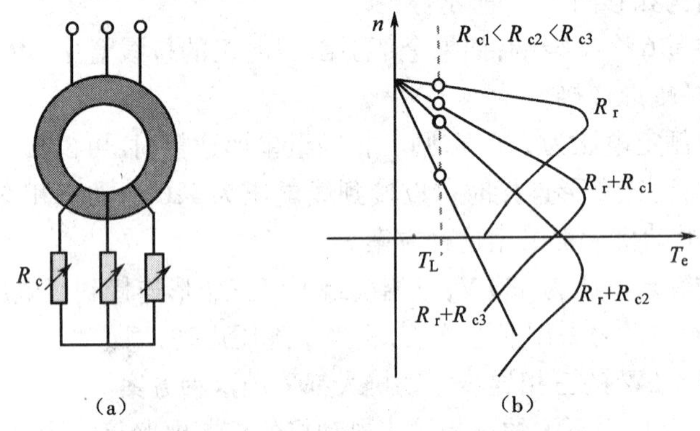

图 6-32　线绕转子电动机转子串电阻调速

图 6-33　起重设备应用

图 6-34　滑环电机电缆卷筒

图 6-35 线绕转子异步电机

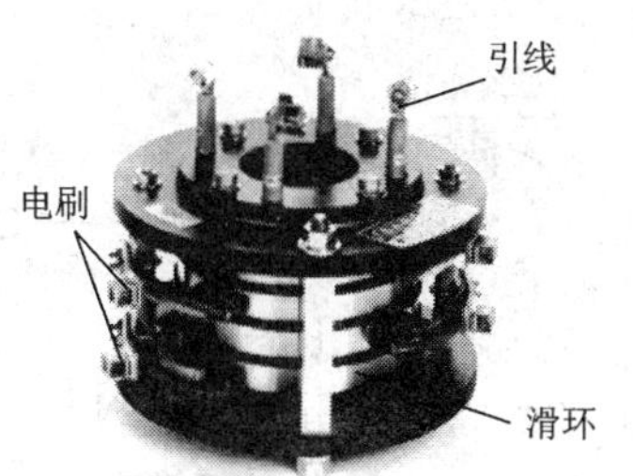

图 6-36 电机轴上的滑环和电刷

6-37 所示，称为串级调速，在水泵、风机等需要调速场合应用较多。串交流电势，则可以实现超同步双馈调速，风力发电中使用的就是这种技术，如图 6-38 和 6-39 所示。

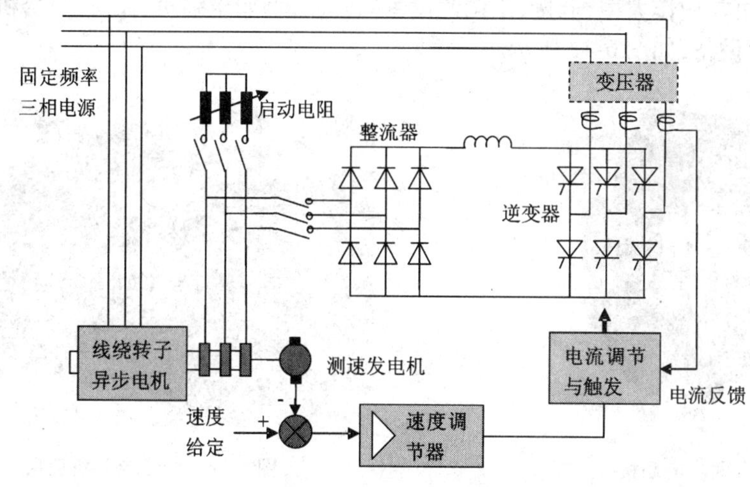

图 6-37 串级调速原理图

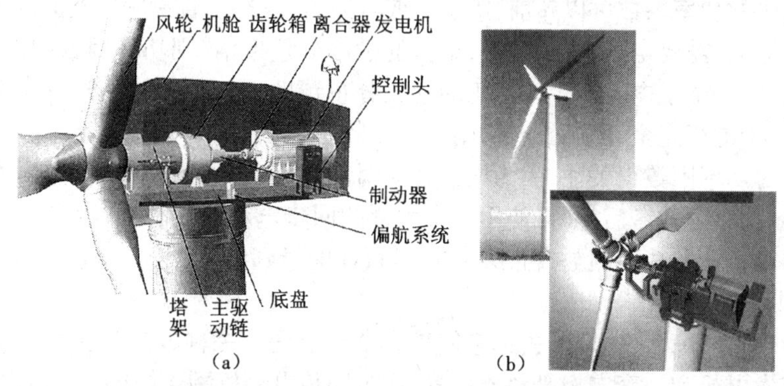

图 6-38 风力发电机使用线绕转子滑环异步电机

(a)结构图；(b)外形图

3. 同步电动机

同步电动机（图 6-40）运行时没有滑差，转速完全由电源的频率和电机的极对数决定。它的定子绕组与异步电动机完全一样，其三相电流共同作用产生旋转磁场。转子上有直流励磁

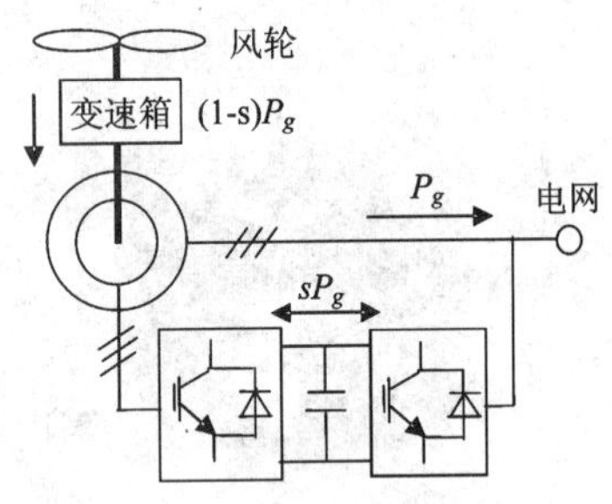

图 6-39 风力变速恒频双馈发电

绕组，通过滑环和电刷从外部电源获得直流励磁电流，建立起转子旋转磁场。在稳态运行时，两个磁场都以同步速度旋转，定子磁场的 N 极吸引转子磁场的 S 极，产生做功的转矩，没有滑差。负载转矩变化时，定转子磁极间的夹角变化，转子的旋转速度不变。

同步电动机不能自己启动，因为静止的转子磁极和旋转的定子磁极相互作用，会产生交替的吸引力和排斥力，平均转矩等于零。为了解决启动问题，同步电动机转子的表面嵌有类似异步电动机转子绕组那样的附加启动绕组，也就是同步电动机以异步电动机的方式启动，在接近同步速时，给转子施加直流励磁，拉入同步。同步运行时，启动绕组起稳定作用。

同步电动机常用作大型、低速、不调速设备的驱动，例如压缩机、风机、研磨机、泵、造纸、化工、橡胶加工等设备，如图 6-41 所示。

图 6-40 同步电动机

图 6-41 同步电动机应用现场

1）同步电动机的功率因数

同步电动机的功率因数可以超前、等于 1 或者滞后，取决于直流励磁电流的大小。如果直流励磁电流足够大，需要定子电流产生一个负的励磁分量抵消，则功率因数超前；如果直流励磁电流不够大，需要定子电流产生一个正的励磁分量帮助，则功率因数滞后；如果直流励磁电流恰到好处，定子电流完全无励磁分量，则功率因数等于 1。

用电大户对功率因数很关注，因为电力公司对功率因数差的企业实行惩罚性收费。大部分负载是感性，功率因数滞后，如果使用一台大型的同步电动机工作在功率因数超前状态，则很有可能将整个企业的功率因数校正为 1，这是可能的最好结果。

2）无刷同步电动机

电刷和滑环是故障多发部位，去掉它们是完全可能的。一种方法是在同步电动机的轴上加装一台交流发电机和一套二极管整流装置，作为同步电动机励磁绕组的直流电源；另一种方法如图 6-42 所示，在同步电动机轴上加装一台旋转变压器（实际上是一台线绕转子滑环电机），旋转变压器的一次侧接晶闸管交流调压器，二次侧经二极管整流桥整流后给同步电动机的励磁绕组供电，供电电压借助交流调压装置的触发推迟角 α 调节。

3）永磁同步电动机

去掉电刷滑环的第 3 种方法是使用永磁体作为转子的励磁，这样做的优点是：①无电刷、

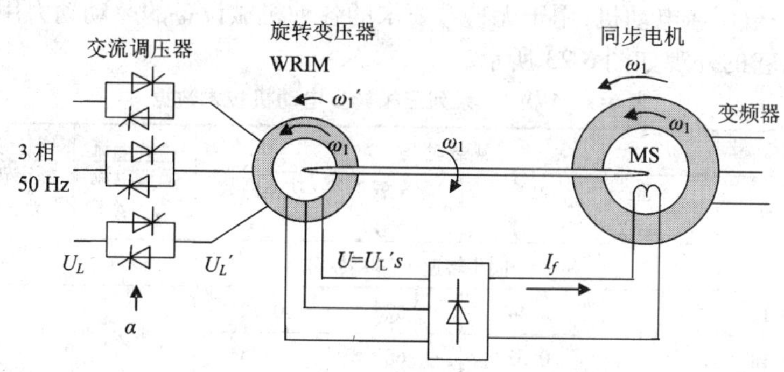

图 6-42　无刷同步电动机励磁

滑环，无转子铜耗，效率高；②同样的体积，输出功率可以更大；③转动惯量小，动态性能好；④更坚固紧凑的转子结构。由于上述优点，永磁同步电动机在 100 kW 以下的中小功率范围，在高性能伺服控制领域，如机床主轴驱动、位置控制系统、机器人等，获得了广泛的应用。它的主要缺点是：失去了励磁控制的灵活性，带来了去磁的可能性。永磁同步电动机性能好，但价格亦高。

同步电动机原来是不可调速的，但是，由于变频技术的成熟，现在同步电动机不仅可以调速，而且成了异步电动机调速的有力竞争者。与变频器配合，同步电动机原来存在的启动问题和不稳定问题都迎刃而解了。随着变频器频率由低到高，同步电动机的转速也由低到高，启动平稳。同步电动机由于某种原因（例如负载突然加重）可能发生的失步现象，由于变频器频率可以跟随调整，也轻而易举地解决了。稀土永磁变频调速同步电动机如图 6-43 所示。

图 6-43　稀土永磁变频调速同步电动机

永磁转子可以分为内部永磁和表面永磁。表面永磁的一种形式是将永磁体做成瓦片状，粘贴在转子铁芯的表面，如第 4 章图 4-8 所示。这样做有两个理由：一个是因为永磁材料比较昂贵；另一个是永磁材料的相对磁导率和空气差不多（略大于 1），相当于增加了空气隙的宽度和磁路的磁阻，因而不宜太厚。

6.3.3　交流电动机的技术参数举例

交流电动机的型号很多，下面以最常用的 Y2 系列为例作简单介绍。Y2 系列电动机包括基本设计（Y2 系列）和提高效率设计（Y2E 系列）两个系列，它是全封闭自扇风冷笼型电动机，是我国 20 世纪 90 年代中期最新设计的系列产品，用于替换 Y 系列的更新换代产品，产品的性能指标达到 20 世纪 90 年代国外同类产品的先进水平。

Y2 系列电动机采用 F 级绝缘，温升按 B 级绝缘考核，防护等级提高到 IP54。

Y2 系列为一般用途电动机，用于无特殊要求的各种机械设备的驱动动力用。它的部分技术数据见表 6-3，它的外观如图 6-23 所示。

表 6-3　4 极 Y2 系列三相异步电动机技术数据

<table>
<tr><th rowspan="2">型号</th><th>额定功率</th><th colspan="4">满载时</th><th>堵转电流/额定电流</th><th>堵转转矩/额定转矩</th><th>最大转矩/额定转矩</th></tr>
<tr><th>kW</th><th>转速（r/min）</th><th>电流（A）</th><th>效率（%）</th><th>功率因数（cos）</th><th>I_{st}/I_N</th><th>T_{st}/T_N</th><th>T_M/T_N</th></tr>
<tr><td colspan="9">同步转速 1 500 转/分</td></tr>
<tr><td>Y2 - 631 - 4</td><td>0.12</td><td rowspan="2">1 310</td><td>0.44</td><td>57</td><td>0.72</td><td rowspan="2">4.4</td><td rowspan="4">2.1</td><td rowspan="4">2.2</td></tr>
<tr><td>Y2 - 632 - 4</td><td>0.18</td><td>0.62</td><td>60</td><td>0.73</td></tr>
<tr><td>Y2 - 711 - 4</td><td>0.25</td><td rowspan="2">1 330</td><td>0.79</td><td>65</td><td>0.75</td><td rowspan="3">5.2</td></tr>
<tr><td>Y2 - 712 - 4</td><td>0.37</td><td>1.12</td><td>67</td><td>0.75</td></tr>
<tr><td>Y2 - 801 - 4</td><td>0.55</td><td rowspan="2">1 390</td><td>1.57</td><td>71</td><td>0.75</td><td>2.4</td><td rowspan="19">2.3</td></tr>
<tr><td>Y2 - 802 - 4</td><td>0.75</td><td>2.03</td><td>73</td><td>0.76</td><td rowspan="3">6.0</td><td rowspan="8">2.3</td></tr>
<tr><td>Y2 - 90S - 4</td><td>1.1</td><td rowspan="2">1 400</td><td>2.89</td><td>75</td><td>0.77</td></tr>
<tr><td>Y2 - 90L - 4</td><td>1.5</td><td>3.70</td><td>78</td><td>0.79</td></tr>
<tr><td>Y2 - 100L1 - 4</td><td>2.2</td><td rowspan="2">1 430</td><td>5.16</td><td>80</td><td>0.81</td><td rowspan="6">7.0</td></tr>
<tr><td>Y2 - 100L2 - 4</td><td>3.0</td><td>6.78</td><td>82</td><td rowspan="2">0.82</td></tr>
<tr><td>Y2 - 112M - 4</td><td>4.0</td><td rowspan="3">1 440</td><td>8.80</td><td>84</td></tr>
<tr><td>Y2 - 132S - 4</td><td>5.5</td><td>11.7</td><td>85</td><td>0.83</td></tr>
<tr><td>Y2 - 132M - 4</td><td>7.5</td><td>15.6</td><td>87</td><td rowspan="2">0.84</td></tr>
<tr><td>Y2 - 160M - 4</td><td>11</td><td rowspan="2">1 460</td><td>22.3</td><td>88</td><td rowspan="10">2.2</td></tr>
<tr><td>Y2 - 160L - 4</td><td>15</td><td>30.1</td><td>89</td><td>0.85</td><td rowspan="3">7.5</td></tr>
<tr><td>Y2 - 180M - 4</td><td>18.5</td><td rowspan="3">1 470</td><td>36.5</td><td>90.5</td><td rowspan="3">0.86</td></tr>
<tr><td>Y2 - 180L - 4</td><td>22</td><td>43.2</td><td>91</td></tr>
<tr><td>Y2 - 200L - 4</td><td>30</td><td>57.6</td><td>92</td><td rowspan="6">7.2</td></tr>
<tr><td>Y2 - 225S - 4</td><td>37</td><td rowspan="4">1 480</td><td>69.9</td><td>92.5</td><td rowspan="5">0.87</td></tr>
<tr><td>Y2 - 225M - 4</td><td>45</td><td>84.7</td><td>92.8</td></tr>
<tr><td>Y2 - 250M - 4</td><td>55</td><td>103</td><td>93</td></tr>
<tr><td>Y2 - 280S - 4</td><td>75</td><td>140</td><td>93.8</td></tr>
<tr><td>Y2 - 280M - 4</td><td>90</td><td rowspan="5">1 490</td><td>167</td><td>84.2</td></tr>
<tr><td>Y2 - 315S - 4</td><td>110</td><td>201</td><td>94.5</td><td rowspan="2">0.88</td><td rowspan="6">6.9</td><td rowspan="6">2.1</td><td rowspan="6">2.2</td></tr>
<tr><td>Y2 - 315M - 4</td><td>132</td><td>240</td><td>94.8</td></tr>
<tr><td>Y2 - 315L1 - 4</td><td>160</td><td>287</td><td>94.9</td><td rowspan="2">0.89</td></tr>
<tr><td>Y2 - 315L2 - 4</td><td>200</td><td>359</td><td>95</td></tr>
<tr><td>Y2 - 355M - 4</td><td>250</td><td rowspan="2">1 485</td><td>443</td><td>95.3</td><td rowspan="2">0.90</td></tr>
<tr><td>Y2 - 355L - 4</td><td>315</td><td>556</td><td>95.6</td></tr>
</table>

6.3.4 交流电动机的维护与故障分析

1. 交流电动机的维护

电动机能否正常运行在很大程度上取决于它的工作条件。主要的工作条件和性能参数都标示在铭牌上。在将一台电动机投入使用之前，应小心检查核对该电动机的铭牌，确保在安全的条件下使用电动机，特别注意额定电压应当满足，不要超过额定电流（长时间）。

一台普通的电动机不能在潮湿的环境下使用，更不能让水进入电动机的内部。电动机的外壳有开放型的，也有封闭式的。当更换电动机时，注意满足环境对电动机封装的要求。

电动机的外壳应该接地，特别是安装在潮湿的环境中。这样做既是保护电动机的需要，也是保护人身安全的需要。如果通电后，电动机的轴没有转动，即刻断电，防止绕组严重过载导致绝缘损坏。保持电动机的通风口总是处于畅通状态。在给轴承加油时，注意不要让油溅到其他地方；过量地加油可能危及绕组的绝缘，也容易粘附灰尘。

2. 交流电动机的故障检查与分析

单相电动机容易出问题的地方主要是离心力开关、热保护触点、启动电容器等。这些故障在电工的日常维护中就可以发现和解决。三相异步电动机可以无故障工作很多年，这是因为三相异步电动机结构简单，易损件少。

1）屏蔽极电动机的故障检查

屏蔽极电动机出了故障，一般的做法是简单地更换掉，但是应该查清造成损坏的原因，例如，如果是负载被堵卡，更换电机是不能解决问题的。应按照下列程序处理。（参看图6-44）

①断掉电源后，仔细审视电动机。如果电动机烧掉了，更换一台新的，并检查是否轴被卡堵，是否有外部损伤。

②检查定子绕组。定子绕组是仅有的不拆卸就可以测量的电气部件。如果万用表指示绕组电阻无穷大，说明绕组开路，电动机需要更换；如果绕组电阻是零，电动机需要更换；如果万用表指示一个不大的电阻值，说明绕组是好的。在更换电动机之前用兆欧表检查电机的绝缘情况。

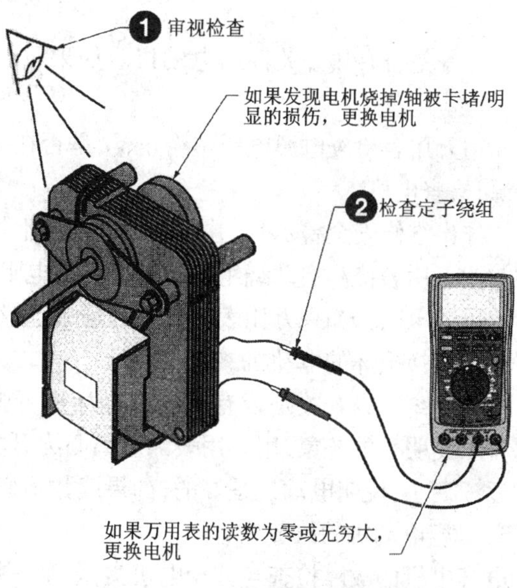

❶审视检查

如果发现电机烧掉/轴被卡堵/明显的损伤，更换电机

❷检查定子绕组

如果万用表的读数为零或无穷大，更换电机

图6-44 屏蔽极电机故障检查

2）分相电动机的故障检查

有些分相电动机带有热保护，过载发生时能自动断电。热开关可能是手动复位，也可能是自动复位。一定小心，对于自动复位，电动机可能会再次启动。分相电动机的检修，应按照下列程序进行。（参看图6-45）

①断掉电源后，仔细审视电动机。如果电动机烧掉了，更换一台新的，并检查是否轴被卡堵，是否有外部损伤。

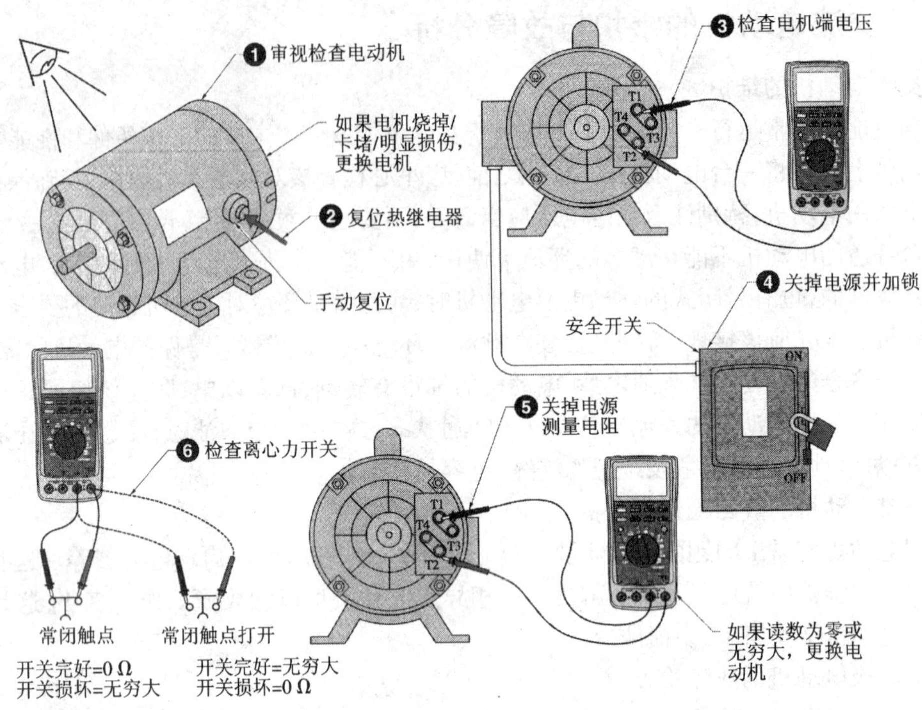

图 6-45　分相电机故障检查

②检查是否有热开关控制电动机。如果过载保护是手动复位的，复位之，然后启动电动机。

③用万用表检查电源电压是否正常，是否在 ±10% 的电压波动范围内。如果电压正常，关掉电源，检查电机。

④挂出维修安全警示牌，并在电源开关盒上加锁。

⑤用万用表检测启动绕组和运行绕组的电阻，这个电阻是并联电阻，应当小于两者中任意绕组的单独电阻。如果万用表的读数为零，说明绕组短路；如果万用表读数为无穷大，说明绕组开路。更换损坏的电动机。

⑥检查离心力开关是否有明显的烧坏或者弹簧断开的迹象。如果有，更换离心力开关。如果看不到明显的迹象，用万用表测量离心力开关，手动检查离心力开关。如果测量电阻时，读数逐渐变小，说明电动机是好的；如果读数不变，说明电动机有问题。

3）电容电动机的故障检查

电容电机的故障检查与分相电机类似，唯一增加的要测试的部件是电容器。电容器的使用寿命有限，是电容电机的薄弱环节。电容器可能开路、短路、性能老化，因而必须更换。电容器老化使电容变小，引起其他方面的问题。电容短路可能烧坏绕组；电容老化会使启动转矩变小，启动转矩不足造成启动失败，致使过载保护动作。

电容器的构成是两片导电的金属之间填充电介质。电解质材料能在无外部电源的情况下维持内部的电场存在，电解质也为两片导电金属提供绝缘。电容电机使用的电容器是交流型的，没有极性。

电容电机的检查应按照如下程序进行。（参看图 6-46）

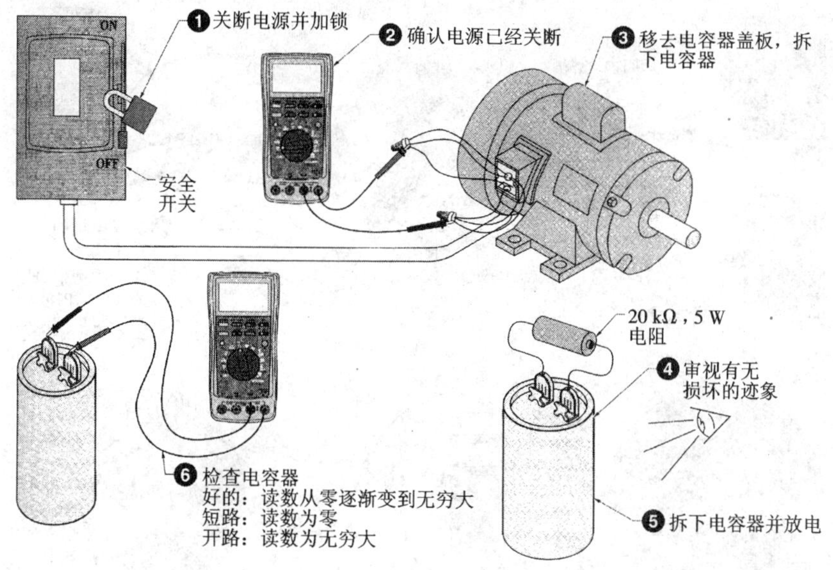

图6-46　电容电机故障检查

①关断安全开关，挂出警示牌并加锁。

②用万用表检查电机的端电压，确认电源已经断掉。

③电容器一般安装在电机的外壳上。移掉电容器的防护盖。特别注意，在电源切断的情况下，一个好的电容器仍然可能有电。

④审视电容器是否有泄漏、爆壳、膨胀等现象。

⑤将电容器从电路上拆下来，放电。为了安全放电，可以用一只20 kΩ的电阻跨在电容器的两个引脚之间5 s。

⑥放电之后，用万用表电阻挡测量电容器两个引脚之间的电阻，万用表的指示说明电容器是开路、短路或者完好无损。

⑦好（正常）的电容器：万用表的指示从短路逐渐变化到无穷大电阻。当读数达到半程时，断开电容器的一条引脚，等待30 s，然后再接通，万用表的指示从断开前的半程继续向无穷大变化，这表明电容器能够存储能量，电容器是好的。如果电容器不能存储能量，表明电容器已经坏掉，应更换一支好（正常）的电容器。

⑧短路电容：读数回零后不再变化。表明电容器已经坏掉，应更换一支好的。

⑨开路电容器：读数在无穷大处，不再变化。表明电容器已经坏掉，应更换一支好（正常）的。

4）三相电动机的故障检查

三相笼型交流电动机结构简单、坚固耐用，很少需要维护，无故障运行10年以上并不罕见。对它的检查程度取决于应用，一般说来，对于正在关键设备上工作的笼形交流电动机，所谓检查也就是测量一下电压，如果电压正常，而怀疑电动机有问题时，通常的做法就是更换电动机，除非电动机功率很大，不方便更换。更换下来后，再进一步作认真的检查，以便确定究竟是什么故障。

三相交流电机的检查应按照如下程序进行。（参看图6-47）

①用万用表检查电动机的三相端电压，如果电压有问题，检查电源输入端的电压。

②如果电压正确，而电动机不运行时，需断开安全开关或者电机启动器，挂出警示牌并加锁。

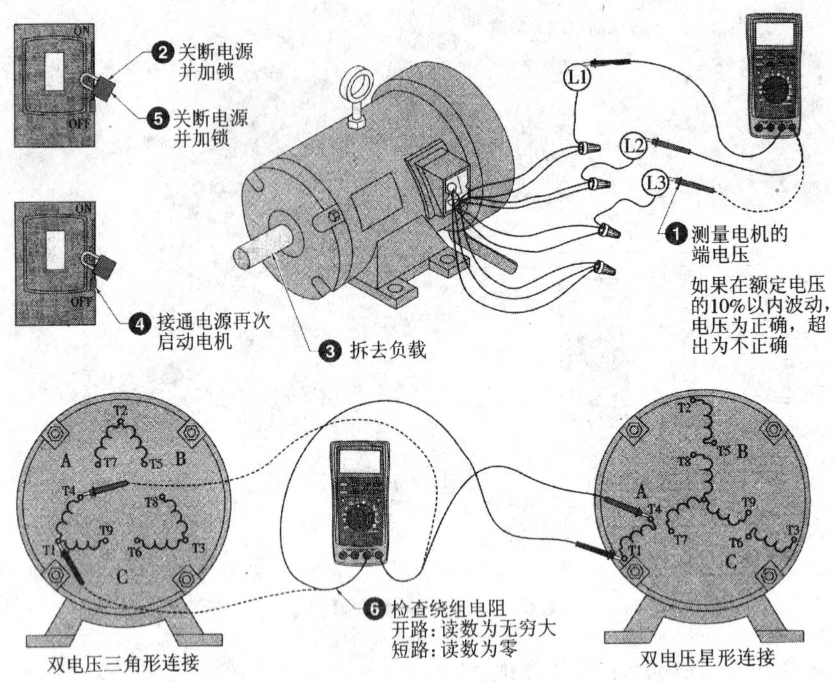

图 6-47　三相电机故障检测

③拆下电动机的负载。

④接通电源,重新启动电动机;如果电动机启动了,检查负载。

⑤如果电动机不启动,再一次断开电源并加锁。

⑥用万用表检查绕组的电阻,看是否有短路或开路现象。注意:绕组是由铜线绕制而成,一个完好的绕组电阻小,但有电阻。电机功率越大,电阻读数越小。精确测量大电机的绕组电阻需要用电桥。

实训课题

1. 拆装小型异步电动机。
2. 制作控制变压器。

思考题

1. 在输配电系统中为什么要使用变压器?
2. 发电机中励磁绕组的功能是什么?
3. 为什么变压器的效率不能达到 100% ?
4. 什么是屏蔽极电动机?
5. 什么是分相电动机?
6. 与直流电动机相比交流电动机的优点是什么?
7. 电容电动机中容易损坏的部位在哪里?
8. 在家用洗衣机或电冰箱中使用的是哪一种电动机?

第 7 章　电力变压器及三相同步发电机

本章知识架构

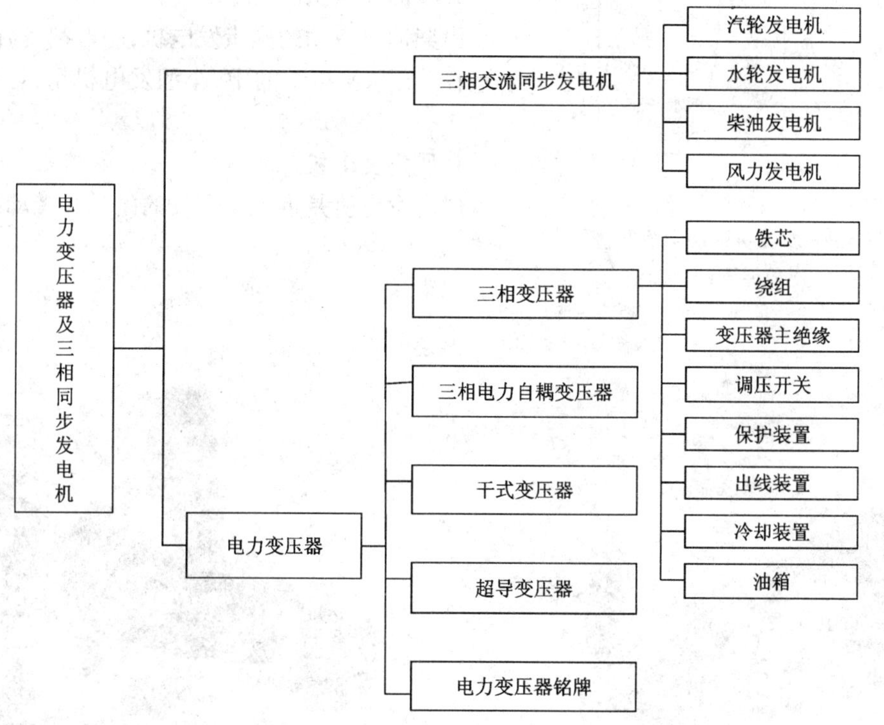

本章教学目标与要求

★认识电力变压器的结构认识

★记住电力变压器的连接组

★认识电力变压器外部辅件及功能

7.1 发电机

发电机是将其他形式的能量转化成电能的设备，是电力网的电源。因为不是重点，这里仅简单介绍三相交流同步发电机。

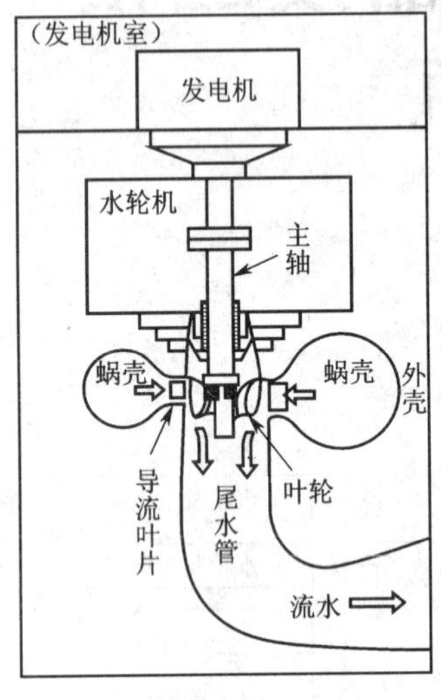

图 7-4 水轮机带动同步发电机原理图

1. 汽轮发电机

由汽轮机带动的同步发电机，一般都是卧式结构，如彩图 7-1 和彩图 7-2 所示。

2. 水轮发电机

由水轮机带动的同步发电机，一般都是立式结构，如彩图 7-3 所示，工作原理见图 7-4。

3. 柴油发电机

由柴油机带动的同步发电机，一般都是卧式结构。容量在几千 kW 以下的中、小型发电机组，如图 7-5 所示。

4. 风力发电机

风力发电机是近几年开发的由风叶带动的专用发电机，如图 7-6 所示。

图 7-5 柴油发电机组

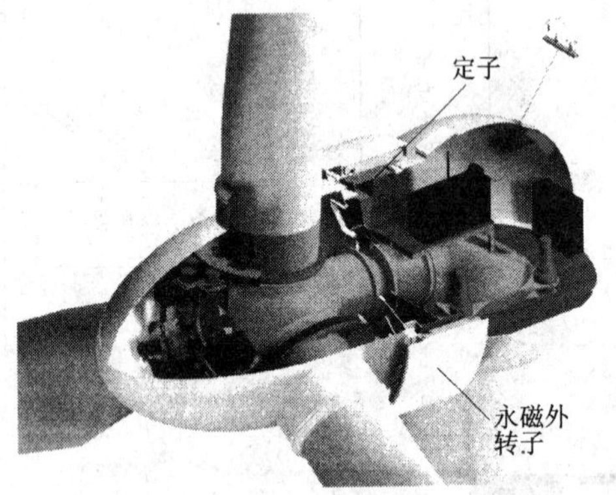

图 7-6 专用的风力发电机

7.2 电力变压器

变压器是发电厂和变电所重要的设备，今后要经常碰到，这里要重点介绍。变压器是一种静止的高压电器，就其最基本的电磁原理而言，是与交流旋转电机相同的。但结构和运行方式却截然不同。

7.2.1 三相双圈(或三圈)变压器

三相双圈(或三圈)变压器主要由铁芯、一次绕组、二次绕组、调压开关、保护装置、冷却系统、出线装置和油箱等组成,如图 7-7 所示。三相双圈变压器连接法原理如图 7-8 所示。

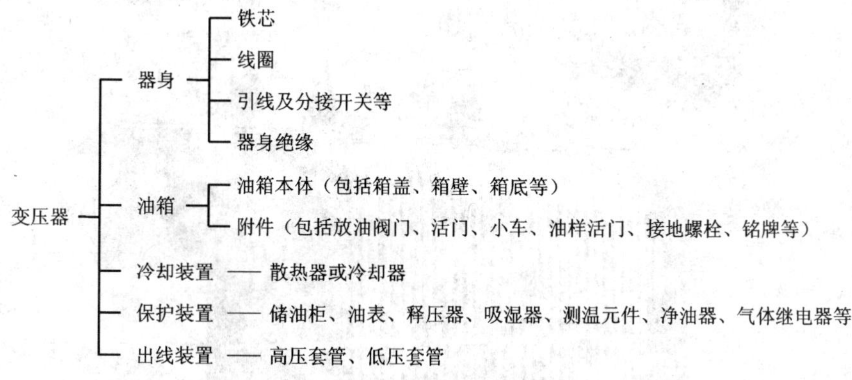

图 7-7 三相双圈(三圈)变压器组成

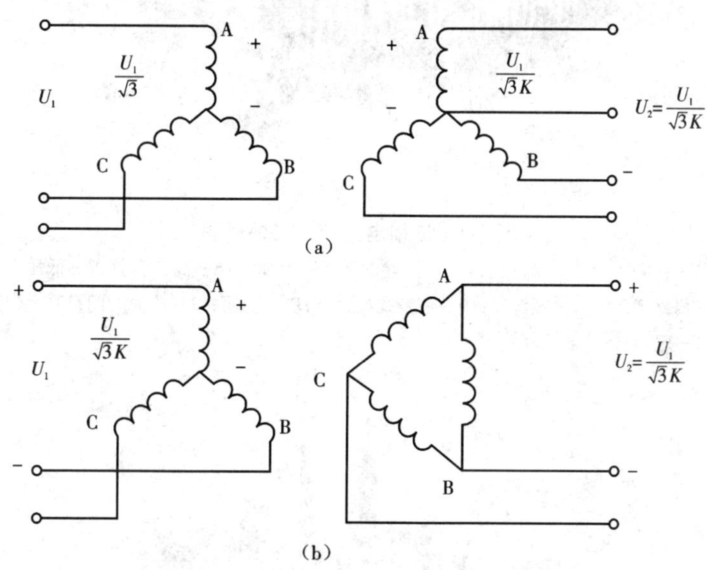

图 7-8 三相双圈变压器连接法原理图

(a) Y/yn;(b) Y/d

变压器的连接组别的表示方法是:大写字母表示一次侧(或原边)的接线方式,小写字母表示二次侧(或副边)的接线方式。Y(或 y)为星形接线,D(或 d)为三角形接线,由于 Y 连接时还有带中性线和不带中性线两种,不带中性线则不增加任何符号表示,带中性线则在字母 Y 后面加字母 n 表示。如中性线接地 n 后边要加 0:如 Yn,yn0,d11。对自耦变压器,二次用 a 表示,如 Yn,a0。数字采用时钟表示法,用来表示一、二次侧线电压的相位关系,一次侧线电压相量作为分针,固定指在时钟 12 点的位置,二次侧的线电压相量作为时针。例如,“11”表示变压器二次侧的线电压 U_{ab} 滞后一次侧线电压 U_{AB} 330°(或超前 30°)。

常用变压器接线方式有 4 种基本连接形式:“Y,y”、“D,y”、“Y,d”和“D,d”。

三相油浸式电力变压器外形及主要部件如图 7-9 所示，其内部结构参看彩图 7-10。图 7-11 为大型油浸式电力变压器的外形图。

图 7-9　三相电力变压器外形图

1—铭牌;2—油标;3—储油柜;4—气体继电器;5—释压器;6—高压套管;7—低压套管;8—有载分接开关;9—吸湿器;10—信号式温度计;11—油箱;12—放油阀门;13—接地螺栓;14—底座;15—散热扁管

图 7-11　110/10 kV 大型三相双圈变压器外形图

1. 铁芯

铁芯是变压器中磁通穿过的路径，是联系一次绕组和二次绕组、进行电磁感应的中间环

节。对它的要求是:磁导率要高,磁滞损耗和涡流损耗尽量小,加工方便。目前常用的材料是高硅硅钢片,有热轧和冷轧硅钢片之分。热轧硅钢片在各个方向上磁导率是一样的,而冷轧硅钢片在压延方向上磁导率最高,所以在裁剪冷轧硅钢片和叠装铁芯时一定要注意硅钢片的排列方向。

图 7-12(a)是卷制铁芯图,一般用于小型变压器;(b)是叠片式铁芯;(c)为铁芯的各种叠片。图 7-13 是各种铁芯的叠积图。斜接缝是低损耗铁芯。铁芯叠好后要用夹件和螺栓夹紧,见图 7-14(a)。所用的硅钢片是厚度为 0.3、0.35、0.5 mm 的板料或卷料,在剪床或滚剪机上裁成规定的尺寸,再按叠积图叠成铁芯,铁芯柱截面一般为阶梯圆形。

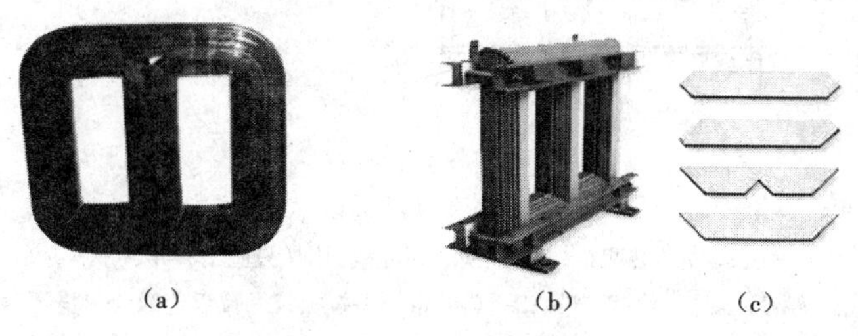

(a)　(b)　(c)

图 7-14　变压器铁芯

(a)卷铁芯;(b)叠片式铁芯成品;(c)叠片式铁芯叠片

2. 绕组

一次绕组接在电源上,在铁芯中产生磁通,磁通穿过二次绕组产生二次电压,完成电能从一次向二次传递的功能。绕组的匝数和导线截面与端电压和电流有关,也就是与所传递的功率有关。绕组的形式、结构、尺寸,材料也与电压等级、电流大小以及机械强度、散热和温度有关。常用绕组的形式有以下几种。

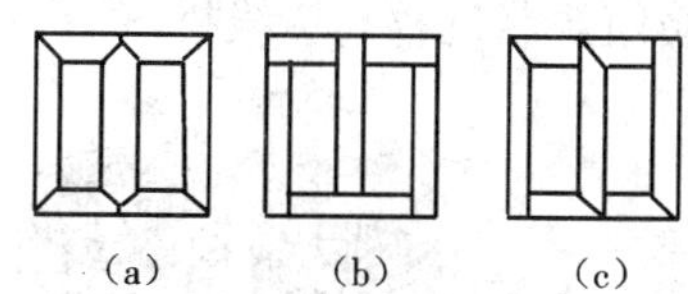

(a)　(b)　(c)

图 7-15　三相变压器铁芯叠积图

(a)斜接缝;(b)直接缝;(c)半斜接缝

1)圆筒式绕组

圆筒式绕组工艺性好,便于绕制,层间油道散热效率高,但端部支撑的稳定较差。一般用于容量为 630 kVA 及以下、电压为1 kV及以下的低压绕组,或大容量超高压绕组,可以有双层或多层。

2)连续式绕组

连续式绕组能在大范围内适应容量和电压的要求,机械强度高,散热性能好,但对绕制技术要求较高。

3)纠结式绕组

纠结式绕组与连续式绕组相似,但焊接头较多。其线匝不是依次排列的,而是交叉纠结相连,绕组的匝间电容较大,电压分布较好,用于高电压大容量变压器的绕组。

4)螺旋式绕组

螺旋式绕组与连续式绕组相似,导线为多根并绕,绕制像螺旋。多用于大电流绕组和有载调压变压器调压绕组。

5)箔筒式绕组

箔筒式绕组与多层圆筒式绕组相似,但一层为一匝,金属箔的宽度等于绕组的高度。它具

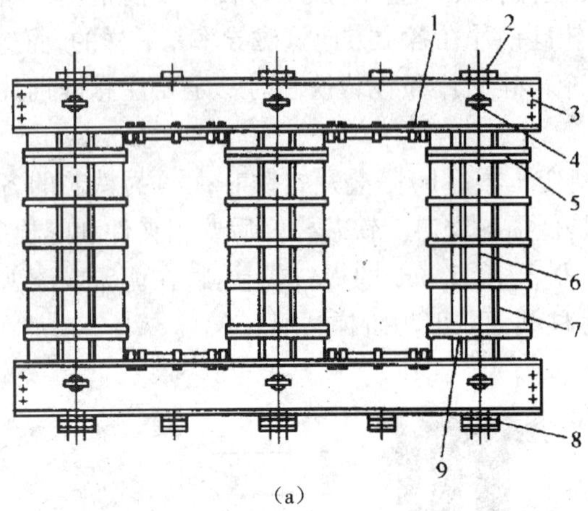

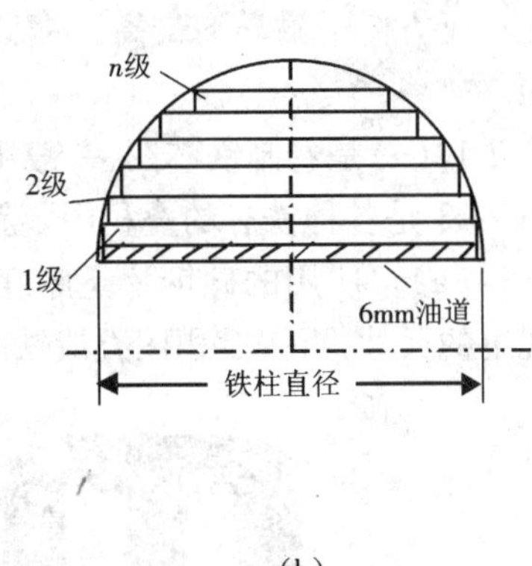

图 7-14 铁芯装配

(a)铁芯装配结构;(b)铁芯柱的截面图(只画了一半)

1—拉带;2—夹件;3—螺栓;4—固定轴;5—热缩带;6—拉板;7—拉板绝缘;8—垫脚;9—木撑条

有空间利用率好,可自动绕制,生产效率高等优点。适用于中小型浇注干式变压器的绕组。

图 7-15 是各种常用绕组的外形图。彩图 7-16 是各种变压器绕组实物图。图 7-17 是连续式绕组绕制过程和绕线机。

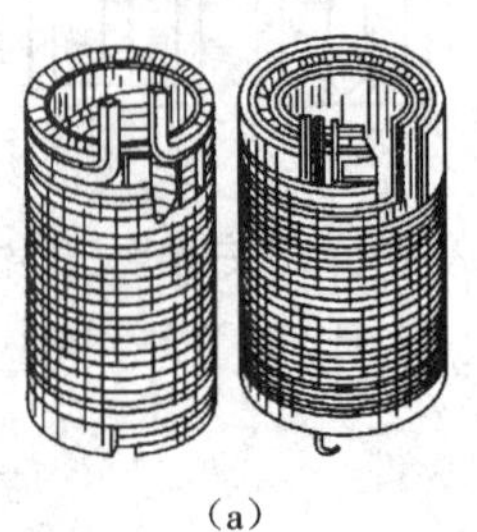
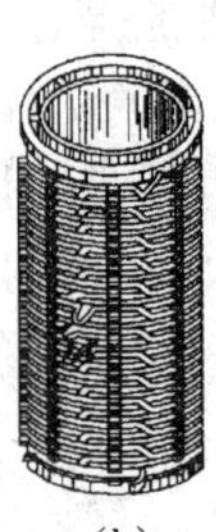
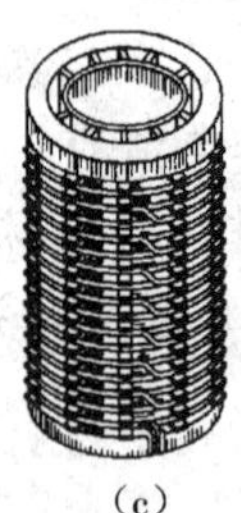

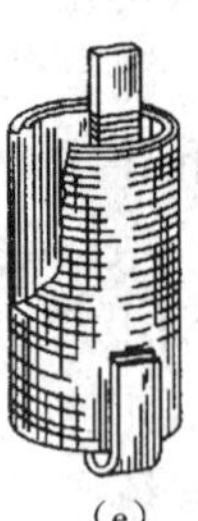

图 7-15 常用绕组的外形图

(a)圆筒式(双层、多层);(b)连续式;(c)纠结式;(d)螺旋式;(e)箔筒式

图 7-17 绕制绕组

3. 变压器的主绝缘

变压器的主绝缘是指各相绕组、引线和带电体的相间绝缘,相对地(铁芯、油箱)绝缘、每相一次绕组与二次绕组间绝缘。它是电力变压器,特别是高压电力变压器的重要组成部分,对变压器的安全可靠运行及经济指标有重要影响。电力变压器绝缘结构的设计,与变压器在电网中的额定电压及冲击电压水平有关,也与绝缘材料的绝缘水平有关。图 7-18、图 7-19 是 110 kV、220 kV 级电力变压器绝缘结构的纵剖图。

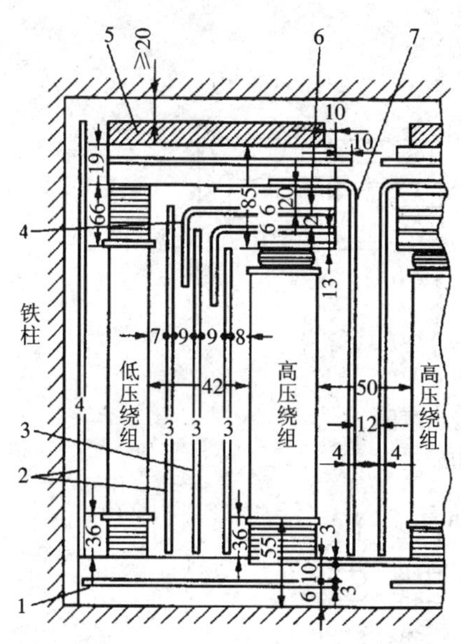

图 7-18　110 kV 电力变压器绝缘结构的纵剖图

1—铁轭绝缘;2—绝缘纸筒;3—油隙撑条;4—绝缘角环;5—钢压板;6—绝缘端圈;7—相间隔板

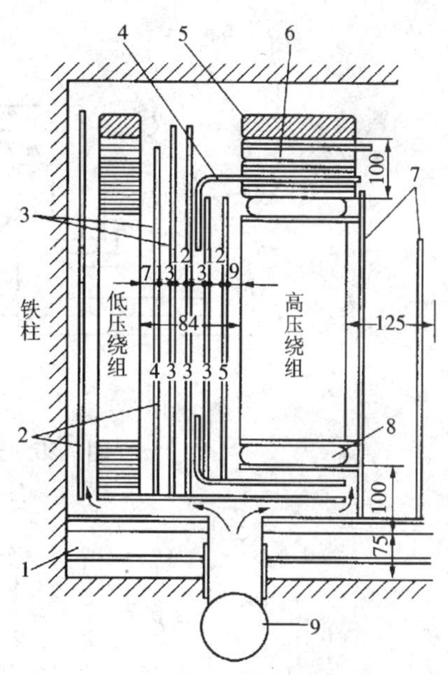

图 7-19　220 kV 电力变压器绝缘结构的纵剖图

1—铁轭绝缘;2—绝缘纸筒;3—油隙撑条;4—绝缘角环;5—钢压板;6—绝缘端圈;7—相间隔板;8—静电环;9—导油管

变压器主绝缘的设计任务,在于正确选择各部位的绝缘尺寸和材料,以确保这些部位的绝缘在工频 1 min 试验电压和冲击试验电压下不发生击穿,在长期最大工作电压下不发生有害的局部放电。它主要由绝缘筒、绝缘隔板、绝缘角环、油隙(油道)等组成。

对于油浸式变压器:电压等级在 35 kV 及以下时一般采用由油和绝缘筒组成的厚纸筒大油道结构;电压等级在 110 kV 及以上时多采用薄绝缘纸筒和油隙组成的油—屏障的绝缘结构。

对于干式变压器:由于要防火,它的绝缘一般有以下两种类型:①环氧树脂浇铸式,绝缘等级一般为 F 级,绕组绝缘可以用模具浇注,也可以用环氧树脂热缩带缠绕。②开敞通风式,绝缘等级一般为 H 级。采用美国杜邦公司生产的(NOMEX)纸作为绝缘材料,采用了真空压力浸渍(VPI)工艺。

4. 调压开关(分接开关)

调压开关分为无载开关和有载开关。

1)无载开关(无激磁调压分接开关)

它的作用是在变压器的一次侧和二次侧均与电网断开的情况下,变换一次或二次绕组的分接头,来改变其有效匝数,进行分级调压。无载开关一般都放置在油箱盖上,分接触头在油箱里(绝缘要求)。图 7-20 为无载开关与绕组连接示意图,图 7-21、图 7-22 是无载开关常用的绕组分接头,彩图 7-23 是立式无载开关,彩图 7-24 是 10 kV 卧式无载开关。

2)有载调压开关

它的作用是在变压器负载运行的情况下,变换一次或二次绕组的分接头,来改变其有效匝数,进行分级调压。它与无载开关主要区别是:它有分接头切换开关,触头上并有过渡电阻,用

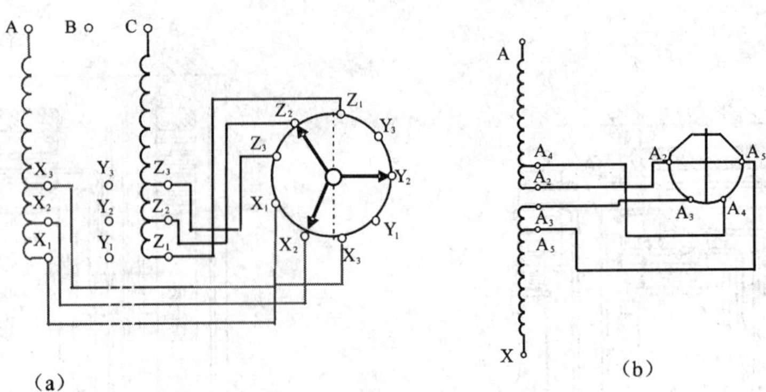

图 7-20　无载开关与绕组连接示意图

(a)中性点调压;(b)中部调压

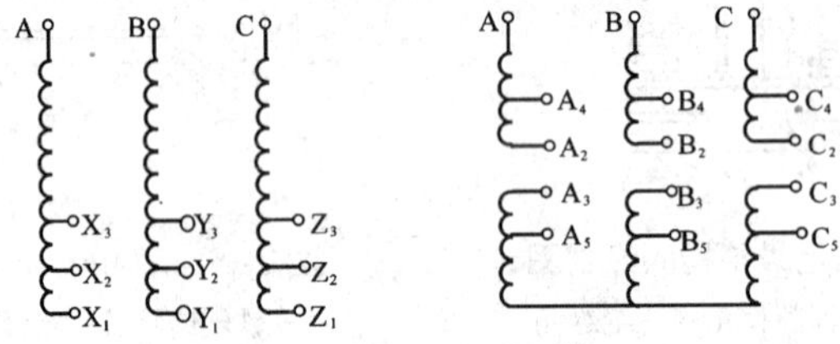

图 7-21　无载开关常用的分接头

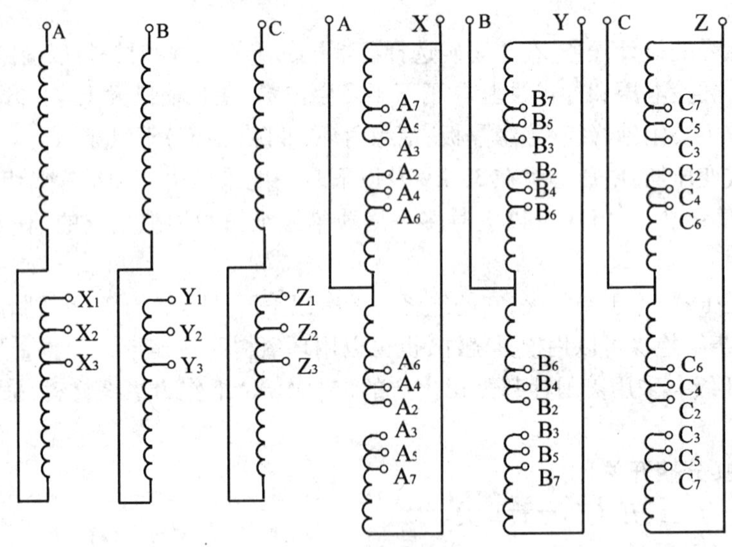

图 7-22　无载开关常用的绕组分接头

来限制和吸收被短路的分接线匝中的短路电流，防止电弧产生。因为开关在调换时要发热，所以有载开关必须放置在油箱中，既有散热作用，又有绝缘作用。

图 7-25-1 是有载开关常用的绕组分接头。彩图 7-26 是 35 kV 三相组合式有载分接开关外形图。彩图 7-27 是 35 kV 三相复合式有载分接开关外形图。

近几年厂家又开发了利用真空开关进行分接头切换的真空开关式有载开关。真空开关具有寿命极长，免维护，噪声小，能量损失小，切换速度快，绝缘油不会碳化等优点，它和分接头选

择开关组合成有载开关,由电动机构来驱动,目前普遍用的是进口 MR 型和上海华明的 VCM 型真空有载开关。这是有载分接开关的一大进步。如图 7-25-2 所示,为真空开关式有载开关外形图,有 Y 接和 Δ 接两种形式,调压级数多样,级电压和最大电流可参考产品样本,适用于额定电压 40.5 ~252 kV 级的变压器。

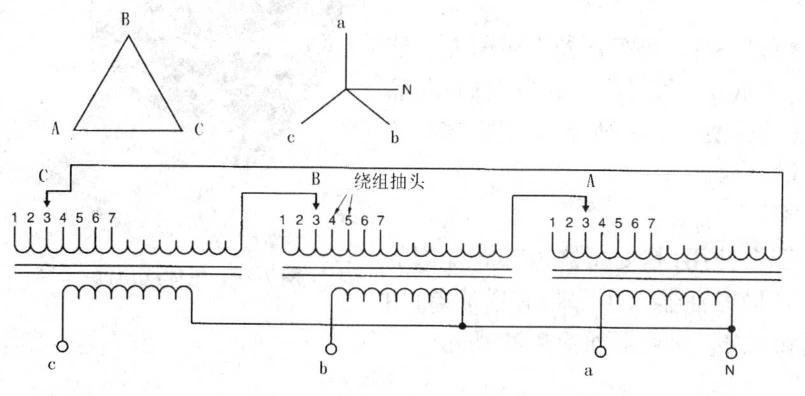

图 7-25-1　有载开关常用的绕组分接

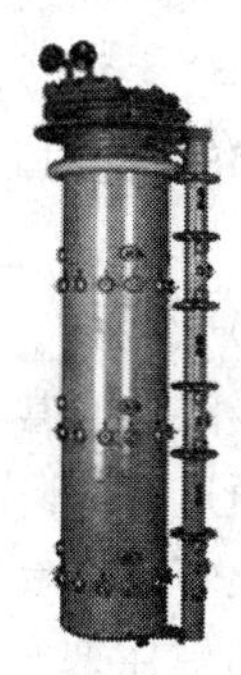

图 7-25-2　真空有载调压开关

5. 保护装置

1)储油柜

储油柜是一种油保护装置,用以缩小变压器油与空气接触的表面积,减少油受潮和氧化的程度,同时也给变压器油的热胀冷缩预留空间。如图 7-28 为胶囊式储油柜结构原理图。

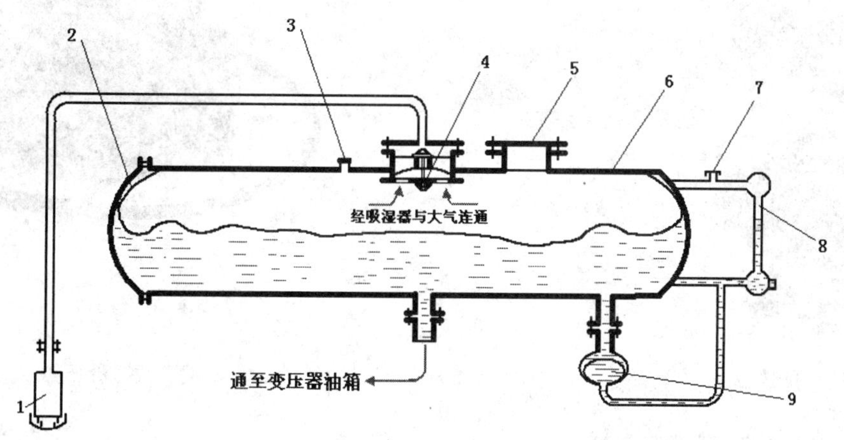

图 7-28　胶囊式储油柜结构原理图

1—吸湿器;2—胶囊;3—放气塞;4—胶囊压板;5—安装手孔;6—储油柜本体;7—油表呼吸塞;8—油表;9—油表胶囊(将油表内油与储油柜内油隔离)

2)瓦斯继电器(气体继电器)

气体继电器安装在变压器油箱和储油柜的连管中,是当变压器内部发生故障(如绝缘击穿、匝间短路、铁芯事故等)产生气体时,或油箱漏油等使油面降低时,保护变压器用的。当气体继电器中的气体达到一定容积后,使一对触点接通,发出报警信号(也称轻瓦斯信号)。当

变压器内部发生严重故障时，大量的油流流向继电器，油流达到一定速度后，冲击继电器中的挡板，使另一对触点接通，就可以发出报警信号（也称重瓦斯信号），并直接接通断路器跳闸线圈，将变压器的电源切断。气体继电器如图 7-29 所示。

图 7-29　**气体继电器**

3）净油器

净油器（或称热滤油器）是一种大型变压器自带的变压器油连续再生装置，内部充有吸收剂，利用热油的自然循环，除去油中的水分和杂质，降低油的酸价。净油器如彩图 7-30 所示。

4）吸湿器

吸湿器通常与储油柜配合使用，是变压器内部和外部的唯一通道，内部充有吸收剂（同净油器），下部带有盛油器，用以清除吸入空气中的杂质和水分。吸湿器如图 7-31 所示。

5）释压器

释压器装在油箱顶部，当变压器内部发生严重故障，油箱内压力达到 0.5 个大气压时，流油和气体将冲开释压器的阀门，向外喷出，同时发出报警信号，可以避免发生油箱爆裂等事故，代替了原防爆管。释压器如图 7-33 所示。

图 7-31　**吸湿器**

图 7-32　**释压器**

6. 出线装置（高、低压瓷套管）

出线瓷套管是将变压器内部绕组的导线引出变压器，以便与电网相连接，且与油箱保持绝缘。瓷套管的结构如彩图 7-33 所示。

7. 冷却散热装置

变压器绕组的电阻损耗和铁芯的涡流、磁滞损耗均转换为热量，必须散发到周围空间，使变压器内部温升维持在一定的数值，以保证变压器的使用寿命。变压器的散热主要靠箱体和散热器，也就是靠对流散热。散热器种类有：管式散热器、片式散热器等自然散热（ONAN）、带风扇的扁管散热（ONAF）、强迫油循环风冷却器（OFAF）、强迫油循环水冷却器（OFWF）等，如

图 7-34、图 7-35 所示。

图 7-34　变压器各种散热方式实物外形图

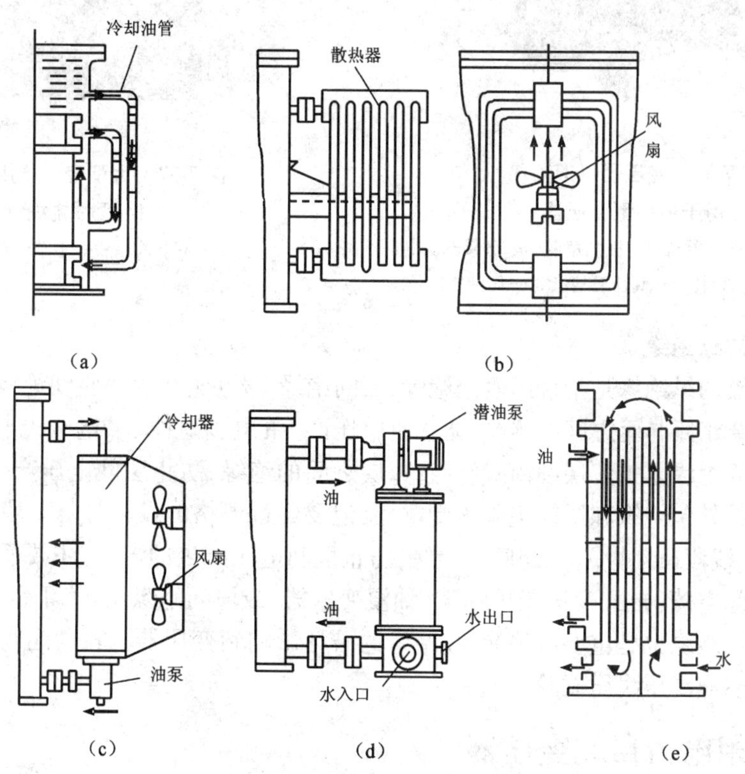

图 7-35　变压器的几种冷却方式原理

(a)自然冷却;(b)油自然对流散热器吹风冷却;(c)强油循环吹风冷却;

(d)强油循环水冷却;(e)油水冷却器示意图

8. 油箱

油箱是变压器器身和冷却介质的容器。图 7-36 和 7-37 所示为平顶油箱和拱顶油箱。油箱应满足以下要求:

①在保证内部必要的绝缘距离的条件下,尽可能减小体积,以节约用油;

②应具有必要的密封(不能漏油)和真空强度(对高压变压器),以便能进行真空干燥;

③外部各种附件的布置应便于安装和维护。

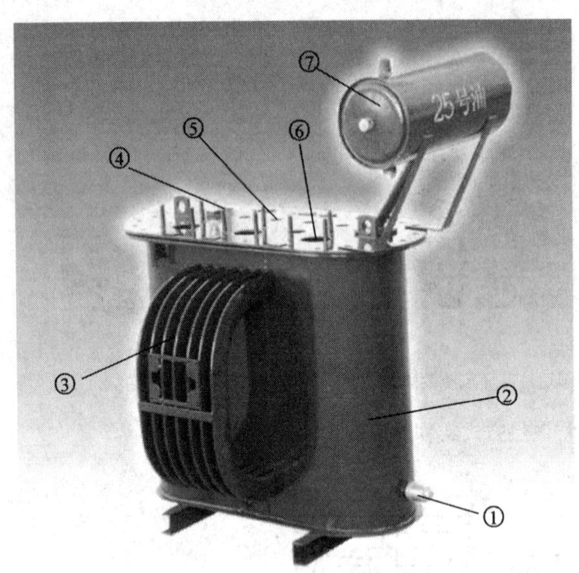

图 7-36　变压器平顶油箱

（用于中小型变压器）

1—放油塞座；2—平顶箱；3—散热扁管；4—分接开关孔；
5—低压套管孔；6—高压套管孔；7—储油柜

图 7-37　大型变压器拱顶油箱

（钟罩式油箱）

1—下节油箱；2—上节油箱（钟罩）

9. 变压器的纵绝缘

电力变压器的纵绝缘是指绕组匝间绝缘、层间绝缘、段间绝缘等。匝间绝缘是指导线连续排列的圆筒式绕组匝与匝之间的绝缘，防止匝电压产生的击穿，主要靠电磁线本身的外包绝缘承受电压。层间绝缘是指多层圆筒式绕组，每层之间的绝缘，防止层间电压产生的击穿，主要靠电磁线本身的外包绝缘和层间绝缘承受电压，但要经过严格的设计计算。段间绝缘是指连续式绕组，每个线段（或称线饼）之间的绝缘，防止段间电压产生的击穿，主要靠电磁线本身的外包绝缘和段间空隙（干式变压器）、油隙（油浸变压器）或段间绝缘圈、角环等承受电压。

变压器的纵绝缘也是重要的绝缘，纵绝缘的破坏影响到变压器的正常运行和寿命。出厂前要作三倍频感应高压耐压试验。

7.2.2　三相电力自耦变压器

在电力系统中当变比不大时还广泛地应用三相自耦变压器，其外形与普通变压器相似。所谓自耦变压器，就是指一、二次绕组不仅有磁的连接，而且有电的连接，二次绕组是一次绕组的一部分。自耦变压器分为降压自耦变压器和升压自耦变压器，原理及结构如图 7-38 所示。

图 7-38(b)中 I_2、I_1、I 的关系如下：

$$I_2 = I_1 + I\text{（}I_2\text{和 }I_1\text{的相位差为 }180°\text{）}$$

通过容量（额定容量）

$$S_2 = U_2 I_2 = U_2(I_1 + I) = U_2 I_1 + U_2 I$$

其中，

计算容量(电磁容量)

$U_2 I$——决定自耦变压器的尺寸、质量和铁芯截面及成本和价格。

传导容量

$U_2 I_1$——传导容量直接由一次通过串联绕组(即 $N_1 - N_2$ 部分)传到二次。

由上面二式可以看出计算容量永远小于通过容量,所以可以节约铜线、质量轻、体积小。

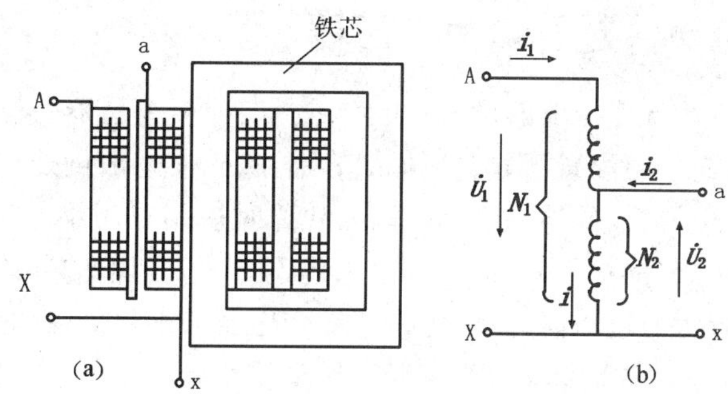

图 7-38　单相自耦变压器原理图(降压)

7.2.3　干式电力变压器

干式电力变压器的铁芯和绕组都不浸在任何绝缘油中,它一般用于安全防火要求较高的场所。常分为开启式、封闭式、浇注式。

1. 开启式

开启式变压器器身与大气相连通,没有外壳,适用于比较干燥而洁净的室内环境。图 7-39 为开启(干式)电力变压器外形图。

2. 封闭式

这种变压器有密封的外壳,其器身不与大气相连通,可用于更恶劣的环境,目前主要有矿用隔爆型变压器。这种变压器也可以充以比空气绝缘性能更好的其他气体,如 2 ~3 个大气压的 SF_6 气体。图7-40为封闭式(干式)矿用防爆变压器。

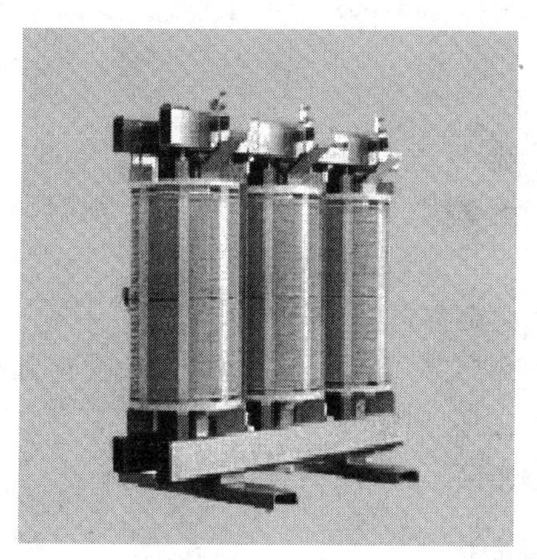

图 7-39　开启式(干式)变压器

图 7-40　封闭式(干式)矿用防爆变压器

3. 浇注式

这种变压器是将一次、二次绕组放在一定的模具中,在真空的条件下,用环氧树脂或其他树脂作为主绝缘浇注而成。这种变压器结构简单、体积小、防火、防爆、防潮、噪声低,现在多为小型户内变压器。常用于箱式变电站中。彩图 7-41 为浇注干式电力变压器结构图。

7.2.4 超导电力变压器

超导变压器的设计一般都采用与常规变压器一样的铁芯结构，仅高、低压绕组采用超导绕组，超导绕组置于非金属低温容器中，铁芯一般仍处在室温条件下。超导变压器的优点是同容量下，质量轻、体积小、效率高，故障时短路电流小。20 世纪 80 年代，法国首先研制出丝径小于1 μm 的极细超导线，同时采用铜镍等高阻值的导体作超导线的基底材料，使超导线的交流损耗大幅度下降，从而使得超导变压器的工程化、商业化有了前景。

图 7-42 为 26 kW 高温超导变压器。

图 7-42　26 kW 高温超导变压器实物图

7.2.5 电力变压器铭牌

电力变压器铭牌（如图 7-43 所示）所列主要数据如下：

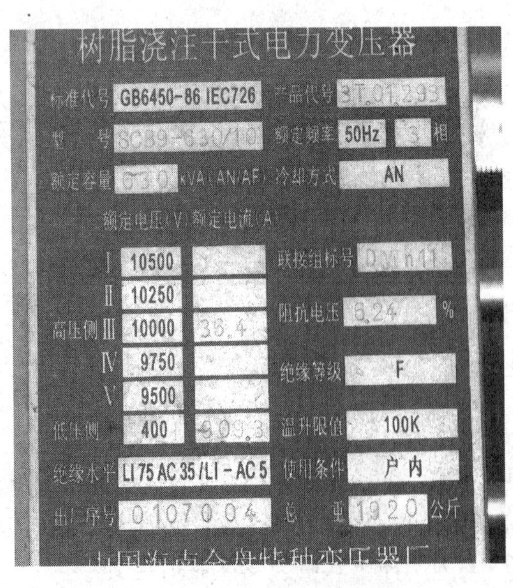

图 7-43　电力变压器铭牌

①型号（国家有变压器型号命名办法）；

②频率（我国频率为 50 Hz，个别国家为 60 Hz）；

③额定容量（kVA）；

④冷却方式（有自冷、油自冷、强迫油循环风冷、强迫油循环水冷）；

⑤连接组（常用的有“Y，y”、“D，y”、“Y，d”和“D，d”）；

⑥使用条件（户内、户外、特殊条件等）；

⑦最高环境温度（我国规定为 40 K）；

⑧运行方式（指连续运行、断续运行、短时运行）；

⑨阻抗电压（约为 4% ~11%，与变压器的容量有关，它由变压器短路实验测得：即将二次绕组短接，一次加可调电压，使一次、二

次电流都达到额定值时的一次电压值,称阻抗电压。对于变压器来说是一重要参数,它决定变压器的效率、变压器的制造成本、过流继电器的整定等,所以它的设计和制造对精度有一定的要求);

⑩空载电流(A)(变压器作空载试验时,将二次开路,一次加额定电压,铁芯的励磁电流称空载电流,主要产生铁芯的损耗);

⑪效率(%)(电力变压器的效率一般在98%以上);

⑫高压侧电压(包括额定电压和各分接头电压,V,图7-43中分接头有5个位置,对应的电网电压分别是:10 500、10 250、10 000、9 750、9 500 V);

⑬高压侧额定电流(A);

⑭低压侧额定电压(V);

⑮低压侧额定电流(A)。

作为例子,表7-1示出了10 kV级S9系列低损耗电力变压器技术数据,表7-2示出了35 kV级SZ7系列有载调压电力变压器技术数据;图7-44和图7-45是它们的外形图。

表7-1　10 kV级S9系列电力变压器技术数据

型号 S9 -	额定容量 kVA	额定电压 kV		阻抗电压 (%)	连接组	损耗 (W)		空载电流 (%)	质量(kg)			外形尺寸 (mm) 长×宽×高
		高压	低压			空载	短路		油重	器身重	总重	
30/10	30	10、6.3、6	0.4	4	Y,yn0	130	600	2.4	105	165	355	990×650×1 055
50/10	50					170	870	2.2	115	260	470	1 070×690×1 100
63/10	63					200	1 040	2.2	130	280	515	1 090×710×1 155
80/10	80					250	1 250	2.0	145	340	605	1 120×770×1 225
100/10	100					290	1 500	2.0	160	380	670	1 220×808×1 335
125/10	125					350	1 750	1.8	175	440	760	1 385×850×1 328
160/10	160					420	2 100	1.7	195	530	895	1 415×870×1 360
200/10	200					500	2 500	1.7	215	605	1 010	1 390×980×1 420
260/10	260					590	2 950	1.5	250	730	1 200	1 410×860×1 400
315/10	315					700	3 500	1.5	275	855	1 385	1 540×1 010×1 510
400/10	400					840	4 200	1.4	320	1 010	1 640	1 440×1 230×1 580
500/10	500					1 000	5 000	1.4	360	1 155	1 880	1 570×1 250×1 610
630/10	630			4.5		1 230	6 000	1.2	610	1 720	2 830	1 870×1 526×1 920
800/10	800					1 450	7 200	1.2	690	1 965	3 260	2 225×1 550×2 320
1 000/10	1 000	—	—		—	1 720	10 000	1.1	865	2 180	3 820	2 300×1 560×2 480
1 250/10	1 250					2 000	11 800	1.1	985	2 615	4 525	2 310×1 215×2 662
1 600/10	1 600					2 450	14 000	1.0	1 145	2 960	5 185	2 370×1 892×2 719

表 7-2　35 kV 级 SZ7 系列有载调压电力变压器技术数据

型号 SZ7 -	额定容量 kVA	额定电压 kV		阻抗电压（%）	连接组	损耗（W）		空载电流（%）	质量（kg）			外形尺寸（mm）长×宽×高	轮距（mm）
		高压	低压			空载	短路		油重	器身重	总重		
2000/35	2 000	35、38.5	6.3、10.5	6.5	Y，d11	3 600	20 800	2.5	2 215	3 755	7 350	3 470×1 620×2 940	1 070
2500/35	2 500			6.5		4 250	24 150	2.2	2 250	4 500	8 850	3 175×2 795×2 860	1 070
3150/35	3 150			7.0		5 050	28 900	2.2	2 730	4 640	9 230	3 410×2 840×3 370	1 070
4000/35	4 000			7.0		6 050	34 100	2.2	3 160	5 480	10 910	3 540×2 854×3 575	1 070
5000/35	5 000			7.0		7 250	40 000	2	3 720	6 465	13 245	3 550×2 884×3 607	1 435
6300/35	6 300			7.5		8 800	43 000	2	4 090	7 865	15 100	3 820×2 950×3 800	1 435
8000/35	8 000			7.5	YN，d11	12 300	47 500	1.1	4 620	10 000	18 250	4 010×3 040×3 520	1 435

图 7-44　S9-M 系列 10 kV 低损耗全密封变压器

图 7-45　SZ7 系列有载调压电力变压器

思考题

1. 变压器的结构有哪些？叙述它们的功能。
2. 什么是电力自耦变压器？有什么特点和优点？
3. 变压器有哪些冷却方式？其基本原理是什么？
4. 什么是变压器的绕组分接头？什么是变压器的分接开关？分哪些类？原理是什么？
5. 变压器常用的绕组有哪些？
6. 什么是三相变压器的连接组？常用的连接组有哪几种？
7. 变压器的铭牌上应有哪些参数？
8. 变压器的铁芯是怎样做成的？

第 8 章　高压开关电器

本章知识架构

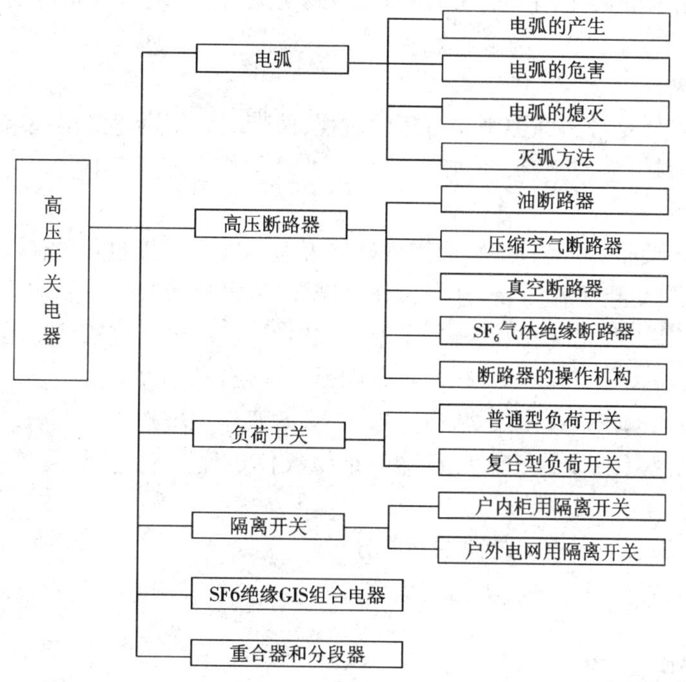

本章教学目标与要求

★ 本章是重点章节，以后有很重要的用途，要认真掌握
★ 了解开关电器的共性——电弧
★ 认知各种高压断路器的外形、功能、应用
★ 了解 SF_6 气体的绝缘性能、灭弧性能
★ 重点掌握 SF_6 气体绝缘断路器的类型和功能
★ 重点掌握 SF_6 气体绝缘 GIS 组合电器的结构、功能及应用
★ 认知负荷开关和隔离开关外形和功能

高压开关电器是指在电力系统中执行"开断"和"关合"功能的专用电器。

8.1 开关电器的共性问题——电弧

1. 电弧的产生

当开关触头分开时,触头间电场强度极高,温度也很高,产生了热电子发射(也称强电场发射),在触头间隙出现自由电子,自由电子在电场作用下高速奔向阳极,并碰撞间隙中的中性质点,又可撞出大量电子,当自由电子数量达到一定时,间隙阻抗急剧下降,变成导体,发生击穿,形成电弧。电弧温度极高,间隙中的中性质点产生强烈热运动,发生碰撞产生热游离,产生更多带电离子,使电弧维持和发展。

2. 电弧的危害

电弧温度极高,达5 000 K以上,足以使触头熔化蒸发,并烧毁周围的其他部件,引起火灾和爆炸。电弧的存在使得电路不能及时断开,短路电流或故障电路不能及时切除,将殃及电网安全,造成更大损失。

3. 电弧的熄灭

电弧的熄灭本质是触头间隙消除游离的过程,使带电离子迅速降温、复合、扩散,触头间隙介质恢复绝缘,电弧熄灭。

4. 灭弧方法

灭弧的途径主要是:降温、扩散、应用良好的灭弧介质。灭弧的方法有以下几种。

①冷却灭弧:降低电弧温度,使热游离作用减弱,带电离子复合作用加强。

②速拉灭弧:将电弧迅速拉长,降低了触头间电场强度,电弧难以维持燃烧。

③短弧灭弧:长弧分成几段短弧,增加了电弧压降,有利于灭弧。

④狭缝灭弧:电弧在狭缝中燃烧,压力增大,去游离作用增强。

⑤气吹灭弧(空气或SF_6气体):较冷的绝缘气体迅速吹动电弧,可使电弧迅速扩散、降温。

⑥真空灭弧:触头间没有可游离的介质分子。

开关的灭弧装置往往是多种方法的综合。

8.2 高压断路器

高压断路器是电力系统中非常重要的控制和保护设备。高压断路器在电网中起两个方面的作用:一是控制作用,即根据电网运行的需要,将部分电气设备或线路投入或退出运行,比如,发电厂中运行的发电机、变压器、进出线等回路,经常需要投入或退出运行;二是保护作用,即在电气设备或电力线路发生故障时,继电保护自动装置发出跳闸信号时,启动断路器跳闸,将故障设备或线路从电网中迅速切除,确保电网中无故障部分的正常运行。其在电网中的工作原理如图8-1所示。高压断路器对维持电力系统的安全、经济和可靠运行起着非常重要的作用。高压断路器在电力系统中使用量非常大,占总投资的比例也很大。

高压断路器按其安装地点的不同,分为户内式和户外式两类。

高压断路器的技术参数有:

①额定电压(kV);

②最高工作电压(kV);

③额定电流(kA);

④额定开断电流(kA);

⑤额定断流容量(MVA)。

1. 油断路器

油断路器,指采用绝缘油作灭弧介质的断路器。它又可分为多油断路器和少油断路器。

1)多油断路器

多油断路器的油除了作灭弧介质和触头开断后触头之间绝缘外,还作为带电部分对地绝缘使用。多油断路器一般都装在油箱中,体积较大,已逐步被淘汰。多油断路器如图 8-2 所示。

2)少油断路器

少油断路器的油只作为灭弧介质和触头开断后的绝缘,而带电部分对地绝缘采用瓷件或其他介质,如彩图 8-3 和图 8-4 所示。

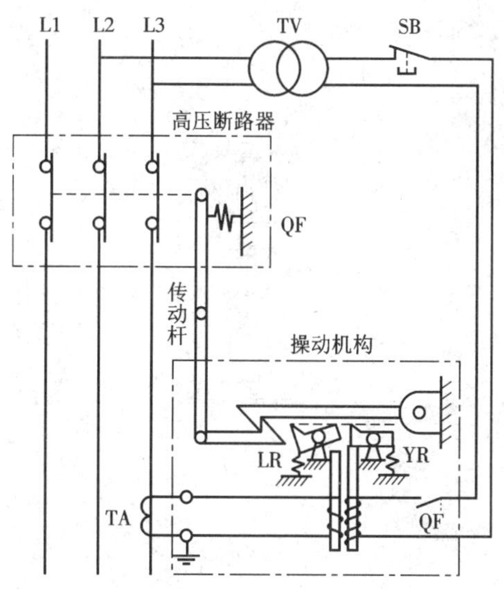

图 8-1　高压断路器的工作原理

220 kV多油断路器

35 kV多油断路器

图 8-2　多油断路器

2. 压缩空气断路器(空气断路器)

压缩空气断路器指利用压缩空气作为灭弧介质的断路器。压缩空气除了作为灭弧介质和触头开断后的绝缘介质外,还作为传动的动力。由于新鲜的压缩空气流除了可以带走触头间隙中的热量,降低电弧温度外,还可以带走触头间隙游离带电质点,补充新鲜气体介质,使去游离能力大大加强,间隙介质强度迅速恢复。其优点是:短流容量大,灭弧时间短,通常用于 110 kV 及以上的大容量系统中。这种断路器因机构复杂、体积大,故逐步被淘汰。

3. 真空断路器

在真空容器中进行电流开断与关合的电器叫真空断路器,它利用真空度为 6.6×10^{-2} Pa 以上的高真空作为内绝缘和灭弧介质。由于在触头间没有其他介质,触头断开时的电弧不是由介质的带电离子组成,而是金属电弧,它是由触头因场致激发产生的金属离子组成,所以电弧细小,发热量小,在电流过零时电弧很容易熄灭。真空断路器如图 8-5、彩图 8-6 和图 8-7 所示。

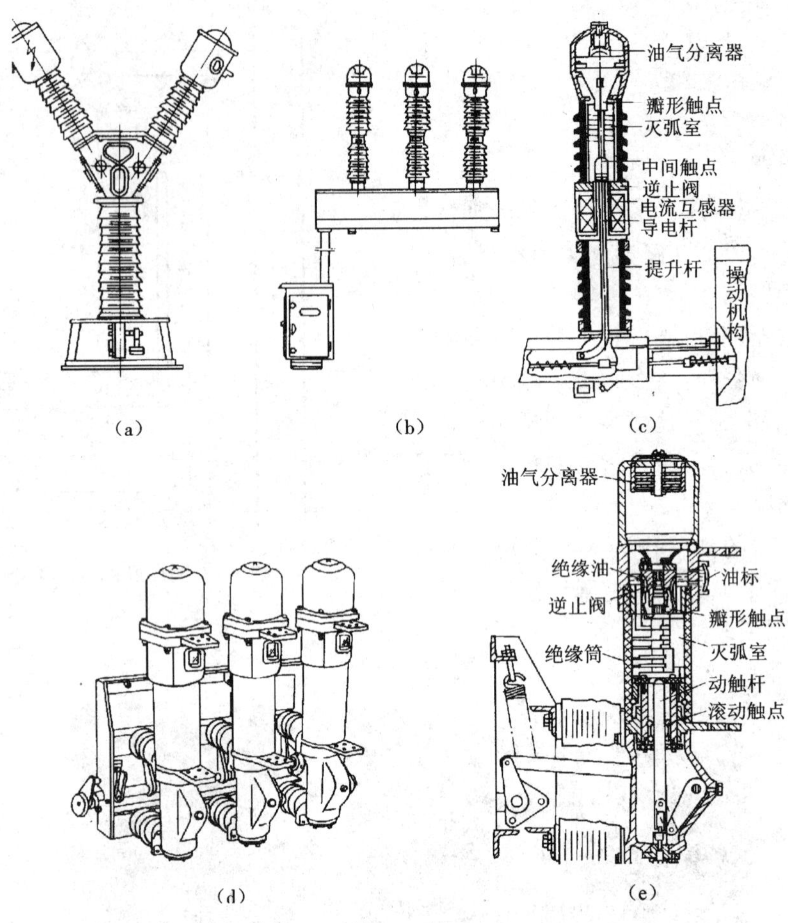

图 8-4　少油断路器结构图

(a)SW3 - 110 kV;(b)SW4 - 35 kV;(c)SW4 - 35 结构;
(d)SN10 - 10 kV 外形;(e)SN10 - 10 kV 结构

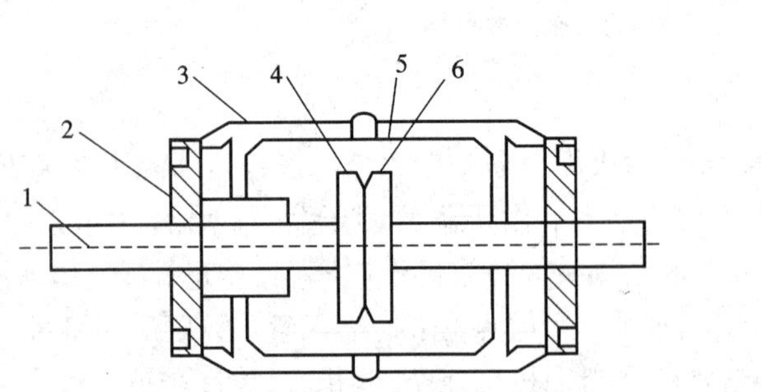

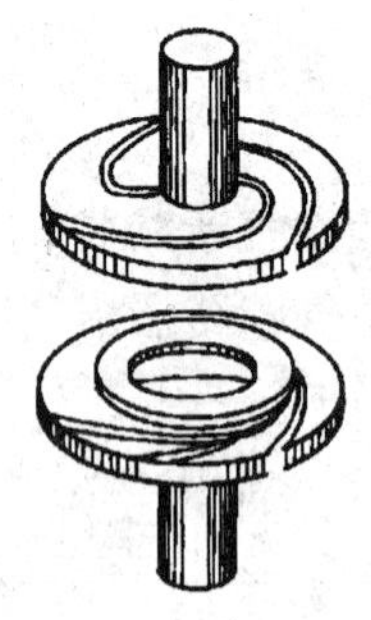

图 8-5　真空断路器的真空容器及圆盘形触头示意图

1—动触杆;2—波纹伸缩管;3—外壳;4—动触头;5—屏蔽罩;6—静触头

真空断路器在配电系统(35 kV 及其以下)中,逐渐取代少油断路器。它的优点如下:

①寿命长,适于频繁操作;

②触头开距与行程小,这不仅减小了灭弧室体积,而且大大减少了操动机构的合闸功率,并且分合闸速度快,操作噪音及机械振动均小;

③燃弧时间短,一般不超过 20 ms;

④可以无油化,防火防爆;

⑤检修间隔时间长,维护方便。

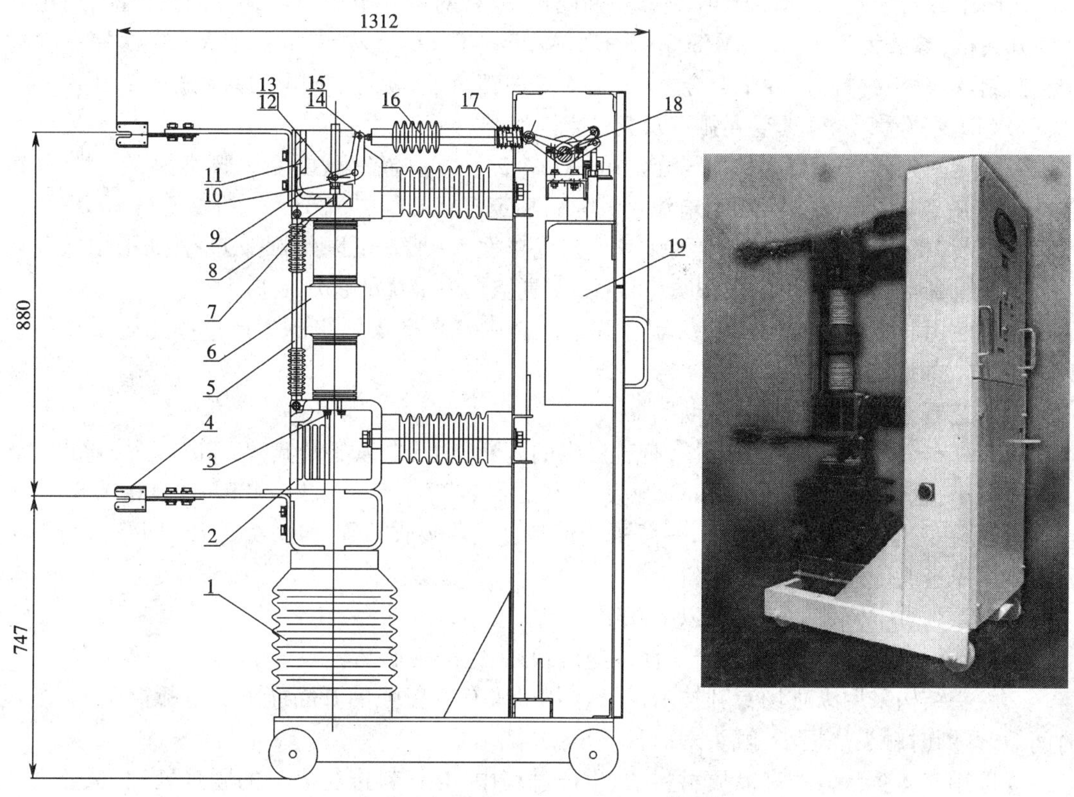

图 8-7　27.5 kV 单相铁道用真空断路器

1—电流互感器;2—下支架;3—螺钉;4—动触头;5—支撑杆;6—灭弧室;7—垫片;8—导电夹;9—软连接;10—导相杆;11—上支架;12、14—槽销;13、15—挡卡;16—绝缘拉杆;17—中间压簧弹簧;18—转轴;19—操动机构

真空断路器近几年发展很快,额定电压已做到 40 kV 级,大大地扩大了它的应用范围。下面介绍世界上目前最新的几类产品。

1) ABB 真空灭弧室及其真空断路器

从总体上分为固定式和抽出式,在相柱绝缘上,从复合绝缘最新发展到固定封绝缘(固封极柱),在操作机构上,从普通弹簧机构经过永磁机构到新的模块式弹簧机构。参数为 2 ~7 kV/630 ~2 500 A/25 ~40 kA。

ABB 的真空灭弧室采用螺旋状的触头,可在其运行范围内产生一个横向磁场,并在触头边缘区域磁场强度最大。电磁场由电弧本身产生,切线方向的电流分量产生的磁场使电弧围绕触头轴线快速旋转。这种方式不但减少了触头轴线的热作用负荷,大幅度减少了触头的烧损,还使巨大短路电流的开断成为可能。

整体浇注的极柱结构更加坚固,可为真空灭弧室提供更加充分的保护,并可消除灰尘和潮

气对灭弧室外绝缘能力的影响。

2)西门子真空灭弧室及最新真空断路器

西门子真空灭弧室采用横向磁场触头和纵向磁场触头。在横向磁场触头中,当瞬间电流小于 10 kA 时,电弧呈扩散型,而更高的电流会形成聚集型电弧。附加的横向磁场产生电磁力,驱动电弧在触头盘上高速旋转。这时电弧根分布在燃弧圈整个区域内。

西门子最新开发出 3AE-SION 型真空断路器,是针对中国电力市场开发的新产品,适用于任何开关柜,参数为 7.2~24 kV/800~3 150 A/25~40 kA。该产品的真空灭弧室采用一次封排工艺制造,触头材料为 CuCr 合金,增大了绝缘件爬距,以满足中国电力系统的运行工况。

3)AREVA(爱瑞华)真空灭弧室及其真空断路器

采用英国分公司(GEC)和德国分公司(AEG)的技术。新一代真空灭弧室为 VG 型,其参数可达到额定电压 40.5 kV,额定电流 4 000 A,额定短路开断电流 63 kA,机械寿命 30 000 次,满容量开断 100 次。AREVA 真空灭弧室工艺优越性为:①真正以此封排工艺;②采用低温液化空气获得真空;③真空炉内极限真空度高;④真空炉内最优的钎焊工艺。

需要使用非常复杂的"洁净室"制造和洁净技术。真空灭弧室的生产过程与电子产品类似,需要与之相当的清洁度。

4)东芝真空灭弧室及其真空断路器

东芝真空灭弧室为扩散型电弧,有着极强的开断能力,电弧能量低,燃弧时间短,开断时对触头烧损小,触头寿命长;采用 CuCr 触头材料。参数为 3.6~84 kV/400~4 000 A/8~100 kA。为了降低真空断路器过电压,一般采用加装过电压吸收装置(SiC,ZnO,RC 回路),而东芝公司改用先进的低过电压触头材料。

SVB 系列真空开关的特点有以下几个。

①内部电场强度分布均匀,介质恢复速度快,内绝缘强度高。

②触头结构采用纵磁场专利技术,扩散型电弧,有着极强的开断能力。电弧能量低,燃弧时间短,开断时触头烧损小,触头寿命长。

③选用气体含量低的高品质材料,在生产过程中,对材料进行充分的脱气处理,保证真空开关内的真空度。

④触头材料开断能力强,耐压强度高,导电性和熔焊性能好,截流值低,平均值小于 3 A。

⑤瓷壳表面大爬距,外绝缘水平高,耐污秽能力强,瓷壳金属化层均匀,保证了良好的钎焊性能。

⑥选用高质量的无封焊接波纹管。

5)施耐德最新真空断路器

施耐德电气最新研发出 EV12s 型真空断路器。该断路器的灭弧室采用先进的改进型纵向磁场开断技术,优化的斜向开槽分布使得磁场分布更加均匀,可以有效地减小大电流开断时对触头的电磨损;触头选用优质的铜铬合金,采用特殊的形状设计;选用优质的波纹管,采用结构和工艺优化设计。真空灭弧室制造时采用一次封排工艺,并采用先进的 APG 工艺浇注成型为固封极柱。灭弧室采用防扭设计,避免误安装和操作。断路器分合闸采用双向缓冲技术,避免波纹管受力过大。

4. SF_6 气体绝缘断路器

由于输变电设备趋向高电压、大电容、高性能,用 SF_6 取代原来的油和空气作为灭弧介质及绝缘介质,具有独特的优越性,成为当前输变电设备的主要开关电器。

SF_6 断路器在不检修、满容量下连续开断 80 kA 电流的次数已达 20 次，为 SF_6 断路器目前的最高水平，即可保证 25 年以上的不检修、满容量、连续开断的需要。

1）SF_6 气体的物理特性

六氟化硫（SF_6）为无色、无味、无毒、不可燃且透明的惰性气体，SF_6 的热导率随温度不同而变化，它在 2 000 ~ 3 000 K 时，具有极强的导热能力，而在 5 000 K 左右时热导率极低。正是由于这种特性，对熄灭电弧起着重要作用。

2）SF_6 气体的化学特性

SF_6 在常温下是极为稳定的化合物，在大气压下，只是在 2 000 K 以上才有较强烈的分解，当温度升到 3 700 K 以上时，大部分可分解为硫和氟的单原子（$SF_6 \rightarrow S + 6F$），但一旦促使它们分解的能量消除（温度降低）分解物将迅速、在小于 10^{-5} s 时间内再结合成 SF_6。

当水分混入时，在电弧高温下会生成有严重腐蚀性的氢氟酸。因为 F、HF 等分解物对硅有强烈腐蚀作用，所以用于电器内部的结构材料应避免含有硅元素，如含陶瓷、玻璃等。而以氧化铝为填料的环氧树脂等是比较好的材料。

3）SF_6 气体的绝缘特性

SF_6 分子直径比空气中的氧、氮等分子大得多，且质量大，所以发生碰撞游离的概率是很小的。再者，SF_6 为强电负性气体，能吸附电子生成负离子，使空间的自由电子减少，从而使绝缘强度大为提高。在 3 个大气压下，SF_6 气体与变压器油的绝缘强度相同。压力增高，绝缘强度有所上升。

在均匀电场及相同压力下，SF_6 的绝缘性能为空气的 2 ~3 倍，所以采用 SF_6 作为绝缘介质可以大大减小绝缘间隙的尺寸和缩小电器设备的体积。

影响 SF_6 气体绝缘性能下降的因素有电极间电场不均匀等，因此，需仔细设计零件部件的外形及提高零件表面粗糙度等级。外形以矮胖、光滑形体为好。

4）SF_6 气体的电弧特性

SF_6 气体具有很强的灭弧能力，在静止的 SF_6 气体中，其开断能力要比空气大 100 倍。

当用 SF_6 气体吹弧时，采用不高的压力和不太高的速度，就能在高电压下开断相当大的电流。

SF_6 气体灭弧性能优越的主要原因是有以下几个。

①散热能力强。

②SF_6 气体中电弧的弧柱细、弧压降也较小。燃弧时能量较少，对灭弧有利。

③SF_6 气体电负性能强。由于吸附和复合的综合作用，弧隙带电质点迅速减少，产生电场游离与热游离的概率亦降低，在电弧电流过零前后促使介质强度快速恢复。

5）SF_6 气体绝缘断路器的灭弧室

SF_6 气体绝缘断路器灭弧室的结构如图 8-8 所示。

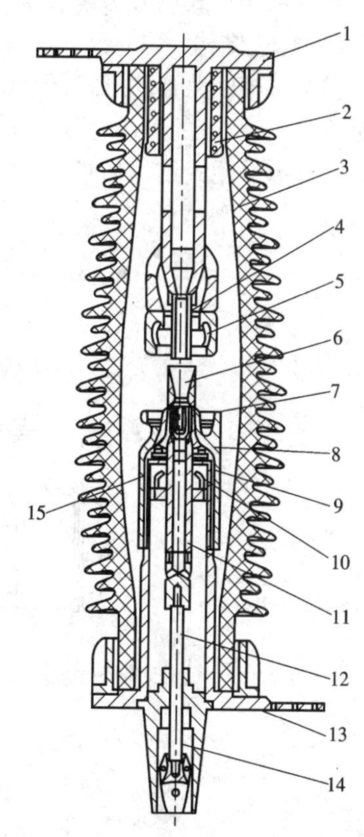

图 8-8　SF_6 气体断路器灭弧室结构图

1—静触头头座；2—分子筛；3—瓷套；4—静弧触头；5—静触指；6—喷嘴；7—动弧触头；8—压气缸；9—逆止阀；10—滑动触头；11—动触头；12—拉杆；13—动触头支座；14—导轨；15—活塞圈

6）SF_6 气体绝缘断路器的优缺点

（1）优点如下。

①灭弧室单断口耐压高（可达 400 kV）。

②开断能力大，通流能力强。因 SF_6 气体热导率高，对触头及导体冷却效果好。

③电寿命长，检修间隔周期长。

④开断性能优异。SF_6 气体中电弧能量较少，残余弧心截面小，介质恢复速度特别快。

⑤无火灾危险，无噪声公害。

⑥发展 SF_6 全封闭式组合电器（GIS），可以大大减少变电所占地面积，可以“下地”、“入洞”、“高压进城”，对建设负荷集中、用电量大的城市户内变电所或地下变电所特别有利。

（2）缺点如下。

①在不均匀电场中，气体的击穿电压下降很多，因此对断路器零部件加工要求高。

②对断路器密封性能要求高，对水分和气体的检测与控制要求很严。

7）SF_6 气体绝缘断路器种类

按其结构形式可分为罐式与瓷柱式两类。

（1）罐式结构

类同多油断路器的形式，但气体被密封在一个罐内，灭弧装置装在罐内，导电部分借助绝缘套管引出，套管的底部可装电流互感器。这种结构的整体性强，机械稳定性好，防振能力强，但系列性差。罐式结构如彩图 8-9 和图 8-10 所示，参数见表 8-1。

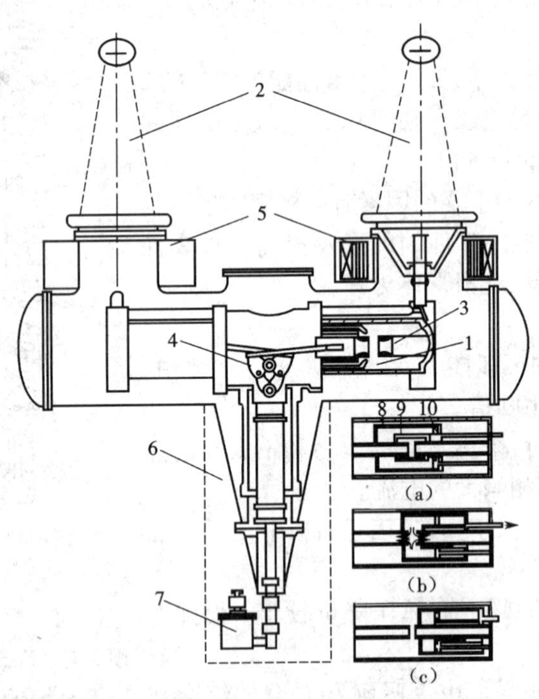

图 8-10　双断口罐式 SF_6 气体绝缘断路结构图

（a）闭合位置；（b）气吹位置；（c）分闸位置

1—灭弧室；2—瓷套管；3—静触头座；4—连杆；5—电流互感器；6—操作机构箱；7—液压泵；8—压气筒；9—桥式触指；10—活塞

表 8-1　罐式 SF_6 断路器主要技术参数

名　　称	LW23-363/Q	LW24-72.5T	LW24-126/T	LW24-252/T	LW23-252/Q	LW24-252/Q	LW13-550/Q
额定电压(kV)	363	72.5	126	252	252	363	550
额定频率(Hz)	50/60						
额定电流(A)	3 150	1 250,2 000	1 600,2 000,3 150	3 150	1 250,2 000,3 150	2 000,2 500,3 150	2 500,3 150,4 000
额定开断电流 I_e(kA)	50	31.5		40	40,50		50,63
关合电流(kA)	125	80		100	100,125		125,160
合闸时间(ms)	≤100	≤100	≤150	80 – 180	≤100	≤100	
分闸时间(ms)	≤28	30	30	≤25		≤20	
开断时间(ms)	≤50	60			≤50	40	
SF_6 气体额定压力(MPa)	0.6	0.5		0.6	0.5		
机械寿命(次)	3 000						
配用机构	气动机构	弹簧机构			气动机构		
每台断路器充入 SF_6 气体质量(kg)	300	12	35	180		480	540
符合标准	GB/T1984,IEC60056						

2)瓷柱式结构

类同常规的压缩空气断路器与少油断路器,只是用 SF_6 气体代替了压缩空气或绝缘油。这种断路器属积木式结构,系列性及通用性强,灭弧室可布置成 T 形或 Y 形,如彩图 8-11、图 8-12、图 8-13 和彩图 8-14 所示,其参数见表 8-2。

表 8-2　瓷柱式 SF_6 断路器主要技术参数

名　　称	LW9-72.5/T	LW14-126/Q	LW25-252/T	LW15B-252/Y	LW25-363/Y	LW25-420/Y	LW15-550/Q
额定电压(kV)	72.5	126	252	252	363	420	550
额定频率(Hz)	50						
额定电流(A)	2 500	2 000,2 500,3 150	4 000	3 150,4 000	4 000	4 000	3 150,4 000
额定开断电流 I_e(KA)	25,31.5	31.5,40	40	50	50	50	50,63
关合电流(kA)	80	80,100	100	125	125	125	125,160
合闸时间(ms)	≤150	≤100	≤100		68 ~ 100		≤100
分闸时间(ms)	≤30			≤25	18 ~ 30		≤20
开断时间(ms)	≤60			≤50			≤40
SF_6 气体额定压力(MPa)	0.50	0.50	0.60				
每极断口数	1				2		
机械寿命(次)	3 000						
配用机构	弹簧机构	气动机构	弹簧机构	液压机构	液压机构		气动机构
每台断路器充入 SF_6 气体质量(kg)	4	10	30		45		100
符合标准	GB/T1984,IEC60056						

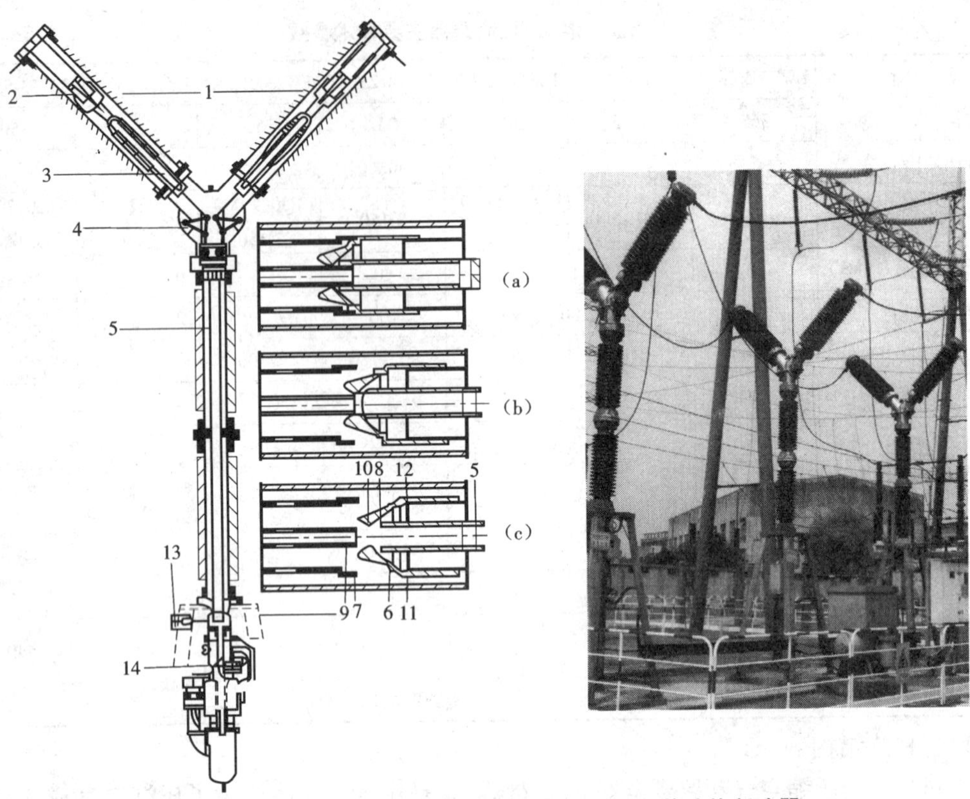

图 8-12　单相双断器瓷柱式（敞开式 Y 形）SF_6 气体绝缘断路器

（a）闭合位置；（b）气吹位置；（c）分闸位置

1—瓷套管；2—静触头座；3—动触杆；4—传动机构；5—连杆；6—主触头；7—静主触头；8—动触头；9—静触头；10—喷口；11—压气罩；12—活塞；13—密套继电器；14—控制阀

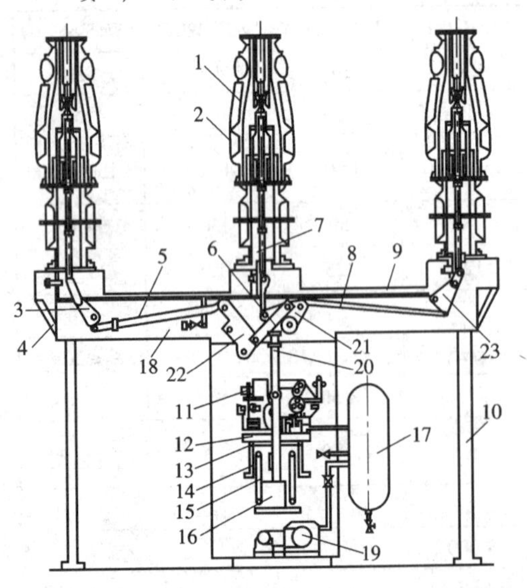

图 8-13　三相单断口瓷柱式 SF_6 气体绝缘断路器

1—灭弧室；2—支持瓷瓶；3、21、22、23—拐臂；4—框架；5、8、20—拉杆；6—连板；7—操作杆；9—气管；10—支柱；11—机构箱；12—气动操作机构；13—活塞；14—汽缸；15—合闸弹簧；16—缓冲器；17—压缩空气罐；18—供气口；19—空气压缩机

5. 断路器的操动机构

断路器一般有 3 种操动机构:弹簧操动机构、气动操动机构、液压操动机构,如彩图 8-15、彩图 8-16 和彩图 8-17 所示。

8.3 负荷开关

高压负荷开关是小容量的高压开关电器,它有灭弧机构,但灭弧能力较弱,通常用于切断有关线路负荷电流、空载线路、空载变压器等,并能通过规定的短路电流。

1. 普通型负荷开关

图 8-18 所示为单纯的普通型负荷开关。

SF_6 气体绝缘负荷开关是一种新型的负荷开关,目前 10 kV 的大多为"三工位"负荷开关,通过旋转触头,可分别处于触头闭合(及合闸)、触头断开(及分闸)、触头接地(及接地)等三个位置。具体结构如图 8-19 所示。

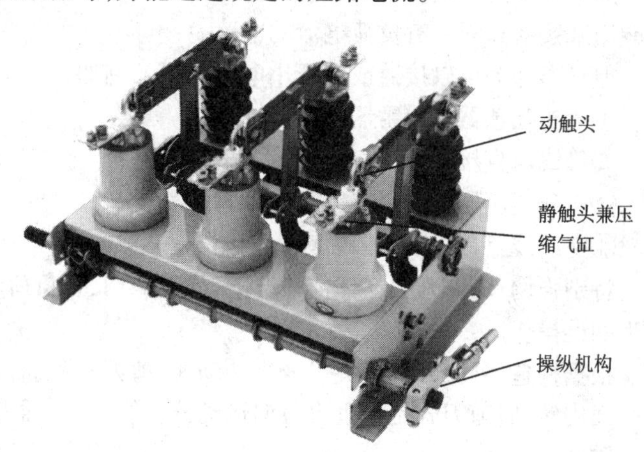

图 8-18　10 kV 压气式空气绝缘负荷开关

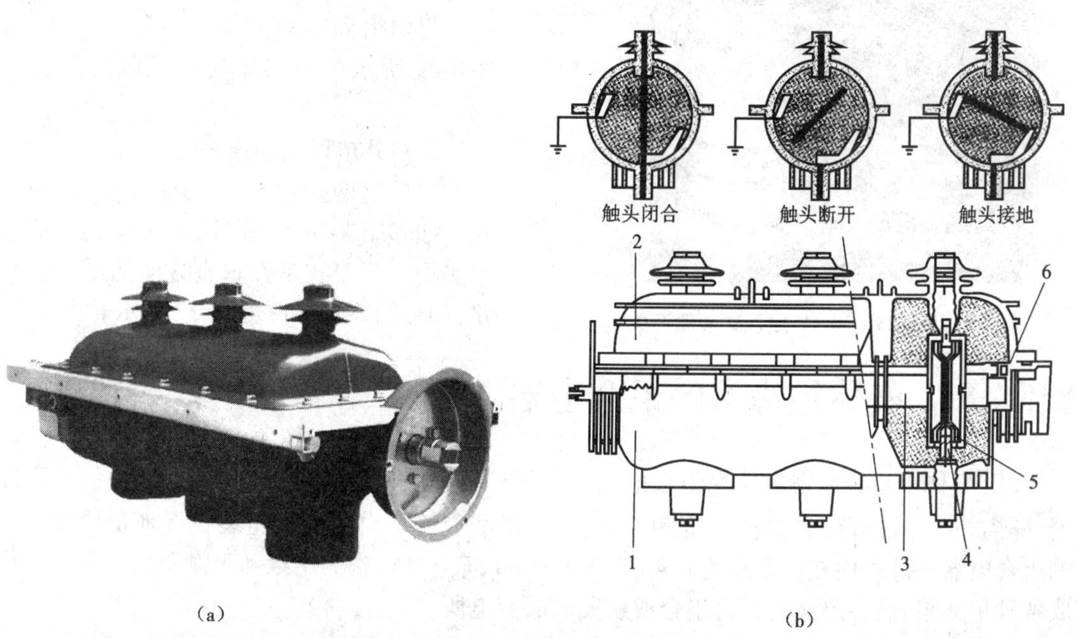

图 8-19　10 kV SF_6 气体绝缘负荷开关

(a)外形图;(b)内部结构图

1—壳体;2—密闭罩;3—操作轴;4—静触头;5—动触头;6—密封装置

2. 复合型负荷开关

负荷开关可以与熔断器组合使用，来代替断路器，当线路中发生严重过载或短路时，由熔断器进行保护。负荷开关也可以与真空开关组合使用。如彩图 8-20、彩图 8-21 和彩图 8-22 所示。

8.4 隔离开关

隔离开关是在高压电气装置中保证检修工作安全的开关电器，结构简单，没有灭弧装置。不能用来接通和断开有负荷电流的电路。

但隔离开关可以接通或切断小电流电路。例如：

①电压互感器和避雷器电路；

②母线与直接和母线相连设备的电容电路；

③空载变压器（一定电压等级和容量）电路；

④空载线路（一定电压等级和线路长度）。

特别强调，隔离开关在任何情况下，均不能切、合负荷电流和短路电流，并应设法避免可能发生的误操作。

根据构造不同，隔离开关可分为转动式、剪刀式和插入式等。转动式刀闸在垂直于绝缘子的平面内转动；剪刀式是在垂直方向运动分合线路；而插入式的动触头则在接通和断开时沿自身的轴转动。

图 8-23　10 kV 插入式隔离开关

1. 户内柜用隔离开关

户内柜用隔离开关一般都为插入式。图 8-23 所示为 10 kV 插入式隔离开关实物。

2. 户外电网用隔离开关

户外电网用隔离开关有转动式、剪刀式。如彩图 8-24、彩图 8-25 转动式隔离开关实物。剪刀式是在垂直方向运动分合线路，如彩图 8-26 和彩图 8-27 所示。

8.5 SF_6 气体绝缘 GIS 组合电器

SF_6 气体绝缘金属密封外壳组合电器——GIS，是按照变电所的主接线要求，将包括断路器、隔离开关、互感器、避雷器、接地开关、母线和出线套管等电器元件组装在接地金属外壳内的组合电器。外壳内充有表压为 0.4 ~ 0.5 MPa 的 SF_6 气体，作为绝缘和灭弧介质。它可以作成各种单元组合，各单元组合再组合成所要求的变电所。

如彩图 8-28、图 8-29、彩图 8-30、图 8-31、图 8-32、彩图 8-33 和彩图 8-34 所示。需要说明：图 8-29、彩图 8-30 和图 8-31 不是同一种产品，外形和内部结构有些不同。它们也有单相 GIS 和三相 GIS 之分。

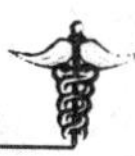

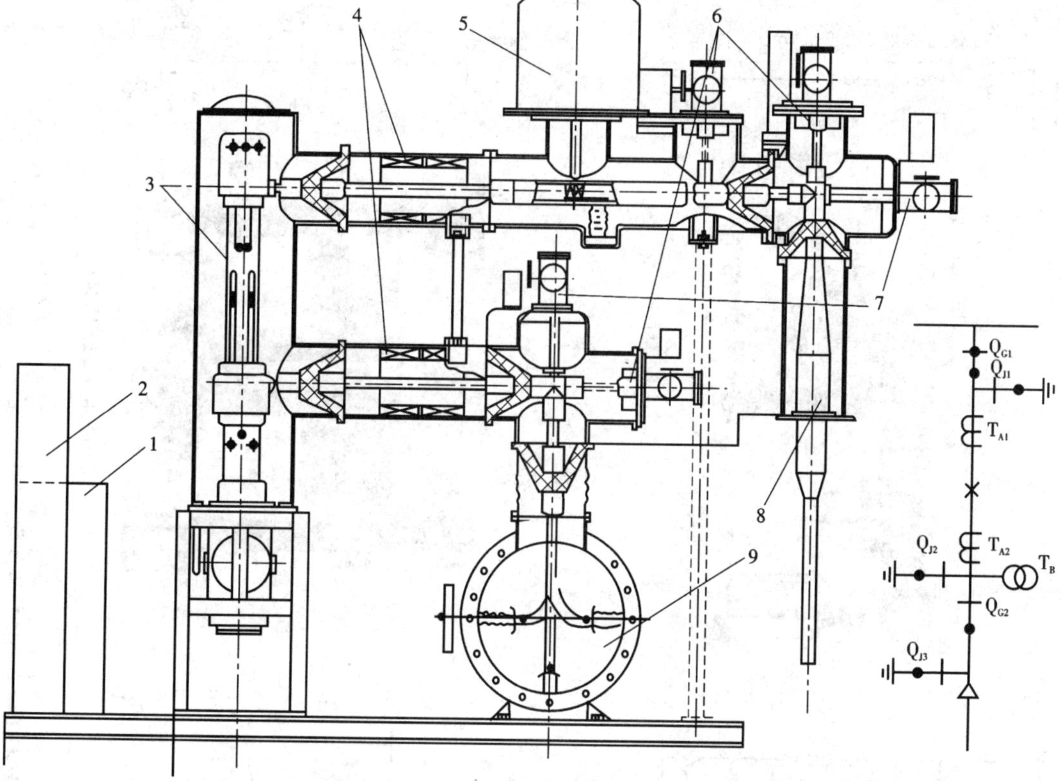

图 8-29　245 kV SF_6 气体绝缘 GIS 组合电器结构及主接线图

1—操作机构;2—控制柜;3—灭弧室;4—电流互感器;5—电压互感器;

6—接地开关;7—隔离开关;8—电缆密封端头;9—母线管

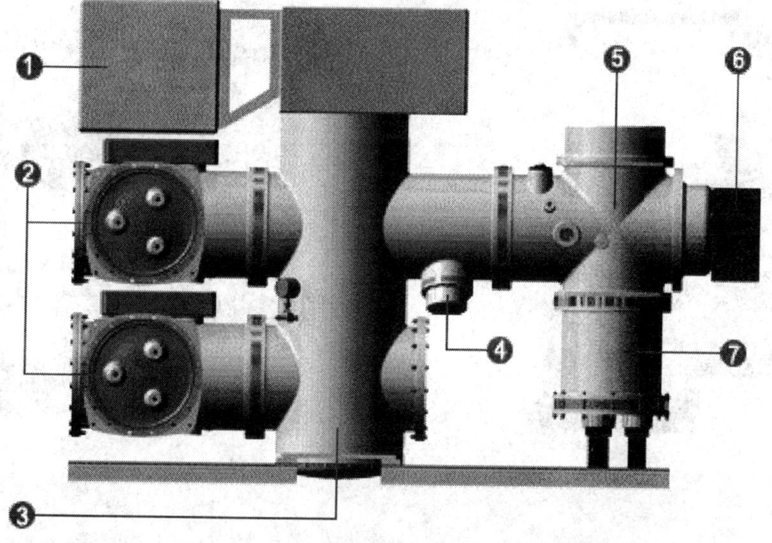

图 8-31　245 kV SF_6 气体绝缘 GIS 组合电器外部结构示意图

1—操动机构;2—母线;3—断路器;4—接地开关;5—隔离开关;

6—电压互感器;7—电缆密封端头

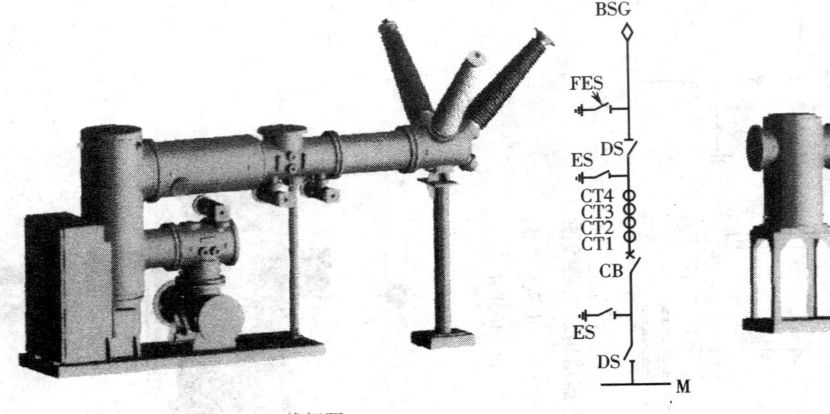

套管进（出）线间隔

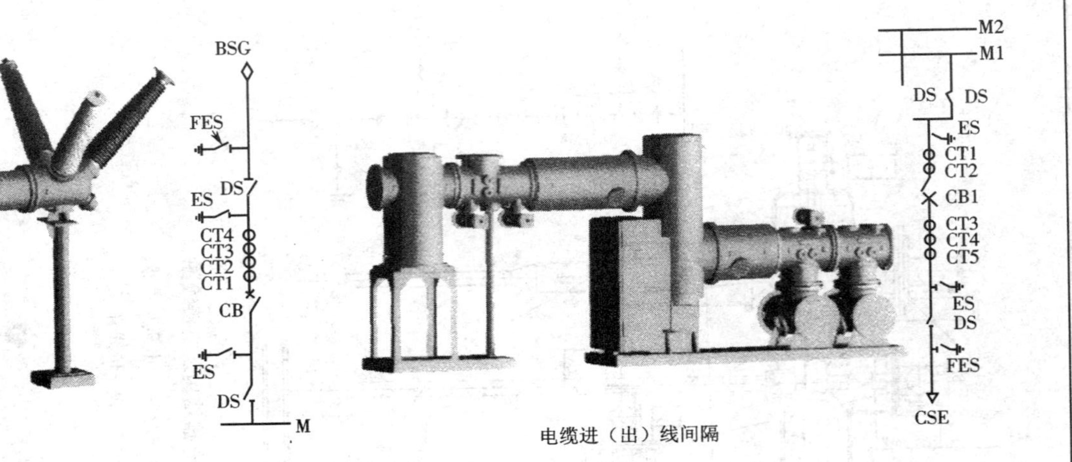

电缆进（出）线间隔

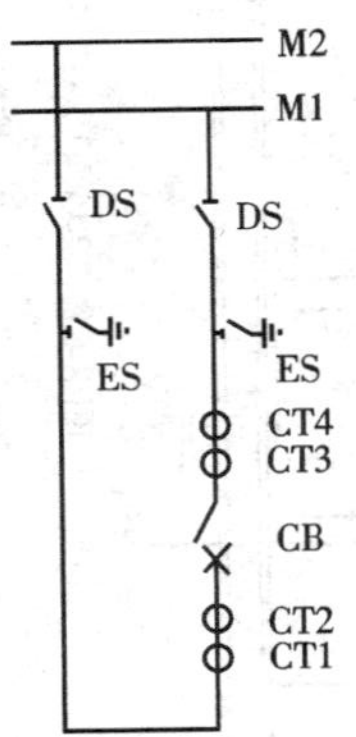

母联间隔

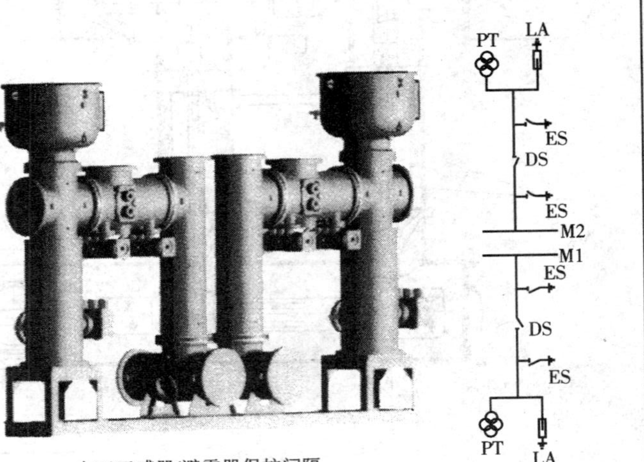

电玉互感器/避雷器保护间隔

图8-32　145 kV SF_6气体绝缘GIS组合电器的标准间隔及主接线图

8.6 重合器与分段器的作用

重合器是具有多次重合功能和自具功能的设备。所谓自具功能，是指重合器本身具备故障电流（包括过电流及接地电流）检测和操作程序控制与执行功能，而无需附加继电保护装置和提供操作电源。重合器具有多次重合功能，它能有效地排除瞬时性故障，如图 8-35 和图 8-36 所示。

图 8-35　油绝缘真空重合器实物

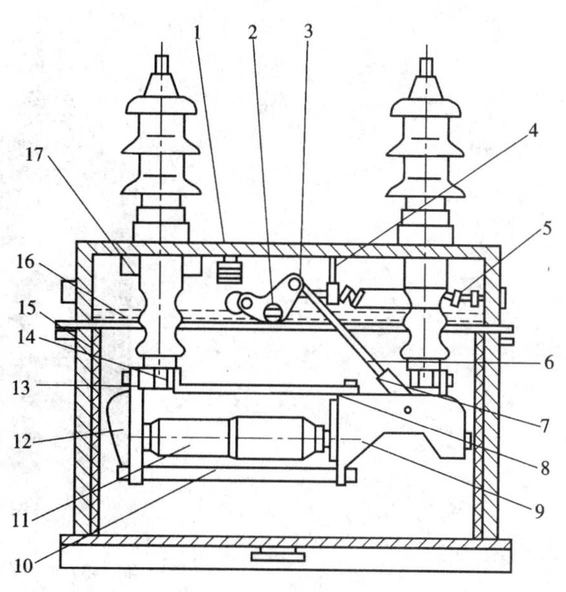

图 8-36　油绝缘真空重合器结构图

1—分闸缓冲装置；2—三相主轴；3、7—连杆；4—支撑件；5—分闸弹簧；6—绝缘操作杆；8—绝缘板；9—动端支座；10—绝缘杆；11—真空灭弧室；12—静端支座；13—导电夹；14—夹板；15—绝缘纸板；16—变压器油；17—电流互感器

分段器是一种与电源侧上级开关设备相配合，它与重合器最主要的区别是没有短路开断能力，它只根据“记忆”的过电流脉动次数而动作。它串联于重合器或断路器的负荷侧，当发生永久性故障时，在预定的记忆数或分合操作后闭锁于分闸状态而将故障线路区段隔离，由重合器或断路器恢复对电网其他部分的供电，使故障停电范围限制到最小。当发生瞬时性故障或故障已被其他设备切除，而没有达到分段器预期的记忆数或分合操作时，分段器将保持在合闸状态，保证线路的正常供电。

思考题

1. 电弧产生过程中哪种游离是主要因素？试述电弧的形成过程。
2. 维持电弧燃烧靠哪种游离形式？
3. 交流电弧为什么比直流电弧容易熄灭？
4. 直流电弧熄灭的条件与交流电弧熄灭的条件有什么不同？

5. 什么叫介质强度的恢复过程？什么叫弧隙电压的恢复过程？

6. 交流电弧熄灭的主要方法有哪些？

7. 高压断路器有哪几类？其技术参数有哪些？

8. SF_6 气体的绝缘特性是什么？并和空气、绝缘油、真空进行比较；SF_6 气体绝缘断路器有哪些特点及优点？

9. 什么是 SF_6 气体绝缘 GIS 组合电器？有哪些特点及优点？

10. 你能说出图 8-37 真空开关触头灭弧室的结构吗？

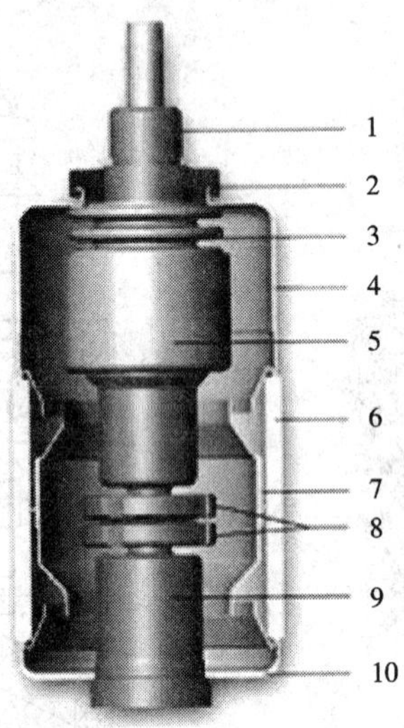

图 8-37　真空断路器结构

记住!!!

真空灭弧室的真空度(即真空压力值)在 $10^{-4} \sim 10^{-7}$ Torr,即 $1.33 \times 10^{-2} \sim 1.33 \times 10^{-5}$ Pa,属于高真空范畴。在这样高的真空度下,气体的密度很低,气体分子的平均自由路程很长,因此触头间隙的绝缘强度很高。

第 9 章　其他高低压电器

本章知识架构

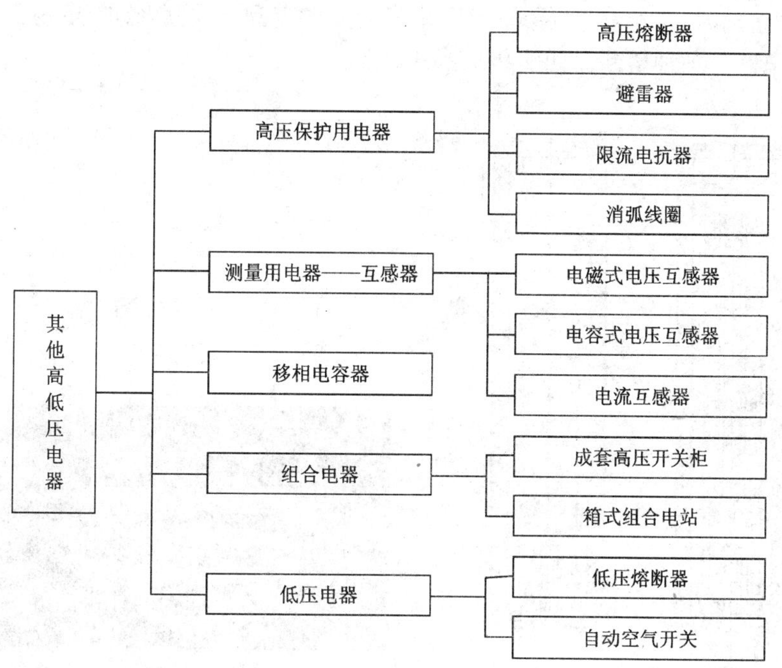

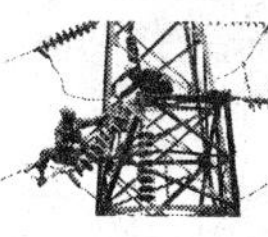

本章教学目标与要求

★ 认知、掌握高低压熔断器原理及外形
★ 认知电压互感器原理、外形和接线原理
★ 认知电流互感器原理、外形和接线原理
★ 认知成套配电柜及箱式变电站外形、功能
★ 认知、掌握低压熔断器类别、功能
★ 认知自动空气开关的外形及功能、类别

9.1 高压保护用电器

9.1.1 高压熔断器

熔断器是一种最简单的保护电器，它串接在电路中，当电路发生短路或过负荷时，熔断器自动断开电路，使其他电气设备得到保护。熔断器分为低压熔断器和高压熔断器，这里主要介绍高压熔断器，低压熔断器见 9.5.1 节。

熔断器主要由金属熔件（也叫熔体）、支持熔体的载流部分（触头）和外壳构成。有些熔断器内还装有特殊的灭弧物质，如产气纤维管、石英砂等用来熄灭熔件熔断时形成的电弧。

熔件是熔断器的主要部件，要求熔件的材料熔点低、导电性能好、不易氧化和容易加工。一般采用铅、铅-锡合金、锌、银、铜等金属材料。有的熔丝上有锡球，锡球的作用是，当短路或过载电流通过熔丝时，熔丝发热，锡球熔化，由于冶金效应，形成熔点低的铜-锡合金，以极快速度熔化，切断电路。各种熔断器如图 9-1、图 9-2 所示。

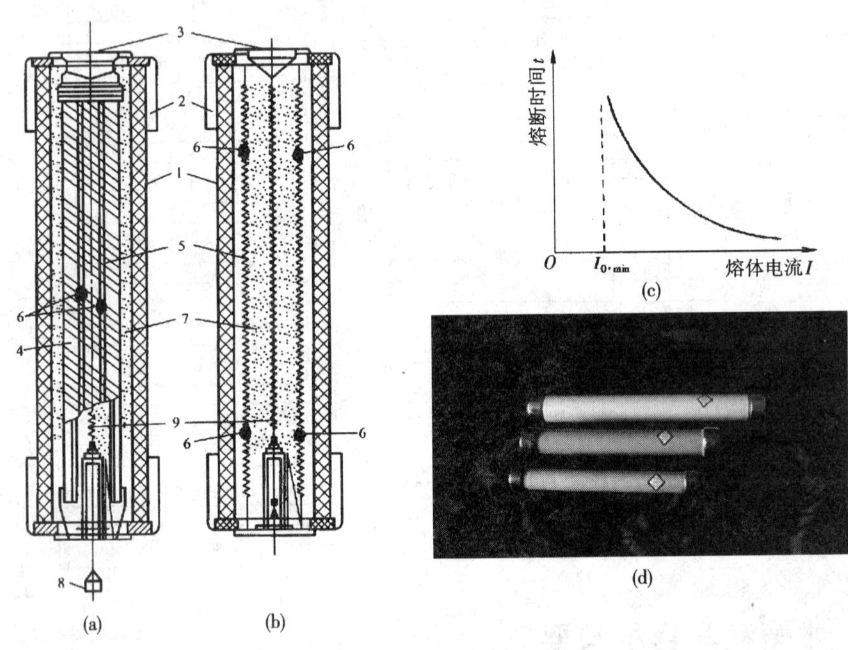

图 9-1　RN1 型熔断器结构原理图

（a）额定电流小于 7.5 A；（b）额定电流大于 7.5 A；（c）熔断器的安—秒特性；（d）实物

1—熔管；2—端盖；3—顶盖；4—陶瓷芯；5—熔件；6—小锡球；7—石英沙；8—指示熔件；9—弹簧

1. 常用的高压熔断器

常用的高压熔断器有 RN1 型（户外）和 RN2 型（户内互感器用），后者如图 9-2 所示。

2. RW×—10 跌落式和 RW9—35 支柱型（户外）熔断器

跌落式熔断器一般装置在电杆上，在变压器的前边设置。当用户发生短路时，熔断器熔断，并自行悬垂下，形成明显的分断口，以便更换熔断器。跌落式熔断器如图 9-3 和彩图 9-4 所示。

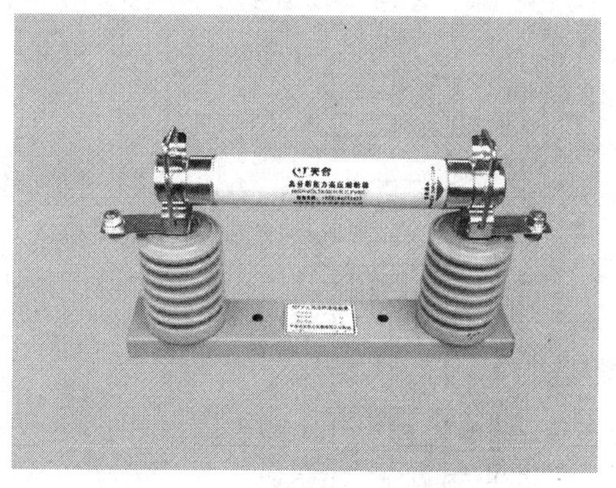

图 9-2　RN2 型(户内)实物图

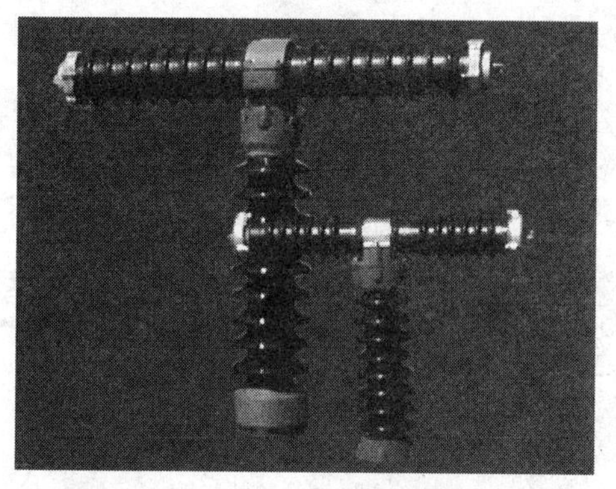

图 9-3　RW9—35 系列限流熔断器

9.1.2　避雷器

避雷器的类型有阀型、管型和保护间隙,主要用来保护电力设备,也用作防止高电位进入室内的安全措施。如图 9-5 所示,避雷器装置设在被保护物的引入端。其上端接于线路,下端接地。正常时,避雷器的间隙保持绝缘状态,不影响系统运行。雷击时,有高压冲击波沿线路袭来时,避雷器火花间隙击穿而接地,从而强行截断冲击波,将雷电流引入大地,对电器设备起到保护作用。雷电流通过以后,避雷器间隙又恢复绝缘状况,保证系统正常运行。

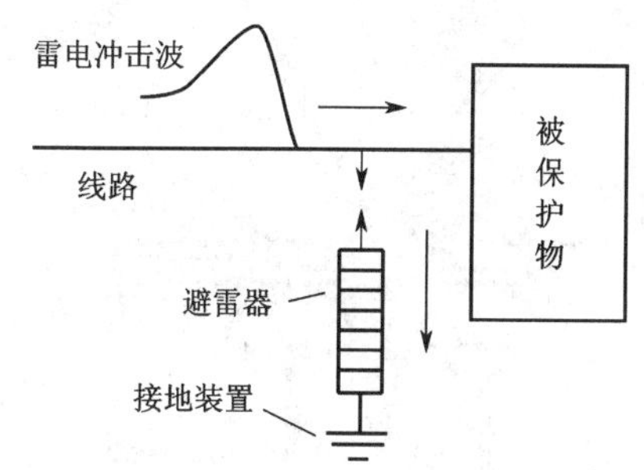

图 9-5　阀型避雷器的保护原理

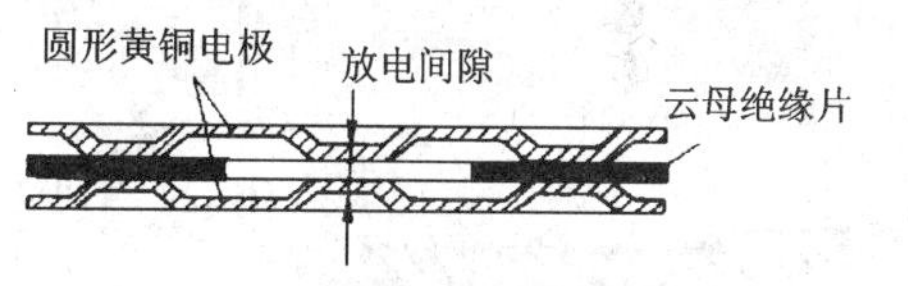

图 9-6　阀型避雷器的火花间隙

1. 阀型避雷器

阀型避雷器由 3 部分组成。

①火花间隙,每个火花间隙均由两个黄铜片电极和一个云母圈组成(见图 9-6);

②阀型电阻,系由特种碳化硅制成的饼形元件,是非线性元件;

③瓷套管。

阀型避雷器如图 9-7 所示。彩图 9-8 所示为 10 kV 阀型避雷器实物。

2. 管型避雷器

管型避雷器主要由灭弧管和内、外间隙组成,如图 9-9 所示。在高电压冲击下,内外间隙被击穿,雷电流泄入大地。在内间隙电流产生强烈的电弧,灭弧管在电弧的作用下,产生大量气体从管口喷出,能很快吹灭电弧,使间隙绝缘恢复,保持正常工作。外间隙又叫隔离间隙,使管子正常时与工作电压隔离而不带电压。

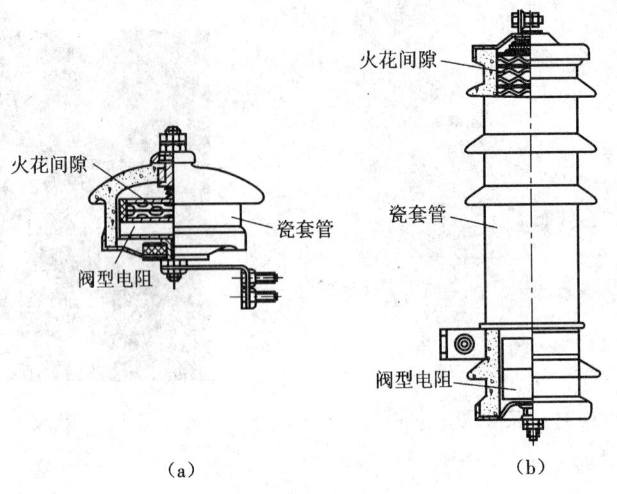

图 9-7　阀型避雷器的结构原理图

(a)低压线路避雷器;(b)高压线路避雷器

3. 保护间隙

保护间隙主要由镀锌圆钢制成的主间隙和辅助间隙组成。主间隙做成角形,如图 9-10 所示,以便其间产生电弧时,因空气受热上升,将电弧带到间隙的上方被拉长而熄灭。因主间隙暴露在空气中,比较容易被外因短接,所以加上辅助间隙以防止意外的短接。

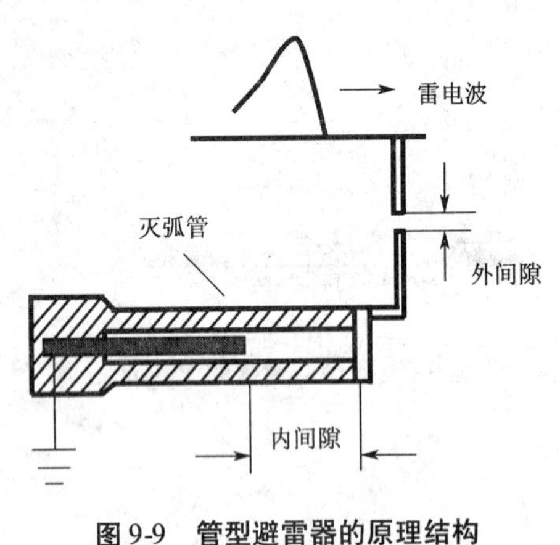

图 9-9　管型避雷器的原理结构

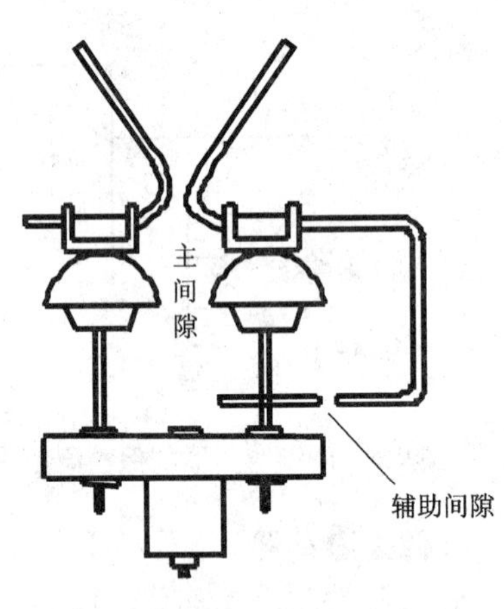

图 9-10　保护间隙

4. 氧化锌(ZnO)避雷器(也称 MOV 避雷器)

氧化锌(ZnO)避雷器是一种新型避雷器,是将氧化锌非线性电阻片(MOV)密封在瓷套或其他缘体内而组成的。因为它有优异的非线性伏安特性,可以取消串联火花间隙,实现避雷器无间隙续流。因是一种用烧结制造的电阻片,且造价低廉,因此得到广泛应用。

氧化锌(ZnO)的微观结构如图 9-10-1,它由 ZnO 晶粒、晶界层和尖晶石三部分组成。ZnO 晶粒电阻率较低,约为 0.5 ~2.7cm,晶界层包围在 ZnO 的外层,它的主要成分是 Bi_2O_3,其电阻率高,约为 10^{12} ~10^{13}cm。但是当层间电位梯度达 10^4 ~10^5V/cm 时,其阻值骤然下降,使 MOV 从由晶界层决定的高阻状态过渡到由 ZnO 决定的低阻状态,使电阻片具有明显的压敏特性。

而尖晶石的作用是调制 ZnO 和 Bi_2O_3各自晶体体积大小，起到改善非线性特性的作用。

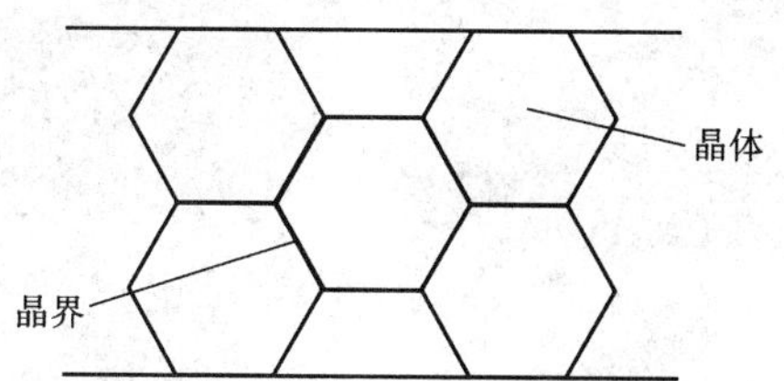

图 9-10-1　氧化锌(ZnO)电阻片显微结构

5. 氧化锌避雷器(MOV)的伏安特性

如图 9-10-2，当电力系统最高运行电压 U 不超过持续运行电压 U_{cov}时，MOV 处于高阻状态(不通)，当系统出现过电压 Un 时，MOV 将呈现低阻状态，使其接地短路，能有效抑制过电压进入被保护设备。

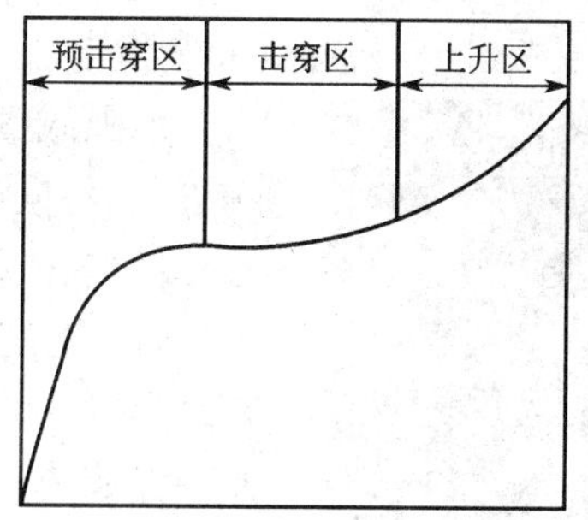

图 9-10-2　无间隙 MOV 的伏安特性

氧化锌避雷器(MOV)的参数和使用规定见专业资料和使用说明书，这里不再赘述。氧化锌避雷器(MOV)在线路中的接法与阀型避雷器接法一样。

9.1.3　限流电抗器

限流电抗器是空心电抗器，是电力工程中不可缺少的重要电气设备，它只有线圈，磁路为非导磁体，因而磁阻很大，电感值很小，且为常数。常做成各种形式，如水泥电抗器、夹持式空心电抗器等。主要用于当电力系统发生短路事故时，限制短路电流，便于断路器断开故障电路，并在断路器断开故障电路之前维持变电所母线电压于一定水平，使其他非故障线路上设备能够正常工作。有的电抗器是用来在线路轻载时，调整电压的。变压站用电抗器如图 9-11 所示。

除限流电抗器外，还有滤波电抗器，它是电力工程中不可缺少的重要电气设备，它和电容器组成滤波器，用于电力线路载波通信。悬挂式载波用滤波电抗器如图 9-12 所示。目前用光纤作为传输线时，便不再用滤波电抗器。

9.1.4　消弧线圈

在中性点不接地系统中(见图 1-10)，当发生单相接地故障时，将有接地电容电流流过故障点，引起弧光放电。当线路电压高、线路长时，电容电流将超过规定值，而不会自行熄灭，引

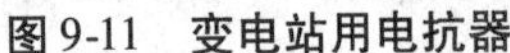

图 9-11　变电站用电抗器

图 9-12　悬挂式载波用滤波电抗器

起弧光短路或谐振过电压，会烧坏电气设备。消弧线圈的作用是将电容电流加以补偿，使接地电流尽量小，防止弧光短路和间隙性过电压，保证安全供电。

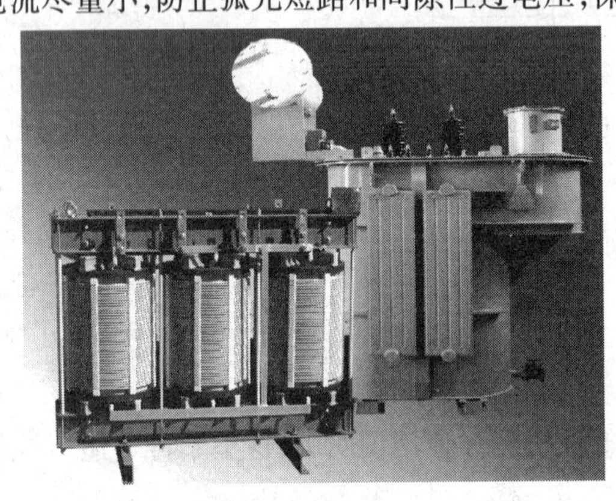

图 9-13　消弧线圈实物

消弧线圈的结构很像变压器，有铁芯、线圈等，但不同的是：它的铁芯为均匀多间隔的芯柱结构，间隙中填以绝缘纸板，电抗值近似为线性，使消弧线圈能有效地起消弧作用。其线圈为单线圈结构。消弧线圈实物如图 9-13所示。

9.2　测量用电器——互感器

互感器包括电流互感器和电压互感器，是一次系统和二次系统之间的联络元件，将一次侧的高压、大电流变成二次侧标准的低电压(100 V 或 $100/\sqrt{3}$ V)和小电流(5 A 或1 A)，向二次电路提供交流电压或电流。二次电路中主要接电压表、电流表、功率表和继电器的电压线圈、电流线圈等。互感器的应用可以使仪表、继电器小型化、标准化，还可以使高压、大电流的一次和二次隔离，有利于人身和仪表安全。目前常用的是电磁式和电容式互感器，随着电力系统容量的增大和电压等级的提高，光电式、无线电式互感器相继研究成功，并将使用于电力生产中。它们在电路中的接线原理如彩图 9-14 所示。

互感器可按下述内容进行分类：

①按安装地点可分为户内式和户外式；

②按绝缘方式可分为干式、浇注式、油浸式、SF_6 气体绝缘式；

③按工作原理可分为电磁式和电容式等。

9.2.1　电磁式电压互感器

1. 普通型电压互感器

电压互感器的工作原理与普通变压器相似，是按电磁感应原理工作的，结构原理和接线也

相似，但二次电压低，容量很小，只有几十伏安或几百伏安。

$$K_U = \frac{U_{1n}}{U_{2n}} \approx \frac{N_1}{N_2} = K_N$$

式中：U_{1n}、U_{2n}—— 一、二次绕组的额定电压；

N_1、N_2—— 一、二次绕组的匝数；

K_N——一、二次绕组的匝数比。

2. 电压互感器的接线方式

如图 9-15 为电压互感器的接线原理图。

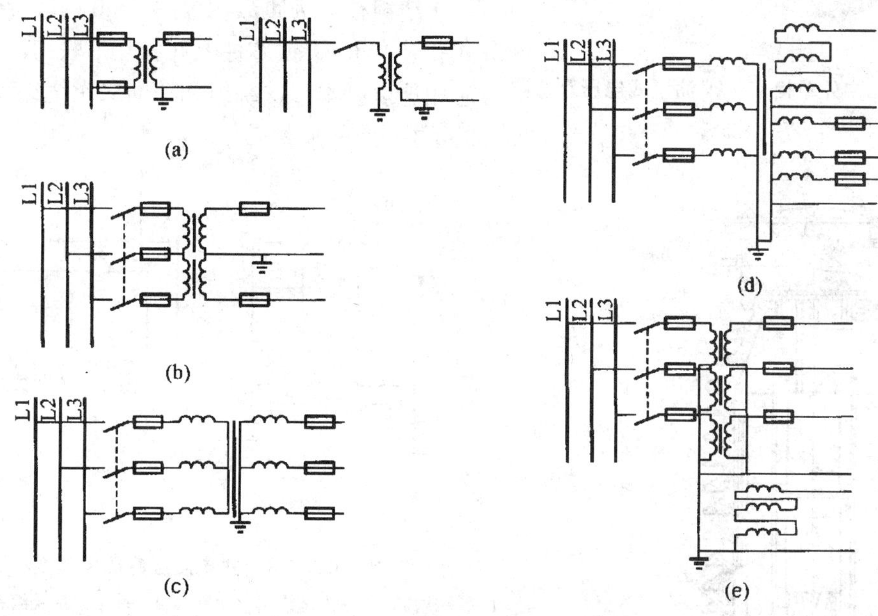

图 9-15　电压互感器的接线原理

(*a*)一台单相电压互感器的接线；(*b*)两台单相电压互感器成 *V* 形连接；(*c*)一台三相三柱式互感器接成 *Y*,*Y*0 形接线；(*d*)一台三相五柱式电压互感器接成 *Y*0，△形接线；(*e*)三台单相三绕组电压互感器接成 *Y*0，△形接线

图 9-15(*a*)所示为一台单相电压互感器的接线，(*b*)所示两台单相电压互感器成 *V* 形连接，广泛用于 20 *kV* 及以上中性点不接地或经消弧线圈接地的电网中，能测量线电压，不能测相电压。(*c*)所示为一台三相三柱式互感器接成 *Y*,*Y*0 形接线，只能用来测量线电压，不许用来测量相对地电压，因为它的一次绕组中性点不能引出，故不能用来监视电网对地绝缘。(*d*)所示为一台三相五柱式电压互感器接成 *Y*0，△形接线，其基本二次绕组接成星形，且中性点均接地，辅助二次绕组接成开口三角形，这种接线可用来测量线电压和相电压，还可用作绝缘监察。(*e*)所示为三台单相三绕组电压互感器接成 *Y*0，△形接线，其基本二次绕组接成星形，且中性点均接地，辅助二次绕组接成开口三角形，当发生单相对地短路时，对于中性点非直接接地电网，其开口电压为 $100\sqrt{3}$ *V*，对中性点直接接地电网，其开口电压为 100 *V*。这种接线可用来测量线电压、相对地电压和零序电压。

普通电压互感器分为浇注干式和油浸式，分别见彩图 9-16 和图 9-17 所示。

图 9-17　户外单相 110 *kV* 油浸式电压互感器

3. 串级式电压互感器

对于超高压线路常采用串级式电压互感器。串级式电压互感器的铁芯和绕组装在充油的瓷外壳内，瓷外壳既代替油箱又兼作高压瓷套绝缘。铁芯带电位，用支撑电木板固定在底座上。一次绕组首端自贮油柜引出，一次绕组末端和二次绕组出线端自底座引出。

其结构及工作原理见图 9-18、图 9-19 所示：一次绕组被分为匝数相等的Ⅰ、Ⅱ两段，绕成圆筒式套装在上、下铁芯柱上并相互串联，其中点与铁芯相连。基本二次绕组和辅助二次绕组套在铁芯的下柱上。

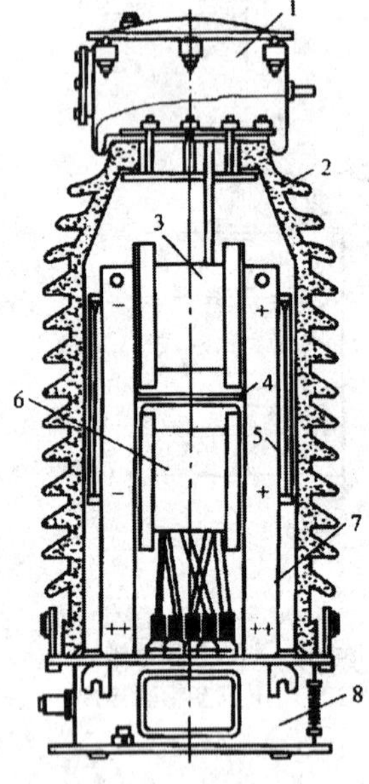

图 9-18　110 *kV* 串级式电压互感器结构图

1—储油柜；2—瓷柜；3—上柱绕组；4—隔板；5—铁芯；6—下柱绕组；7—支撑绝缘板；8—底座

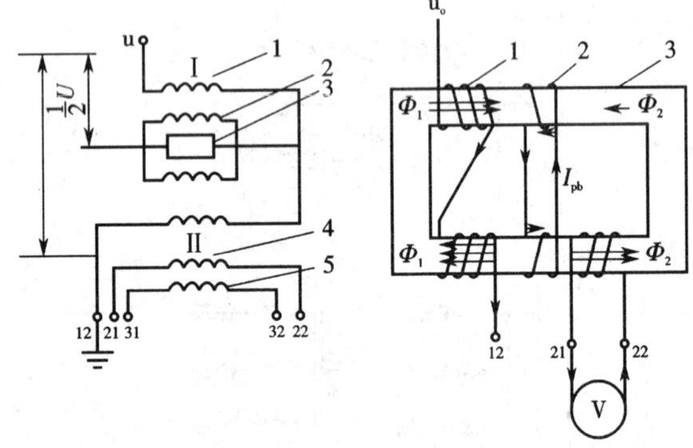

图 9-19　串级式电压互感器原理图

1— 一次绕组；2—平衡绕组；3—铁芯；4—基本二次绕组；5—辅助二次绕组

当二次绕组开路时，铁芯上、下柱中磁通相等，Ⅰ、Ⅱ段上电压相等，为一次绕组电压的一半。且因中点接在铁芯上，因此绕组对铁芯的绝缘只需按一次电压的一半来设计，所以可以省材料和空间，互感器体积和高度可以降低，这是它的优点。

当二次绕组与测量仪表或继电器等负载接通后，二次绕组中的电流将产生去磁磁通。但因二次绕组只装在下铁芯柱上，因漏磁不同，铁芯上、下柱中合成磁通不一样，从而造成Ⅰ、Ⅱ两段分压不等，造成测量不准。为了解决这一问题，在上、下铁芯柱上加装匝数相等而绕向相反的平衡绕组，并接成环路，从而使铁芯上、下柱中的合成磁通基本相等，电压分布趋于均匀，从而使测量准确。

9.2.2　电容式电压互感器

电容式电压互感器实质是一个电容分压器，在被测装置和地之间有若干相同的电容器串联。为便于分析，将电容器串分成主电容 C_1 和分压电容 C_2 两部分。设一次侧相对地电压为

U_1，则 C_2 上的电压为

$$U_{C2}=\frac{C_1}{C_1+C_2}U_1=KU_1$$

$$K=C_1/(C_1+C_2)$$

式中：K——分压比。

改变 C_1 和 C_2 的比值，可得到不同的分压比。由于 U_{C2} 与一次电压 U_1 成正比，故测得 U_{C2} 就可得到 U_1，这就是电容式电压互感器的工作原理。电容式电压互感器原理图及外形图分别参见图 9-20 和图 9-21。

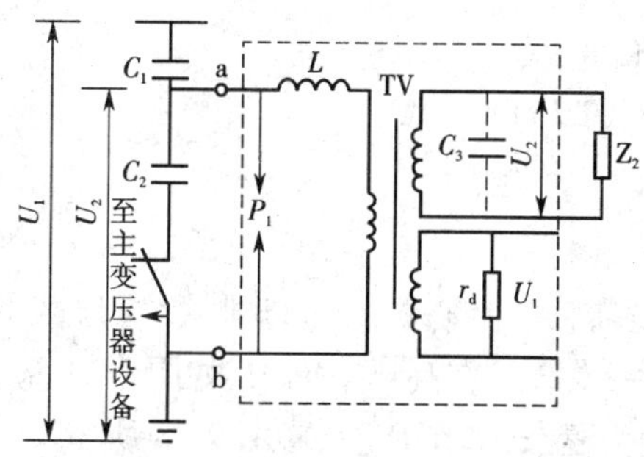

图 9-20　电容式电压互感器原理图

图 9-21　电容式电压互感器外形图

9.2.3　电流互感器

1. 电流互感器的工作原理

电流互感器的工作原理与普通变压器相似，是按电磁感应原理工作的。电流互感器原理图如图 9-22 所示。根据磁势平衡原理，忽略励磁电流时，可以认为有

$$K_i=I_{n1}/I_{n2}$$

$$K_i=I_{n1}/I_{n2}\approx I_1/I_2=N_2/N_1=K_N$$

$$K_iI_2=I_1$$

式中：I_{n1}、I_{n2}——一、二次绕组额定电流；

I_1、I_2——一、二次绕组工作电流；

K_N——一、二次绕组匝数比。

2. 电流互感器的工作特点

电流互感器工作有下述特点。

①一次电流的大小决定于一次负载电流，与二次电流大小无关。因为一次绕组串联于被测电路中，匝数很少，阻抗小，对一次负载电流影响很小，可以忽略。

②正常运行时，二次绕组近似于短路工作状态。由于二次绕组的负载是测量仪表和继电器的电流线圈，阻抗很小，因此接近于短路运行。

电流互感器的结构原理如图 9-22 所示。

运行中的电流互感器二次回路不允许开路，否则会在开路的两端出现高电压，危及人身安全，或使电流互感器发热损坏。所以在更换或维修仪表、继电器时必须先将短路开关闭合，再拆下仪表、继电器等，新表接上后再打开短路开关，二次回路恢复运行。参见图 9-14 电压互感

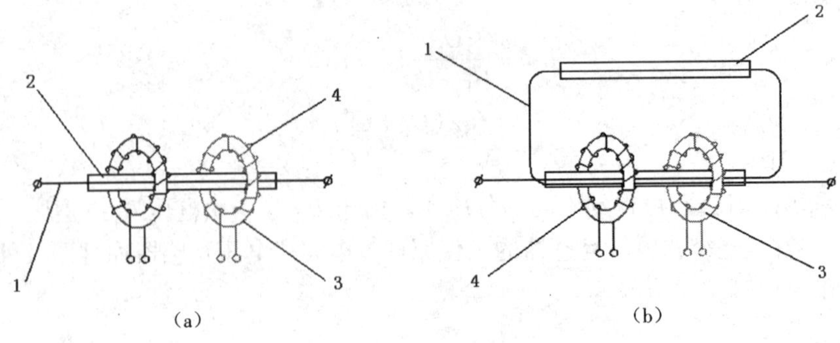

图 9-22　电流互感器的结构原理图

(a)一次绕组只有一匝(母排);(b)一次绕组为两匝(电缆)

1—一次绕组;2—绝缘套管;3—铁芯;4—二次绕组

器、电流互感器在电路中接线原理图。

户内式电流互感器有瓷绝缘和浇注绝缘两种,并多制成穿缆式、低压母排式、穿墙式等。穿缆式、低压母排式电流互感器只有铁芯和二次绕组,一次绕组在高压电网中,如图 9-23、彩图 9-24、图 9-25、图 9-26 所示。户外式电流互感器结构较为复杂,如图 9-27、彩图 9-28 所示。

图 9-23　低压穿缆式电流互感器应用

3. 电流互感器的接线

电流互感器的接线有三种形式:

①单相式接线,如图 9-29(a);

②星形接线,如图 9-29(b);

③不完全星形接线,如图 9-29(c)。

图 9-25　低压母排式电流互感器

图 9-26　低压穿缆式电流互感器

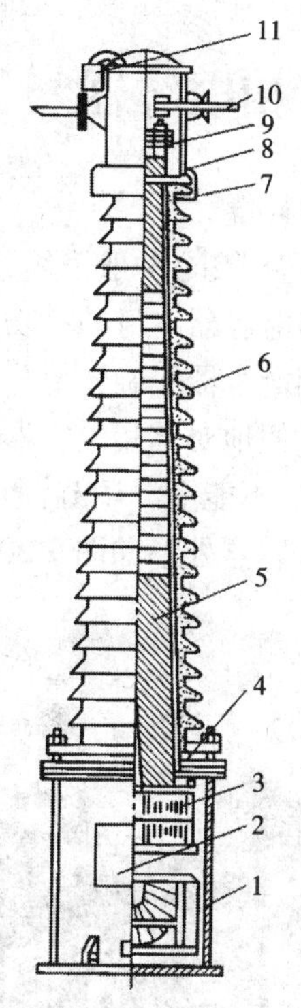

图 9-27　330 kV 电流互感器结构图

1—油箱；2—二次接线盒；3—环形铁芯；4—卡接装置；5—U 形一次绕组；6—瓷套；7—均压保护；8—储油柜；9—一次绕组换接装置；10—一次绕组端子；11—呼吸器

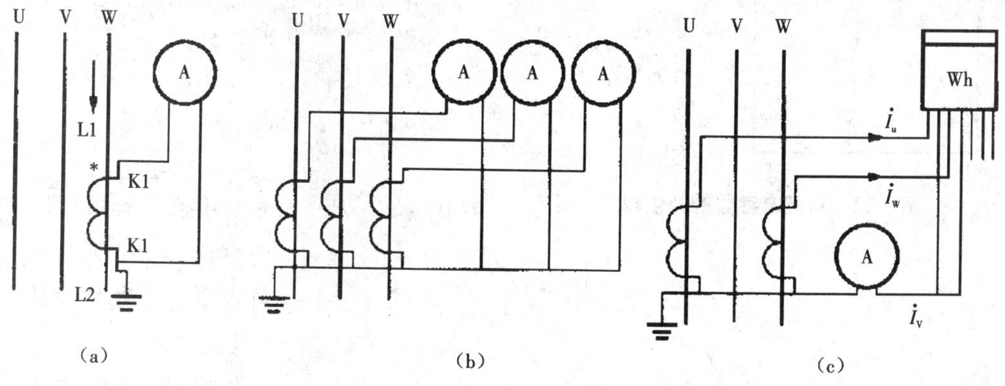

图 9-29　电流互感器接线图

(a)单相式接线；(b)星形接线；(c)不完全星形接线

9.3 移相电容器

1. 无功补偿

在工业企业中，一般采用移相电容器来补偿无功功率，因为它具有以下优点：

①移相电容器本身的有功损耗小；

②移相电容器无旋转部分，因此运行维护方便；

③可方便地对移相电容器的无功补偿容量进行增减。

缺点是：不能平滑调节；通风不当时会过热，引起鼓肚和爆炸。

移相电容器外形如图 9-30、图 9-31 所示。图 9-32 为移相电容器的补偿电路。

图 9-31　35 kV 站用移相电容器

图 9-30　10 kV 厂用移相电容器

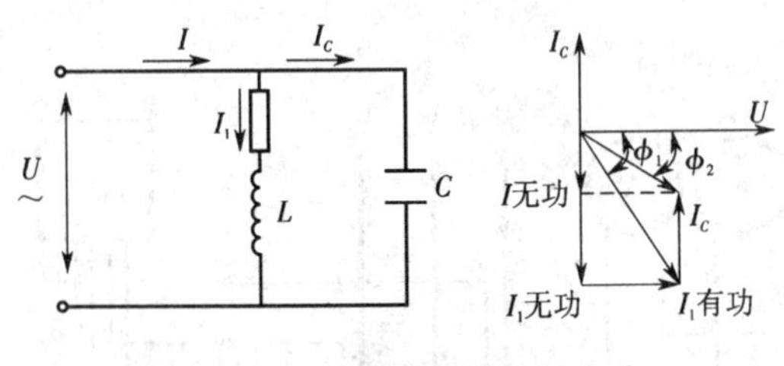

图 9-32　移相电容器的补偿电路

2. 补偿容量的计算

电力移相电容器不用电容量而用所补偿的无功功率 Q 来计量。

$$Q = P_P(\text{tg}\,\varphi_1 - \text{tg}\,\varphi_2) = \alpha \cdot P_j(\text{tg}\,\varphi_1 - \text{tg}\,\varphi_2)$$

$$= \alpha \cdot P_j \cdot q_c \quad (\text{kvra})$$

$$q_C = \text{tg}\,\varphi_1 - \text{tg}\,\varphi_2$$

式中：P_j——最大有功计算负荷(kW)；

α——月平均有功负荷系数；

$\text{tg}\,\varphi_1$、$\text{tg}\,\varphi_2$——补偿前、后功率因数角的正切；

q_C——补偿率(可查表)。

3. 补偿容量的校正

因为无功补偿容量与端电压有关，即 $Q = UC$，所以当电容器实际运行电压不等于电容器额定电压时，应该进行校正：

$$Q'_n = Q_n\left(\frac{U}{U_n}\right)^2$$

式中：Q_n——电容器额定容量(kvra)；

Q'_n——电容器实际运行容量(kvra)；

U_n——电容器额定电压(kV)；

U——电容器实际运行电压(kV)。

9.4 组合电器

9.4.1 成套高压开关柜

高压开关柜是把开关电器、测量仪表、保护电器和辅助设备等装在封闭或半封闭的金属柜中,在制造厂中装配完成。制造厂生产各种不同电路方案的开关柜,我们按照所设计的变电所的主接线,选用各种电路的高压开关柜来构成整个的配电装置。各种高压开关柜如图 9-33、彩图 9-34、图 9-35、彩图 9-36、彩图 9-37、彩图 9-38 和彩图 9-39 所示。

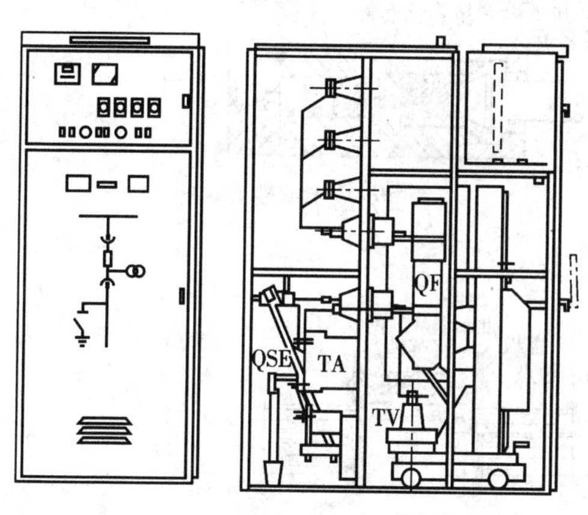

图 9-33　10 kV 推车式高压开关柜结构图

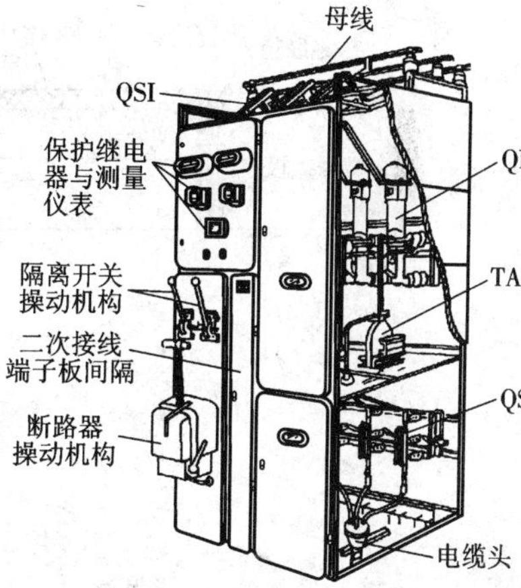

母线
QSI
保护继电器与测量仪表
隔离开关操动机构
二次接线端子板间隔
断路器操动机构
QF
TA
QS2
电缆头

图 9-35　10 kV 高压开关柜结构图

9.4.2 箱式组合变电站

箱式组合变电站是将高压一次设备、变压器、低压一次设备和二次仪表等集成在一个箱体中,进行供配电的小型变电所。由于设备紧凑、体积小、质量轻,且可移动,所以得到了广泛的应用。一般有两种组合方案:[高]—[变]—[低]的三室结构和[变]—[低]的两室结构。彩图 9-40 和图 9-41 是三室结构的箱式变电站,彩图 9-42 是内部布置图。

图 9-41　欧式[高]—[变]—[低]结构的箱式变电站

9.5 低压电器

电力系统中的低压网络(400 V)中应用许多低压电器,由于篇幅关系本书仅介绍低压熔

断器和低压空气开关(空气断路器)。

9.5.1 低压熔断器

低压熔断器的保护原理与高压熔断器是一样的,它的安—秒特性见图 9-1(c)。由于被保护的对象和装置地点不同,低压熔断器的结构和外形多种多样。它们的结构和外形见图 9-43 和彩图 9-44 所示。

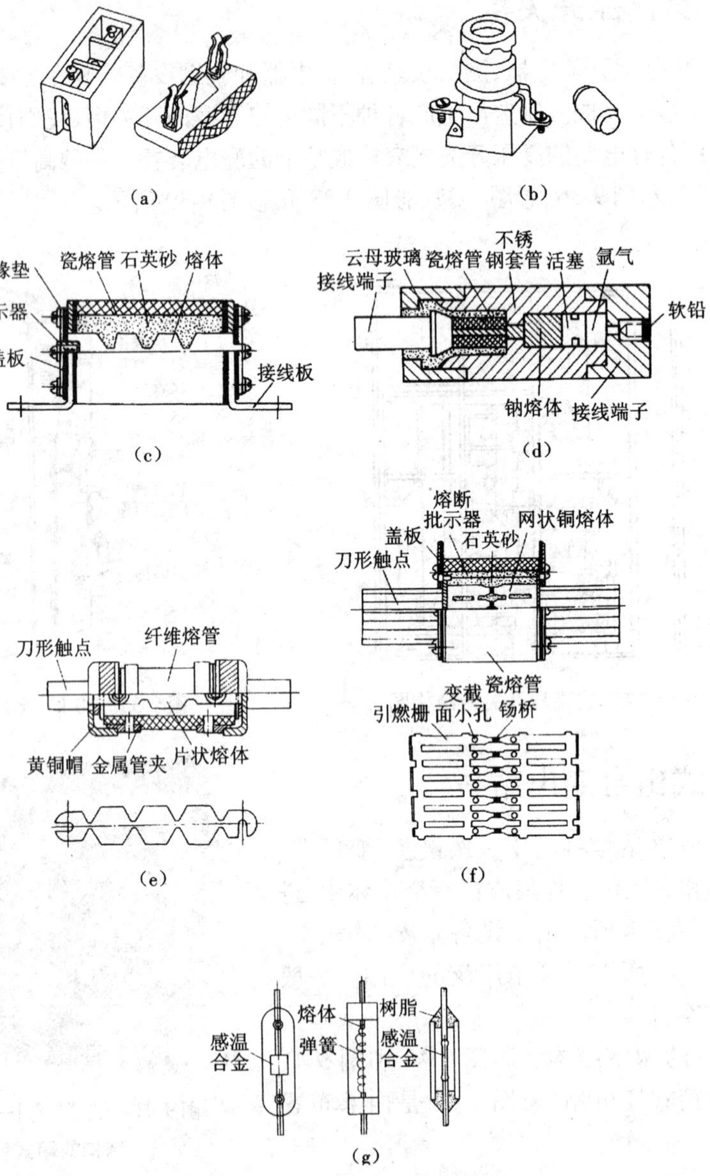

图 9-43 低压熔断器

(a)瓷插入式熔断器;(b)瓷螺旋式熔断器;(c)快速熔断器;(d)自复式熔断器;(e)无填料管式熔断器与变截面熔体;(f)有填料管式熔断器与网状熔体;(g)热熔断器

9.5.2 自动空气开关

1. 自动空气开关的作用

自动空气开关又称自动空气断路器，它是以空气作为触头间绝缘介质，所以叫空气开关，是低压配电网络和电力拖动系统中非常重要的一种电器，它集控制和多种保护功能于一身。除了能完成接通和分断电路外，尚能对电路或电气设备发生的短路、严重过载及欠电压等进行保护，同时也可以用于不频繁地启动电动机。其工作原理示意图如图 9-45 所示。

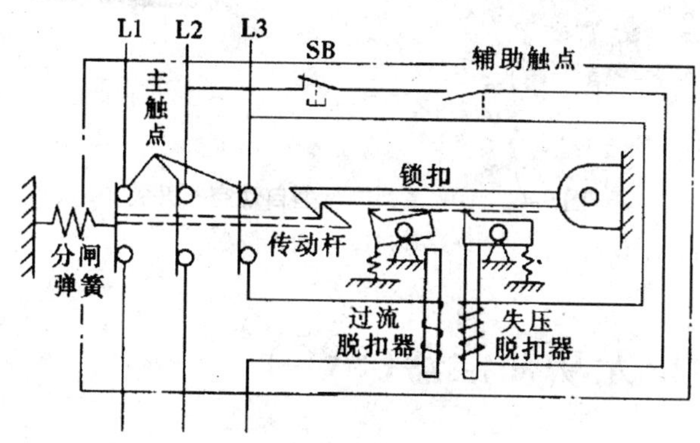

图 9-45 自动空气断路器的工作原理

2. 自动空气开关的特点

自动空气开关具有操作安全、使用方便、工作可靠、安装简单、动作后（如短路故障排除后）不需要更换元件（如熔体）等优点。因此，在工业和住宅等的供电系统中获得广泛应用。

3. 自动空气开关的分类

①按极数分：单极、两极和三极。

②按保护形式分：电磁脱扣器式、热脱扣器式、复合脱扣器式（常用）和无脱扣器式。

③按全分断时间分：一般和快速式（先于脱扣机构动作，脱扣时间在 0.02 s 以内）。

④按结构形式分：塑壳式、框架式、限流式、直流快速式、灭磁式和漏电保护式。在配电系统中最常用的是 DZ 型塑壳式和 DW 型框架式，如图 9-46、图 9-47 和彩图 9-48 所示。

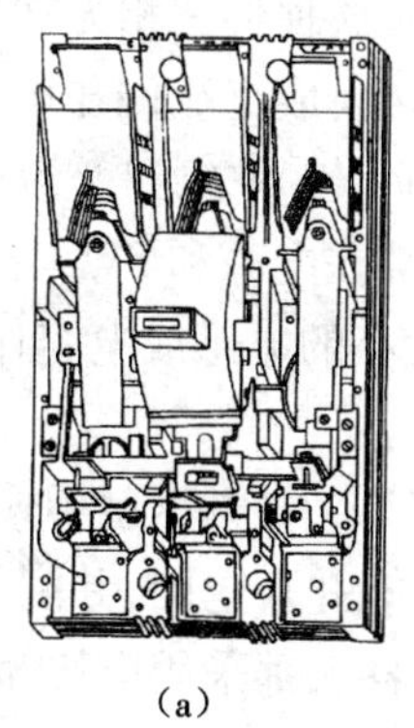

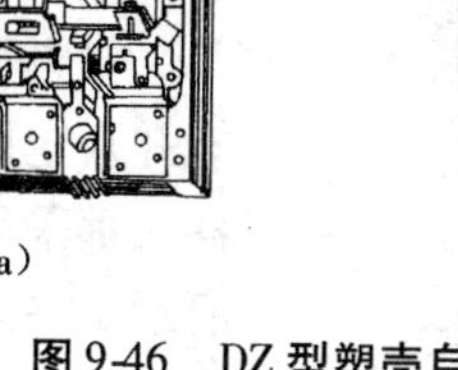

(a)

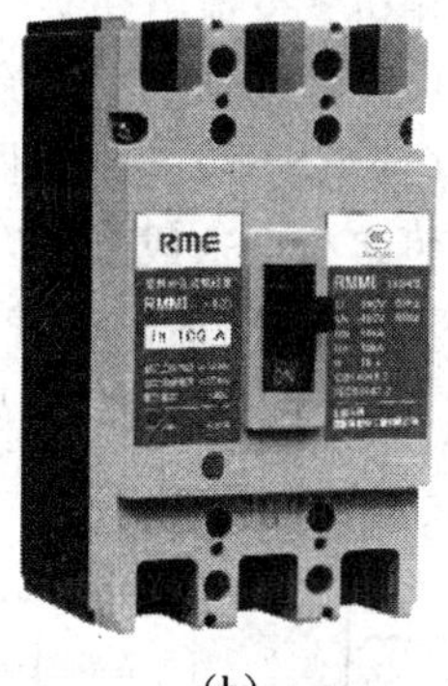

(b)

图 9-46 DZ 型塑壳自动空气开关

(a)结构图；(b)外形图

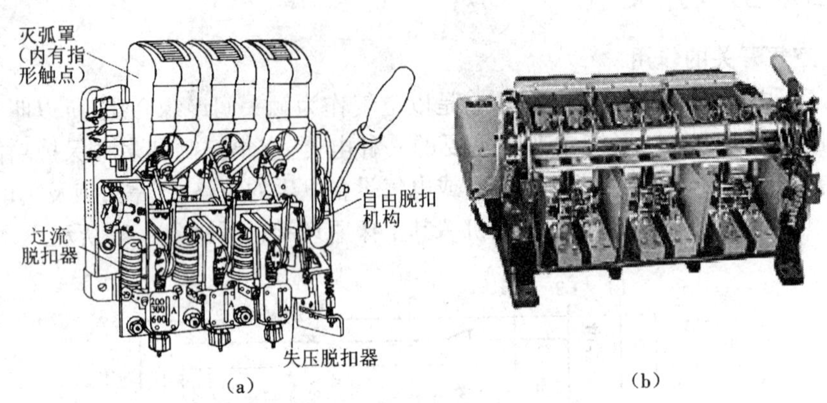

图 9-47　DW 系列框架型自动空气开关

(a)结构图;(b)外形图

9.6　新型的静止无功补偿器(SVG)

所谓的静止无功补偿器(SVG)是专指由自换相电力半导体桥式变流器来进行动态无功补偿的装置。

众所周知,在单相电路中,与基波无功功率有关的能量是在电源和负载之间来回往返的。但在平衡的三相电路中,不论负载的功率因数如何,三相瞬时功率的和是一定的,在任何时刻都是等于三相总的有功功率。因此,在三相电路的电源和负载之间没有无功能量的来回往返,各相的无功能量是在三相之间来回往返的。所以,如果能用某种方法将三相各部分无功功率总的统一起来处理,在总的负载侧就无需设置无功储能元件来补偿无功功率了。

三相桥式变流电路实际上就具有这种将三相无功功率总的统一处理的特点。它是通过电力半导体开关的通断将直流侧电压转换成交流侧与电网同频率的交流电压源,然后通过交流电抗器(或电容器)接到电网上。实际上,考虑到变流电路吸收的电流并不只含基波,其谐波的存在也多少会造成有少许无功能量在电源和 SVG 之间往返。所以,为了维持桥式变流电路的正常工作,其直流侧仍需要一定大小的电感或电容作为储能元件,但所需储能元件的容量远比 SVG 所提供的无功容量要小的多。

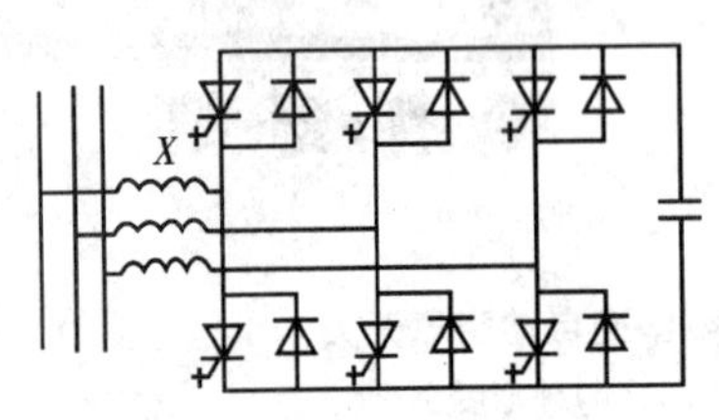

图 9-48　SVG 的基本电路
(电压型桥式电路型)

对电压型桥式电路的 SVG,需再串联上连接电抗器才能并入电网,并配一定容量的电容器。目前静止无功补偿器大都采用电压型桥式电路的 SVG,简称 SVG,如图 9-48 所示。

SVG 可以等效地被视为幅值和相位均可以控制的一个与电网同频率的交流电压源。它通过交流电抗器连接到电网上,如图 9-49(a)的等效电路所示。

在图中,将连接电抗器视为纯电感,只需使 U_I 与 U_S 同相,仅改变 U_I 的幅值大小即可以控制 SVG 从电网吸收的电流 I 是超前还是滞后 90°,并且能控制该电流的大小。如图 9-49(b)所示,当 U_I 大于 U_S 时,电流超前电压 90°,SVG 吸收容性的

无功功率；当 U_S 大于 U_I 时，电流滞后电压 90°，SVG 吸收感性的无功功率。

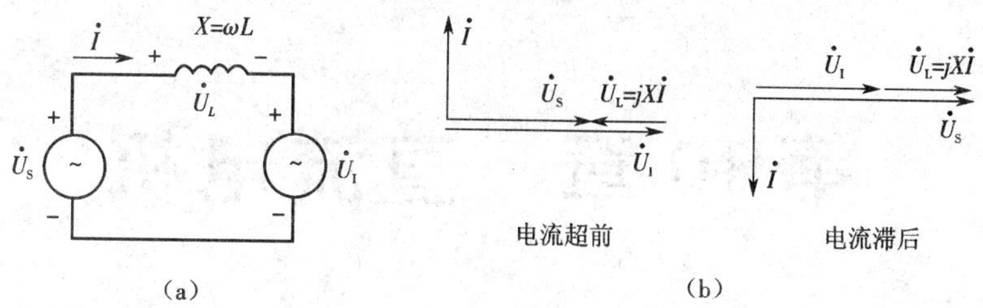

图 9-49 SVG 的等效电路及向量图

(a)等效电路图；(b)向量图

从以上分析可见，通过调节电力半导体器件的导通次序和导通角，同样可以补偿三相交流电路中的功率因数，而无须设置大功率的电容、电感器件。SVG 是近几年发明、开发和制造的新型功率因数补偿装置，已经投入工业应用。

无功补偿器（SVG）调节速度快，运行范围宽，另外使用的电抗器和电容器容量比传统的补偿装置小得多，这将大大地缩小装置的体积和成本，显示了动态无功补偿器（SVG）的发展优势。

思考题

1. 什么是互感器？互感器是如何分类的？互感器与一、二次系统如何连接？
2. 运行中的电流互感器的二次侧为什么不允许开路？电流互感器二次侧接地可以防止开路所造成的危害吗？
3. 互感器有哪些作用？
4. 运行中的电压互感器二次侧为什么不允许短路？电压互感器二次侧接地为什么不会造成短路？
5. 试分析有二次辅助绕组的电压互感器，开口三角形接线的作用是什么？
6. 试叙串级式电压互感器和电容互感器的工作原理。
7. 什么是自动空气开关（空气断路器）？它有哪些功能？
8. 熔断器的基本结构是什么？试简述熔断器的熔断过程。

第 10 章　直流电机

本章知识架构

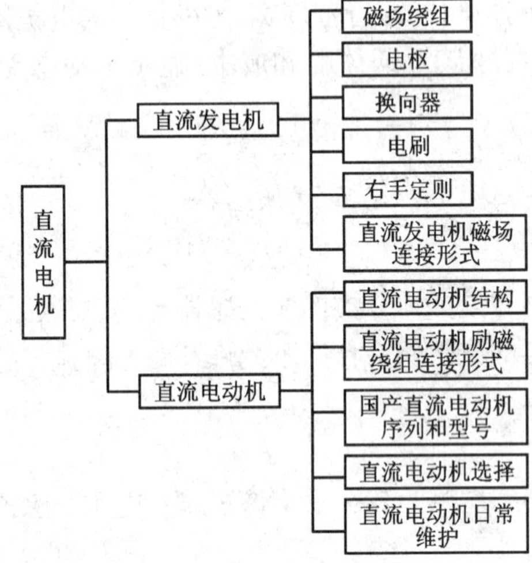

本章教学目标与要求

★ 本章重点在于了解直流电动机原理

★ 认知直流电动机结构

★ 了解直流电动机的运行特点

★ 掌握直流电动机的维护

10.1　直流发电机

直流发电机是利用电磁感应原理将机械能转换为电能的电气设备。直流发电机主要由 4 部分组成,分别是磁场绕组(定子)、电枢(转子)、换向器和电刷。

1. 磁场绕组

磁场绕组的作用是产生磁场,磁场也可以用永磁铁产生。永磁铁的缺点是磁力在使用一

段时间后会逐渐减小，而且磁场的大小不可控制，所以多数直流电机使用励磁式电磁铁。励磁电流可以是外部电源提供，也可以是电机自励，发电机的磁场一般是用自励方式。

2. 电枢

电枢由绝缘导线绕成线圈后，嵌入转子电枢槽内，由机械装置带动在磁场中作旋转运动，根据电磁感应原理，在电枢线圈内部会产生感应电势和感应电流。

3. 换向器

换向器由许多楔形铜片组成，片间用云母或其他垫片绝缘，外表呈圆筒形。每一换向铜片按一定规律连接在电枢线圈上，主要起机械换向的作用，保证电枢线圈处于某一磁极下时，其电流始终保持一个方向。

4. 电刷

电刷紧紧压在换向器的圆周上，电刷一般采用优质碳——石墨材料的导电块制成，其材质软于换向器，但是又不易磨损和掉块，能保证很好的导电性。

5. 右手定则

当处于磁场中的导线作切割磁场线运动的时候，在导体内部就会产生感应电流，电流方向、磁场方向和运动方向相互垂直，遵守右手定则。如图 10-1 所示，右手的拇指代表导线运动方向，食指为磁场方向，中指所指的方向即为电流方向。

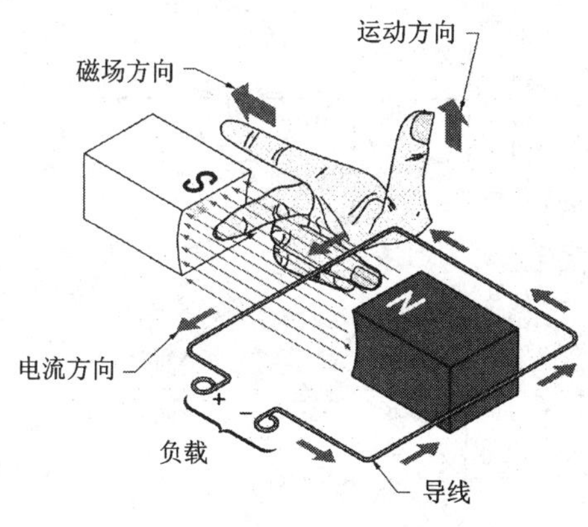

图 10-1　右手定则

图 10-2　便携式直流发电机

图 10-2 为便携式直流发电机，彩图 10-3 为直流发电机结构图，直流发电机的工作原理如图 10-4 所示。

6. 直流发电机的磁场连接形式

直流发电机的磁场连接方式有 3 种，分别是串励、并励和复励。

①串励，为励磁绕组、电枢绕组和外部负载电路串联在一起的励磁方式。串励的磁场绕组内流过较大的电流，所以它的的特点是：匝数少，导线粗，电阻小。直流串励发电机如图 10-5 所示。

②并励，为励磁绕组、电枢绕组和外部负载电路并联在一起的励磁方式。并励磁场绕组内流过的电流小，其特点是：匝数多，导线细，电阻大。直流并励发电机如图 10-6 所示。

③复励，为既有并励绕组，又有串励绕组。复励绕组的特性优于串励和并励绕组。直流复励发电机如图 10-7 所示。

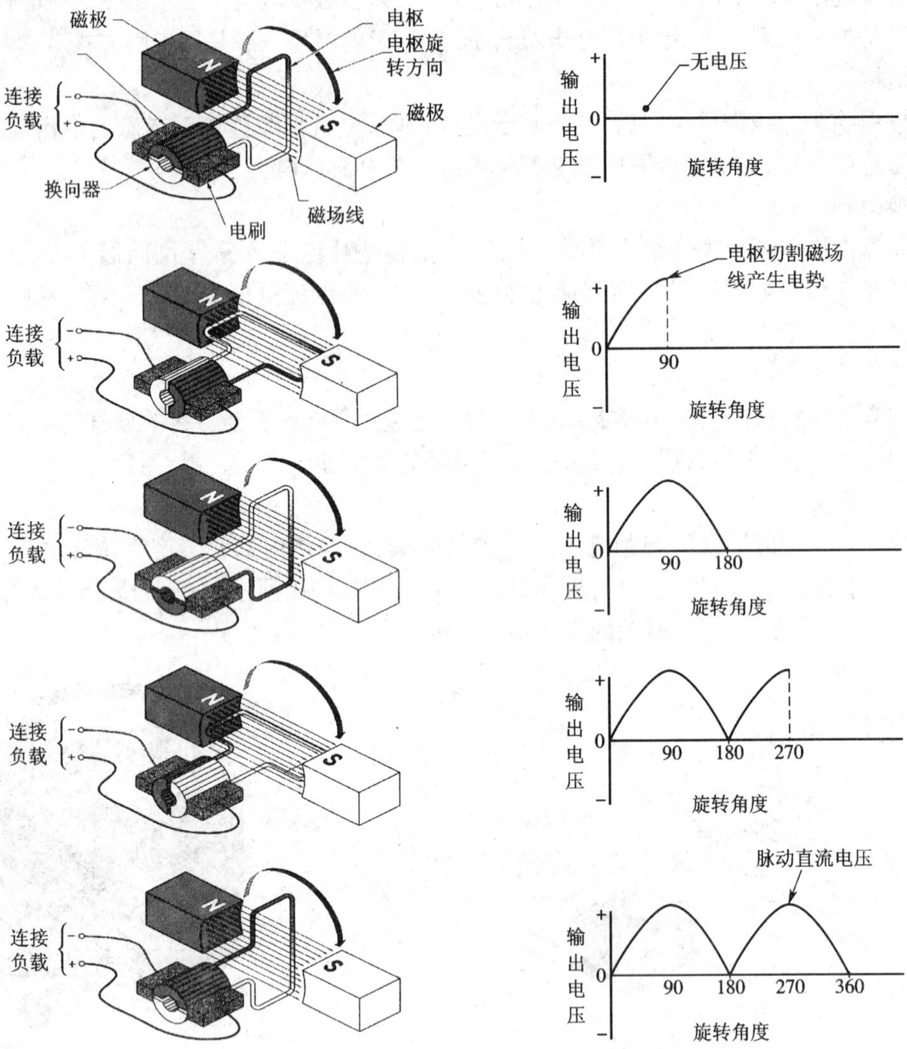

磁极
电枢
电枢旋
转方向
连接
负载
磁极
换向器
电刷
磁场线
无电压
输出电压
0
旋转角度

电枢切割磁场
线产生电势
90

180

270

脉动直流电压
360

图 10-4　直流发电机的工作原理

10.2　直流电动机

直流电动机是利用电磁感应原理将电能转化为机械能的电气设备。当通电导线处于磁场中时，会受到电磁力的作用而发生运动，如图 10-8 所示。其运动方向受磁场线方向和电流方向共同控制，可以按照左手定则来判断，如图 10-9 所示。

直流电动机由于良好的启动和调速性能，目前广泛地应用于牵引工程中，如：电力机车，见彩图 10-10 所示。

1. 直流电动机的结构

直流电动机可分为定子和转子两大部分，如彩图 10-11 所示。

1）定子

定子由主磁极、换向磁极、机座以及电刷装置等组成。

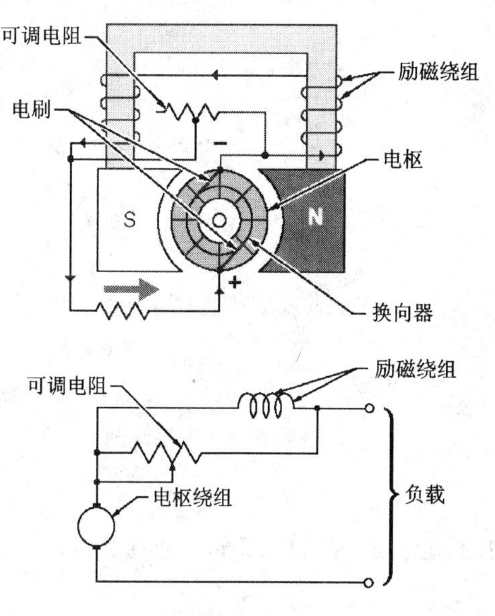

图 10-5 **直流串励发电机**

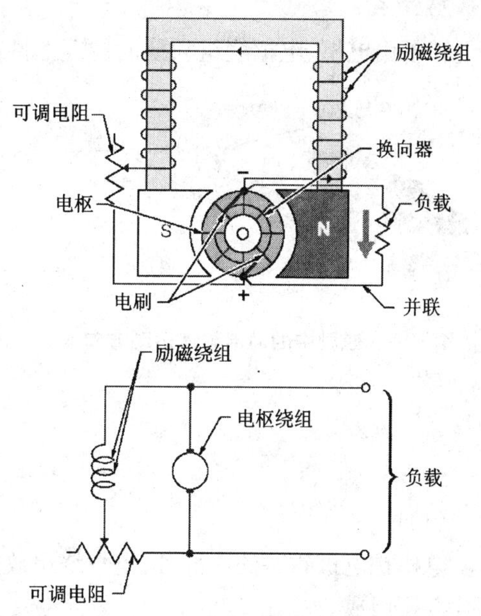

图 10-6 **直流并励发电机**

(1)主磁极

主磁极用来产生主磁场,它由铁芯和主磁极绕组(励磁绕组)组成。铁芯用0.5~1.5 mm的低碳钢板叠压而成,主磁极 N、S 交替布置,均匀分布并用螺钉固定在机座上。为使主磁通在气隙中分布更合理,铁芯的下部(称为极靴)比套绕组的部分(称为极身)要宽些。

(2)换向极

换向极用来改善直流电动机的换向,又称附加极。

(3)机座

机座既是电机的外壳,又是电机磁路的一部分。一般用低碳钢铸成或用钢板焊接而成。机座的两端有端盖。中小型电机前后端盖都装有轴承,用于支撑转轴,大型电机则采用座式滑动轴承。

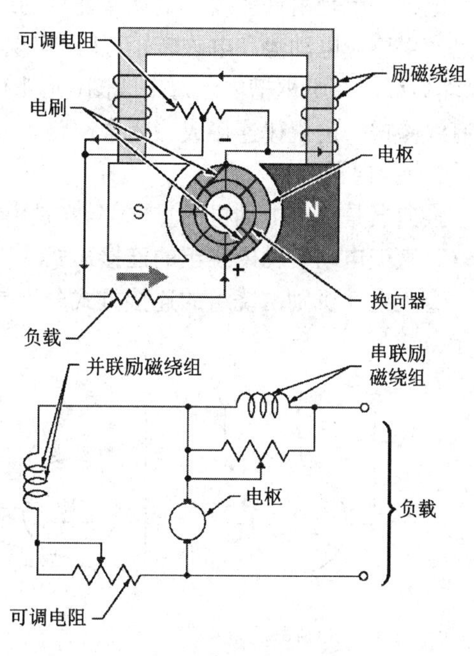

图 10-7 **直流复励发电机**

(4)电刷

电刷的作用是使旋转部分的电枢绕组与外电路接通,将直流电压、电流引出或引入电枢绕组。它与换向器相配合,起整流或逆变器的作用。电刷装置由电刷、刷握、刷杆座和汇流条等零件组成。电刷一般采用石墨和铜粉压制烧焙而成,它放置在刷握中,由弹簧将其压在换向器的表面上。电刷杆数一般等于主磁极的数目。

2)转子

转子由电枢、电枢绕组和换向器等部件组成。

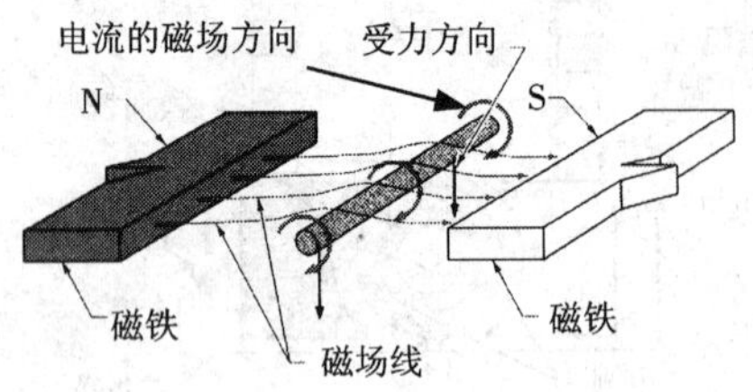

图 10-8　磁励中的通电导体运动方向

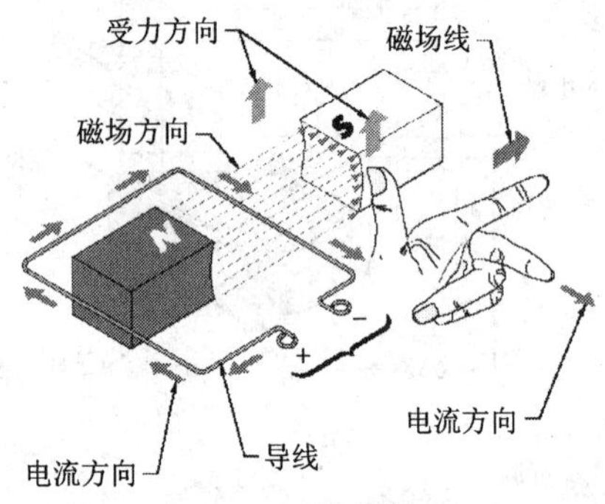

图 10-9　左手定则

(1)电枢

电枢是电机磁路的一部分,电枢绕组放置在槽内,电枢通常用 0.35 mm 或 0.5 mm 厚的硅钢片叠压而成。

(2)电枢绕组

电枢绕组是由许多按一定规律连接的线圈组成,它是直流电机的主要电路部分。它的作用是产生感应电动势和电磁转矩,从而实现机电能量的转换。电枢绕组是用绝缘铜线制成元件,然后嵌放在电枢槽内。每个线圈(元件)有两个出线端,分别接到换向器的两个换向片上。所有线圈按一定规律连接成一闭合回路。

(3)换向器

换向器是直流电动机的重要部件,是由许多梯形铜排制成的彼此绝缘的换向片组成。

2. 直流电动机励磁绕组的连接形式

直流电动机励磁绕组的连接方式分别是串励式、并励式、复励式和外加永磁式,如图 10-12 所示。

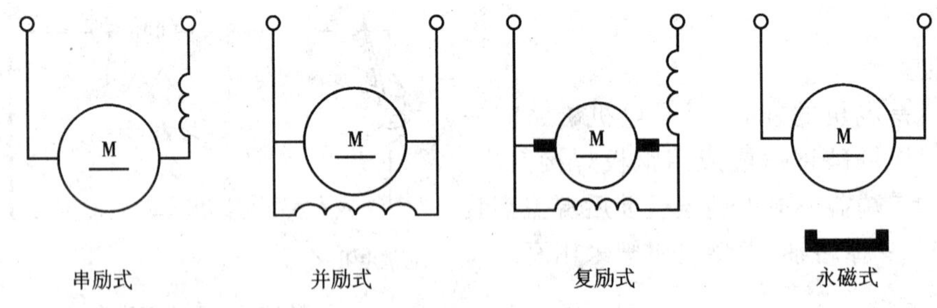

图 10-12　直流电动机的励磁方式

1)直流串励电动机

直流串励电动机的励磁绕组、电枢绕组和外部负载电路串联在一起。串励的磁场绕组内流过较大的电流,所以它的特点是:匝数少,导线粗,电阻小。励磁绕组的出线端标示为 S1、S2,电枢绕组的出线端标示为 A1、A2,如图 10-13 所示。串励电动机能提供很大的启动力矩(5 倍的额定力矩),所以常用于牵引、提升机和起重机等。串励电动机不宜用于调速,因为串励

电机的机械特性很软。随着负载的减小，电枢电流和磁场电流同步减小，当接近空载时，电机转速很快升高，可能会造成电机损坏。因此串励电动机与机械负载之间必须可靠地固定连接。

2）直流并励电动机

直流并励电动机的励磁绕组、电枢绕组和外部负载电路并联在一起。并励的磁场绕组内流过的电流小，所以其特点是：匝数多，导线细，电阻大。励磁绕组的出线端标示为 F1、F2，电枢绕组的出线端标示为 A1、A2，如图 10-14 所示。并励电动机的励磁电流和电枢电流是独立的，所以具有很好的调速性能。并励的磁场绕组可以与电枢绕组并联在同一电源上，也可以用独立电源（此种方式又称为他励）。并励电动机常用于要求转速基本不受负载影响，又可在大范围调速的机械。如风机、泵、传送带、电梯、车床和冶金设备等。

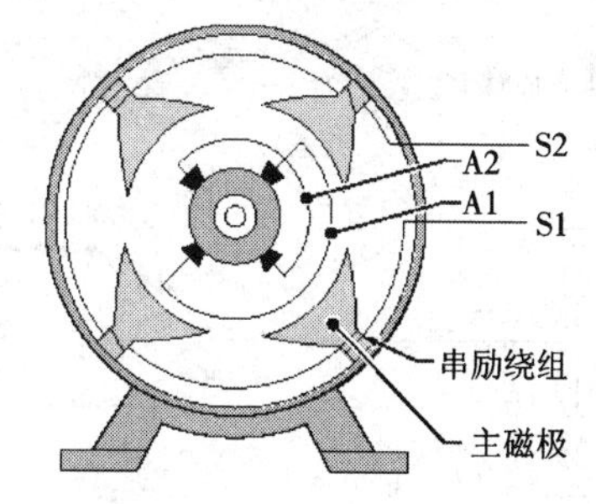

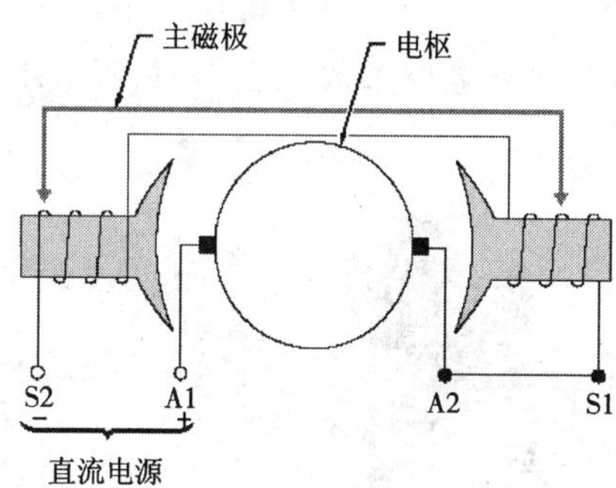

图 10-13　直流串励电动机

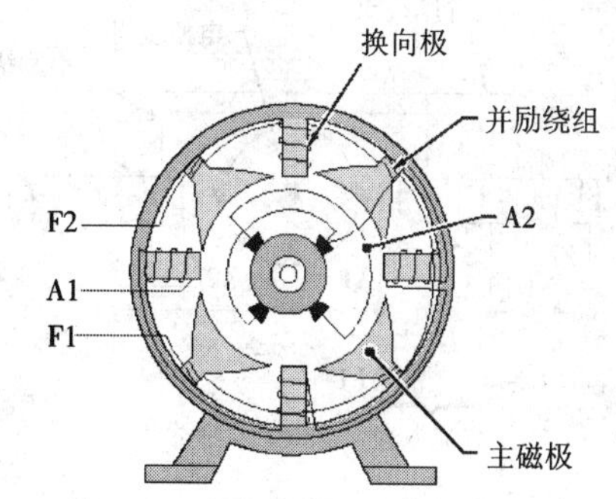

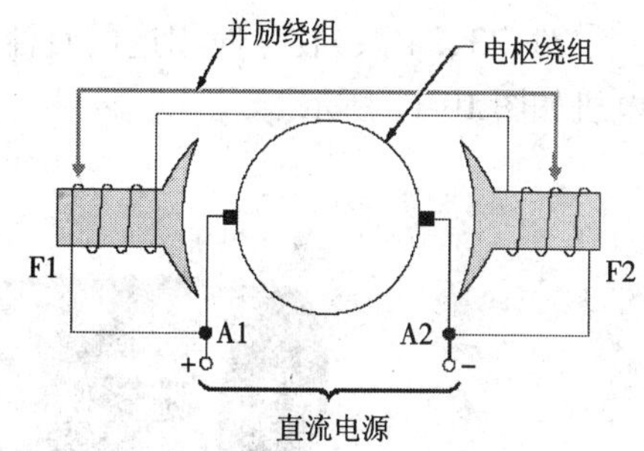

图 10-14　直流并励式电动机

3）直流复励电动机

直流复励电动机既有并励绕组，又有串励绕组。磁场的并励绕组的出线端标示为 F1、F2，串励绕组的出线端标示为 S1、S2，电枢绕组的出线端标示为 A1、A2，如图 10-15 所示。复励电机兼备了串励电机的大起动力矩和并励电机的转速恒定的优点。常用于既需要大启动力矩，又要在轻载情况下保持恒定转速的场合，常见于印刷机、剪切机、卷扬机和轮船等设备中。

4）直流永磁式电动机

永磁式电动机的磁场部分采用的是永久磁铁，直流电源仅供电枢使用，如图 10-16 所示。永磁式直流电动机常用于汽车的座椅调节、挡风玻璃水刷控制等。永磁式直流电动机能在低速时提供相对较大的力矩，且在没有电源时可以进行自行制动。其缺点是连续运行会导致过热，过高的温度会损坏永久磁铁。

3. 国产直流电动机的主要序列和型号

国产直流电动机的系列产品代号用汉语拼音字母表示，主要序列如下。

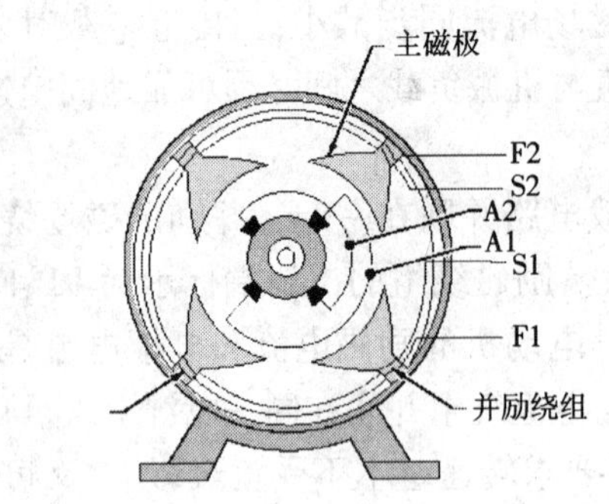

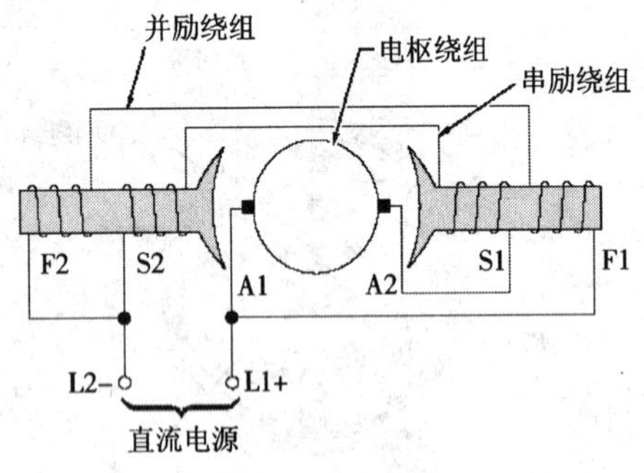

图 10-15　直流复励式电动机

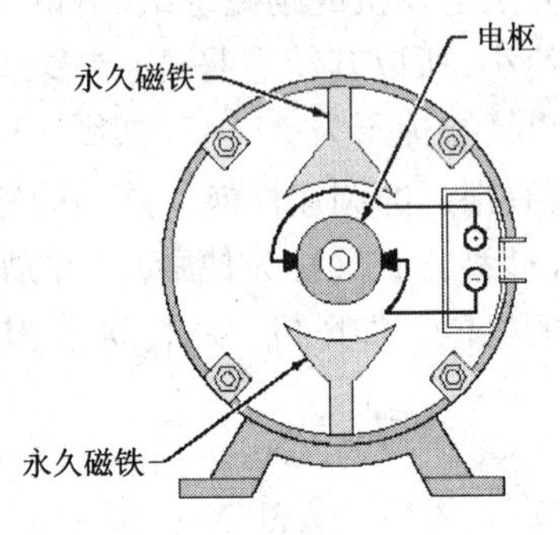

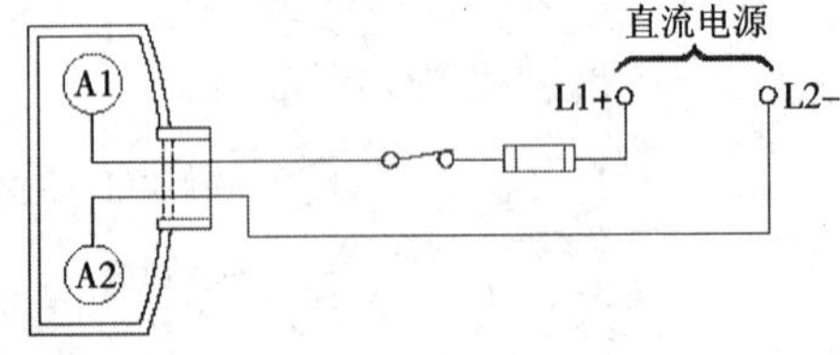

图 10-16　直流永磁式电动机

①Z2、Z3、Z4 系列:一般用途的直流电动机,Z4 系列的部分电机参数见表 10-1,Z2、Z4 系列电机如图 10-17 所示。

(a)　(b)

图 10-17　直流电动机

(a)Z2 系列;(b)Z4 系列

②ZD 系列:一般用途的中型直流电动机。

③ZJD 系列:大型直流电动机。

④ZT 系列:用于恒功率且调速范围比较大的拖动系统的宽调速直流电机。

⑤ZZ 和 ZZK 系列:起重和冶金工业用的直流电动机。

⑥ZKJ 系列:冶金矿山挖掘机用直流电动机。

⑦ZQ 系列:电力机车、工矿电动机车和蓄电池电车等用的直流牵引电动机。

表 10-1　Z4 100－1 到 Z4 160－32　440 V 直流电动机

机座号	功率（kW）	额定转速（r/min）	最高转速（r/min）	效率（%）	功率（kW）	额定转速（r/min）	最高转速（r/min）	效率（%）	功率（kW）	额定转速（r/min）	最高转速（r/min）	效率（%）
100－1	4	2 960	4 000	80.1	2.2	1 480	3 000	70.6	1.5	990	2 000	63.2
112/2－1	5.5	2 940	4 000	81.1	3	1 500	3 000	72.8	2.2	965	2 000	63.5
112/2－2	7.5	2 980	4 000	83.5	4	1 500	3 000	76	3	1 010	2 000	67.3
112/4－1	11	2 950	4 000	83.3	5.5	1 480	2 200	75.7	4	980	1 400	68.7
112/4－2	15	3 035	4 000	85.4	7.5	1 480	2 200	78.4	5.5	1 025	1 500	71.9
132－1	18.5	2 850	4 000	85.9	11	1 480	2 500	80.9	7.5	975	1 600	74.5
132－2	22	3 090	4 000	88.3	15	1 510	2 500	83.4	11	995	1 600	77.7
132－3	30	3 000	3 600	88.6	18.5	1 540	3 000	84.7	15	1 050	1 600	80.5
160－11	37	3 000	3 500	88.5	22	1 500	3 000	82.6				
160－21									18.5	1 000	2 000	79.4
160－22	45	3 000	3 500	89.1								
160－31					30	1 500	3 000	85.7	22	1 000	2 000	81.7
160－32	55	3 010	3 500	90.2								

4. 直流电机的选择

1）电动机种类的选择

调速范围要求大，且需要连续平滑的生产机械，如轧钢机、大型机床、造纸机等，应选用他励直流电动机。

2）电压等级的选择

直流电动机的额定电压要与电源电压相配合，当电网电压为 380 V 时，直流电动机由晶闸管整流电路供电时，采用三相整流可选额定电压为 440 V，单相整流可选额定电压 160 V 或 180 V。

3）额定转速的选择

电动机的额定转速是根据生产机械传动系统的要求来选择的。在功率一定时，电机的额定转速越高，其体积越小，质量减轻、价格越低、运行效率越高，电动机的飞轮矩越小，因此选用高速电动机较经济。但是在生产机械要求转速低的情况下，若选择高速电动机则会使传动机构复杂。

对于经常启动、制动、反转的生产机械，若过渡过程时间对生产效率有较大影响，则应以过渡过程持续时间为最短来选择电动机的转速，如龙门刨床工作台拖动电动机；若过渡过程时间对生产效率影响不大，则应以过渡过程中能量消耗最小来选择电动机的额定转速。

4）结构形式的选择

必须根据工作环境条件来选择电动机的防护形式。

①开启式电动机价格便宜，散热条件最好，但由于转子和绕组暴露在空气中，容易被水汽、灰尘、油污等侵蚀，因此只能用于干燥、灰尘很少又无腐蚀性和爆炸性气体的环境。

②防护式电动机一般可防止水滴、铁屑等外界杂物落入电动机内，但不能防止潮气及灰尘的侵入。只适用于较干燥且灰尘不多又无腐蚀性和爆炸性气体的环境。

③封闭式电动机可用在潮湿、多腐蚀性灰尘、易受风雨侵蚀的环境中；如果是密封式，还可

用于浸入水中的机械,如潜水泵电动机。此类电动机价格昂贵,尽量少用。

④防爆式电动机应用在有爆炸危险的环境中,如在瓦斯矿的井下或油池附近。

5)容量的选择

选择电动机容量的基本方法是负载图发热校验法。这种选择方法一般按3个步骤进行:

①计算负载功率 P_L;

②根据 P_L,预选电动机的额定功率;

③校核预选电动机的发热、过载能力及起动能力直至合适为止。

5. 直流电动机的日常维护

直流电动机的日常检查和维护项目有:检查电动机运行是否正常,定子电流、励磁电流是否正常,有无异常声响和过热现象。具体包括以下各项。

①定期检查定子、轴承等部位的温度。

②检查轴承振动和声响。直流电机振动所允许的标准如表10-2所示。利用听音棒听电动机的运转声,将棒的前端触及电机轴承等部位,另一端触及耳朵。如果振动大,有异常声响,可将电机拆开,检查轴承的发热和漏油情况,并定期更换润滑油。在灰尘特别多的地方及轴承温度超过60 ℃的场合,应缩短更换周期,所加润滑脂不宜超过轴承室容积的2/3。

表10-2　直流电动机振动标准

电动机转速(r/min)	允许双振幅值(mm)	电动机转速(r/min)	允许双振幅值(mm)
500	0.20	1 500	0.08
600	0.16	2 000	0.07
750	0.12	2 500	0.06
1 000	0.10	3 000	0.05

③定期检查电动机引出线头是否过热。

④检查电动机的通风情况和周围是否有杂物堆放,妨碍电动机的通风。

⑤检查电动机与传动装置的耦合情况。

⑥带有测速发电机的,还应检查测速发电机及其耦合情况。

⑦测量电动机绕组对地绝缘电阻,绝缘电阻应不小于0.5 MΩ,否则应进行干燥处理。

⑧检查火花等级。电刷和换向器之间产生的火花不影响电动机的正常运行,是无妨的。如果火花大于一定程度,就会烧坏换向器,使电动机无法正常运行,必须采取措施加以纠正。电刷下的火花等级如表10-3所示。

表10-3　电刷下火花的等级

火花等级	现　象	换向器及电刷状态	允许的运行方式
1	无火花	换向器上有黑痕出现,但不发展,用汽油擦其表面即能除去,同时在电刷上有轻微灼痕	允许长期连续运行
$1\frac{1}{4}$	电刷边缘及小部分有微弱的点状火花,或有非放电性的红色火花		
$1\frac{1}{2}$	电刷边缘大部分或全部有轻微的火花	换向器上有黑痕出现,用汽油不能除去,同时在电刷上有灼痕	
2	电刷边缘大部分或全部有较强烈的火花	如短时出现这一级火花,换向器上不出现灼痕,电刷不致被烧焦或损坏	仅在短时过载或短时冲击负载时允许出现

续表

火花等级	现　　象	换向器及电刷状态	允许的运行方式
3	电刷的整个边缘有强烈的火花（即环火）。同时有大火花飞出	换向器上黑痕严重，用汽油不能除去，同时在电刷上有灼痕。如在这一等级下短时运行，则换向器上将出现灼痕，同时电刷将被烧焦或损坏	仅在直接启动或逆转的瞬间允许存在，但不得损害换向器及电刷

⑨检查换向器表面状况。换向器表面应无机械损伤和电火花烧伤痕迹。表面若不光滑、有凹凸条痕等（这时火花也很大），应及时修理。如果痕迹较轻，可将0号砂布（切忌使用金刚砂布）固定在木质支架上，对旋转着的换向器进行研磨（正常的换向器表面有一层坚硬的深褐色薄膜，它对制止火花是有利的，不应磨掉）；如果伤痕严重或换向器外圆不是正圆形，应拆下电机转子，上车床车光，要求换向器表面粗糙度达到 $\overset{1.6}{\nabla}$ ~ $\overset{0.8}{\nabla}$。换向器外圆允许不圆度见表10-4。车完后用刻槽锯片或拉槽工具将片间云母下刻0.5 ~1.5 mm（见表10-5），并清除换向器表面、凹槽中的杂物，使换向器清洁光亮。

表10-4　换向器外圆允许不圆度

换向器线速度(m/s)	冷态偏摆(mm)	热态偏摆(mm)
>40	0.03	0.05
15 ~40	0.04	0.06
< 15	0.05	0.10

表10-5　换向器云母下刻深度

换向器直径(mm)	云母下刻深度(mm)	换向器直径(mm)	云母下刻深度(mm)
<50	0.5	151 ~300	1.2
50 ~150	0.8	>300	1.5

⑩检查电刷尺寸、刷架压力和电刷在刷握中的移动是否灵活。

a. 对于过短的电刷，应及时更换。新更换上的电刷需要用细纱布粗磨工作面，研磨时砂布应顺电动机旋转方向移动，如图10-18(a)所示。

b. 调整电刷压力。电刷压力不应过高或过低，否则会加剧电刷的磨损及损伤换向器表面。电刷压力可以用弹簧秤测定，如图10-18(b)所示。测定时，在电刷和换向器表面之间夹一张牛皮纸，在提着弹簧的同时，轻轻拉动纸片。当纸片能够移动，但不能移动快时，读取弹簧秤的读数。将2 ~3次的读数平均值除以电刷截面积，就得出压力值。一般电刷压力值为15 ~25 Pa。

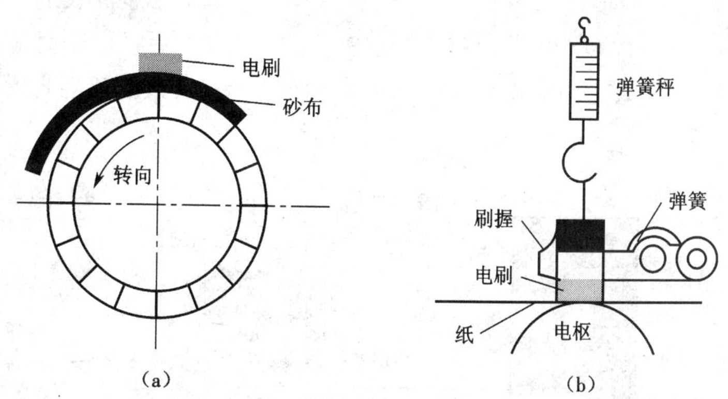

图10-18　电刷的研磨和压力测定

(a)电刷研磨；(b)电刷压力测定

c. 电刷在刷握内应有0.15 mm左右的间隙。

⑪定期清洁电刷架、支杆、换向器槽内部等部位，将电刷粉末和污垢清除。

⑫检查电刷中性位置。如果检查后发现电刷位置合适，电刷压力正常，换向器也良好，但火花仍然大，这时就应考虑电刷中性位置是否合适。

6. 直流电动机的故障处理

1)电刷故障处理

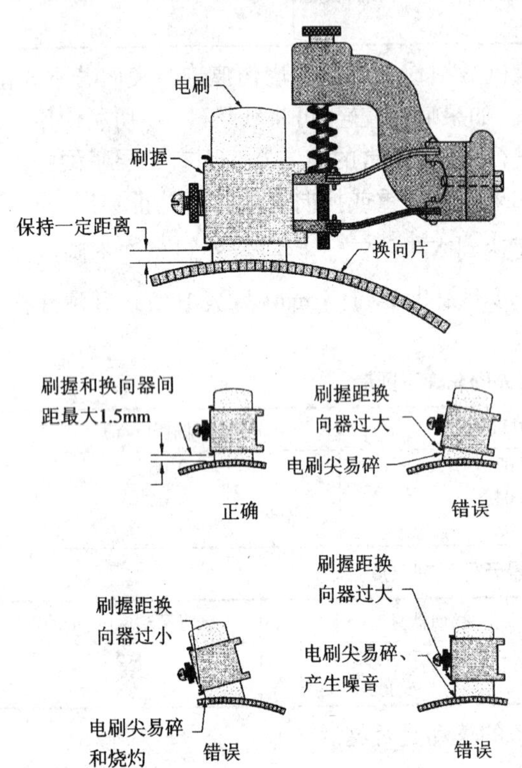

图 10-19　电刷故障处理

电刷在使用过程中与换向器相互摩擦，而且还要承载很大的电枢电流，所以在电刷和换向器之间常出现火花，火花会引起电机发热，并且磨损严重。所以在电机运行过程中，要定期观察电刷的工作情况，如果没有火花，或者火花很小，而且没有噪声，即表示其运行状况良好。如果有明显的噪声、火花或者换向器表面有很严重的黑痕，即表示电刷需要调整或更换。几种安装方式的对比如图10-19 所示。

检查电刷的步骤如下。(参见图 10-20)

①关闭电机电源，悬挂警示牌(禁止合闸标志)并加锁；

②测量电机接线端子电压，确认电源关闭；

③从刷握中拆下电刷，检查电刷的移动是否自如，每个电刷的弹簧力是否相同；

④测量电刷的长度，如果电刷长度已经小于原长的一半，就应更换新的电刷。每次更换电刷时应将全部电刷一起更换，而且应根据制造商规定的安装位置和弹簧力进行调整。

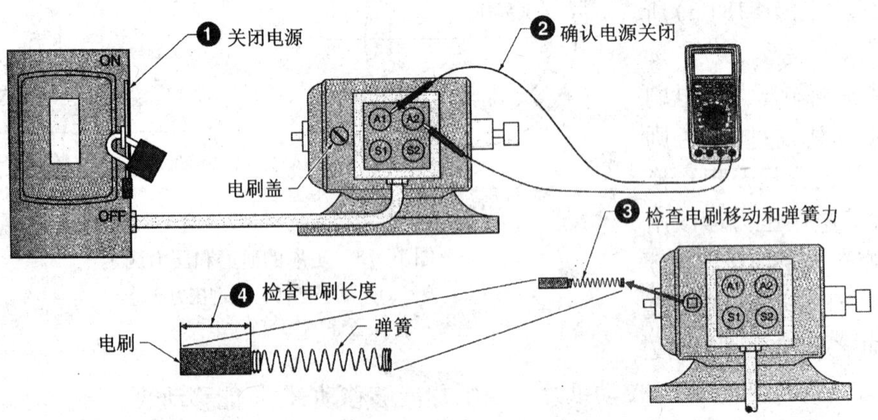

图 10-20　电刷的检查步骤

电气工程(电力及电器)实习指南

2)换向器故障处理

电刷在更换一至两次后,换向器就应该考虑进行保养。检查换向器步骤如下。(参见图 10-21)

①观察换向器表面。换向器表面应该是光滑的,同心度也应保持很好。表面上均匀的黑色氧化薄膜是很好的润滑剂,可以延长电刷和换向器的寿命,减少磨损。

②检查换向片沟槽内的云母片绝缘。云母片使换向片之间保持绝缘,云母片应低于换向器铜片表面 0.8~1.5 mm,电机越大,云母的沟槽越深。当换向片磨损使得云母片沟槽变浅时,就应该考虑更换或保养换向器。

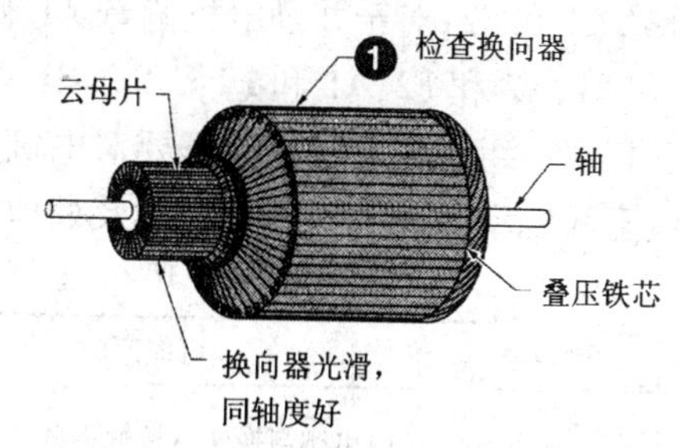

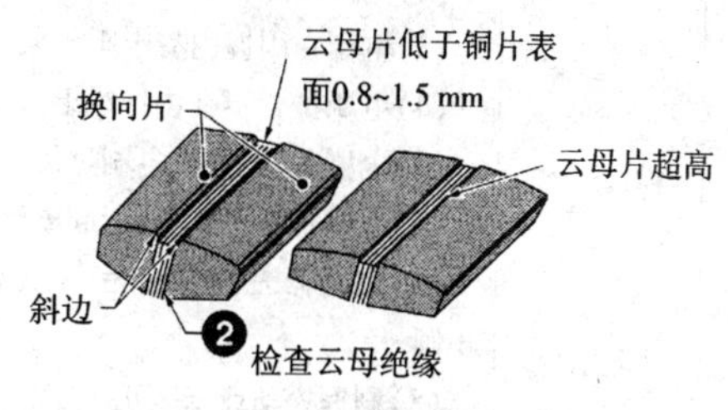

图 10-21 **检查换向器**

3)接地、开路、短路故障处理

电动机接地故障即电机绝缘损坏时,绕组与电机外壳相接触导致电流接地。开路故障即电机绕组或连接部件出现接触不良,而导致电机绕组开路。当电机两绝缘绕组间因长时间振动或摩擦而出现绝缘损坏时,两绕组会出现短路故障,这种短路故障有可能造成电机全部绝缘破坏。上述故障检查步骤如图 10-22 所示。

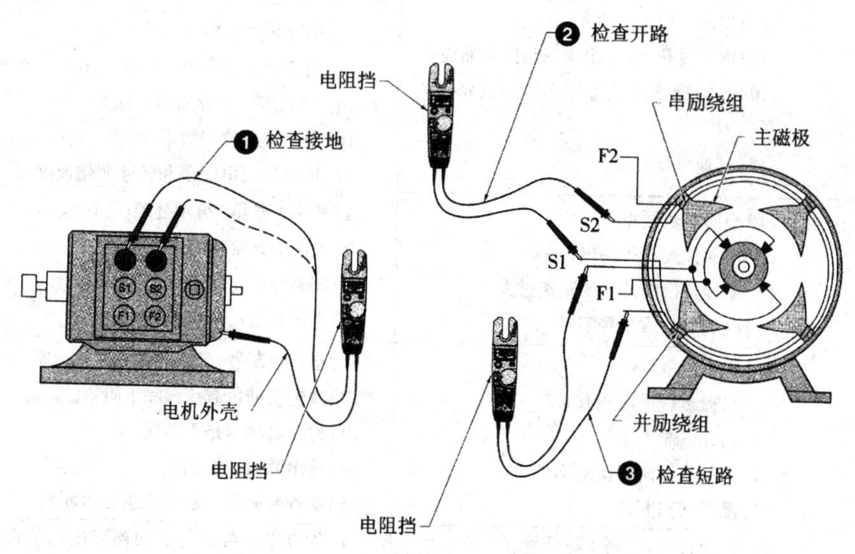

图 10-22 **检查接地、开路和短路故障**

①检查接地回路。使用万用表电阻挡分别测量电机外壳与两个电枢接线端子之间的阻值,如果很小,则表示电枢绕组与机壳之间的绝缘有破损,需要对电机进行维修保养。

②检查开路。将两只表笔分别与电枢和励磁绕组相连接,测量电枢和励磁是否有开路现象。对于串励电机,检查 A1 和 A2,S1 和 S2;对于并励电机,检查 A1 和 A2,F1 和 F2;对于复励电机,检查 A1 和 A2,S1 和 S2,F1 和 F2。如果任一组有开路现象就需要对电机进行维修。

③检查短路。使用万用表分别测量以下端子:对于串励电机测量 A1 和 S1,A1 和 S2,A2 和 S1,A2 和 S2;对于并励电机测量 A1 和 F1,A1 和 F2,A2 和 F1,A2 和 F2;对于复励电机测量 A1 和 F1,A2 和 F2,A1 和 F2,A2 和 S1,A1 和 S1,A2 和 S2,A1 和 S2,F1 和 S1,A2 和 F1,F1 和 S2。任意一组有短路现象就需要对电机进行维修。

直流电动机的主要常见故障及处理方法如表 10-6 所示。

表 10-6　直流电动机的常见故障和处理方法

序号	故障现象	可能原因	处理方法
1	电刷火花过大	(1)电刷与换向器接触不良 (2)电刷压力不当 (3)电刷在刷握内有卡阻现象 (4)电刷位置不在中性线上 (5)电刷牌号不对,电刷过短 (6)电刷位置不均衡,引起电流不均匀 (7)换向器表面有污垢,不光洁,有沟纹,不圆 (8)刷握松动或未装正 (9)换向片间云母突出 (10)电动机振动,底座松动 (11)电动机过载 (12)转子动平衡未校正 (13)检修时将换向极接反 (14)换向极绕组短路 (15)电枢过热,使绕组线头与换向器脱焊 (16)晶闸管整流装置输出电压波形不对称 (17)转速变化过快	(1)研磨电刷表面,先在轻载下运行 (2)校正电刷压力为 15 ~ 25 Pa (3)略微磨小电刷或更换电刷 (4)调整刷杆座至正确位置,或按感应法校正中性线位置 (5)更换电刷 (6)调整刷架位置,做到等分 (7)清洁换向器表面,车圆换向器 (8)紧固或校正刷握位置 (9)换向片刻槽、倒角,研磨 (10)紧固底座螺丝 (11)减轻负荷 (12)重校转子动平衡 (13)在换向极绕组两端通 12 V 直流电压,用指南针判断换向极极性 (14)消除短路故障 (15)用毫伏表检查换向片间的电压是否平衡,如两片间电压特别高,则该处可能脱焊 (16)用示波器检查波形 (17)检查最大电流值和转速变化速度
2	电刷破裂、振动或刷辫脱落	(1)换向器表面粗糙 (2)换向片间云母突出 (3)刷握与换向片间的距离过大 (4)电刷尺寸或型号不对	(1)按第 1 条第(7)项处理 (2)按第 1 条第(9)项处理 (3)调整两者之间距离至 1.5 mm (4)更换合适尺寸和型号的电刷
3	电动机不能启动	(1)无直流电源 (2)机械负载过重或有卡阻 (3)启动电流太小 (4)电刷与换向器接触不良 (5)励磁回路断路	(1)检查熔断器、启动器线路是否正常 (2)减轻机械负载或消除卡阻 (3)检查启动器是否匹配 (4)找出原因加以消除 (5)检查变阻器或磁场绕组是否断路
4	电动机转速不正常	(1)转速过高,电刷火花严重 (2)电刷不在正常位置 (3)电枢及磁场绕组短路 (4)串励电动机负荷太轻或空载运行,这时转速异常升高 (5)串励绕组接反 (6)励磁回路电阻过大	(1)检查磁场绕组与启动器连接线是否良好,有无接线错误,内部有无断路现象 (2)调整刷杆座,使电刷在正常中性线位置 (3)找出短路点并排除,或重绕绕组 (4)增加负荷 (5)纠正接线 (6)检查磁场变阻器及励磁绕组电阻

续表

序号	故障现象	可能原因	处理方法
5	电枢冒烟	(1)长期过载运行 (2)换向器或电枢短路 (3)电动机端电压过低 (4)定转子相摩擦 (5)启动太频繁	(1)减轻负荷 (2)检查换向器及电枢有无短路现象，是否有金属引起短路 (3)提高输入电压 (4)检查并消除摩擦 (5)减少启动次数
6	磁场绕组过热	绕组内部短路	分别测量每极绕组的直流电阻，电阻值太低的绕组有短路现象，应重绕绕组
7	电动机过热	(1)过载运行 (2)通风不良 (3)晶闸管整流装置输出波形不正常 (4)电压不符合要求 (5)环境温度过高	(1)检查电枢电流，减轻负荷 (2)清扫通风管道，检查风机旋转方向，消除漏风，清理或更换过滤器，检查冷却水压力、水量是否正常 (3)用示波器检查，并调整输出电压波形 (4)检查电枢电压、励磁电压，并进行调整，以达到铭牌上的要求 (5)检查环境温度和进/出风口温度，改善环境和通风条件
8	振动大	(1)轴弯曲 (2)基础不坚固 (3)轴承损坏 (4)定转子气隙不均匀 (5)电动机转轴与被传动轴不同心 (6)电枢不平衡	(1)用千分表检查，矫正转轴 (2)检查基础，重新安装电机 (3)检查更换轴承 (4)测量气隙，调整气隙 (5)用量规检查，重新安装、调整 (6)对电枢进行单独旋转，调整动平衡
9	噪声	(1)振动大 (2)电枢被堵住 (3)联轴器有毛病 (4)漏气 (5)电源波形不正常 (6)安装松动 (7)轴承有问题	(1)按第8条处理 (2)检查绕组和风扇等，清除杂物 (3)更换有问题的部件 (4)重新安装鼓风机和通风管 (5)调整晶闸管整流装置 (6)检查全部螺钉，并紧固 (7)检查润滑油及轴承间隙
10	轴承发热	(1)过载 (2)轴承缺油或加油过稠	(1)减轻负荷 (2)加润滑油，以加至轴承室的2/3左右为宜
11	绝缘电阻低	(1)电机受潮 (2)环境恶劣，空气中有腐蚀性气体或导电介质 (3)电刷架、换向器槽内部有电刷粉末或导电介质侵入	(1)干燥处理 (2)改善环境条件，加强维护 (3)定时清扫电机
12	机壳漏电	(1)电机绝缘电阻低 (2)出线头、接线板绝缘损坏、接地 (3)接地(零)线断裂或接触不良	(1)按第11条处理 (2)作绝缘处理或更换接线板 (3)更换接地(零)线，紧固连接

思考题与实训课题

1. 如何使用兆欧表检查直流电机的绝缘？针对绝缘电阻低的问题，应如何处理？
2. 在直流电机的日常维护中，应如何检查电刷和换向器部分，何种情况下应更换电刷？

第 11 章 电力设备的维护与大修

本章知识架构

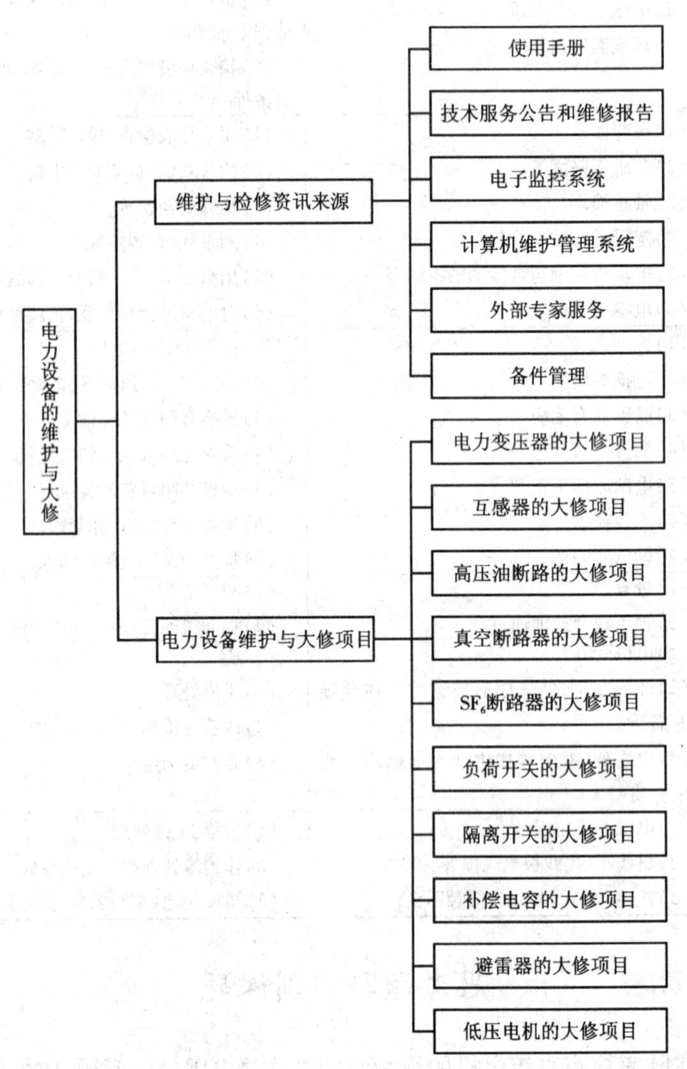

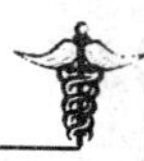

11.1 维护与检修资讯来源

对设备进行维护和检修所需要的资讯通过很多途径可以得到,包括设备生产厂家提供的使用手册、服务公告;用户自己装备的电子监控系统;操作者的使用经验和专家的建议等。大多数设备生产商提供设备的维护、故障诊断和排除指导资料,这些资料应该妥为保管并且在需要的时候容易得到。没有这些资料的帮助,操作、维护和检修这些现代设备是不可能的。

传统上制造商提供的资料都包含在使用手册中,最新的维护和检修信息可以在制造商的网站上得到。这些资料也可能包含在一张提供给用户的光盘中,必要的时候打印出来。在一些使用计算机控制的最新设备的操作软件中很可能包含有在线维护和故障排除指导信息。

设备销售人员很可能同时提供设备的售后服务和维修帮助,他们和设备制造商有密切的接触渠道,在困难的时候不要忘记寻求他们的服务。

有关的杂志经常会有某种设备的使用和维修经验介绍,也是一个重要的信息来源。

对于较为简单的设备来说可以按照通用的电气设备维护标准进行日常维护与检修。

1. 使用手册

使用手册经常是最主要的设备维护和检修资讯来源。例如液压系统,如果使用不正确的清洗液,有可能损坏液压系统的部件,设备制造商提供的使用手册中有要求,用户应该遵循,以避免问题的出现。

使用手册中也有故障排除的建议信息,常常是一个表格,列出故障的类型、可能的原因、排除故障的措施等,如表 12-5 所示。排除故障的建议信息也可能是一张信流图,从一个椭圆开始,一步一步地回答"是"或"不是",遵循箭头的指示直到找到故障的原因,以快速解决问题,如图 11-1 所示。

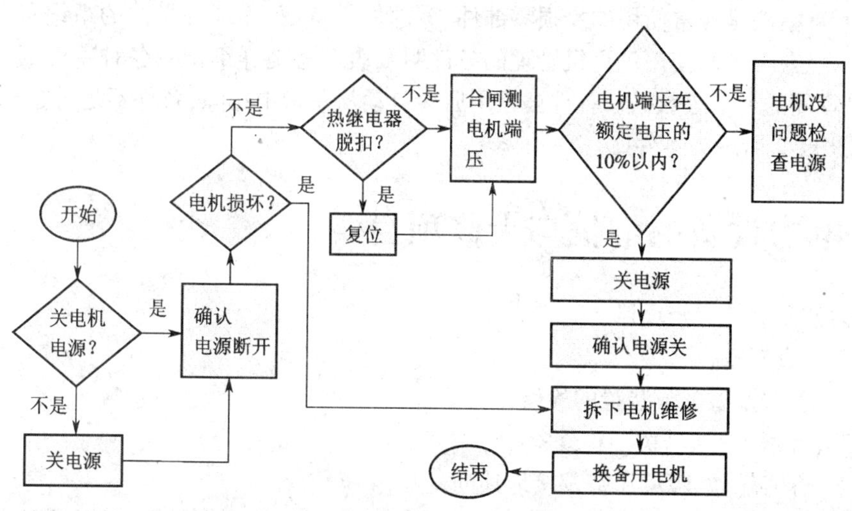

图 11-1　查找电机故障信流图

2. 技术服务公告和维修报告

现代的产品制造商,对每一种新推出的产品都详细记录维修点遇到的问题并以维修报告的形式发布。每一份报告涉及一个问题、故障的症状、原因、修理的过程。这些报告被散发到

所有的维修点,供维修人员参考,在遇到同样问题时节省维修时间。也可以用这些报告培训维修人员和编写预防性维护指导书。

3. 电子监控系统

很多现代的工业系统装备有故障监控报警系统,当问题发生时,显示屏上会出现故障代码(数码管)或指示文字,根据故障代码可以在用户手册中查出故障的原因,而指示文字则直接指明故障的原因。

现代的工业监控系统大都是计算机化的,故障的可能原因和推荐的维修方法可以在计算机上查询获取。

4. 计算机维护管理系统

预防性维护系统可以是计算机维护管理系统,也可以是纸质的维护管理系统。计算机维护管理系统有灵活便捷、快速查找等优点;纸质维护管理系统价格便宜,但是查找费时。一般说来,大的系统采用计算机维护管理,小的系统采用纸质维护管理。

5. 外部专家服务

当需要快速作出决定,而内部缺少专家咨询的时候,外部专家的帮助是必不可少的。在更新设备或者安装新设备时,外部专家常常比内部团队更有效。

可以通过电话、传真机、上网与专家、制造商、代理商接触。很多制造商提供免费的电话联系以便直接找到维修人员。当和外部专家联系时,必须详细记录故障的症状,准备好用户手册和其他有关的资料,工具和检查用的仪表必须随时可得,因为外部服务人员可能在检查时需要这些东西。

在有些情况下,外部服务人员可以使用他们自己的计算机和诊断程序在远距离(几千公里之外)诊断故障。

6. 备件管理

备件管理指的是通常使用的易损零部件、零部件供货商、零部件采购的组织和登记,是预防性维护的重要一环。使用计算机管理的备件明细表动态地详细记录各种备件的存量、购买的日期、供货商的名字等数据。备件被领用后会自动从总量中扣除,备件不足时会自动生成采购指令。图 11-2 所示为备件库。

11.2 电力设备的维护与大修项目

1. 电力变压器的大修项目

①吊芯检查器身;

②绕线、引线及磁屏蔽装置的检修;

③有载(无载)分接开关的检修;

④铁芯、穿心螺丝、轭梁压钉及接地片的检修;

⑤油箱及附件检修,包括套管、储油柜(含胶囊或隔膜)、压力释放器、呼吸器及净油器;

⑥冷却器、油泵、水泵、风扇及管道附属设备检修;

⑦保护装置、测温装置及操作控制箱的检查和试验;

⑧各部分密封胶垫的更换和密封试验;

⑨变压器油、有载开关油进行试验、净化、干燥处理或更换;

图 11-2 备件库

⑩清扫外壳、除锈、喷漆；

⑪大修后的试验和试运行。

2. 互感器的大修项目

①器身(铁芯与绕组)检查及修理；

②拆卸及清洗、更换零部件、更换密封垫；

③处理或更换绝缘油；

④器身干燥,隔膜检查；

⑤总装配置,密封试验；

⑥电气试验；

⑦喷漆。

3. 高压油断路器的大修项目

①本体分解；

②灭弧、导电、绝缘部分的解体和检修；

③控制传动部分解体、检修；

④操动机构解体、检修；

⑤其他附件解体、检修；

⑥组装、测试；

⑦绝缘油处理及试验；

⑧电气试验及机构特性试验；

⑨整体清扫、除锈、喷漆。

4. 真空断路器的大修项目

①真空灭弧室的检修(测其真空度)；

②绝缘部件的检修；

③操作机构的检修；

④分闸电磁铁(储能电动机)的检修;

⑤辅助开关、直流接触器的检修;

⑥氧化物避雷器的检修;

⑦机械连锁装置的检修。

5. SF_6 断路器的大修项目

①SF_6 气体回收及净化处理;

②灭弧室解体检修;

③并联电阻解体检修;

④并联电容器检查、试验;

⑤支柱装配解体、检修;

⑥操动机钩解体、检修;

⑦三(五)联箱检验;

⑧修后的电气试验及机械特性试验;

⑨去锈、刷漆;

⑩清理现场及验收。

6. 负荷开关的大修项目

①操作机构的分解、检修、涂润滑油;

②各部拉杆的分解、检修、调整;

③转动部分的分解、检修、注油,全部轴锁的更换;

④导电回路的分解、检修;

⑤开闸角度三相同期等尺寸调整、检查;

⑥清扫、检查绝缘子,绝缘测定,引线端子检查,螺丝紧固,检查绝缘支撑部件有无裂纹及损伤;

⑦各铁部件除锈、刷漆;

⑧导电回路接触电阻的测量,有条件时对大负荷开关进行大电流试验;

⑨防误闭锁装置检修。

7. 隔离开关的大修项目

①静触头主刀闸装置的分解检修;

②支柱绝缘的检修;

③底座的分解检修;

④操作机构和拉杆的分解检修;

⑤机构的调整;

⑥接地刀闸的检修调整;

⑦整体除锈刷漆;

⑧防误锁闭装置的检修。

8. 补偿电容器的大修项目

当电容器电容值发生变化、对外壳击穿、极间击穿、介质游离和外壳膨胀等缺陷时,必须进行大修。可按图 11-3 所示工序进行。

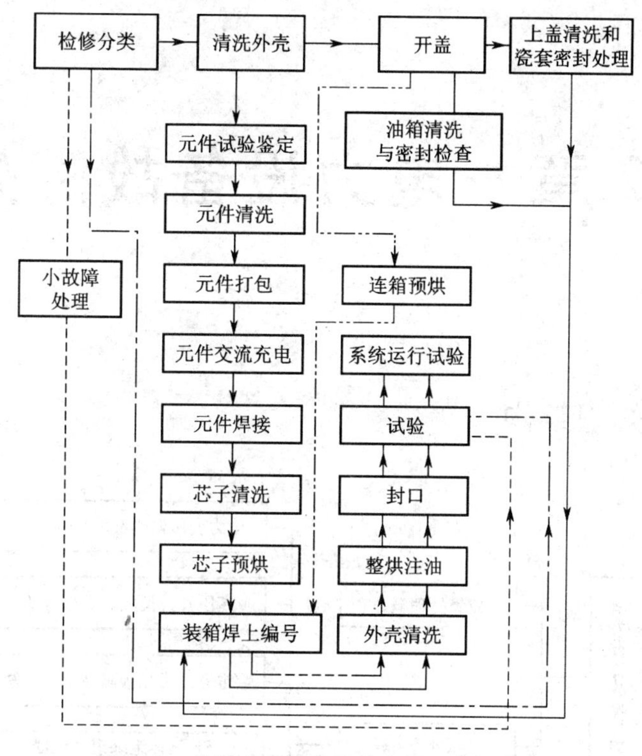

图 11-3　补偿电容器检修的主要工序示意图

9. 避雷器的大修项目

①避雷器瓷套的外部检查、清扫,引线端子的检查;

②接地线及放电记录器的检查;

③避雷器各固定螺丝及拉式绝缘子的检查;

④铁塔各连接螺丝及各焊接处的检查,铁塔顶部与避雷针结合处或架空线接线夹的检查;

⑤水泥杆避雷针固定螺丝的检查;

⑥接地引下线有无断裂的检查;

⑦检查构架与接地网连接处有无螺帽脱落或氧化、生锈现象,接地过接线有无断裂或机械损伤及断股现象。

10. 低压电机的大修项目

①电动机的移位、解体、抽转子;

②定子的检修;

③转子的检修;

④电动机的组装复位;

⑤电动机的预防性试验;

⑥验收及试转。

第 12 章　电力设备故障处理

本章知识架构

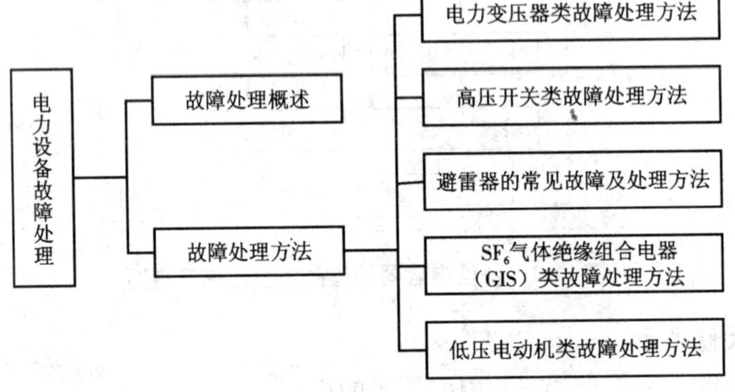

本章教学目标与要求

★ 经过实训了解各类设备的故障处理

12.1　故障处理概述

电力设备购回后必须进行例行试验、施工安装、验收、在试验合格后才可投入电网带电运行。在运行过程中,不论是什么原因,只要发生变电设备事故或异常、严重设备缺陷等,若不立即处理,就会直接影响电力系统安全、经济供电,需要立即停电处理或联系停电处理。此种事故处理分两类。

①事故抢修。当日(24 h)故障设备能够处理完毕、且投入运行的,此项工作为应急事故抢修。事故抢修工作按规程可不用工作票,但应使用事故应急抢修单进行事故抢修。

②事故检修。故障(事故)设备检修工作量大或需要更换设备时,且当日不能完成时,将该设备转为事故检修设备,按规程办理工作票及许可证,进行事故检修。

12.2 故障处理方法

1. 电力变压器类故障处理方法

表 12-1 电力变压器故障原因及排除方法

序号	故障特征	故障原因	检查与排除方法
1	假油位	密封式油枕在注油过程中，如果储油柜中空气没有排净，则在运行中当油温变化时，储油柜中空气体积的变化量远大于同容油量的变化量，致使油位计出现假油位（过高或过低）	待变压器停电时，将储油柜通向变压器的阀门关闭，按储油柜注油方法对储油柜重新注油排气
2	铁芯多点接地运行中变压器的铁芯接地线中出现环流或放电	说明铁芯发生了多点接地现象	必须待变压器停电后吊罩（或吊芯）检查消除引起多点接地的因素
3	变压器运行中常常出现渗漏油，轻则影响变压器外观整洁，重则威胁变压器的安全运行	必须及时处理：如更换密封橡胶圈、补焊、堵防渗漏胶、修整连接面、复紧受力不均的紧固螺栓、更换有缺陷的结构件等 其原因不外乎两方面：一是软连接渗漏；二是硬连接渗漏。软连接渗漏，就是零件（或部件）之间的渗漏，是由于胶垫、胶条（或经处理过的纸板）密封不严而产生的。硬连接渗漏，就是由于焊接质量不高或材料的内部组织不均匀、不细密等原因而导致的渗漏现象	1）软连接渗漏 （1）密封胶垫（条）的材质不良、老化龟裂，失去弹性，应予以更换 （2）装配工艺不符要求： ①对密封胶垫（条）过于压紧，超过了密封材料的弹性极限，使其产生永久变形，失去密封作用 ②密封面不清洁或凹凸不平，导致密封不严。可在密封接触面上涂以粘结剂，堵塞接触面上的砂眼、微细裂纹和凹坑等，从而加强密封 2）硬连接渗漏 （1）焊接缺陷，如缝中出现气孔或夹渣，甚至在焊接过程中出现裂纹、未焊接等隐患，都会在运行中出现渗漏油 （2）油箱材质不良，如钢板有砂眼、法兰边变形、接触面光洁度不够，都会引起渗漏
4	酸值升高	运行中变压器油的酸价应不大于 0.1 mgKOH/g，水溶性酸值 pH 不小于 4.2，否则会引起设备腐蚀，降低油的绝缘性能，加速固体纤维绝缘材料的老化，缩短设备的使用寿命	当发现油的酸价升高或 pH 值下降时，应投入净油器（热虹吸装置）； 已投入运行的净油器的，说明其吸附剂已失效，应立即更换吸附剂
5	油介质损耗升高	运行中变压器油的介质损耗因数 $\tan\delta$ 不大于 2%。有些变压器油运行不久，$\tan\delta$ 明显升高	可在循环管路中串入大颗粒硅胶桶，用真空滤油机加热并使变压器油通过硅胶桶循环，连续数十小时；也可用吸附式滤油纸进行滤油，效果良好

续表

序号	故障特征	故障原因	检查与排除方法
6	油中微水含量超标	微水含量易受多种因素的影响,因此一旦发现异常,最好让同一操作者在同一台仪器上进行分析,还要结合油样耐压值进行综合判断,如油样耐压值在50 kV/2.5 mm以上,则不一定立即处理,可跟踪分析观察一段时间。如油样耐压值也明显下降,则变压器油受潮	应进行真空加热滤油,并分析受潮原因,作针对性处理
7	色谱分析异常	油中溶解气体含量超过注意值(总烃150 × 10^{-6},H2150 × 10^{-6},$C_2H25 \times 10^{-6}$),则应根据产气速率结合变压器的运行状况综合分析判断变压器是否真有故障,并判断故障的性质	作出跟踪观察或停电试验、吊罩检查等不同决断
8	油中气体含量超标	变压器在安装过程中工艺不严,致使空气进入本体或在运行中由于渗漏点吸入气体,导致气体含量超标	应在有关缺陷消除后,进行真空滤油脱气,直至合格为止
9	变压器高压侧熔断器易熔断	变压器本身的绝缘被击穿,或受雷击损坏;低压设备绝缘损坏造成短路,但低压熔丝未熔断;熔丝的容量选择不当、熔丝本身质量不好或熔丝安装不当	对症检修
10	变压器气体继电器动作	变压器绕组匝间短路、相间短路、绕组断线、对地绝缘击穿等;分接开关触点表面熔化或灼伤,分接开关触点放电或各分接头放电	若是前者故障一般要拆掉绕组,重新绕制。若是后者则要清除分接头处的污垢、打磨表面
11	变压器运行中发出异常声响	变压器过负荷,发出的声响比平常沉重;电源电压过高,发出的声响比平常尖锐;变压器内部振动加剧或结构松动,发出的声响大而嘈杂;变压器绕组或铁芯绝缘有击穿现象,发出的声响大且不均匀或有爆裂声;变压器套管太脏或有裂纹,发出“吱吱”声且套管表面有闪络现象	对症检修
12	变压器低压侧熔断器易熔断	变压器所带负荷太重;低压线路有短路处;用电设备绝缘损坏,造成短路;熔丝容量选择不当、熔丝本身质量不好或熔丝安装不当	对症检修
13	干式变压器温度控制器使用中报警(温度过高或三相严重不等)	变压器的绕组有问题,出现热现象;该相温度输入检测电路中有元件异常,出现了误动作	若是前者故障一般要拆掉绕组,重换绕组。若是后者则要检查温度控制器电路

2. 高压开关类故障处理方法

1)SN－10－10 型高压少油断路器故障及处理方法

表 12-2　高压开关故障原因及处理方法

	常见故障	可能原因	处理方法
1	摇臂转轴渗油	(1)骨架密封圈有气孔、裂纹、破损等机械损伤或有毛边 (2)转轴和轴孔不光滑,有毛刺	(1)仔细检查骨架密封圈外观,将内圈翻过来检查,如有损伤、缺陷应进行更换 (2)用 0 号砂布处理,使轴和孔内壁光滑
2	静触指脱落,卡在灭弧片中,合不上闸	(1)弹簧片弯曲,失去弹性 (2)铝格栅与触座间公差配合过大	(1)更换合格的弹簧片 (2)更换合格的铝格栅或触座
3	弧触指、弹簧片与触座、格栅接触部位烧伤	弹簧片失去弹性,致使触指与触座接触不良	更换合格的弹簧片
4	弧触指同钨合金块脱落	焊接不良	更换整体烧结触头
5	触指与引弧触指紫铜部分烧伤	行程过大	重新打孔加铆钉,使钢球的行程为0.5～1 mm,或更换铝合金球
6	动、静触头中心不正,合闸时撞击触指,使之变形倒下	(1)下压环与绝缘筒间的弹簧圈压扁 (2)下压环上的 4 个内六角螺栓紧固不均匀 (3)静触座装配装偏	(1)更换压扁变形的弹簧圈,重新组装,使弹簧全部进入槽内 (2)4 个内六角螺栓应对角均匀紧固 (3)松开上帽与上接线座间的 4 个内六角螺栓,调整静触座装配的位置,重新对角均匀紧固 4 个内六角螺栓,或者同时将触头架与触座间的 3 个螺栓松开,调整触座的位置
7	基座底部缓冲器圆盘渗油	(1)密封圈与圆盘上的槽沟配合公差太大,使密封圈压缩量不够 (2)密封圈运行中产生永久性变化	(1)更换较粗的密封圈或将圆盘槽沟车浅些,使密封圈压缩量达到 1/3 左右 (2)更换新的密封圈
8	SN10－10Ⅲ断路器拒分,圆柱销两端的挡圈脱落	动静触头摩擦力太小,分闸始动力不足,密封圈运行中产生永久性变形,挡圈质量不良变形	加装一根分闸缓冲弹簧或一个弹簧缓冲器,并使其在动静触头接触阶段才起作用 更换新密封圈 更换开口销
9	绝缘子对地闪络	(1)因环境污染、表面积尘或污垢较多,绝缘老化 (2)因雷击、过电压、受机械损伤产生裂纹或断裂 (3)导体对地距离或是相间距离小 (4)设计和安装不合要求,或者运行超过设计的允许条件 (5)气候恶劣,如暴晒后突然降雨、降温,严冬时表面严重积雪、积冰	(1)定期或加强清扫,提高绝缘等级,绝缘老化的要更换 (2)更换 (3)改造调整间距 (4)改造或降低运行条件 (5)加强监测、提高绝缘等级

2)SW2－60G/63I 型高压少油断路器故障及处理方法

表 12-3 高压少油断路器故障原因及处理方法

	异常现象	可能原因	处理方法
1	行程改变	(1)提升杆弯曲 (2)主轴键连接松动,键槽变形间隙大 (3)基础不牢 (4)拉杆螺帽松动	(1)更换提升杆 (2)换键 (3)检查基础 (4)拧紧拉杆螺帽
2	超行程改变	(1)拉杆螺帽松动 (2)键连接松动	(1)重新调整拧紧螺帽 (2)换新键
3	主回路电阻增大	(1)接触部分形成氧化层 (2)平面接触部分有缝隙 (3)静触指抱紧力小	(1)分解处理 (2)检查紧固 (3)检查原因,对症处理
4	铜钨合金触头松动	铜钨触头出厂时没拧紧	拧紧
5	操作时内拐臂碰机构室	外拐臂(50±3)mm 尺寸没调整好	重新调整
6	主轴渗油	(1)密封脱胶失效 (2)传动主轴有沟痕 (3)法兰有砂眼	(1)更换新品 (2)用 800 号水磨砂纸研磨 (3)更换法兰
7	瓷套断裂	(1)瓷套质量不良 (2)瓷套受力不均 (3)在开断电流时消弧室瓷套内串有高电压	(1)更换新品 (2)法兰螺丝应均匀校紧 (3)铝压圈与铝帽密封不严,应更换密封圈;铝帽中防止钢球密封不良,应处理阀口,更换球阀
8	上盖与帽子喷油严重	(1)帽子与上盖间密封圈未起密封作用或无密封圈 (2)未装膨胀器,排气管未改进	(1)分解重新安装 (2)加装膨胀器,改进排气管
9	渗油	(1)油缓冲器渗油 ①密封圈密封不严; ②缓冲器外壳有砂眼 (2)游标座渗油 ①脱垫密封不严; ②游标玻璃有裂纹; ③螺丝不紧 (3)瓷套端面渗油 ①瓷套装歪; ②胶圈压缩量不够或紧固不均	(1)春秋检时,应检查呼吸孔挡板,不要密封 (2)更换胶圈,重新紧好
10	断路器漏泄电流大	(1)断路器本体有结露 (2)进水 (3)事故跳闸后,游离碳附在绝缘件及瓷套内壁上	根据具体情况可用 3 种方法处理:热油、热风、干燥 热油处理是将滤油机串入管状加热器,用绝缘油从断路器顶部进行循环冲洗,待油温加至 60 ℃左右,冲洗 1 小时即可 热风处理是将风温加至 60 ℃左右,吹 1 小时,注意温度绝不超过 100 ℃

3)SW6－110/220 型断路器操动机构的故障及处理方法

表 12-4　断路器故障原因及处理方法

	故障现象	可能原因	处理方法
1	操作机构建不起压	(1)油泵内各阀体高压密封圈损坏或球阀密封不严,此时用手触摸油泵,可能发热 (2)滤油器有脏物堵塞,影响油通过 (3)油泵低压侧有空气存在 (4)高压放油阀没有复位,高压油排至油箱中 (5)柱塞间隙配合过大,吸油阀钢球不复位 (6)一、二级阀口密封不严有两种原因:一是阀口有磨损,二是合闸一级阀小球托翻倒或分闸阀小球托翻倒,导致逆止阀钢球不复位。球托翻倒后有两种现象:一种是从合闸一级阀的泄油孔往外渗油,这说明一级阀球托翻倒,另一种是在合闸过程中能听到机构箱中有一种像喷雾的声音,这说明分闸小球托翻倒后,高压油从分闸泄油孔泄到油箱中 (7)油泵大修后,柱塞在装入时没有注入适量的液压油,柱塞杆、柱塞座没有擦干净	根据实际情况作相应处理
2	合闸不成功	(1)合闸电磁铁绕组断线或匝间短路或绕组线头接触不良 (2)合闸电磁铁顶杆或合闸阀顶杆变形、弯曲造成卡滞 (3)合闸一级阀杆过短,球阀打开的距离过小或没打开 (4)操作回路不良,造成合闸回路不通 (5)合闸一级阀逆止钢球的小球被油流冲倒,造成钢球不能复位,逆止不严或者是分闸阀小球托翻倒	
3	分闸不成功	(1)分闸绕组断线或匝间短路或线间接头接触不良 (2)分闸电磁铁顶杆或分闸阀顶杆变形、弯曲,造成卡滞 (3)分闸阀杆过短,分闸球阀钢球打开距离太大或未打开 (4)操作回路不良,造成分闸回路不通或辅助开关没转换 (5)分闸阀装配两管接头装反,虽然分闸阀动作,但由于保持孔大于泄露孔,导致合闸保持,油来不及泄露,因此使断路器仍处于合闸位置	
4	合闸后即分	(1)分、合闸一级阀逆止钢球密封不严,其原因可能是复位弹簧变形 (2)保持回路管道有堵塞现象 (3)分、合闸阀顶杆弯曲,动作后没有复位 (4)阀座密封圈损坏	
5	油泵建压时间长	(1)油泵逆止阀或高压出口逆止阀密封不严 (2)油泵柱塞两个聚四氟乙烯垫密封不严 (3)柱塞间隙配合过大,中间存在空气 (4)只有一个柱塞起作用,油泵吸油阀作用不良 (5)滤油器不够畅通或油箱内油位太低 (6)油泵内两个 M10 螺栓松动	
6	油泵启动频繁	(1)管路接头有漏油处 (2)一、二级阀钢球密封不严,从泄油孔中渗油 (3)如果从外观上检查没问题,则说明油泵出口的高压逆止阀密封不良 (4)如果机构处在分闸状态,油泵启动也频繁,说明合闸的二级控制阀钢球密封不严,从外观看,油是从合闸二级阀泄油孔中渗出 (5)放油阀关闭不严 (6)工作缸活塞密封圈不好	

续表

	故障现象	可能原因	处理方法
7	机构压力异常升高	(1)微动开关1YLJ(1CK)失灵,储压筒活塞超出1YLJ(1CK)位置时,电动机电源切不断,继续打压 (2)储压筒密封胶圈损坏或者筒壁有磨损,液压油进入氮气侧 (3)由于压力表有误差或失灵,会引起压力的异常增高 (4)中间继电器“粘住”,其触点断不开 (5)接触器卡滞,电动机始终处于运行状态	根据实际情况作相应处理
8	机构压力异常降低	(1)机构箱内有大量的漏油处,阀体被油中赃物“垫起”或胶圈损坏 (2)若储压筒活塞杆在正常位置,而压力继续降低,其原因是储压筒焊缝处有渗漏现象 (3)单向逆止阀密封不严或储压筒活塞杆头部两个密封圈损坏,使氮气跑到油中	

3. 避雷器的常见故障及处理方法

表 12-5　避雷器常见故障及处理

	避雷器类别	常见故障	分析处理
1	阀型避雷器	工频电压升高或降低	电场分布不均匀或串联间隙永久性击穿常会导致工频放电电压高于规定的上限值,意味着避雷器的冲击电压升高(因为避雷器的冲击系数是一定的);如果工频放电电压低于规定的下限值,意味着避雷器的灭弧电压降低。避雷器可能在内部过电压下动作(普通阀型避雷器的通流能力很小,一般不允许在内部过电压下动作),因此,阀型避雷器的工频放电电压必须在规定的范围以内,才能使被保护设备得到可靠的保护
2		整体受潮	由于密封不严或制造时留有水分,避雷器的整体绝缘电阻明显下降。对于10 kV普阀型避雷器,测量其泄露电流时,一般在10 kV直流电压下,整体泄漏电流大于10 μA。对于整体受潮的避雷器,一般不宜使用,用红外热像仪检测时,表现为整体发热
3		严重污染	由于受到环境影响,避雷器外瓷套积污很多,影响电场分布,使工频放电电压偏离标准值很多,这种情况下,只要除去污秽层,避雷器可继续使用
4	带并联电阻的阀型避雷器	并联电阻受潮	带并联电阻的阀型避雷器的绝缘电阻值如果呈减小趋势,一般情况下并联电阻受潮无疑,同时也伴随阀片受潮。带电测试时其泄露电流增大,用红外热像仪测试时整体比正常温度高。直流泄漏电流可达1 000 μA
5		并联电阻老化、断裂、接触不良	并联电阻老化、断裂、接触不良时,绝缘电阻比正常值大得多,由于国家标准对避雷器绝缘电阻没有明确的规定,一般应与前一次或同一型号的避雷器进行比较,遇到这种情况,在做泄漏电流时,其泄漏电流明显下降
6		非线性系数α相差很大	35 ~ 220 kV的普通阀型避雷器都是由数个元件组成的。FZ避雷器的系数α一般在0.25 ~ 0.45之间,要求同一组(一相)各元件的系数α相差不得大于0.05。α系数相差太大,会使分布电压不均匀,影响避雷器性能。在运行中并联电阻故障或避雷器受潮都会导致非线性系数α相差很大

续表

	避雷器类别	常见故障	分析处理
7	氧化锌避雷器	整体受潮	对35 kV及以下的氧化锌避雷器，用2 500 V兆欧表测量，正常情况下，测得绝缘电阻值不应低于10 000 MΩ；对于整体受潮的避雷器，其绝缘电阻远远小于上述各正常值，且直流1 mA下的电压也远小于规定值，运行电压下的交流泄露电流的阻性分量也大大增加
8		阀片老化	由于直流电压值一般比工作相电压(峰值)要高一些，测量此电压下的泄漏电流主要检查长期允许电流是否符合规定，因为这一电流与氧化锌避雷器的寿命有直接关系(一般在同一温度下此泄露电流与寿命成反比)。当阀片老化时，0.75 kV/mA直流电压值下降，运行电压下的交流泄漏电流的阻性分量也大大增加。

4. SF_6 气体绝缘组合电器(GIS)类故障处理方法

1)一般规范

纯 SF_6 气体是无毒的，但经过放电和电弧作用的 SF_6 气体会产生分解，这些分解物对人们的健康极其有害，且腐蚀性很强，对零部件有害。必须采取必要的预防措施，否则是绝对不容许工作的。

①只要一接触到带有强烈刺激性气味、严重污染的 SF_6 气体，就必须使用带有灰尘过滤器与吸附剂的适当的防毒面具保护人的呼吸道系统。

②穿戴专用的帽子和衣服以免与污染的 SF_6 气体直接接触。

③工作后应该洗手，不使脸部特别是眼部接触到 SF_6 气体的污染物，工作时要戴护目镜。

2) SF_6 气体的处置

①把压力降至大气压。把排气管有自动接头的一端连接到需要排气的断路器极(灭弧室)的排气接头上，装有阀门的一端与回收容器相连，排气阀门应完全打开，使之最有效地把 SF_6 气体排出去。

②全部气体抽空。压力降至大气压后，再用泵把里面的气体抽空，并采用活性氧化铝或分子筛过滤器来保护泵，且应在室外进行。获得真空后，用氮气冲洗容器两次。

③固体分解物的处理。在封闭容器外壳打开以前，穿戴上述的防护工作衣帽。如果容器打开后出现灰尘粉末沉积物，可用收集粉尘的真空吸器来清洗。所有的尘埃被收集后，脱去防护服，仔细洗手和脸，再重新工作。

3)内部电气故障处理

①内部电气发生故障后，容器内肯定有分解物。必须按程序2)的第③项进行清除。

②绝缘子破损后，要清除被毁坏的设备碎片和残存设备的部件，以除去被分解的粉末。在清洗现场和设备后，可重新开始修理工作。

4)固体分解物的处理

固体分解物的最终处理应委托专业公司进行。

5)密封处理

①对构成开关容器的各个部件，如铸件箱体、焊接箱体都要单独检查，不容许有气孔、砂眼及焊缝漏气现象。

②部件之间的连接面要采用可靠的静止密封结构。一般要求密封面粗糙度为 $R_a 0.8$ 以上，密封圈采用优质橡胶制造。

③活动部件(如转轴或拉杆处)采用特殊的活动密封。

④气动管路、管接头和阀门都需要按静止密封处理，并采用隔膜式截止阀，以防长期使用中漏气。

由于 SF_6 是气态，故当环境温度变化时，其压力有所变化。一般压力表不能判断出是漏气还是温度变化，因此现代断路器都采用密度继电器（又称温度补偿式压力继电器）控制。

6）漏气检查

在现场运行时发现漏气，不要惊慌，一般不至于立即发生危险，可以进行检查和处理。

①通过观察压力表，先区分出漏气的管路系统，然后分段关闭阀们，找出漏气段或漏气范围。

②用检漏仪和压力表对管路、阀口逐个进行检漏。大多数管路连接部位的漏气是螺母松动或密封圈压缩量不够和老化所至。

③如管路无问题，则查断路器本体，逐一检查本体的每个静止密封面和活动密封面，找出所有泄漏点。

7）漏气处理方法

①若发现管路件漏气，可关闭电器的出口阀门，使电器仓内气体不再外溢，然后放掉管路气体，进行接头修理。修理时要将密封面用酒精擦洗干净，检查有无划痕或杂质颗粒，然后更换密封圈，并正确紧固密封部位。这种情况一般不需停电检修。修理完后，开启出口阀门，重新进行检漏。

②如发现断路器本体漏气，且是微量漏气时，可以用 SF_6 气体充灌装置通过阀门补充 SF_6 气体。如漏气情况严重，即使充气也不能维持额定压力时，则应立即停电修理。

8）抽灌气体

①所需设备有 SF_6 气体回收装置、真空泵、SF_6 气瓶、纯氮气气瓶、压力管道的真空表等。

②气仓抽气步骤如下。

a. 将电器出口阀门与 SF_6 气体回收装置连接起来，然后开启回收装置，并开启断路器阀门，让气体回收到回收装置中，抽到仓内压力为 -0.05 kPa 即可停机，关闭阀门。

b. 拆除回收装置，将真空泵与断路器阀门连接，启动真空泵，打开阀门，抽至真空度在 0.55 kPa 以下时，停机。按以上程序的反程序拆下真空泵。

c. 为了稀释 SF_6 气体的浓度，可将纯氮气的气瓶与阀门连接，开启氮气阀门，使压力表控制在 0.5 kPa 以下，然后开启断路器阀门，使氮气注入断路器内。当压力为断路器额定压力的 1/2 时关闭阀门，拆卸气瓶。

d. 按操作 b.，再抽至真空，进一步清除残余气体，拆除真空泵。

e. 开启断路器阀门，使空气进入气仓，即可对断路器进行拆卸和检修。

③在开始修理后，断路器气仓中的吸附剂应先按规定的温度进行处理，然后方可装入断路器或进行更换，以保证其吸潮性能。

④充灌气体步骤如下。

a. 真空干燥处理。断路器修理装配完毕后，将真空泵接入断路器，使内腔内的水分在抽真空过程中充分蒸发，达到干燥要求。

b. 充灌 SF_6 气体。将 SF_6 气瓶接入断路器，开启阀门，将 SF_6 气体徐徐充入断路器内，直到压力表上的读数达到规定的额定压力（一般取 20℃时的规定值）。

9）气仓内含水量

若断路器气仓内的含水量超过一定限量时，一方面有可能在绝缘件表面产生凝露，引起表面闪络；另一方面水分与分解物相互作用将加速零部件的腐蚀。

①对于断路器中绝缘部位，一般以凝露点在 $-5°$ 以下为宜，这样，水分在凝结时就马上变成冰粒，它是固体，基本上不影响绝缘性能。

②对于灭弧室或有电弧的气仓，虽然其额定压力在 0.65 MPa 以下，凝露点水分可达 600×10^{-6}，但因存在低氟化物，它可以与水分作用生成 HF、H_2SO_4 等易腐蚀零件的酸液，所以水分要严格控制。

具体操作时，需参考有关规程进行。

5. 低压电动机类故障处理方法

电动机一般不容易损坏，也很少需要维护，特别是交流笼型异步电动机，工作 20 年以上不出故障并不是什么稀罕的事。需维修的常常与电动机拖动系统中其他的零部件有关。

真正电动机出了问题，现在流行的做法是替换而不是修理，特别是对于小功率的电动机，维修成本接近买一台新的。对于功率较大的电动机，如果考虑到效率的提高，也可能用更换代替维修。成本考量应该计入停机所造成的生产损失。由于这个原因，必须尽快确定是否电动机已经损坏以及造成电动机损坏的原因，以便采取相应措施避免再一次造成损坏。

故障诊断可以采用排除法确定发生故障的部件与确切位置。在多数情况下只有一个故障，故障诊断过程很直接。适当地使用各种工具和仪表有助于快速地确定故障。基本的注意事项如下。

1）电源检查

电源检查可以提前发现主电动机出故障的征兆，避免停车事故的发生。电源检查的内容包括：相位平衡、电压平衡、缺相、相序颠倒、电压波动、频率波动、频繁启动、通风不良、安装问题等。这些问题都能引起电动机工作不正常。

目前可以容易地得到廉价的监控装置，实现对电源的 24 小时连续监控。

2）相位平衡检查

当三相电源的负载不平衡时，例如单相负载接在三相电源上，容易引起相位的变化，导致三相之间的相位差偏离 120°，图 12-1 所示为相位不平衡引起电动机温度上升。

相位不平衡引起电动机温度上升，可能超过额定温升。相位不平衡越大，温度上升越高。高的温升导致绝缘受损，最终导致电动机损坏。

相位不平衡导致电动机的输出功率下降，电动机达不到它的额定功率。粗略估算，3% 的相位不平衡导致电动机输出功率降为额定功率的 90%，如图 12-2 所示。

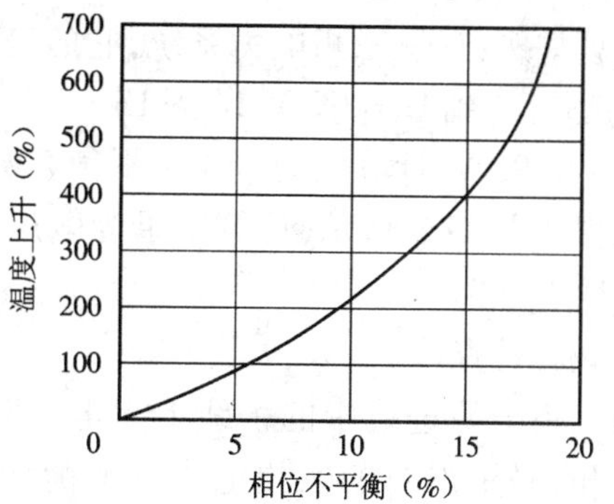

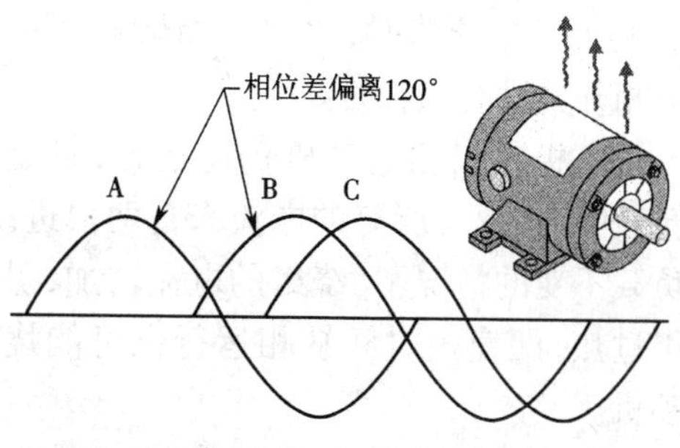

图 12-1　相位不平衡引起电动机温度上升

第12章　电力设备故障处理

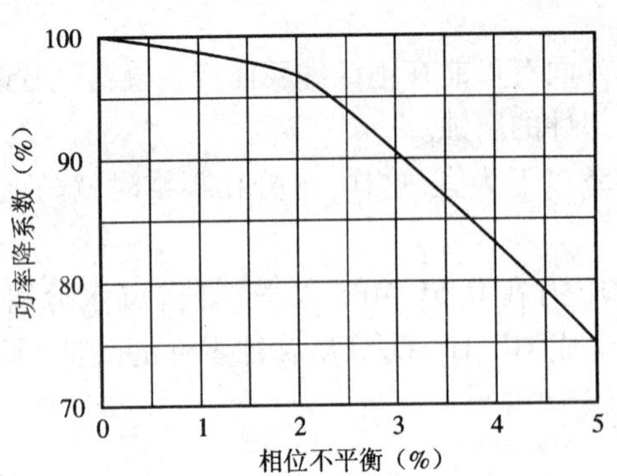

图 12-2　相位不平衡对电动机功率的影响

3）电压平衡检查

电压不平衡指的是电动机三个接线端子上的电压不相等。三相电压不相等导致三相电流不相等，会引起某一相绕组过热。在整个电动机的服务期，应定时检查电压的不平衡。电压不平衡超过 2%，应采取下述应对措施。

①检查周围的供电系统，看是否有某一相负载过重的情况存在。

②调整负载的相连接，平衡三相负载；如果不能，则减轻电动机的负载或更换电动机（提高电动机的功率级别）。

③通知供电部门。

为了计算电压的不平衡，可如下步骤进行：

①测量入线电压，包括 L1 与 L2、L2 与 L3、L3 与 L1 之间的线电压；

②将它们相加后除以 3，得到三相电压的平均值；

③用最大电压减去平均电压，得到电压的偏移量；

④用下式计算电压的不平衡系数：

$$V_u = \frac{V_d}{V_a} \times 100$$

式中：V_u——电压不平衡系数，%；

V_d——偏移电压，V；

V_a——平均电压，V。

计算举例：有一三相电力系统，它的进线电压分别是：L1 到 L2 = 390 V，L1 到 L3 = 412 V，L2 到 L3 = 398 V，计算它的电压不平衡系数。计算过程如图 12-3 所示，计算结果为电压不平衡系数 $V_u = 3\%$。

4）缺相检查

当三相电源进线中的一线上无电压时，称为缺相，是最严重的三相电压不平衡。一般发生在一线开路时，比如一相熔断器熔断或一相开关没有闭合时。

缺一相时三相电动机仍能运行，只是输出转矩能力变小，所有的电流来自两根进线。在负载不变的情况下，绕组的电流增加，引起绕组过热，即使短时间缺相运行也可能烧坏电动机。

在电动机端测不出缺相的发生，这类似于变压器的副边，断线的那一相电动机绕组

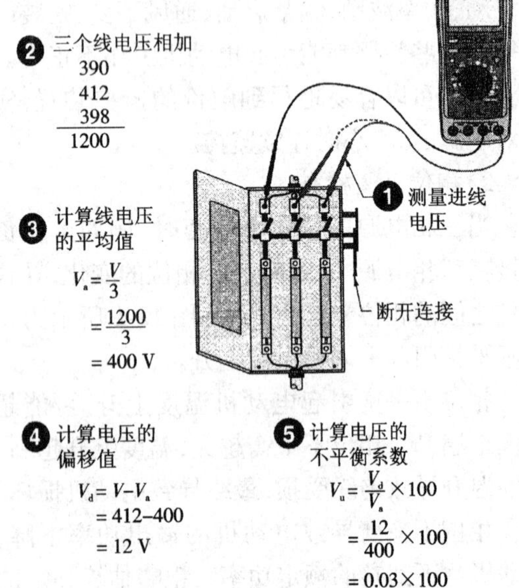

图 12-3　不平衡电压测算

有几乎相等的感应电压存在。使用电子式缺相监控装置,一旦发现缺相,立即切断磁力启动器或主接触器线圈的供电。

电气技术人员能够观察到经历过缺相运行的电动机的一个三角形绕组或二个星形绕组严重发黑,如图12-4所示。缺相对电动机造成的损害要比电压不平衡严重。电压不平衡对电动机绕组造成的发黑影响到所有的绕组,但比较轻微,绕组无变形。缺相则使一二个绕组严重发黑且有变形。

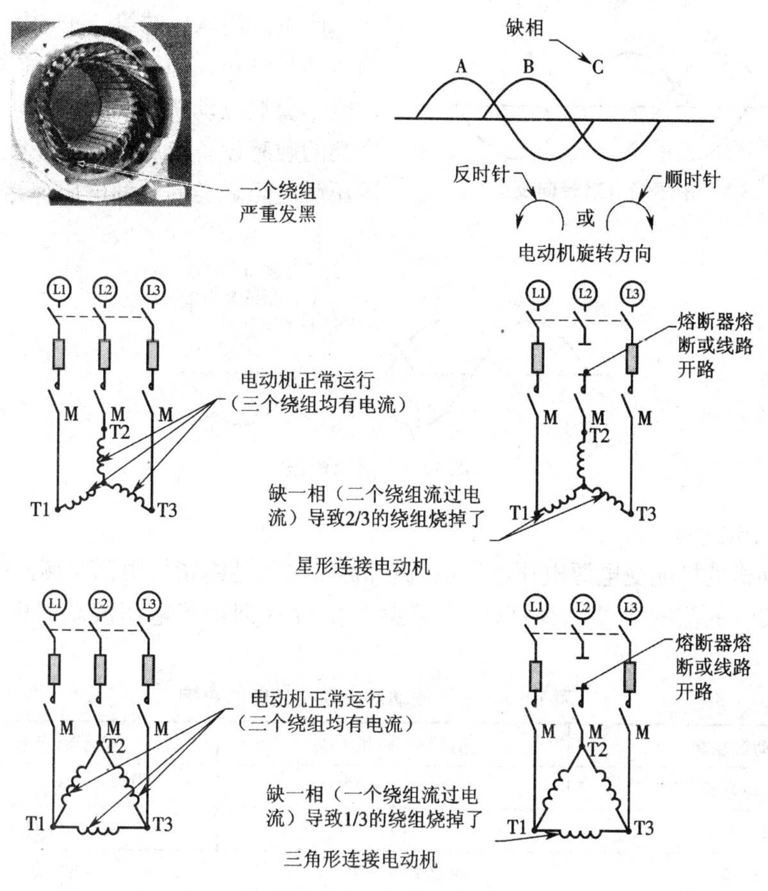

图12-4　缺相损害

5)相序检查

在一个电动机系统中,相序的改变会引起三相电动机旋转方向的改变。电动机旋转方向的改变可能会对机械设备或操作人员造成意外伤害。当电力配电系统或者电源开关设备维修完成时,有可能错误地颠倒了相序,如图12-5所示。因而在某些对相序要求严格的应用场合,例如自动扶梯、升降机、自动人行道等,需要加装相序监控装置,发现相序错误,电动机将不会启动。

6)浪涌电压

浪涌电压是短时间出现在电力线上的超过正常值的高电压。雷电是造成电力线电压浪涌的主要原因。被雷电击中的电力线将雷电能量向二个方向传递,就像迅速移动的波,所到之处引起电压的短暂剧烈上升。接在电力线上的电动机绕组的最初几匝绝缘击穿、烧毁。

电气技术人员能够观察到因浪涌电压损坏的电动机绕组的最初几匝被烧断,而绕组的其

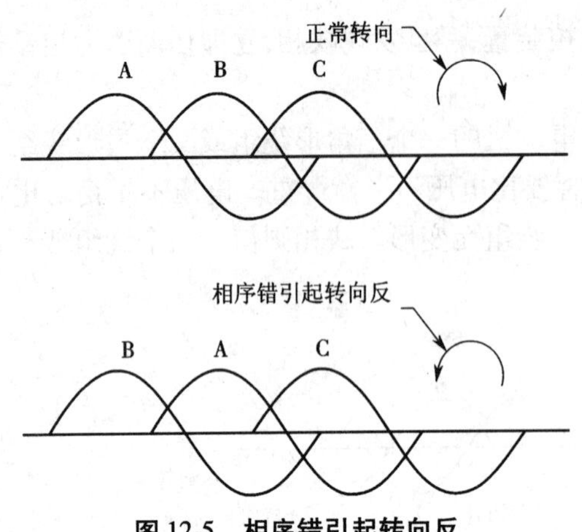

图 12-5　相序错引起转向反

余部分看起来完好，没有损坏或只有轻微损伤，如彩图 12-6、图 12-7 所示。

具有适当电压额定值和良好接地的避雷器可以最大限度的限制浪涌电压。接在设备上的或电力线上的浪涌电压抑制器也是必不可少的保护装置。

产生浪涌电压的第二个原因是大功率设备的启动与停止，它们产生的浪涌电压小于雷电，一般不会对电动机造成损害，但可能对计算机之类的敏感设备造成影响。在敏感设备上应使用压敏电阻之类的浪涌电压抑制器。

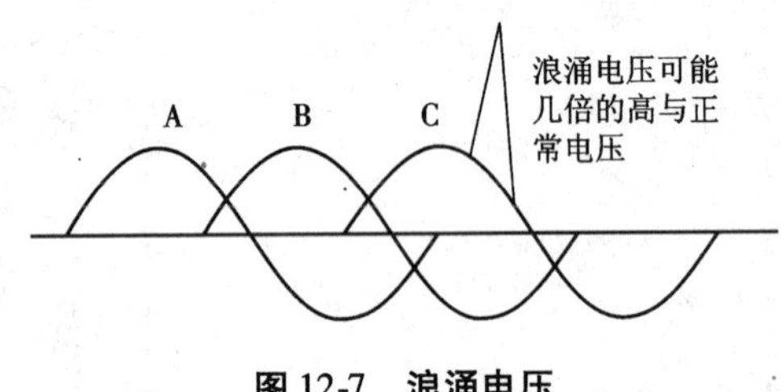

图 12-7　浪涌电压

7）交流电压波动

交流电动机的性能受电源电压的影响，铭牌标示出的性能指标限制在额定电压下运行，在电压波动 ±10% 的范围内，性能还算令人满意。表 12-6 列出了电压波动时电动机性能的变化。

表 12-6　电压波动对电动机性能的影响

电动机性能	超过额定电压 10%	低于额定电压 10%
启动电流	+10% ~ +12%	-10% ~ -12%
满载电流	-7%	+11%
转矩	+20% ~ +25%	-20% ~ -25%
效率	小有变化	小有变化
转速	+1%	-1.5%
温升	+3 ~ +4 ℃	+6 ~ +7 ℃

8）直流电压波动

直流电动机铭牌显示出的性能指标限制在纯直流电源下运行。纯直流电源指蓄电池电源或直流发电机电源。不加滤波的整流直流电源不是纯直流电源，在这样的电源驱动下，电动机的性能指标低于铭牌参数。

9）电动机启动时间

电动机在启动时所承受的电流通常超过额定电流，所以一台电动机必须在限定的时间内加速到它的额定转速，加速时间越长，电动机的温升越高。负载越重，加速时间越长。电动机的机座（号）越大，耗散热能的速度越快，允许的最大加速时间越长，如表 12-7 所示。

表 12-7 加速时间限制

机座号	最大加速时间(s)
48 和 56	8
143 - 286	10
324 - 326	12
364 - 505	15

表中的机座号指电动机的中心高(mm)。

10)工作周期

工作周期指的是电动机周期性的启动与停止。交流电动机启动时承受的电流大约为满载额定电流的 6 ~ 8 倍,多数电动机设计限制每小时的启动次数不超过 10 次。超过限定次数频繁的启动/停止,会使电动机的温升超过限制,损坏电动机的绝缘,如彩图 12-8 所示。

全封闭型的电动机承受频繁启停的能力优于开放型的电动机,因为全封闭型的设计散热能力优于开放型。当要求电动机频繁启动/停止时,应注意以下问题:

①使用允许温升 50 ℃的电动机,不要使用允许温升 40 ℃的电动机;

②使用 1.25 或 1.35 过载倍数的电动机(过载能力强),不要使用 1.00 或 1.15 过载倍数的电动机(过载能力差);

③提供附加的散热措施,加强电动机的散热。

11)发热问题

过分的发热是电动机故障与电动机损坏的主要原因。过分的发热损伤电动机的绝缘,使绕组短路,使电动机失效。

超过额定温升会缩短绕组绝缘的使用寿命,温升越高,寿命越短。电动机的绝缘等级按所用绝缘材料的极限温度分为 Y、A、E、B、F、H、C 等几级,详见第 4 章表 4-1 所示。绝缘等级标示于电动机的铭牌上,如图 12-9 所示。铭牌中标示出电动机是 B 级绝缘,查表 4-1 可知,绝缘材料的极限温度是 130 ℃。

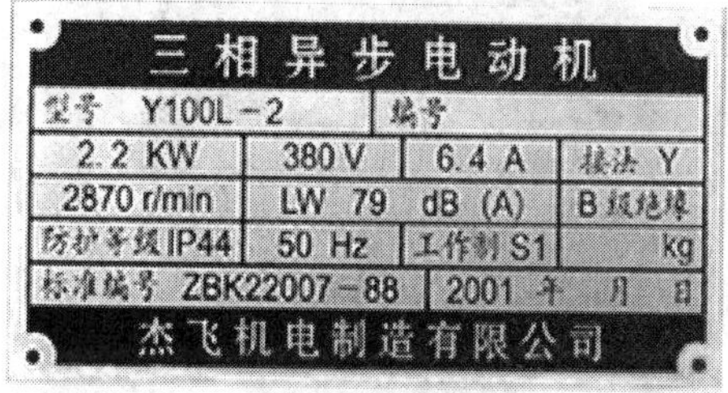

图 12-9 异步电动机的铭牌

造成电动机过热的原因如下:

①电动机的类型与功率选择将不合适;

②灰尘堵塞,通风不良;

③使用不当,负载过重;

④同心不好,振动严重;

⑤存在电压不平衡、缺相、浪涌电压。

(1)通风不良

电动机工作时不可避免地发热,要尽快地将热量散掉,以免聚集成高温损伤电动机的绝缘。电动机设计有内部或外部风扇,流动的气流将电动机产生的热量带走,任何限制与妨碍空气流动的因素都可能造成电动机过热。

润滑油使用过多极易外溢,造成灰尘聚集,堵塞通风口,影响散热,如图 12-10 所示。

电动机安装的空间位置通风不良(图 12-10),热空气在内部循环,造成电动机过热。如果

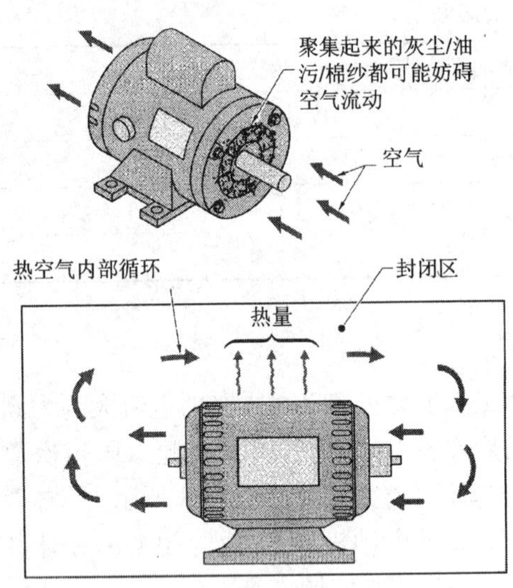

图 12-10　**电动机散热不良**

安装在密封区，应留通风口，通风口设置在密封区的顶部和底部，以便形成空气的自然流动。

(2)过载

所有的电动机都有最大负载限制，超过了这个限制，电动机将流过超过额定值的电流，使电动机过热。例如一台 2.2 kW 的异步电动机，其铭牌参数如图 12-9 所示，如果负载超过额定值，流过的电流将超过额定电流 6.4 A，电动机的温升将超过额定温升而过热。

任何电动机的启动器都包含有过载保护，适当地选择热元件，适当地设定保护值，可以在过载聚集的热量达到损坏绝缘之前使电动机脱离电源。

电气技术人员能够观察到一台过载损坏的电动机的所有绕组均匀发黑的情况，它是电动机过载引起逐渐升温缓慢造成的损伤，看不到明显的绝缘破坏的痕迹，如图 12-11 所示。

可以用万用表的钳夹式探头测量电动机的工作电流，如图 12-12 所示。如果电流达到铭牌值，说明电动机已经达到它的最大能力，如果电流值超过铭牌数值，说明电动机已经过载。

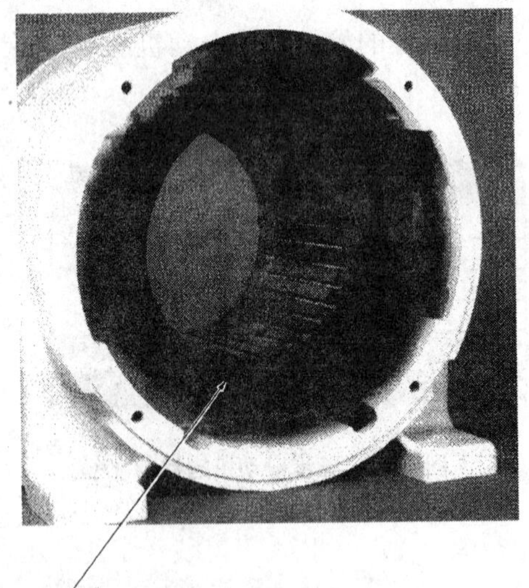

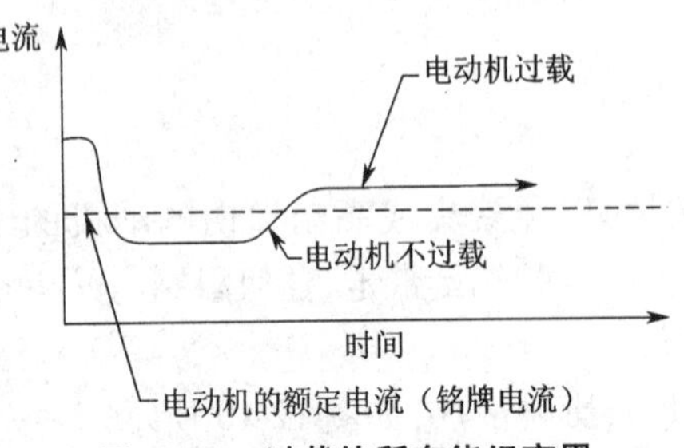

图 12-11　**过载使所有绕组变黑**

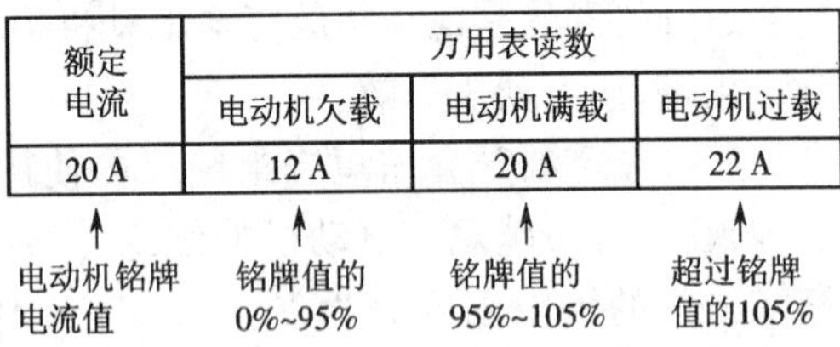

额定电流	万用表读数		
	电动机欠载	电动机满载	电动机过载
20 A	12 A	20 A	22 A
电动机铭牌电流值	铭牌值的0%~95%	铭牌值的95%~105%	超过铭牌值的105%

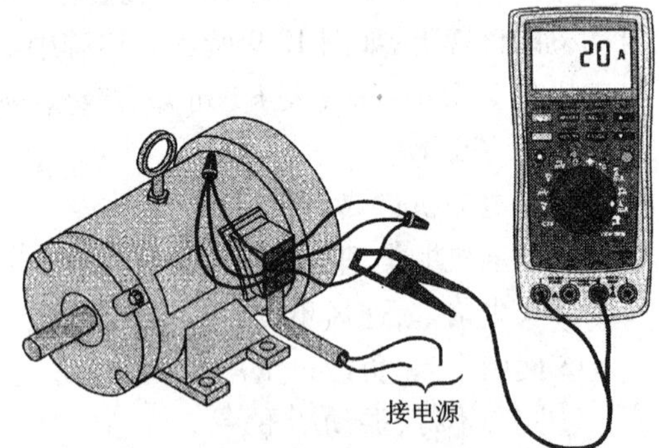

图 12-12　**检查电动机过载**

要么换一台功率大的电动机，要么减轻负载。

12）海拔问题

电动机的允许温升是基于海拔高度在1 000米以下。当它运行在1 000米以上时，允许的电动机功率达不到额定功率，因为海拔越高，空气越稀薄，散热效果越差。在1 000米以上运行时的功率折扣可以查阅有关厂家的使用说明书。举一个例子，过载倍数为1的电动机在海拔3 000米处使用时过载倍数降到0.91。海拔5 000米处使用时过载倍数降到0.79。这里过载倍数指的是允许的功率与额定功率（铭牌功率）的比值。

13）电动机的安装与选址

电动机应该安装在稳定的平面上，以方便对中（电动机轴的中心线与负载轴的中心线对准）和减小振动。

为了延长电动机的工作寿命，应尽量为电动机选择一个清洁的安装环境。为了减少将有害材料带到电动机，传动皮带应安装清除器（或防护装置），清除皮带上附带的有害材料（或阻止有害材料接近电动机），保护电动机始终运行在一个安全和清洁的环境中。

14）电动机短路

短路故障是短接正常的电流通路（全部负载或部分负载）而引起。由于下面的原因电动机会发生短路故障。

①由于绕组过热，绝缘损坏，在绝缘的薄弱点电路击穿而形成短路。

②由于外面的尖锐物体进入电动机外壳内部，破坏导线的绝缘形成短路。

③在电动机制造过程中定子下线的时候，由于绝缘处理的错误，在通电运行时造成绝缘击穿，形成短路。如果二相绕组间绝缘击穿，形成相间短路；如果相绕组与地之间绝缘击穿，形成相—地短路，如图12-13所示。

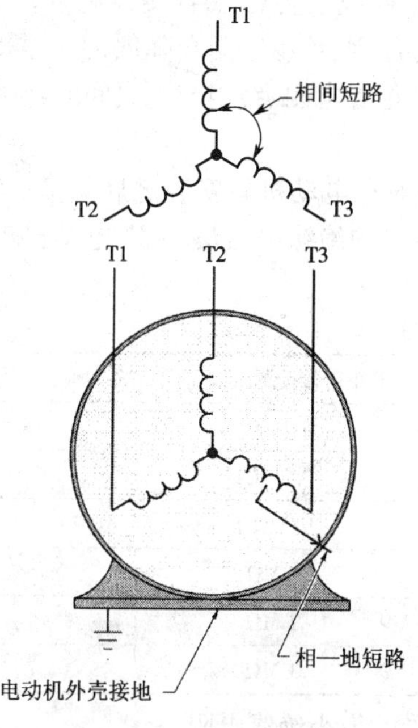

图12-13　电动机短路

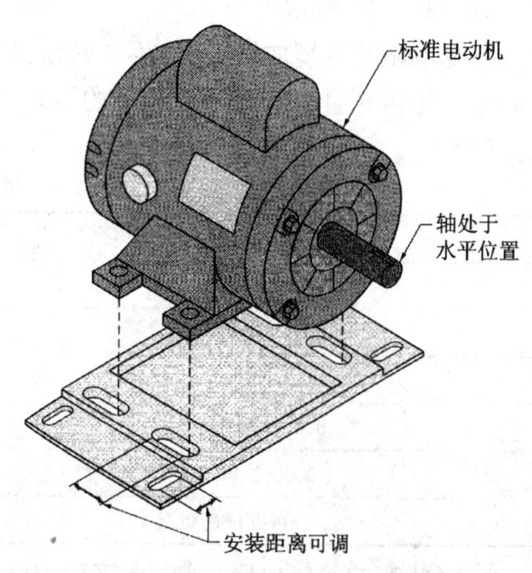

图12-14　可微调安装位置的基座

15)电动机安装位置的调节

使用可调节的电动机安装基座有利于电动机的安装、维护、皮带轮张力调节和皮带更换。可调节安装基座能够微调电动机的安装位置,如图 12-14 所示,可以简化电动机的安装和皮带张力的调节工作。

机械设备决定了电动机是水平安装或是垂直安装。对电动机的轴承来说水平安装是最有利安装形式,多数电动机设计为水平安装。专门设计为垂直安装的电动机要麻烦一些,价格也相应高一些。

皮带提供安静的、紧凑的、耐久的动力传递,在工业上有广泛的应用。皮带不能太松,以免打滑;也不能太紧,以免轴承过载。

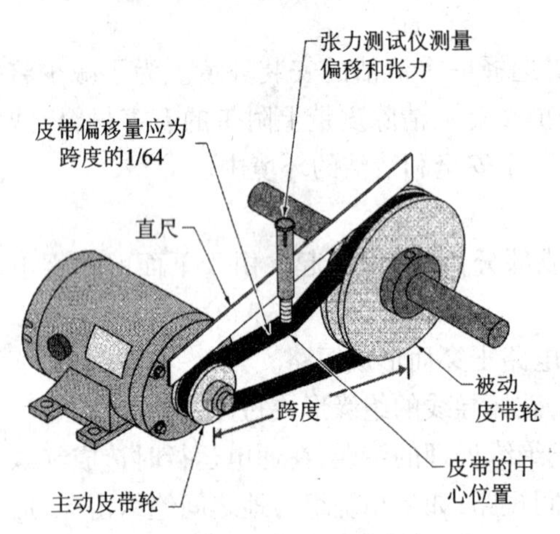

图 12-15　皮带松紧调节

张力调节方法如图 12-15 所示。用一把直尺搭在主动皮带轮和被动皮带轮之上,测量皮带中心的偏移量。测量时转动皮带轮,主动皮带轮的转向使测量一侧的皮带离开主动轮。偏移量应调节到跨度的 1/64,跨度为二个皮带轮中心之间的距离。

也可以使用张力测试器完成张力的调节。

张力的调节借助于微调电动机的安装位置。

16)绝缘测试

测试电动机的绝缘电阻使用兆欧表。与万用表不同,兆欧表中使用高电压测量高电阻,它的动力来自手摇或者电池或者交流电源,电压范围从 50 ~ 5 000 V。电动机由于潮湿、灰尘、腐蚀和老化等原因,绝缘电阻会降低,引起漏电、触电等事故,需及早发现。用兆欧表测试绕组与绕组之间的绝缘电阻、绕组与地之间的绝缘电阻,如彩图 12-16 所示。

绝缘电阻受环境的影响大,不是常量,应多次测量。一般在电动机新安装之后测量一次,之后每半年再测量一次。如果测量的结果小于表 12-8 可接受的绝缘电阻最小值,电动机需要维护(修)。

表 12-8　推荐的最小绝缘电阻

电动机铭牌额定电压	最小可接受的绝缘电阻
小于 208 V	0. 1 MΩ
208 ~ 240 V	0. 2 MΩ
240 ~ 600 V	0. 3 MΩ
600 ~ 1 000 V	1 MΩ
1 000 ~ 2 400 V	2 MΩ
2 400 ~ 5 000 V	3 MΩ

完好状态的绝缘电阻应该 10 倍到 100 倍的高于可接受的最小绝缘电阻。

兆欧表中使用高压测量绝缘电阻,为了测试安全,兆欧表的地线应该接电动机的底座。测试完成后,用 5 kΩ/5W 的电阻将绕组接地,以释放绕组中存储的静电能量。接地持续时间应

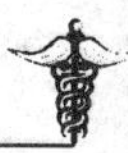

10 倍于测试时间。

电动机应该定期进行绝缘测试,每半年一次。测试过程如下。

①连接兆欧表,如图 12-17 所示,测量每一绕组的对地电阻,60 s 后读取测量值;如果读数低于表 12-8 所列最低绝缘电阻值,电动机需要清洁干燥或重新绕制绕组。如果所有测量值都在表 12-8 所列最低绝缘电阻之上,记录其中的最小值,最小值反映电动机的绝缘情况。

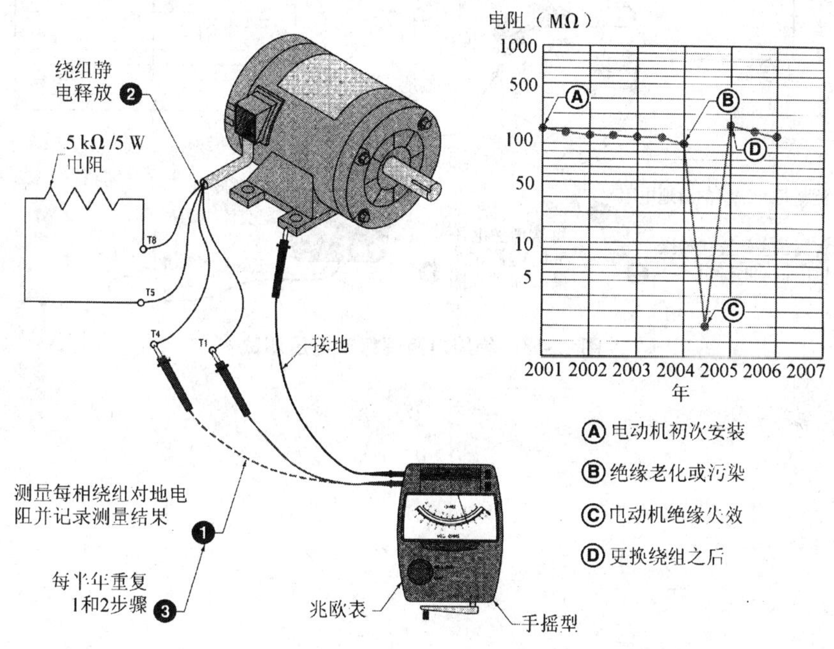

图 12-17　电动机的绝缘测试

②电动机绕组放电。

③每半年重复①②步骤进行一次例行测试。

图 12-17 绝缘变化曲线中的 A 点为电动机新安装后的测试结果;B 点表示绝缘老化或者被污染后的测试结果;C 点表示电动机的绝缘已经失效;D 点表示绝缘失效的绕组被更换后的测试结果。

完成了上述常规测试没有发现绝缘老化或污染问题后,可以进一步在测试过程中逐级升高测试电压,如图 12-18 所示,过程如下。

①置兆欧表到 500 V 挡,连接测试电动机每相绕组的对地绝缘电阻,在 60 s 后读取测试结果,记录最低的绝缘电阻值。

②连接兆欧表到绝缘电阻最低的绕组,电压挡增加 500 V,再测试,直到 5 000 V,每次测试在 60 s 后读取测试结果。

③连接 5 kΩ/5 W 的电阻,释放绕组的静电。

图 12-18 中的曲线 A 表明绝缘电阻几乎与测试电压无关,说明绝缘没有受到环境影响;曲线 B 随测试电压的上升绝缘电阻下降,表明绝缘受潮或被污物污染。

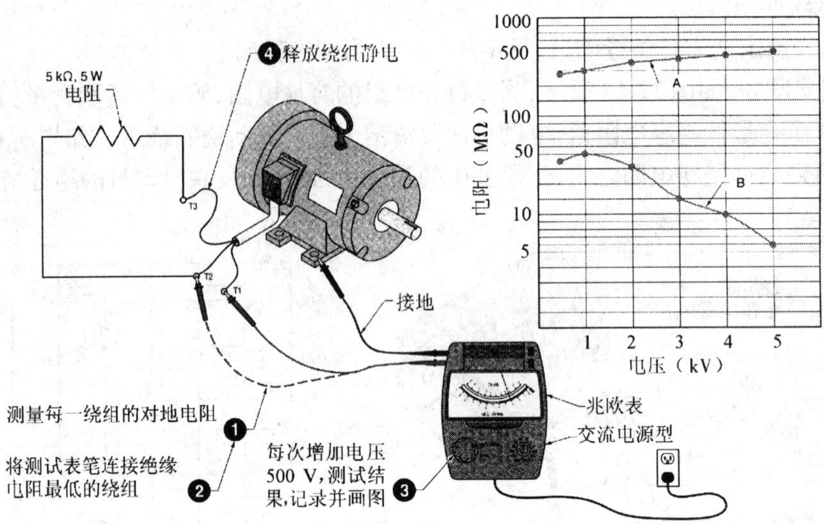

图 12-18　绝缘电阻逐级升电压测试

第 13 章　电气设备在线监测

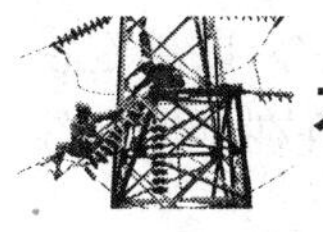

本章知识架构

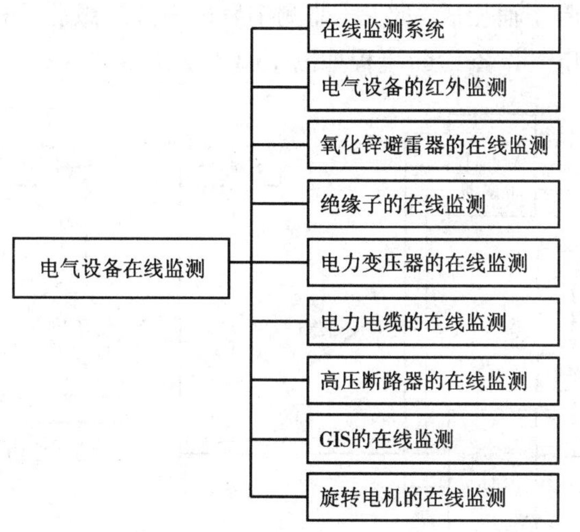

本章教学目标与要求

★ 了解电力系统在线监测系统和方法

★ 掌握主要电力电器的在线检测技术

13.1　在线监测系统

随着全球各国装机容量的迅速增长,对供电可靠性的要求越来越高。为保证电气设备的安全工作,电力系统长期以来采用定期进行预防性试验。即根据 1996 年电力部修订的《电力设备预防性试验规程》,对不同设备所规定的项目和相应的试验周期,定期在设备停电状态下进行的绝缘性能的检查性试验。这种预防性维修体系,在防止设备事故的发生,保证供电安全可靠性方面,发挥了积极的作用。但长期的工作经验也表明,这一计划性维修体系有一定的局限性。

首先需停电进行，对国民经济影响较大；其次运行电压下绝缘缺陷较易暴露，而预防性试验时，对电压为35、110、220、330、500、750 kV级的设备而言，试验电压过低，设备缺陷不易完全暴露；预防性试验是定期的试验制度，设备运行期间也可能有故障发生；或者设备状态完好，而需按照计划停电检修，带来资源的浪费，甚至设备的损坏。所以现有的维修体制普遍存在维修过量的问题，这样造成不必要的经济损失。如果试验人员技术不成熟，经验不丰富，还有可能造成好设备维修不当造成损坏等问题。

因此，20世纪70年代以来，考虑到原有预防性维修体系的局限性，为降低停电和维修费用，提出了预知性维修或状态维修这一新概念。具体内容是对运行中电气设备的绝缘状况进行连续的在线监测或称状态监测。在线监测技术是在设备运行状态下，利用各种传感器和信息处理技术及计算机技术，实时、连续地监测电气设备的绝缘参数、绝缘的运行状态，以确定设备的运行状态。目前，在线监测已成为绝缘预防性试验的一个重要组成部分，而且在绝缘在线监测技术的基础上，逐步开展了设备绝缘的状态维修。

在线监测和离线试验相辅相成，如在线监测中发现事故隐患后，可以在离线状态下进行彻底的全面检查。实际中电气设备诊断流程如图13-1所示。

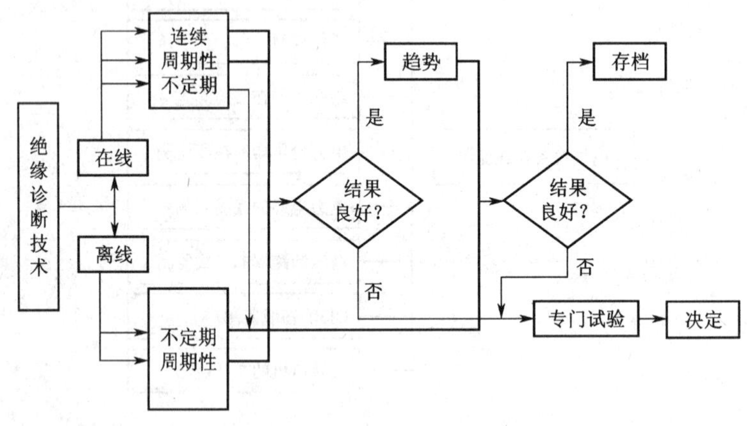

图13-1　电气设备监测诊断流程图

在线监测系统主要包含信号的变送、处理、数据采集、信号传输、处理和故障诊断几个基本单元。在线监测系统组成框图如图13-2所示。

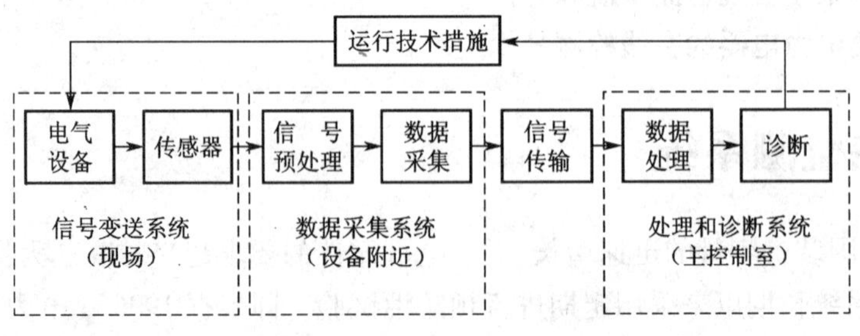

图13-2　在线监测系统组成框图

13.2 电气设备的红外监测

13.2.1 电气设备红外监测的基本原理

目前,电力系统广泛采用红外成像技术,监测电力设备中与温度有关的热性故障。红外线是一种光线,波长大于770 nm,也是一种热辐射,任何一定温度的物体都会对外辐射红外线,温度不同辐射光波(电磁波)的波长也不同,所以可以通过监测红外热辐射的光波长,来测量特定物体的温度,这就是非接触式红外测温原理。它的特点是安全性强,监测准确,操作方便,故在电力设备的在线监测方面应用广泛。

红外线普遍存在于自然界中,任何温度高于绝对零度的物体,除向外发出可见光外,都向外辐射红外线。红外线位于可见光红光光谱以外的区域,其光谱感应范围较广,利用红外监测时,需要特定的滤镜,让所有需要的红外线通过,而将其他波长的光线阻断。再利用感光器材以及其他光学和成像系统等构成红外线成像设备。该设备能够探测物体表面辐射的红外线,反应物体表面的红外辐射场,即温度场。

正常状态下设备的发热规律及其表面温度场的分布和温升状况,此即为设备的基础热像。当电气设备有了热故障,其特点就是以过热点为最高温度,形成一个特定的热场,并向外辐射能量。通过红外成像设备的光扫描系统,可以将这一故障热场直观地反映出来,形成显示热场辐射能量分布情况的红外热图。根据这个热像图,考虑设备结构及其传热途径,结合其他监测结果,就能较好地诊断出设备是否故障、故障点和故障类型。红外热像仪如图 13-3 所示。

图 13-3 红外热像仪

13.2.2 红外监测在电力系统中的应用

利用红外技术能监测的电气设备故障如下。

1. 外部热故障在线监测

外部热故障以局部过热的形态向周围辐射红外线,通过热像图即可直接判断是否存在热故障,并且由温度分布可以进一步判断故障点。

利用红外技术可以实现发电机电刷和集电环的热故障监测,各种裸露接头的热故障监测(如断路器刀口接触不良),变压器较接近外壳部位或传热途径简单、直接部位的热故障(如油枕假油位、箱体内部涡流过热、潜油泵故障、冷却系统阻塞)、劣质绝缘子的监测等。彩图 13-4 是利用红外热像仪监测潜水泵电机的外壳温度,图 13-5 是导线连接处过热故障的红外热像图。

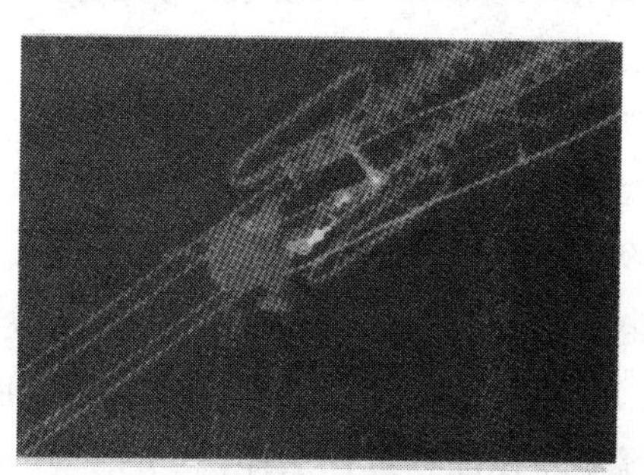

图 13-5 导线连接处过热故障的红外热像

第13章 电气设备在线监测

2. 内部热故障在线监测

内部热故障不能直接反映到热像仪上，其发热过程较长，一般为稳定发热。与故障点接触的所有物体都会传出热量，但热量不断地传到外壳，改变了外壳上的热场分布，最终在外壳上形成一个相对稳定的热场分布，结合其他影响因素，也可间接判断内部故障。

利用红外热像仪可以判断的内部热故障主要有：电机内部热故障（例如定子绕组接头、定子铁芯绝缘缺陷）、断路器内部热故障的监测（例如少油断路器动静触头接触不良）、互感器内部热故障（例如绝缘老化）、避雷器内部热故障（例如元件老化、受潮）、电缆内部热故障（例如绝缘不良，与导体连接时接触不良等）。彩图 13-6 是用热像仪监测电机内部温度的热像图。

13.3 氧化锌避雷器的在线监测

氧化锌避雷器，即 MOA，以其优良的非线性特性得到广泛应用。交流电压下，避雷器的全电流包含阻性电流和容性电流，流过避雷器的主要是容性电流，阻性电流约占全电流的 5% ~ 20% 。当避雷器受潮、阀片老化、绝缘受损或表面落污严重时，阻性电流大大增加，容性电流基本不变，基于 MOA 的这些特点，对氧化锌避雷器主要进行阻性电流和全电流的监测。

1. 全电流的在线监测

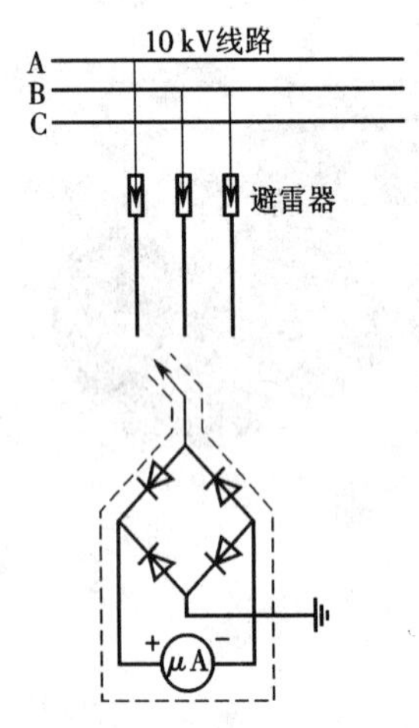

图 13-7　MOA 全电流监测图

全电流监测可以发现 MOA 早期的受潮等问题，国内电力运行部门多使用 MF—20 型万用表并接到运行计数器上测量全电流，测量原理如图 13-7 所示。

测量时，如果电流增大到 2 ~ 3 倍，就可初判氧化锌避雷器有劣化可能，但运行初期的避雷器，其中阻性分量占全电流的比例较小，即使发生故障，测量全电流时电流变化不明显，因此，全电流监测对于绝缘的初期老化不灵敏。

由于 MOA 的非线性特性，即使外施电压是正弦的，全电流也不是正弦的，包含有高次谐波。可以利用 MOA 电流测试仪测量三次谐波分量电流，再根据经验公式推出阻性电流分量，进而判断 MOA 的故障。但这种方法受电力系统谐波影响较大，谐波分量较大时，较难判断 MOA 的运行状况。

2. 阻性电流在线监测

由于阻性电流只占全电流的一小部分，仅监测全电流很难发现 MOA 的绝缘劣化，监测流经 MOA 的阻性电流分量或阻性电流产生的功率损耗能发现 MOA 的早期老化。

从全电流里分出阻性电流需要取试品的端电压作为参考信号，其基本原理见图 13-8。不需断开原有接线，利用钳形电流互感器从 MOA 引下线处取得电流信号 I_0，从分压器或电压互感器取得试品端电压 Us。将电压信号送入移相器前移 90°（使之与 I_0 中的电容电流分量 I_C 同相）再经放大后变为 GU_{s0}，将移相放大后电压与采集的电流信号一起送入差分放大器，在放大器里将移相后电压与输入电流相减，乘法器组成自动反馈跟踪，控制放大器的增益 G 使同相的 $I_C - GU_{s0}$ 差值降至零，即不需人工调节，自动将全电流中的容性分量补偿掉，剩下的即为需要的阻性电流，最后根据端电压和阻性电流可计算 MOA 的功率损耗 P。

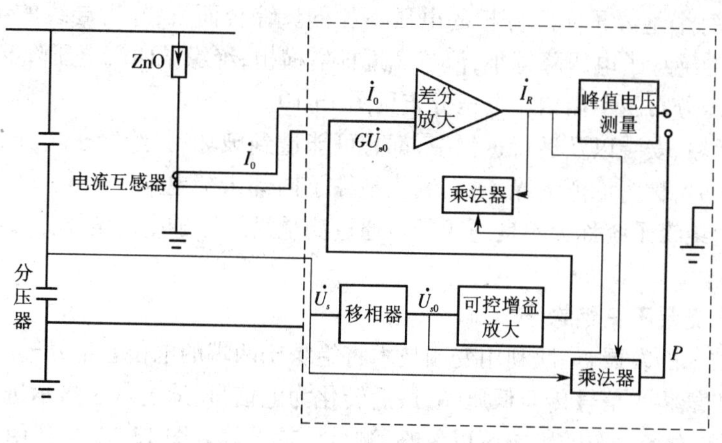

图 13-8　阻性电流监测仪原理图

13.4　绝缘子的在线监测

电力行业为保证安全可靠送电，将带电设备与大地或接地物体通过绝缘子和套管绝缘。户外绝缘子大多采用高压电瓷、钢化玻璃或硅橡胶作为绝缘介质，这些介质都有比较好的耐电和热老化的性能，但运行中的绝缘子长期耐受工作电压和过电压的作用，受日晒雨淋、冷热变化等自然因素影响都可能引起绝缘介质出现裂纹甚至击穿等故障。绝缘子的在线监测主要包括带电测量绝缘电阻、绝缘子电压分布、不良绝缘子的监测等。

13.4.1　绝缘电阻在线监测

利用兆欧表配电阻杆测量绝缘电阻的原理图如图 13-9 所示。滤波电容选取电容约 0.05 μF，直流耐压 3 kV 的电容器，测量时电阻杆的阻值按 20 kΩ/V 选择，绝缘子表面爬距按 100 kV/m 选定，将测得的阻值减去高阻杆的阻值即为被测绝缘子的绝缘电阻值。

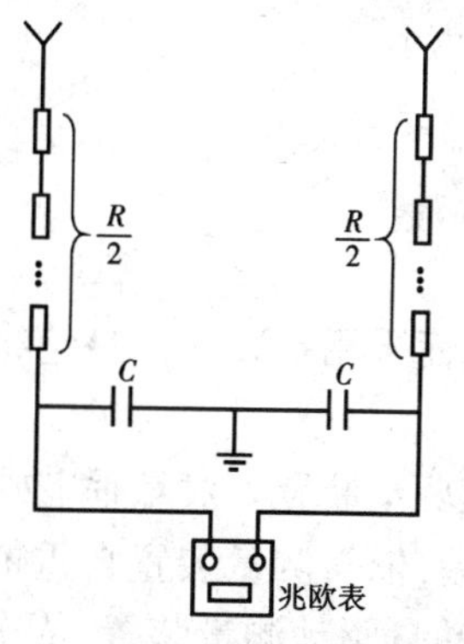

图 13-9　兆欧表配电阻杆测量原理图

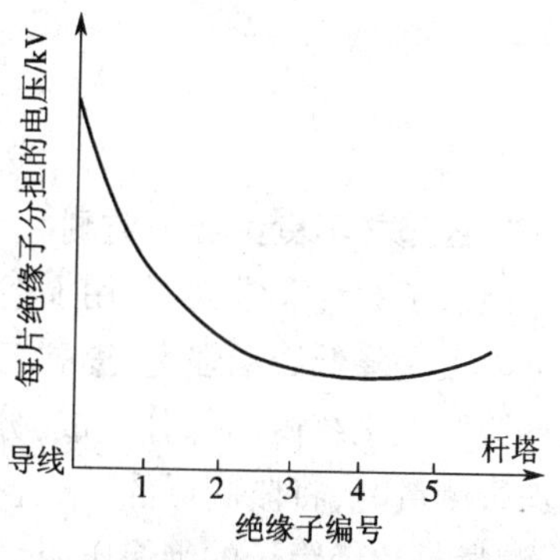

图 13-10　绝缘子串的电压分布曲线

13.4.2　绝缘子电压分布在线监测

绝缘子串相当于一个个电容相串联，由于每个绝缘子的金属部分对导线和杆塔间均存在

杂散电容,使得每个绝缘子实际分担的电压不相同。综合而言,靠近导线的绝缘子电压降最大,离导线越远的绝缘子电压降越小,但越靠近杆塔横担,绝缘子两端电压降又增大,并且绝缘子片数越多,电压分布越不均匀。电压分布见图 13-10。

绝缘子在运输、安装以及运行过程中,都有可能遭到破坏,当绝缘子击穿电压下降至小于其沿面干闪电压时,称为低值绝缘子;当低值绝缘子内部击穿电压下降到 0 时,称为零值绝缘子。低值和零值绝缘子统称为不良绝缘子。通过测量沿绝缘子串的电压分布有可能发现不良绝缘子。

1. 光电技术测量不良绝缘子

随着光纤技术的发展,一般利用变频技术将绝缘子两端的电位差信号转变为光信号,再利用绝缘杆内的光纤将光信号传至低压端,最后转化为电信号,通过数字显示进行读数。探头间电容很小,对原有电场分布的影响可以忽略,测量比较准确。图 13-11 是利用光电测杆测量的原理图。

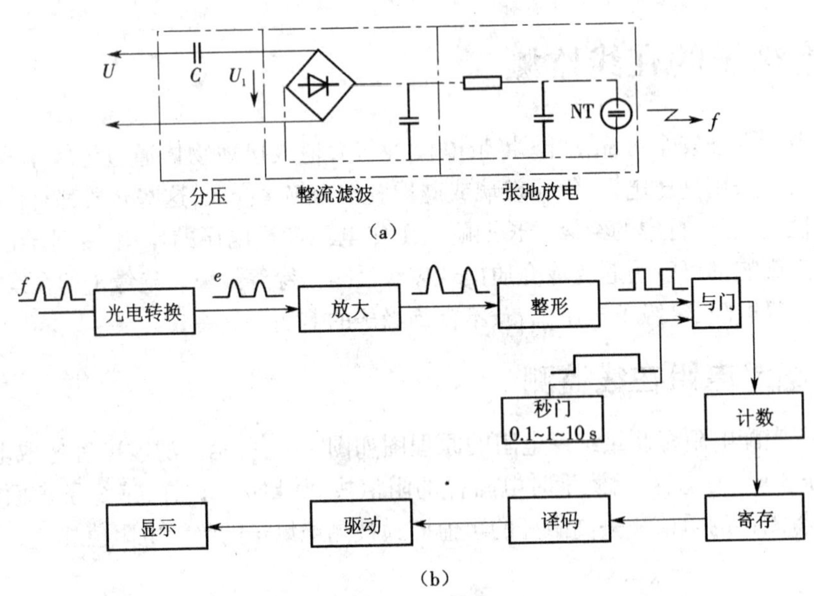

图 13-11　利用光电测杆测量

(a)取样电路;(b)显示框图

2. 自爬式不良绝缘子监测

绝缘子数量非常大,利用上述的绝缘杆测量时,工作量太大,而采用自爬式不良绝缘子监测可以大大降低劳动强度,提高工作效率和监测的准确性。

该监测系统由两部分组成,分别为绝缘电阻测量单元和自爬驱动装置。对悬垂串或 V 形串进行测量时,将监测器的两个测量夹头卡在最高的绝缘子两端,依靠测量装置自重依次下移,测量每片绝缘子的绝缘电阻。对于耐张串,则利用内置的电动自驱动测量装置,依次测量每片绝缘子。测量原理图如图 13-12 所示。

测量时用电容器将被测绝缘子的交流电压分量旁路,测量工作中绝缘子的绝缘电阻,根据所测绝缘电阻值判断绝缘子是否正常,并能判断不良绝缘子的位置。

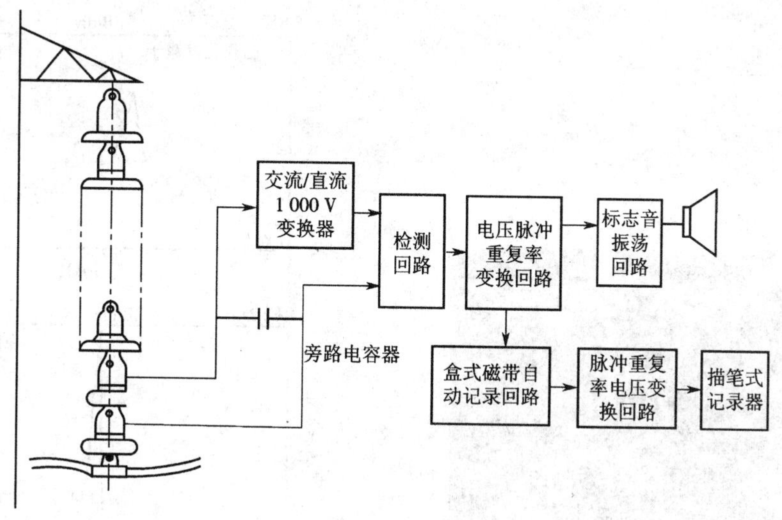

图 13-12 自爬式不良绝缘子监测系统原理框图

3. 红外热像仪监测

绝缘子运行中,不良绝缘子的电压低于正常绝缘子,所以其表面温度也低于正常绝缘子。一般而言,对涂有半导体釉的绝缘子,表面电流较大,发热较大,如果有零值绝缘子,温度将比正常绝缘子低几度,可以很清楚地从红外热像仪上观测到。对于玻璃或普通釉绝缘子,正常工作时,绝缘子温升较小,即使有零值绝缘子,温度也只降低约 1 ℃,在实验室里通过红外热像仪可以观测,但实际绝缘子悬挂高度比较高,而且外界环境比较复杂,所以监测尚有困难。图 13-13 为用红外热像仪监测到的绝缘子热像图。

利用红外热像仪监测不良绝缘子简单易行,监测速度快,效率高,但是红外热像仪价格较高,目前普及尚有困难,随着图像处理技术的发展、热像仪分辨率的提高、成本的降低,这一方法有很大的发展潜力。

4. 利用电晕脉冲监测绝缘子

绝缘子串中如果有不良绝缘子,在其连接金属处电晕增强,电晕脉冲电流通过杆塔流入地中,而电晕电流与各相电压相对应,只出现在一定的相位范围内,基于这种特点,采用适当的相位选择方法就能监测各相脉冲电流。测量时分别监测各相电晕脉冲次数,将其中最大最小值的比值作为判断依据,当同一杆塔三相均无不良绝缘子时,各相的电晕脉冲基本平衡,最大最小值的比值接近于 1,如果有不良绝缘子,各相电晕脉冲不平衡,则这个比值与 1 相差较大。

5. 激光技术监测不良绝缘子

国外已有将激光技术用于开裂绝缘子的遥测。如图 13-14 所示。从振动的频谱可以看出,良好绝缘子的中心频率集中在一个最大值附近,而开裂绝缘子的中心频率与正常绝缘子差别很大。

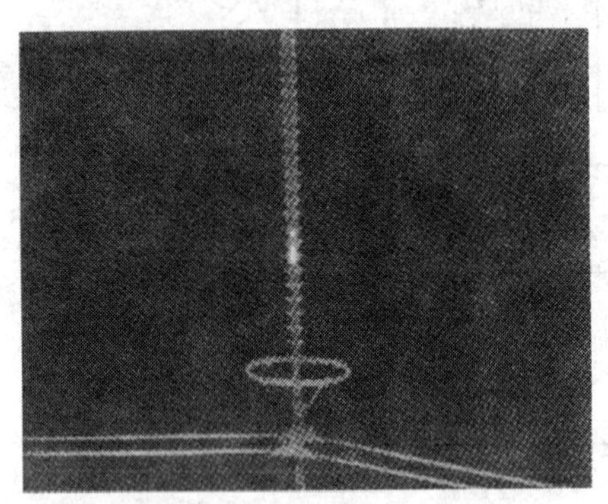

图 13-13　存在劣质绝缘子的绝缘子串红外热像图

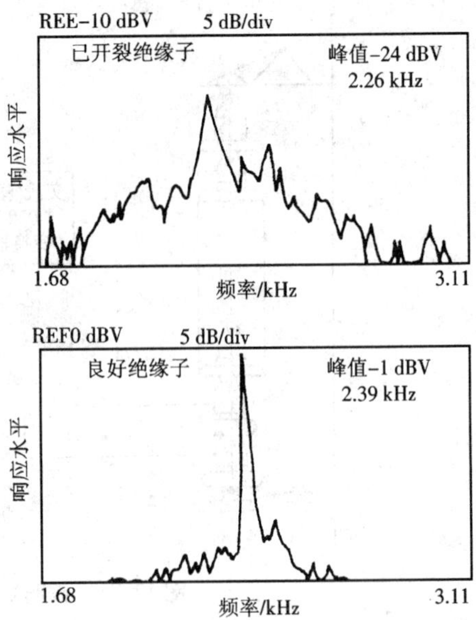

图 13-14　已开裂和良好绝缘子的频谱图

13.5　电力变压器的在线监测

电力变压器是电力系统比较重要的设备，由于其内部绝缘结构复杂，电场、热场分布不均匀，事故率比较高，因此，每 1 ~ 3 年要对变压器进行一次预防性试验。但对变压器进行试验时试验电压远低于运行电压，往往不能发现故障。而在运行电压下对变压器进行在线监测，可以及时发现故障，提高变压器的效率和保证安全送电。目前国内外普遍认为，变压器在线监测比较有效的方法是油中溶解气体的色谱分析和局部放电测量。

13.5.1　油中溶解气体的色谱分析

油浸变压器应用广泛，这类变压器以油作为散热和绝缘介质，也常采用油和纸的组合来提高绝缘性能。当设备内部发生热故障、放电性故障或油、纸老化时，在电、热效应的作用下，会产生多种气体。分解出的气体在油中形成气泡，经过对流和扩散，不断溶解在油中，而不同类型的气体及其浓度可以反映不同的故障类型。定期分析溶解于油中的气体含量就能及早发现变压器的潜伏性故障，以及故障的发展情况，见表 13-1，表 13-2 所示。

表 13-1　根据油中气体含量判断设备内部故障

被分析的气体		分析目的
推荐检测气体	O_2	了解脱气程度和密封（或漏气）情况，严重过热时 O_2 会因极度消耗而明显减少
	N_2	进行 N_2 测定可了解 N_2 饱和程度，与 O_2 的比值可更准确地分析 O_2 的消耗情况。在正常情况下，根据 N_2、O_2 和 CO_2 之和还能估算出油的总含气量

续表

被分析的气体		分析目的
必测气体	H_2	与甲烷之比可判别并了解过热温度,或了解是否有局部放电情况和受潮情况
	CH_4	了解过热故障的热点温度情况
	C_2H_6	
	C_2H_4	
	C_2H_2	了解有无放电现象或存在极高的热点温度
	CO	了解固体绝缘的老化情况或内部平均温度是否过热
	CO_2	与 CO 结合,有时可了解固体绝缘有无热分解

表 13-2　不同故障类型产生的气体组分

故障类型	主要气体组分	次要气体组分
油过热	CH_4、C_2H_4	H_2、C_2H_6
油和纸过热	CH_4、C_2H_4、CO、CO_2	H_2、C_2H_6
油纸绝缘中局部放电	H_2、CH_4、C_2H_2、CO	C_2H_6、CO_2
油中火花放电	C_2H_2、H_2	
油中电弧	H_2、C_2H_2	CH_4、C_2H_4、C_2H_6
油和纸中电弧	H_2、C_2H_2、CO_2、CO	CH_4、C_2H_4、C_2H_6
进水受潮或油中有气泡	H_2	

实验室进行气相色谱分析时,需要取油样并从油中脱出溶解气体,而在变电站里进行绝缘油在线色谱分析时,需要现场脱气和实时分析,一般采用渗透膜脱气法。渗透膜是无孔的致密膜,阻挡油的渗透,但油中的溶解气体可以通过,不同材料的膜对不同气体的透过率不同。具体见表 13-3,膜同时要求有较好的耐热性和耐油性。

表 13-3　不同高分子膜的渗透系数

膜	膜厚/cm	$H/10^{-18}\ m^2\cdot s^{-1}\cdot Pa^{-1}$		
		H_2	CO	CH_4
四氟乙烯-全氟烃基乙烯基醚共聚物(PFA)	0.007 5	120	14	9.0
三乙酰纤维素	0.005	83	2.5	2.0
聚四氟乙烯	0.005	67	9.0	5.3
聚四氟乙烯-乙炔共聚物	0.003 8	25	2.2	1.1
聚酰亚胺	0.005	8.3	0.26	0.059

该方法直接从油中将气体分离出来,免去了油的取样、注油和脱气等环节,方便实用。但实际中该方法诊断的灵敏度和准确性还有待提高。油中溶解气体分析不受各种电磁干扰的影响,数据比较可靠。随着经验积累和技术的成熟,该方法将逐步完善,发挥更重要的作用。

利用油中溶解气体的分析结果进行故障判断的方法有多种,例如特征气体法、三比值法、改进三比值法等,目前国际电工委员会和我国国家标准推荐用 C_2H_2/C_2H_4、CH_4/H_2、C_2H_4/C_2H_6 三个比值进行故障判断。根据 5 种气体的 3 个对比值,依据已知的编码规则和分类方法,查表确定具体的故障类型。编码表及故障类型列表见表 13-4、表 13-5。

表 13-4　三比值法编码规则

气体比值范围	比值范围的编码		
	$\frac{C_2H_2}{C_2H_4}$	$\frac{CH_4}{H_2}$	$\frac{C_2H_4}{C_2H_6}$
<0.1	0	1	0
0.1～1	1	0	0
1～3	1	2	1
≥3	2	2	2

表 13-5　用三比值法判断故障类型

编码组合			故障类型判断	故障实例(参考)
$\frac{C_2H_2}{C_2H_4}$	$\frac{CH_4}{H_2}$	$\frac{C_2H_4}{C_2H_6}$		
0	0	1	低温过热(低于150℃)	绝缘导线过热,注意 CO 和 CO_2 含量及 CO_2/CO 值
	2	0	低温过热(150～300℃)	分接开关接触不良,引线夹件螺丝松动或接头焊接不良,涡流引起铜过热,铁芯漏磁,局部短路,层间绝缘不良,铁芯多点接地等
	2	1	中温过热(300～700℃)	
	0,1,2	2	高温过热(高于700℃)	
	1	0	局部放电	高湿度、高含气量引起油中低能量密度的局部放电
1	0,1	0,1,2	低能放电	引线对电位未固定的部位之间连续火花放电,分接抽头引线和油隙闪络,不同电位之间的油中火花放电或悬浮电位之间的火花放电
	2	0,1,2	低能放电兼过热	
2	0,1	0,1,2	电弧放电	线圈匝间、层间短路,相间闪络、分接头引线间油隙闪络、引线对箱壳放电、线圈熔断、分接开关飞弧、因环路电流引起电弧、引线对其他接地体放电等
	2	0,1,2	电弧放电兼过热	

利用油中溶解气体色谱分析法判断变压器故障的诊断流程如图 13-15 所示。

13.5.2　局部放电的在线监测

变压器油纸绝缘中如果含有气隙,在外施高压的作用下,气隙将可能击穿发生局部放电,局部放电会加速油的老化、气泡变大或产生新的气泡,甚至形成高分子蜡状物,进一步促进局部放电。局部放电的监测是通过测定局部放电时产生的声、光、电、气体等物理量来判断有无局部放电、局部放电的强弱和放电部位的。测量方法也分为电测法和非电测法两类。目前局部放电的在线监测主要是脉冲电流法和超声监测法。不管是利用电或非电的监测,抗干扰都是关键问题,往往利用多种方法的综合,最大可能地抑制干扰,实现在线监测。

1. 脉冲电流法

脉冲电流法是测量局部放电时因电荷变化所引起的脉冲电流。该方法测量灵敏度高,易于定量,但易受外界电磁干扰,使用中要采用抗干扰措施。

国际上推荐的三种用脉冲电流法测量局部放电的原理图如图 13-16 所示。其中 C_x 为被试品,C_k 为耦合电容,它为被试品 C_x 与检测阻抗 Z_m 之间提供一条低阻抗通路,当 C_x 发生局部放电时,脉冲信号立即顺利耦合到 Z_m 上去,同时对电源的工频电压起隔离作用,从而大大降低作用于 Z_m 上的工频电压分量;Z 为低通滤波器,它可以让工频高电压作用到被试品上去,又能阻止高压电源中的高频分量对测试回路产生干扰,也防止局部放电脉冲分流到电源中去。一般

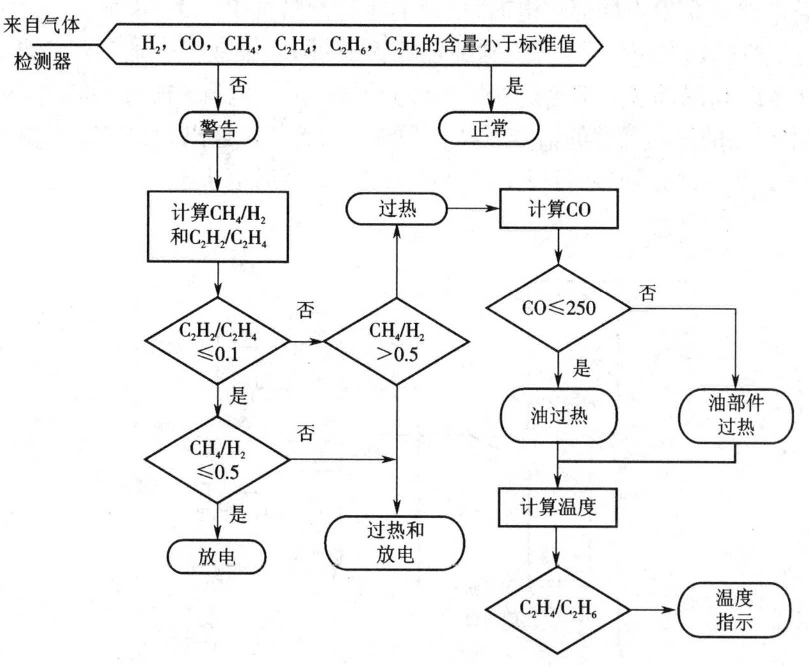

图 13-15　变压器故障诊断流程

希望 C_k不小于 C_x以增大检测阻抗上的信号;同时 Z 应比 Z_m大,使得 C_x中发生局部放电时,C_x与 C_k之间能较快地转换电荷,而从电源重新补充电荷的过程减慢,以提高测量的准确度。

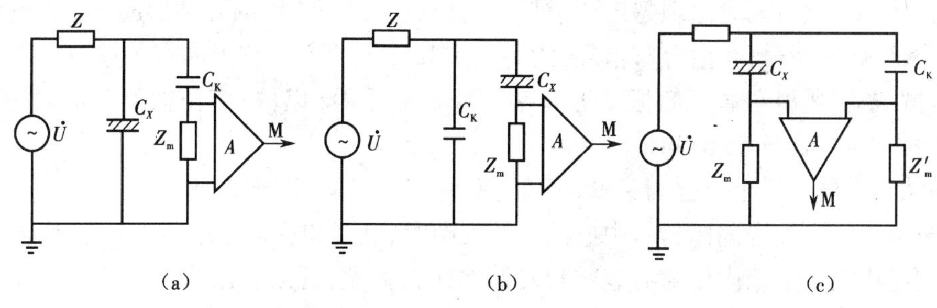

图 13-16　测量局部放电的基本回路

(a)并联测试回路;(b)串联测试回路;(c)桥式测试回路

图 13-16(a)中被试品与检测阻抗并联,称为并联法,这种接线适合于被试品一端接地的情况。图(b)中被试品与检测阻抗串联,称为串联法,适合于被试品对地绝缘的情况,不适用于现场试验。并联法和串联法均属于直接法,其缺点是抗干扰能力较差。为了提高抗干扰能力,可以采用图(c)所示的桥式测量回路(又称平衡测量回路)。此时被试品 C_x和耦合电容 C_k的低压端均对地绝缘,耦合电容器为被试品和测量阻抗之间提供一个低阻抗的通道。此时测量仪器 M 测得的是 Z_m及 Z'_m的电压差。与直接法相比,平衡法抗干扰能力好,因为外部干扰源在 Z_m和 Z'_m产生的干扰信号基本上相互抵消,而在 C_x发生局部放电时,放电脉冲在 Z_m和 Z'_m产生的信号却是相互叠加的。

为抑制现场干扰,常利用脉冲鉴别回路来区分变压器的局部放电和外界干扰信号,如图

13-17 所示。当试品 C_x 发生局部放电时，电流 i_x 在检测阻抗 Z_{m1}，Z_{m2} 上的极性相反，正脉冲经放大通过 D_+ 极性门加到与门Ⅱ上，负脉冲经放大通过 C_- 极性门也加到与门Ⅱ上，与门Ⅱ打开，经通道Ⅱ输出 C_x 局部放电信号。如果是外界干扰信号，电流 i 流过并联的两个阻容支路，在检测阻抗上得到的是同极性的信号，与门不能打开，无信号输出。如果是 C_N 发生局部放电，则分别通过 A_+，B_- 极性门加到与门Ⅰ上，与门Ⅰ打开，经通道Ⅰ输出的是 C_N 发生局部放电的信号。

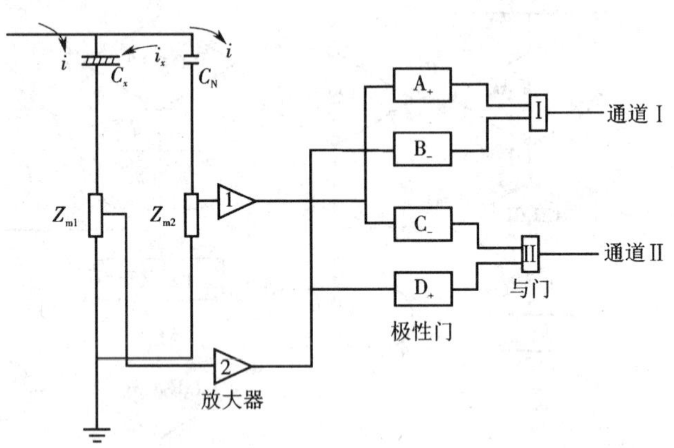

图 13-17　脉冲鉴别系统原理图

2. 超声波监测法

当发生局部放电时，放电区域分子在光、热等作用下发生剧烈碰撞，宏观上这种碰撞产生一种压力，使局部放电同时出现超声波信号。局部放电由一连串的脉冲形成，由此产生的超声波也是一系列脉冲信号，频谱分布很广，约为几 kHz 到几百 kHz。国内有关单位实测表明，变压器的机械振动、风扇和油泵的振动等频率一般在数千 Hz 以内；变压器噪声的频率低于 15 kHz，而电抗器的噪声低于 40 kHz。

超声波在不同介质里传播时衰减、折射、发射程度不同，在纯液体介质里传播时，衰减很小，但当放电发生在油浸固体材料中或油中的气隙时，衰减和反射比较厉害。变压器本身绝缘结构复杂，超声波在油箱内传播时衰减和发射都比较强烈，所以利用超声波监测灵敏度不高，不过将多个超声传感器联合应用，对于局部放电的定位还是很有效果。

超声传感器所接受的声压大小反映实际放电量的大小，但由于波传播过程的衰减和折反射，使得超声波检测法本身无法对放电量的监测灵敏度进行核准和标定，缺乏量化分析。所以，实际中常常是利用超声监测法初检，还需要借助脉冲电流法对放电量进行监测。

3. 电-超声联合监测法

图 13-18 所示是把电气法和超声法各种优点结合起来的电-超声联合监测法。已知超声波在油和油箱壁中的传播速度分别为 1 400 m/s 和 5 500 m/s，远低于电信号的传播速度。监测时，首先要整定好接收到超声信号的最大最小传播时间（t_{max}、t_{min}），只有传播时间满足 $t_{min}<t<t_{max}$ 时所接收到的超声信号才是变压器内部的局部放电。利用装在外壳接地线或小套管上的高频传感器接收到的电信号触发输出装置，输出装置可以是示波器、记录仪或其他设备，根据记录到的各超声传感器所接收到的信号的时差大小（如图 Δt_1、Δt_2）推测变压器内部发生局部放电的位置。各超声传感器的频率范围要最好地反映变压器内部故障，所以应尽量

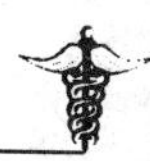

选择避开铁芯噪声、雨滴、外界沙粒等对箱壳的撞击声对应的频率。

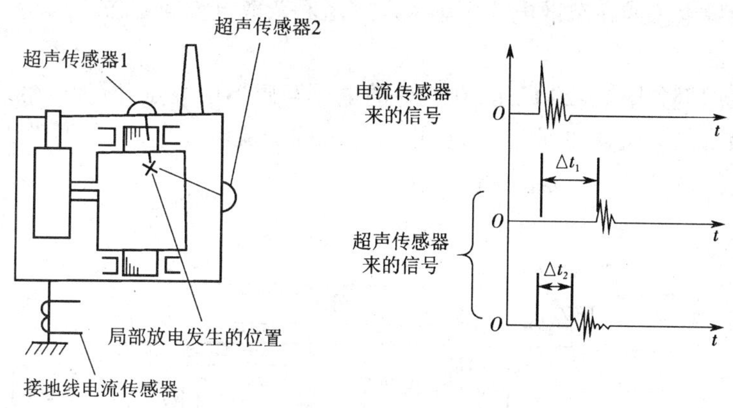

图 13-18　电-超声法原理图

13.6　电力电缆的在线监测

电力电缆以其优良的性能在现代电力系统中应用广泛，根据其绝缘材料不同，电缆分为油纸绝缘电缆、充油电缆、橡胶电缆、交联聚乙烯电缆（XLPE）等。由于油纸电缆较易老化，所以近年来交联聚乙烯电缆因其优良的性能、简单的工艺、安装方便等特点成为高压输电系统的主要产品。下面将主要介绍交联聚乙烯电缆的在线监测方法。

XLPE 电缆绝缘老化的原因主要有 4 种，热老化、电老化、水树枝老化和化学性老化。其中热老化是由于电缆运行温度超过绝缘材料的允许温度时，绝缘物氧化、分解，使得电缆的绝缘电阻和耐压性能下降；电老化是由于电缆内部气隙电晕放电引起局部放电，进一步发展为树枝状放电，引起耐电强度下降；有机绝缘材料长时间受水浸渍，材料受潮，电缆运行时长期受高场强作用，吸收的水分呈树枝状侵蚀电缆，形成水树枝老化；化学性老化形态是溶胀、溶解、龟裂或化学树枝状的老化。大量研究表明，XLPE 电缆老化主要是由于水树枝老化引起的，以下将着重讨论水树枝老化的在线监测。

1. 直流分量法

当交联聚乙烯电缆中有树枝老化时，电缆结构类似一对尖板电极，具有整流作用。在外施电压的负半周，树枝放电向绝缘注入较多的负电荷；在电源的正半周时，注入的正电荷较少，仅能中和一部分负电荷。这样在交流工作电压反复作用下，水树枝前端将积聚较多的负电荷，负电荷逐渐向对方漂移，与整流作用一样出现了直流分量，这个分量数值较小，为纳安数量级。直流分量叠加到交流分量上，通过监测流过电缆接地线的直流电流，即可判断电缆的老化。直流分量在线监测回路见图 13-19。

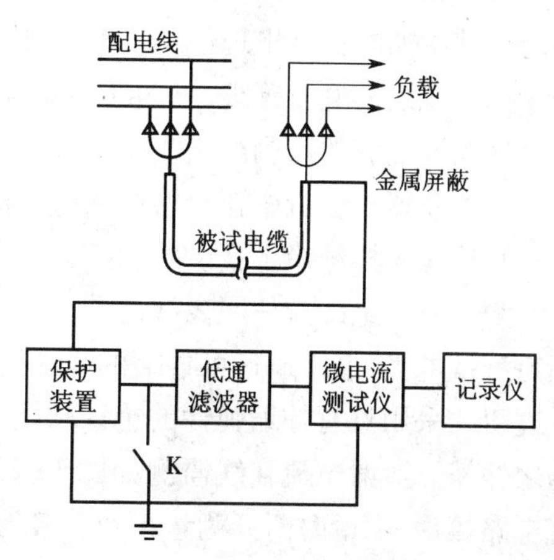

图 13-19　直流分量法在线监测回路

直流分量法测得的电流很微弱，也不稳定，被测

电缆的屏蔽层与大地之间的杂散电流也通过直流分量测量装置，使得测量误差很大。实测时需要采用旁路杂散电流或在杂散电流中串入电容阻断杂散电流等方法。

2. 直流叠加法

直流叠加法原理如图 13-20 所示，在接地的电压互感器中性点处，加进低压直流电源（一般为 50V），将该直流电压叠加到已施加到电缆绝缘的交流电压上，从而测量通过电缆绝缘层的微弱的直流电流（nA 级）或其绝缘电阻。

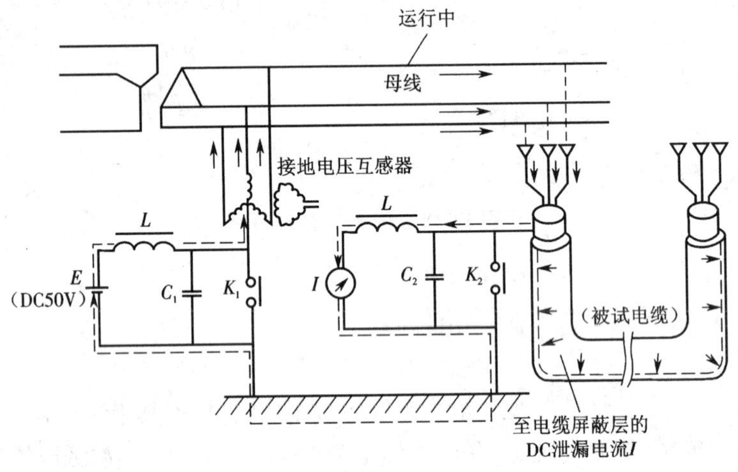

图 13-20　直流叠加法测量原理图

该方法是在交流高压上再叠加低值的直流电压，在带电情况下测量的绝缘电阻与停电后施加直流电压所测的绝缘电阻相近。国外利用直流叠加法在线监测电缆已经积累了大量数据，我国由于数据积累及经验尚不足，目前还没有确定的判断标准。

13.7　高压断路器的在线监测

高压断路器根据其灭弧介质的不同分为：油断路器、压缩空气断路器、SF_6断路器和真空断路器。其中油断路器出现最早，应用最广泛，又分为多油断路器和少油断路器。多油断路器用于 35 kV 及以下电压等级，少油断路器应用广泛。目前针对少油断路器的在线监测技术主要是直流泄漏电流的监测。

少油断路器运行中瓷套管内的绝缘油和绝缘拉杆承受运行电压的作用，最常见的故障是受潮和绝缘拉杆绝缘不良。绝缘拉杆的绝缘状况可以通过监测其泄漏电流进行判断。

测量时在绝缘拉杆距离接地端上部 1 ~2 cm 处镶一个金属圆环，在圆环上焊接或用螺丝固定测量电极，电极通过可伸缩的弹性引线由断路器底部经小套管引出，运行时将其接地。该弹性引线采用具有伸缩弹性的绝缘软线，保证断路器分合闸操作、绝缘拉杆运动时，弹性引线随之伸缩。泄漏电流在线监测如图 13-21 所示。将测量引线接至测量小套管，引线经桥式整流电路接地，测量时断开测量小套管接地线，用微安表读取运行电压下的泄漏电流值。测量完毕，再将测量小套管接地，恢复断路器正常运行状态。

在线测量交流泄漏电流基本能反映绝缘缺陷，但各厂家判断标准不统一，所以一般由厂家

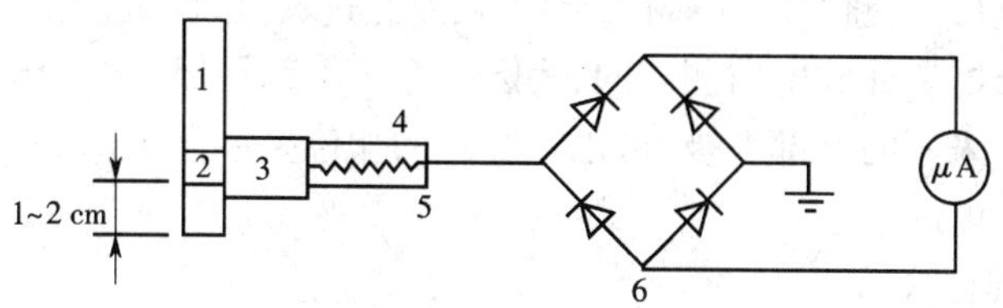

图 13-21　油断路器交流泄漏电流在线监测图

1—绝缘拉杆;2—金属圆环;3—测量电极;4—绝缘引线;
5—测量小套管;6—桥式整流

自行规定。主要采取测量值的纵向和横向比较的方法分析和判断绝缘状况,为利于参数的比较,测量应在晴天湿度不大时进行。此外,监测交流泄漏电流也可以发现绝缘拉杆分层开裂的缺陷。

高压少油断路器经测量小套管将绝缘拉杆引线引出后也可以接入西林电桥,以实现介质损失角正切值的在线监测。通过调节电桥的可变电阻 R_3 和可变电容 C_4 使得电桥平衡,现场如遇电桥不能调节平衡,可采用适当降低并联电阻 R_4 或增大可调电阻箱,或者对调试品与“标准电容”位置,最终使电桥平衡。

在线监测介质损失角正切值时,由于试验电压高,电场干扰相对少,测量分散性也小。可以根据历次测量结果进行比较,结合交流泄漏电流,对断路器状况做出判断。

13.8　GIS 的在线监测

以 SF_6 作为绝缘介质的气体绝缘金属封闭开关设备称为封闭式组合电器,简称 GIS。它是将变电站中除变压器外的电气设备,包括断路器、隔离开关、接地开关、电流互感器、电压互感器、避雷器、母线等全部封闭在一个接地的金属外壳内,壳内利用 SF_6 气体作为绝缘和灭弧介质。目前停电检修周期一般定为 10 ~20 年。GIS 变电站故障率远低于常规变电站,而一旦出现事故,造成的后果比常规变电站严重,修复复杂,耗时长,所以宜采用在线监测技术及时发现其内部故障隐患。

在线监测局部放电对 GIS 的早期诊断比较灵敏,所以目前 GIS 绝缘监测最有效的方法是局部放电监测。监测局部放电可以发现绝缘制造工艺和安装过程的缺陷、设备的清洁度问题,通过监测还可以确定放电部位。根据局部放电原因,对 GIS 的局部放电可采用电量监测和非电量监测两类。

1. 局部放电的电量监测

对 GIS 进行局部放电的电量监测,可以进行早期故障诊断,判断 GIS 的绝缘状况。一般采用以下几种办法。

1)外部电极法

利用外部电极在线监测局部放电如图 13-22 所示。在 GIS 外壳上放置测量电极,为防止外壳电流流过监测装置,测量电极需通过薄膜与外壳绝缘。局部放电引起的脉冲电流通过小电容耦合到监测阻抗上,经信号放大实现在线监测,小电容和监测阻抗可以隔离低频信号。也有人认为 GIS 内部各室之间有绝缘垫,局部放电产生的高频电流在同一个绝缘垫的两侧的两

个外部电极间形成电位差，将 20 ~ 40 MHz 的衰减波经过放大、滤波、A/D 转换后，即可得到测量结果。与电力变压器局部放电监测相同，为区分 GIS 内部局部放电和干扰信号，需采用脉冲鉴别回路进行区分。采用的外部电极，可以将脉冲的相位关系显示出来，据此有可能区分是哪个气室发生的局部放电。

2）接地线电磁耦合法

GIS 发生局部放电时，其外壳接地线中流过的电流除工频电流外还包含局部放电产生的高频脉冲，通过铁磁线圈耦合。

3）内部电极法

通过在法兰内部加装金属电极与外壳形成电容，以此电容作为传感器提取局部放电的脉冲信号，可以测量处于 400 kHz 左右频率的衰减波的振幅。如果采用两个电容传感器，通过测量信号到达两个传感器的时间差，进一步确定局部放电的部位。测量原理见图 13-23。

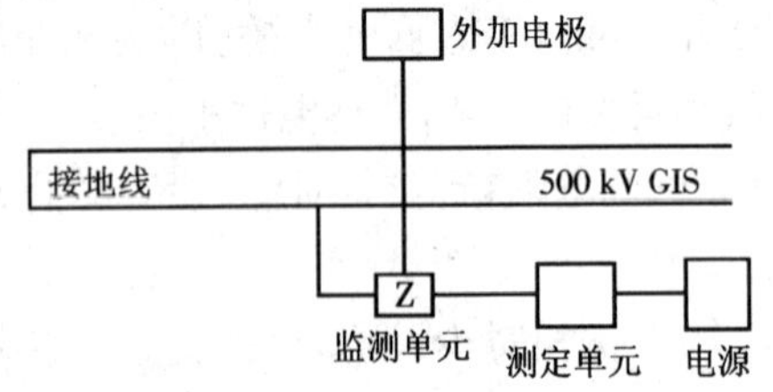

图 13-22　外部电极法测量原理图

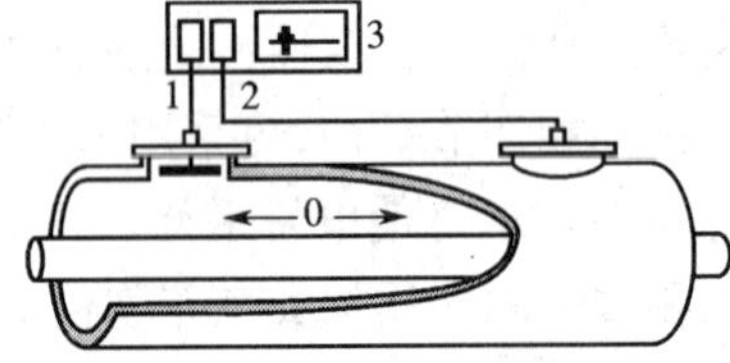

图 13-23　内部电极法原理图

1、2—输入；3—示波器

利用内部电极测量原理图见图 13-24。内部电极处于 GIS 金属容器内部，抗干扰性好，灵敏性高，监测灵敏度可达几个 pC 的电容量。内部电极法需要事先将传感器探头安装到支撑绝缘子里，需要妥善解决处于壳内的前置放大器电源问题。对于分相外壳的 GIS，有可能利用电源侧的感应电压作为此放大器的电源；对于三相同一外壳的，需要定期更换锂电池。

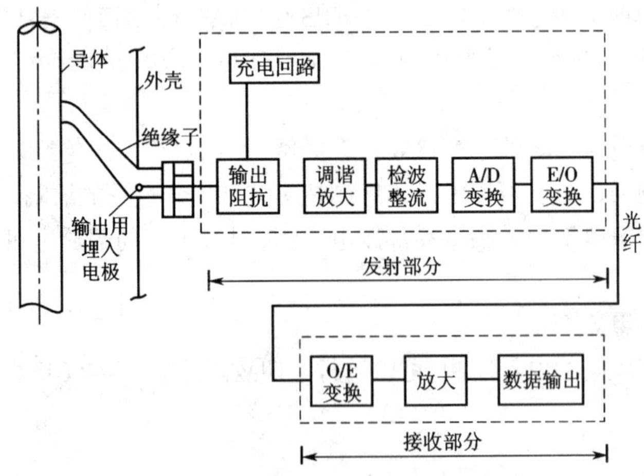

图 13-24　绝缘子中预埋电极法监测原理图

4)超高频监测法

研究表明,局部放电频谱分布广泛,在几百兆赫,甚至几千兆赫均有局部放电频率分量存在,所以可以利用监测超高频信号来监测局部放电。该方法在 GIS 壳内预置一种薄膜电容器,利用超高频信号进行局部放电的监测。电容量约数千 pC,在 GIS 壳外通过阻抗匹配器采集信号,测量仪器全部放置在壳外。其监测原理如图 13-25 所示。

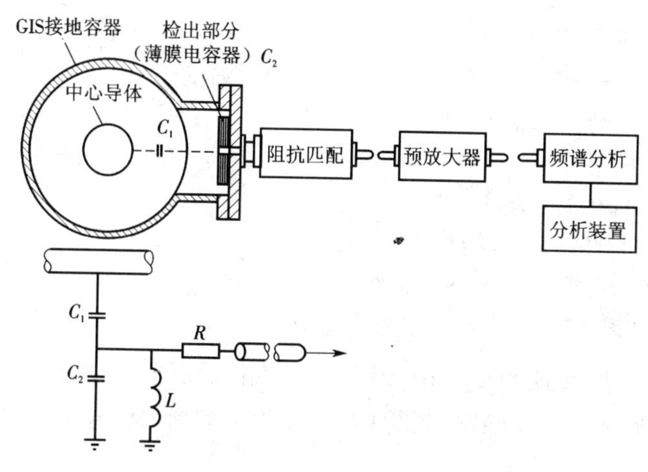

图 13-25 超高频局部放电监测原理图

2. 局部放电的非电量检测

1)机械振动监测法

GIS 内发生局部放电会产生超声波,并使金属外壳发生机械振动,所以可以利用超声波测量局部放电。对 GIS 中局部放电引起的振动可采用微音器、超声探头或振动加速计进行测量。目前可以测量到皮库级的精度。

局部放电产生的声波频谱分布很广,约为 10 Hz ~ 10^7 Hz。监测到的声波频谱随不同的电气设备、放电状况、环境条件、传播媒质等不同。GIS 中的高频分量传播过程已衰减完,能监测到的声波含较多的低频分量。此外,GIS 中除局部放电产生的声波外,还有导电微粒碰撞金属外壳、电磁振荡、操作等引起的机械振动也发出声波,这些声波的频率较低,一般在 10 kHz 以下。综上所述,因局部放电产生的声波传到金属外壳和金属微粒撞击外壳引起的外壳机械振动的频率大约为数千到数十千赫,为去除其他声源的干扰,监测频率一般选 1 kHz ~ 20 kHz。由于测量频率较低,采用加速度传感器进行测量有较高的灵敏度。各种因素引起的 GIS 外壳机械振动的频谱见图 13-26。

机械振动法的优点是无电磁干扰和易于定位。由于信号在 GIS 有相当高的衰减,利用两个传感器的时间差可能找到在 1 cm 内的故障定位。利用双压电探头的超声监测器原理如图 13-27 所示。其中 A、B 两个探头测到的信号经放大后送入判别回路,根据两探头所测信号的先后次序确定波的传播方向,按顺序移动仪器探头,可以准确找出故障部位。

运行中 GIS 不同杂质微粒振动时对壳外所装加速度及超声传感器的反应不同,两种传感器所测信号差别较大,可以利用两种传感器输出信号的强度比较鉴别杂质。

2)气体检测法

GIS 内部发生局部放电产生的高温将产生金属蒸气,引起 SF_6 气体分解,生成的活泼气体

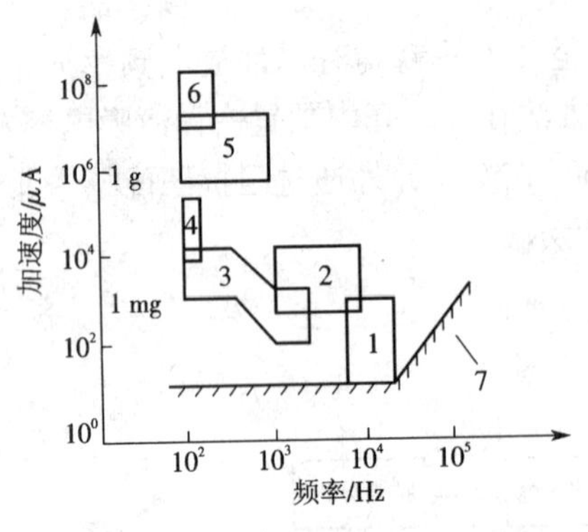

图 13-26　GIS 外壳振动的频谱

1—局部放电;2—导电微粒;3—电动力;
4—静电力;5—断路器操作;6—对地短路;
7—加速度传感器测量极限

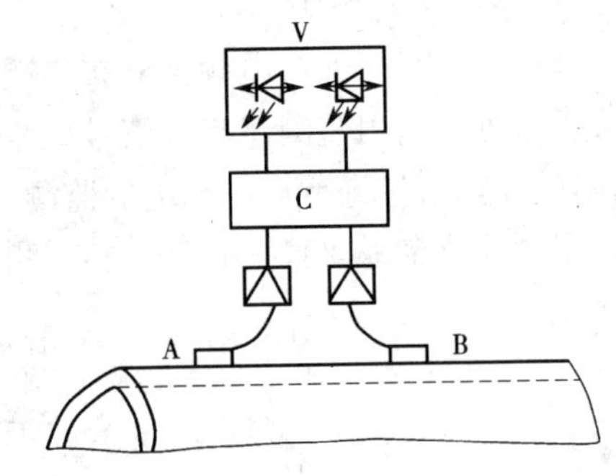

图 13-27　双探头超声监测原理图

A,B—电压探头;C—信号鉴别回路;V—发光二极管

分子与水分子发生反应,生成 SOF_2、HF、SO_2等活泼气体。所以通过分析气体中所含 H^+或 F^-离子含量,即可推断 SF_6的分解情况,判断 GIS 内部发生的局部放电。

3)光学监测法

由于局部放电过程中有光辐射,在 GIS 内安装光纤传感器,通过检测光信号即能监测局部放电。

13.9　旋转电机的在线监测

与变压器相比,旋转电机由于有转动部分,结构复杂,部件类型多,对材料机械强度的要求较高。绝缘材料往往是机械强度最脆弱的部件,运行中或高温下,材料的绝缘性能还会下降。电机密封程度也不如变压器,所以运行中不但受电、热、化学、机械力等作用外,还易受环境的污染,所以电机的故障情况复杂。如能引入合适的在线监测设备,可以更好地发挥作用,保证电机的安全。

13.9.1　旋转电机放电的在线监测

电机中放电一般分为 3 类:电机绝缘内部放电、端部放电、槽部放电。

高压旋转电机放电在线监测最基本的方法是脉冲电流法。目前,国内对于槽部放电、表面防晕层放电以及绝缘层内部放电等局部放电的特征,已有不少总结。

也可通过在中性点采集电流进行监测。当定子绕组棒出现导线断股时,将出现间歇性电弧,产生频带很宽的按指数规律变化的高频衰减电流波形。其中一部分传给定子星形绕组的中性点,采用装于中性点上的射频电流互感器及其相应的测量装置可以实现在线监测电流,测量原理如图 13-28 所示。

对于定子槽部放电和绕组的绝缘劣化过程,可以利用耦合电容法进行局部放电测量。耦合电容法是在发电机定子绕组的出线端通过一耦合电容与脉冲高度分析器相连,从而对放电脉冲的时域特性进行分析。

近年来也有利用天线在线监测局部放电。可以将天线安装在转子上，通过滑环将接收到的局部放电信号送到信号处理单元；也可将天线安装在发电机轴的中心线的延长线上，采用很高的频段，可以抑制常见的背景干扰信号，明显地区分局部放电的部位。

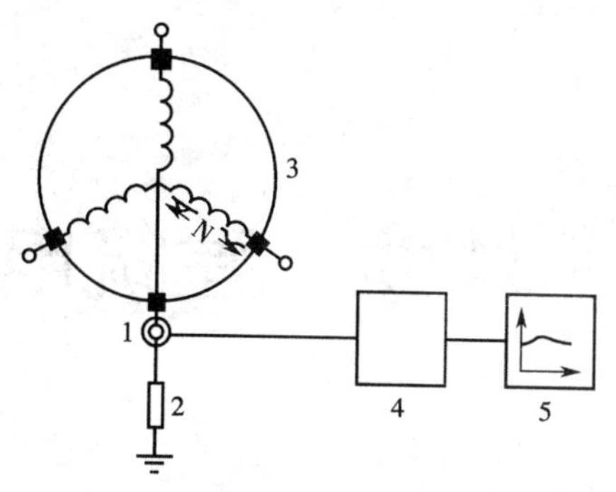

图 13-28　中性点射频法测量原理

1—高频电流互感器；2—中性点电阻；3—定子；4—测量仪；5—记录仪

13.9.2　电机温度的在线监测

电机温度测量有两种基本方法，一种是利用埋入式测温元件测量电机内部某些部位的局部温度，另一种是测量发电机内温度分布并计算温升。

随着光纤技术的发展，已有将光纤温度传感器用于电机内部转子温度的测量。事先在转子表面用荧光涂料涂成一个环形，在紫外线照射下，喷涂涂料的地方将发出荧光，并随温度而衰减。光纤经过定子将紫外线聚焦在转子表面荧光涂料上，使涂料发射荧光，荧光反映的即为温度信息。再通过光纤将这些信息输出至监测系统，在输出设备上显示的即为转子表面的温度分布。

13.9.3　气体成分的在线监测

旋转电机绝缘出现过热、局部放电等故障时，将分解出多种气体。因此可根据冷却气体中所含的其他气体的成分和数量对绝缘状况进行监测。过热分解物的气体在冷却系统中滞留的时间较长，所以连续的气体成分在线监测能获得发电机过热的早期报警。

氢类发电机过热时，会产生烃类气体。在线监测氢冷发电机时，将氢冷发电机中的气体引入到火焰电离监测器内，在氢氧焰中燃烧，氢氧火焰的电阻随气体中有机物（烃类气体）的含量成正比下降（氢氧火焰正常时呈高阻）。这种监测器可以灵敏、连续地显示过热分解物的变化趋势。

空冷发电机过热时，会发生大量 CO、CO_2 和烃类气体，可以利用红外监测器测定 CO 的浓度。

第 14 章　建筑电气施工图的识图与设计

本章知识架构

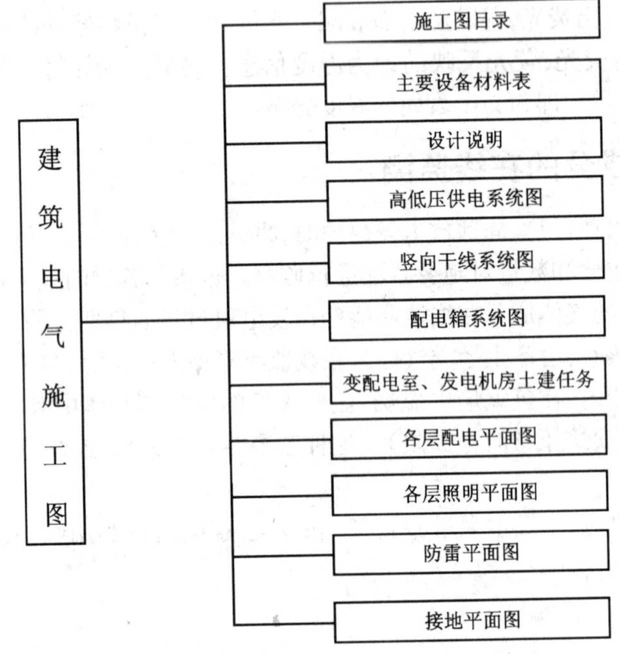

本章教学目标与要求

★ **能熟练读懂电气施工图**

★ **掌握设计思路与方法**

★ **能做简单项目的设计**

常用规范：

《民用建筑电气设计规范》JGJ 16—2008

《高层民用建筑设计防火规范》GB 50045—95（2005 年版）

《火灾自动报警系统设计规范》GB 50116—98
《建筑物防雷设计规范》GB 50057—94(2010 年版)
《建筑照明设计标准》GB 50034—2004
《低压配电设计规范》GB 50054—95
《供配电系统设计规范》GB 50052—2009
《住宅设计规范》(GB 50096—1999)(2003 年版)
《住宅建筑规范》GB 50368—2005
《有线电视系统工程技术规范》GB 50200—94
《综合布线工程设计规范》GB 50311—2007
《住宅建筑电气设计规范》JGJ 242—2011
《10 kV 及以下变电所设计规范》GB 50053—94

14.1 读图方法与要点

阅读建筑电气工程图的一般程序如下。

①看标题栏及图纸目录。

②看主要设备材料表。

③看设计说明。

④看高低压供电、竖向干线、配电箱(柜)系统图。

⑤看变配电室、发电机房土建任务图。

⑥看各层配电、照明平面图。

⑥看其他安装接线图及大样图(若有的话)。

⑧看防雷平面图。

⑨看接地平面图。

14.2 设计内容与案例

14.2.1 施工图目录

一套完整的施工图就像一本书一样,有目录便于查找及了解工程名称、项目内容、设计日期、图纸内容、数量等。图 14-1 是一个真实工程的电气施工图目录。

XXX设计研究院		XXXX		编号	x-1DQ-0
		XXX（商住楼）		第1页	共2页

施　工　图　目　录

序号	图号	图纸名称	张数	备注
1	x-1DQ-0	施工图目录	2	
2	x-1DQ-1	主要设备材料表	3	
3	x-1DQ-2	电气设计说明（一）	1	
4	x-1DQ-3	电气设计说明（二）	1	
5	x-1DQ-4	高压供电系统图	1	
6	x-1DQ-5	低压供电系统图（1）	1	
7	x-1DQ-6	低压供电系统图（2）	1	
8	x-1DQ-7	低压供电系统图（3）	1	
9	x-1DQ-8	竖向配电系统图（一单元）	1	
10	x-1DQ-9	竖向配电系统图（二单元）	1	
11	x-1DQ-10	配电箱（柜）系统图（1）	1	
12	x-1DQ-11	配电箱（柜）系统图（2）	1	
13	x-1DQ-12	配电箱（柜）系统图（3）	1	
14	x-1DQ-13	网络、电话及电视系统图（一单元）	1	
15	x-1DQ-14	网络、电话及电视系统图（二单元）	1	
16	x-1DQ-15	对讲及火灾自动报警系统图（一单元）	1	
17	x-1DQ-16	对讲及火灾自动报警系统图（二单元）	1	
18	x-1DQ-17	变电室、发电机房土建任务图	1	
19	x-1DQ-18	变电室、发电机房平面布置、接地平面图	1	
20	x-1DQ-19	地下一层配电平面图	1	
21	x-1DQ-20	地下一层照明平面图	1	
22	x-1DQ-21	地下一层弱电平面图	1	
23	x-1DQ-22	一层插座平面图	1	
24	x-1DQ-23	一层照明平面图	1	
25	x-1DQ-24	一层弱电平面图	1	
26	x-1DQ-25	二-二十一层插座平面图	1	
27	x-1DQ-26	二-二十一层照明平面图	1	
28	x-1DQ-27	二-二十一层弱电平面图	1	
29	x-1DQ-28	二十二层插座平面图	1	

主管		审核		编制人		编制日期	2012年6月

图 14-1　施工图目录

14.2.2　主要设备材料表

任何一个工程项目，要完成各用电负荷的用途，都要有与之有机连接起来的一系列电气设备和材料。主要设备材料表就是把一个项目中的主要电气设备材料进行统计汇总而成的明细。值得注意的是，各个设计院所出的施工图的样式不尽相同，有些图纸仅有图例表，有的虽有数量但也不是很准确，因此不能作为预算的依据，只能参考。下面是一个真实工程的主要设备材料表，如图 14-2 由此可了解工程中使用的设备、材料的型号、规格和数量情况。

XXX设计研究院	XXXX XXX(商住楼)	图号 x-1DQ-1 第1页 共3页

主要设备材料表

序号	名称	型号规格	单位	数量	备注
1	高压开关柜	KYN28	台	4	规格见高压系统图
2	干式变压器	SGB10-630KVA/10/0.4/0.23([illegible])IP3X	台	1	规格见低压系统图
3	柴油发电机	350KW	台	1	规格见低压系统图
4	低压配电柜	GGD2-(改)	台	8	
5	应急动力配电(控制)箱	nAPEm	只	13	规格见系统图
6	动力配电(控制)箱	AP(AC)	只	7	规格见系统图
7	照明(电表)配电箱	AW、1AL0-1	只	48	距地1.5m
8	户内开关箱	AL1、AL2、AL3、AL4、AL5	只	109	距地1.8m
9	应急照明配电箱	ALEm、-1ALE	只	9	ALE
10	暗装单联开关	R86K11-10-I	个	904	距地1.3m
11	暗装双联开关	R86K21-10-I	个	266	距地1.3m
12	暗装三联开关	R86K31-10-I	个	223	距地1.3m
13	双控开关	R86K21T20-I	个	68	距地1.3m
14	触摸式限时开关	R86KYD3S-I	个	257	距地1.3m
15	暗装单极开关	用于发电机房,防护等级为IP5X	个	2	距地1.3m
16	暗装单相三孔+二孔插座	R86Z223-10-I	个	1468	距地0.3m
17	暗装单相三孔+二孔插座	R86Z223-10-I 用于变配电室	个	7	距地1.3m
18	带开关暗装单相三孔空调插座	R86Z13K11-10-I	个	303	距地2.2m
18	暗装三孔+二孔单相插座(带防溅盖)	250V、10A	个	672	距地1.3m
19	暗装三孔+二孔单相插座(带防溅盖)	250V、10A	个	109	距地2.0m
20	暗装三孔+二孔单相插座(带防溅盖)	用于发电机房,防护等级为IP5X 250V、10A	个	4	距地1.3m
21	带开关柜机空调三孔插座	R86Z13K11-16-I	个	106	距地0.3m
22	带开关热水器两孔加三孔插座(加防溅面盖)	250V、16A	个	218	距地2.0m
23	1x18w镜前灯	1x18W	套	222	墙壁2m安装
24	用户灯具(自定)	60W	套	913	吸顶安装
25	灯座	24W	套	100	墙壁2.5m安装
26	防水防尘灯吸顶灯	18W	套	222	吸顶安装
27	防水防尘灯	100W 用于水箱间、水泵房	套	11	据地坪3m管吊
28	防水防尘灯	100W 用于发电机房,防护等级为IP2X	套	4	据地坪3m管吊

审核		校对		编制人		编制日期	2012年6月

图 14-2 主要设备材料表

14.2.3 设计说明

设计说明是施工图很重要的内容,可了解到工程概况、设计依据、电气专业各个系统的介绍以及施工图中未能表达清楚的各有关事项。

图 14-3 是一个真实工程的设计说明。

14.2.4 高低压供电、竖向干线、配电箱(柜)系统图

该部分是施工图的核心,可了解系统的基本组成,主要电气设备、元件之间的连接关系以及它们的规格型号参数等。该部分也是电气设计的核心,常用的计算在此环节反复的应用。图 14-4、14-5、14-6、14-7 分别是真实工程的高低压供电、竖向干线和部分配电箱(柜)系统图。图 14-8 是一个电表箱的系统图,我们举例说明如何进行配电箱的设计。

电气设计说明

一、建筑概况
1. 建设单位:XXX
2. 建设地点:XXX
3. 设计使用年限:50年
4. 建筑防火分类：一类，耐火等级：一级
5. 总建筑面积:16832.8m^2
6. 建筑层数：地上23层，地下1层；建筑高度:70.50m.
7. 建筑结构类型：剪力墙结构

二.设计依据
1. 上级部门批准的文件及甲方设计任务书.
2. 国家现行有关设计规程,规范及标注,主要包括：
(1)<<民用建筑电气设计规范>> JGJ16-2008；
(2)<<高层民用建筑设计防火规范>> GB50045-95(2005年版)；
(3)<<火灾自动报警系统设计规范>> GB50116-98；
(4)<<建筑物防雷设计规范>>GB 50057-94(2010年版)；
(5)<<建筑照明设计标准>> GB 50034-2004;
(6)<<低压配电设计规范>> GB50054-95；
(7)<<供配电系统设计规范>> GB50052-2009；
(8)<<住宅设计规范>> (GB50096-1999) (2003年版)；
(9)<<住宅建筑规范>> GB50368-2005;
(10)<<有线电视系统工程技术规范>> GB50200-94;
(11)<<综合布线工程设计规范>> GB50311-2007;
(12)<<住宅建筑电气设计规范>> JGJ242-2011;
(13)<<10KV及以下变电所设计规范>> GB50053-94;
3. 建设单位提出的设计要求;
4. 本工程建筑，结构，暖通，动力，给排水，工艺专业提供的设计资料.

三.设计范围
本工程设计包括红线内的以下电气系统:
1)10/0.4kV变配电系统；2)电力，照明系统3)防雷接地系统；
4)火灾自动报警及消防联动系统　5)有线电视系统；6)电话系统；7)网络系统；8)楼宇对讲系统；

四.10/0.4kV变配电系统
1. 负荷分级
本楼为一类高层,此设计最高按一级负荷设计.
一级负荷：消防用电设备，应急照明，疏散标志灯，客梯电力，排污泵，正压风机 等；
其余为三级负荷.
2. 负荷容量
1)居民用电容量:1092KW；动力用电容量 276.9kW；备用电源容量W（停电时备用负荷容量）266KW（停电火灾时备用负荷容量）.
3. 供电电源
本工程从附近变电站引来一路10kV专线电源作为主电源，电缆从建筑物东南侧穿管埋地引入设在地下一层的高压进线柜.
由变配电室(设于本楼—1层，选用1台630kVA户内型干式变压器,接线为D，Yn11，Uk= 6%.
负责本楼用电）引来~380V/~220V低压电源作为主电源，备用电源来自自备柴油发电机房(设于本楼—1层，
本工程选用一台350KW柴油发电机组作为备用电源)，当10kV市电停电、缺相、电压或频率超出范围时，15s内自动启动柴油发电机组，
当市电恢复 30~60s（可调）后，自动恢复市电供电，柴油发电机组经冷却延时后，自动停机。发电机与变压器低压总开关设连锁，
其启动信号来自变压器低压总开关的辅助触点。变压器、柴油发电机负荷计算见计算书.

4. 高、低压供电系统结线型式及运行方式:
1）高压为单母线不分段运行方式.
2）低压为单母线不分段运行.
5. 10kV继电保护：采用定时限过流保护及电流速断保护；零序保护；变压器10kV侧单相接地信号装置、温度保护及信号装置.
6. 计量：本工程根据供电部门要求高供高计，在变配电室低压柜出线回路端根据需要设电表计量．住户采用预付IC卡表计量.
7. 功率因数补偿：在变配电室低压侧设功率因数集中自动补偿装置，电容器组采用自动循环投切方式，要求补偿后的功率因数不小于0.90．并要求荧光灯就地补偿，使其大于0.90.
8. 10kV高压柜操作电源及信号：10kV配电设备采用手车式开关柜。高压断路器采用真空断路器（12kV、31.5kA），在10kV出线开关柜内装设真空断路器操作过电压保护器。真空断路器选用弹簧储能 操作机构，操作电源采用交流100V，电源来自电压互感器.
9. 工程供电：进户高压电缆规格、型号由供电部门确定.
10. 低压断路器（运行、极限）分断能力要求:
630kVA干式变压器，Uk= 6%，低压断路器要求运行分断能力:35kA及以上.
11. 低压保护装置:
低压主进、联络断路器设过载长延时、短路短延时保护脱扣器，其他低压断路器设过载长延时、短路瞬时脱扣器，部分回路设分励脱扣器，这些回路既可以在自动互投时，卸载部分负荷，防止变压器过载，又可以在火灾时，切断火灾场所相关非消防设备电源.

六. 照明系统
(1).光源：一般场所为荧光灯或节能型灯具，柴油发电机房及储油间的灯具均选用防护等级为IP2X型产品，配电柜、开关及插座等选用IP5X型产品.
(2)照度要求

房间或场所	对应照度值	照明功率密度(W/m^2)
配电室	200lx	8
门厅	100lx	7
楼梯、平台	30lx	5
电梯前室	75lx	7
住宅起居室	100lx	7

住宅卧室	75lx	7
住宅餐厅	150lx	7
住宅厨房	100lx	7
住宅卫生间	100lx	7
电梯机房、泵房	100lx	7
[illegible]	300lx	12

(3).照明分支线路，每回路均单独设置中性线，不得共用.
(4).应急照明:
配电间，电梯机房，按100%考虑；门厅，走道按30%考虑；其他公共场所按10%考虑．各层疏散走道，拐角及出入口等处均设疏散指示灯(带电池浮充)．疏散指示灯和标志照明灯具的选型应符合本市消防局的有关规定，并且，上述灯具内应设置蓄电池，蓄电池的工作时间应不少于30分钟.

XXX			XXX				
项目总设计师	XXX		XXX（商住楼）				
审定	XXX		电气设计说明（一）				
审核	XXX						
校对	XXX						
专业负责人	XXX		专业	电气	阶段	施工图	图号 x-IDQ-2
设计	XXX		比例	1:100	日期	2012年6月	

图 14-3　电气设计说明

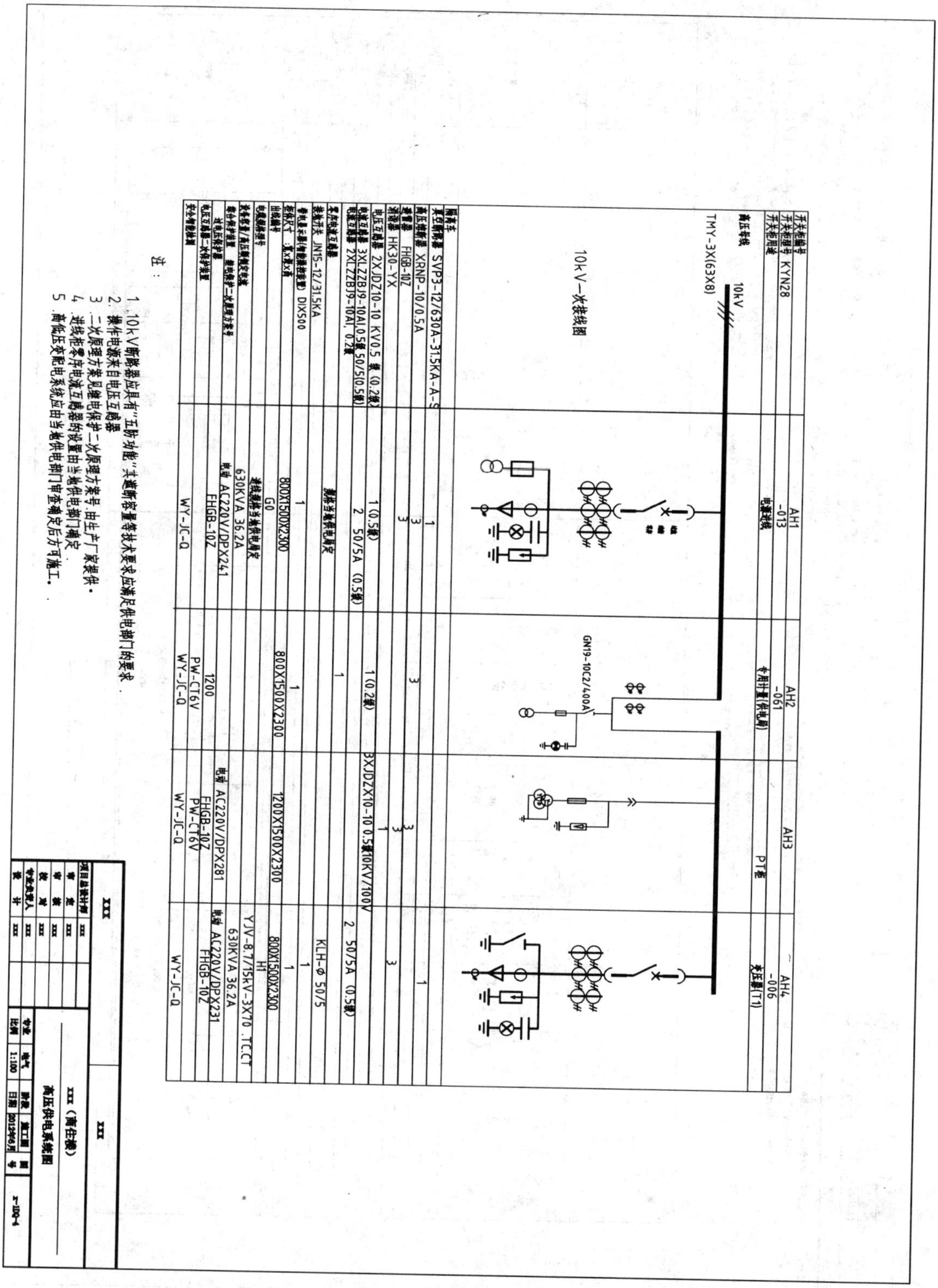

10kV一次接线图

高压母线 10kV TMY-3X(63X8)

GN19-10C2/400A

开关柜编号	AH1	AH2	AH3	AH4
开关柜型号 KYN28	-013	-061		-006
开关柜用途	电源进线	专用计量(供电局)	PT柜	变压器(T1)
隔离车				
真空断路器 SVP3-12/630A-31.5KA-A-S	1			1
高压熔断器 XRNP-10/0.5A	3	3	3	
避雷器 FHGB-10Z	3		3	3
消谐器 HK30-YX			1	
电压互感器 2XJDZ10-10 KV0.5 级 (0.2级)	1 (0.5级)	1 (0.2级)	3XJDZX10-10 0.5级10KV/100V	
电流互感器 3XLZZBJ9-10AI,0.5级 50/5(0.5级)	2 50/5A (0.5级)			2 50/5A (0.5级)
电流互感器 2XLZZBJ9-10AI, 0.2级		1		
零序电流互感器	规格当地供电局定			KLH-Φ 50/5
接地开关 JN15-12/31.5KA				1
带电显示器(智能操控装置) DIX500	1	1		1
柜体尺寸 :宽x深x高	800X1500X2300	800X1500X2300	1200X1500X2300	800X1500X2300
出线编号	G0			H1
电缆规格型号	进线规格当地供电局定			YJV-8.7/15kV-3X70 .TC.CT
设备容量/高压侧额定电流	630KVA 36.2A			630KVA 36.2A
综合保护装置 继电保护二次原理方案号	电动 AC220V/DPX241		电动 AC220V/DPX281	电动 AC220V/DPX231
过电压保护器	FHGB-10Z	1200	FHGB-10Z	FHGB-10Z
电压互感器二次保护装置		PW-CT6V	PW-CT6V	
安全智能检测	WY-JC-Q	WY-JC-Q	WY-JC-Q	WY-JC-Q

注：

1 .10kV断路器应具有"五防功能"其遮断容量等技术要求应满足供电部门的要求.
2. 操作电源来自电压互感器
3 .二次原理方案见继电保护二次原理方案号.由生产厂家提供·
4 .进线柜零序电流互感器的设置由当地供电部门确定.
5 .高低压变配电系统应由当地供电部门审查确定后方可施工.

XXX		XXX					
项目总设计师	xxx	xxx（商住楼）					
审定	xxx						
审核	xxx	高压供电系统图					
校对	xxx						
专业负责人	xxx	专业	电气	阶段	施工图	图号	x-1DQ-4
设计	xxx	比例	1:100	日期	2012年6月		

图 14-4 高压供电系统图

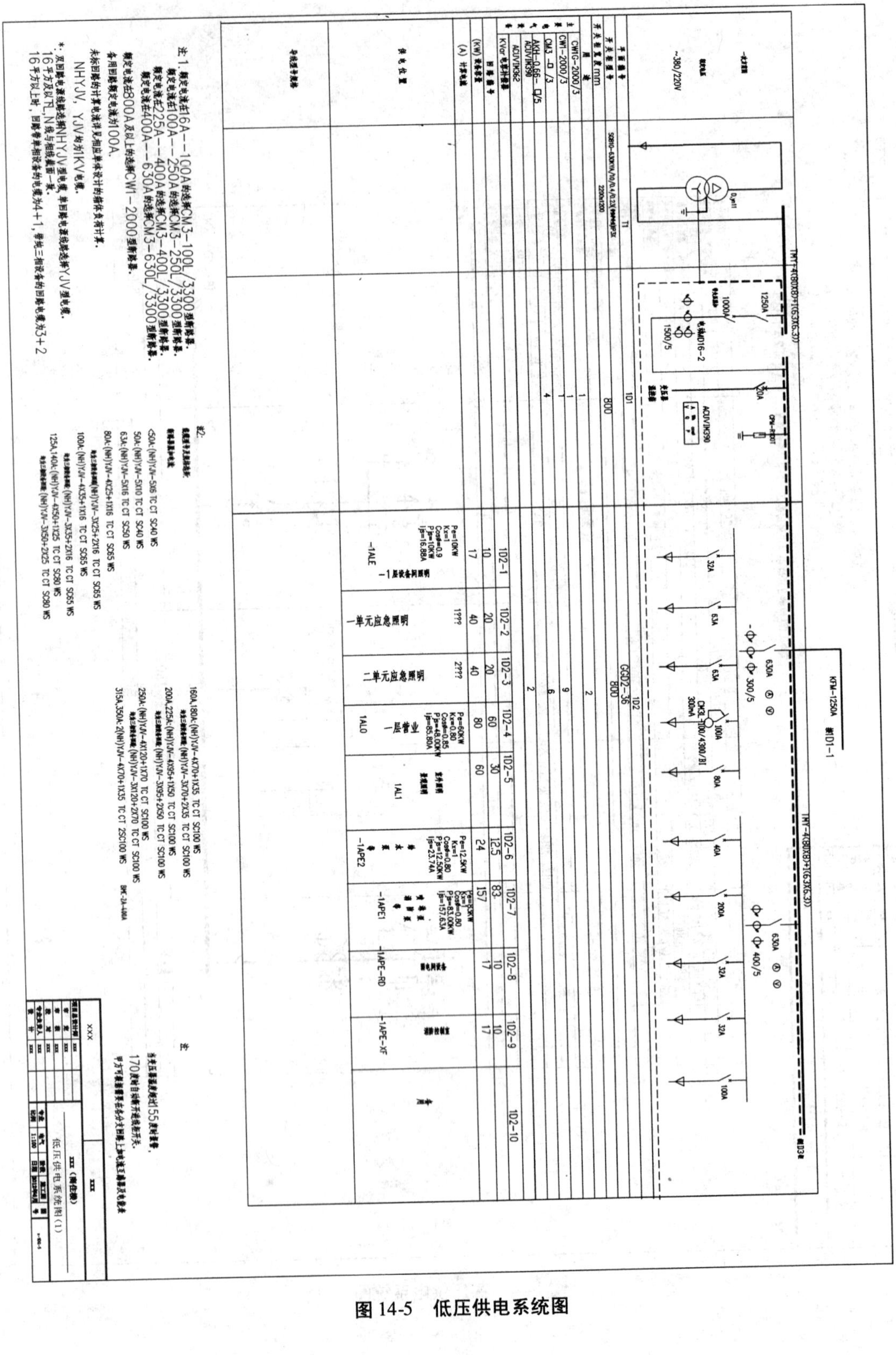

	T1	1D1	1D2									
一次方案图 额定电压 ~380/220V	D,yn11	1250A / 1000A / 电流MD16-2 / 1500/5 / 20A / CPM-R100T / ACUVIM390 / 变压器温控器	32A	63A	63A	100A CM3L-100/4300/BI 300mA	80A	40A	200A	32A	32A	100A
平面编号	T1	1D1	1D2									
开关柜型号	SCB10-630KVA/10/0.4/0.23 [illegible] IP3X		GGD2-36									
开关柜宽度mm	2200x1200	800	800									
用途												
CW1G-2000/3		1	2									
CW1-2000/3		1										
CM3-□/3		1	9									
AKH-0.66-□/5		4	6									
ACUVIM390												
ACUVIM362			2									
KVar电容补偿器												
回路编号			1D2-1	1D2-2	1D2-3	1D2-4	1D2-5	1D2-6	1D2-7	1D2-8	1D2-9	1D2-10
(KW) 设备容量			10	20	20	60	30	12.5	83	10	10	
(A) 计算电流			17	40	40	80	60	24	157	17	17	
供电位置			Pe=10KW Kx=1 Cosφ=0.9 Pjs=10KW Ijs=16.88A -1层设备间照明 -1ALE	1??? 一单元应急照明	2??? 二单元应急照明	Pe=60KW Kx=0.80 Cosφ=0.85 Pjs=48.00KW Ijs=85.80A 一层营业 1AL0	室外照明 景观照明 1AL1	Pe=12.5KW Kx=1 Cosφ=0.80 Pjs=12.50KW Ijs=23.74A 给水泵 -1APE2	Pe=83KW Kx=1 Cosφ=0.80 Pjs=83.00KW Ijs=157.63A [illegible] -1APE1	[illegible] -1APE-RD	[illegible] -1APE-XF	备用
导线型号规格												

注 1. 额定电流在16A--100A的选择CM3-100L/3300型断路器.
额定电流在100A--250A的选择CM3-250L/3300型断路器.
额定电流在225A--400A的选择CM3-400L/3300型断路器.
额定电流在400A--630A的选择CM3-630L/3300型断路器.
额定电流在800A及以上的选择CW1-2000型断路器.
备用回路额定电流为100A.
未标回路的计算电流详见相应单体设计的箱体负荷计算.
NHYJV, YJV均为1KV电缆.
*: 双回路电源线路选择NHYJV型电缆, 单回路电源线路选择YJV型电缆.
16平方及以下L,N线与相线截面一致.
16平方以上时, 回路带单相设备的电缆为4+1, 带纯三相设备的回路电缆为3+2

注2:
电缆型号及规格选择:
断路器整定电流:
<50A: (NH)YJV-5X6 TC CT SC40 WS
50A: (NH)YJV-5X10 TC CT SC40 WS
63A: (NH)YJV-5X16 TC CT SC50 WS
80A: (NH)YJV-4X25+1X16 TC CT SC65 WS
带纯三相设备回路: (NH)YJV-3X25+2X16 TC CT SC65 WS
100A: (NH)YJV-4X35+1X16 TC CT SC65 WS
带纯三相设备回路: (NH)YJV-3X35+2X16 TC CT SC65 WS
125A,140A: (NH)YJV-4X50+1X25 TC CT SC80 WS
带纯三相设备回路: (NH)YJV-3X50+2X25 TC CT SC80 WS
160A,180A: (NH)YJV-4X70+1X35 TC CT SC100 WS
带纯三相设备回路: (NH)YJV-3X70+2X35 TC CT SC100 WS
200A,225A: (NH)YJV-4X95+1X50 TC CT SC100 WS
带纯三相设备回路: (NH)YJV-3X95+2X50 TC CT SC100 WS
250A: (NH)YJV-4X120+1X70 TC CT SC100 WS
带纯三相设备回路: (NH)YJV-3X120+2X70 TC CT SC100 WS
315A,350A: 2(NH)YJV-4X70+1X35 TC CT 2SC100 WS BMC-2A-400A

注:
当变压器温度超过155度时报警,
170度时自动断开进线柜开关.
甲方可根据需要在各分支回路上加电流互感器及电能表

XXX		xxx				
项目总设计师	xxx	xxx（商住楼） 低压供电系统图(1)				
审定	xxx					
审核	xxx					
校对	xxx					
专业负责人	xxx	专业 电气	阶段 施工图	图号	x-xx-5	
设计	xxx	比例 1:100	日期 2012年4月			

图 14-5 低压供电系统图

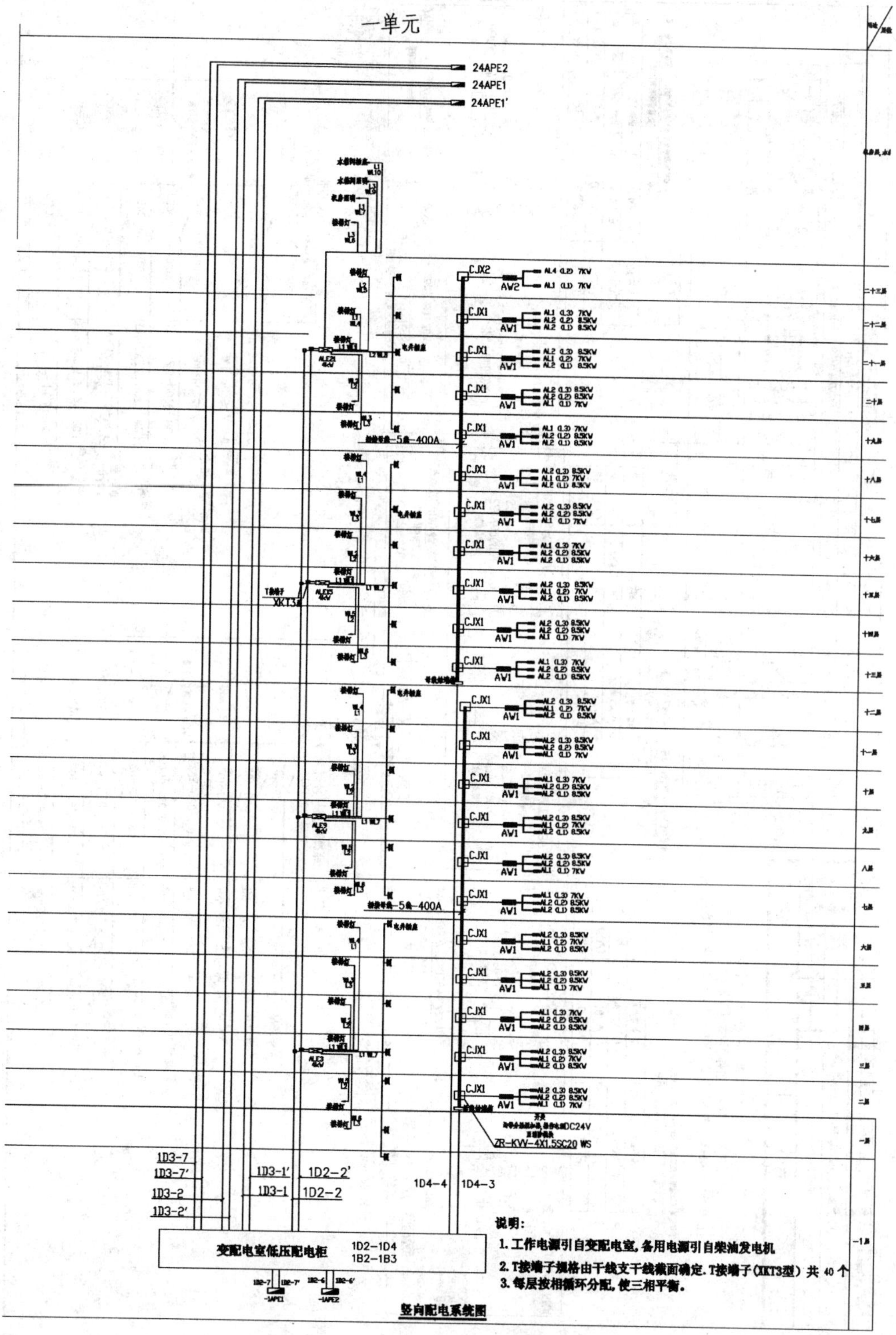

一单元

24APE2
24APE1
24APE1'

T接端子
XKT3型

接地母线-5条-400A

CJX2 AW2
CJX1 AW1

开关
DC24V
ZR-KVV-4X1.5SC20 WS

1D3-7
1D3-7'
1D3-2
1D3-2'
1D3-1'
1D3-1
1D2-2'
1D2-2
1D4-4
1D4-3

变配电室低压配电柜 1D2-1D4 1B2-1B3

1B2-7 1B2-7' 1B2-6 1B2-6'
-1APE1 -1APE2

竖向配电系统图

说明:

1. 工作电源引自变配电室，备用电源引自柴油发电机
2. T接端子规格由干线支干线截面确定. T接端子（XKT3型）共 40 个
3. 每层按相循环分配，使三相平衡.

图 14-6 竖向配电系统图

第14章 建筑电气施工图的识图与设计

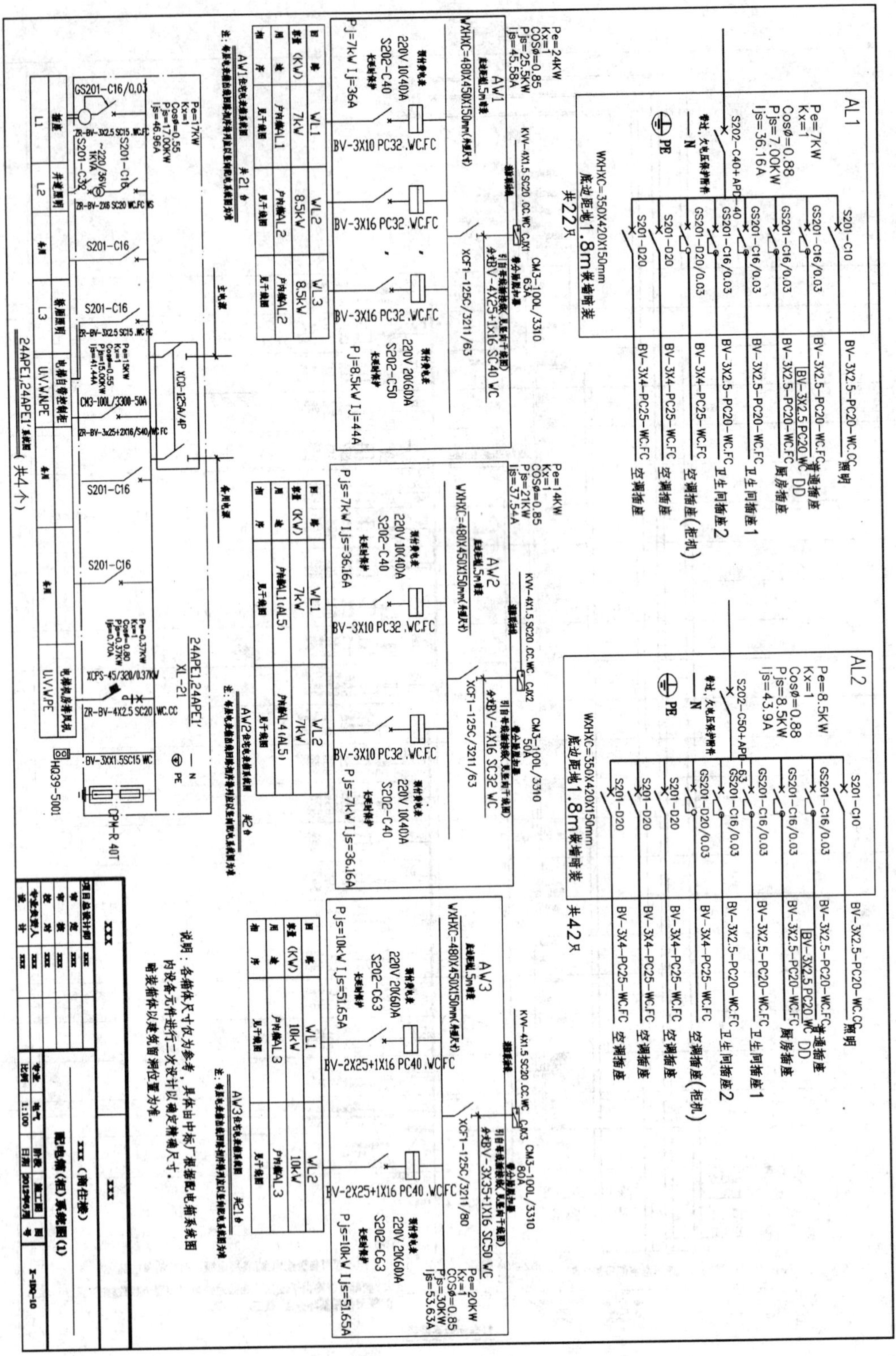

电气工程（电力及电器）实习指南

图 14-7　配电箱(柜)系统图

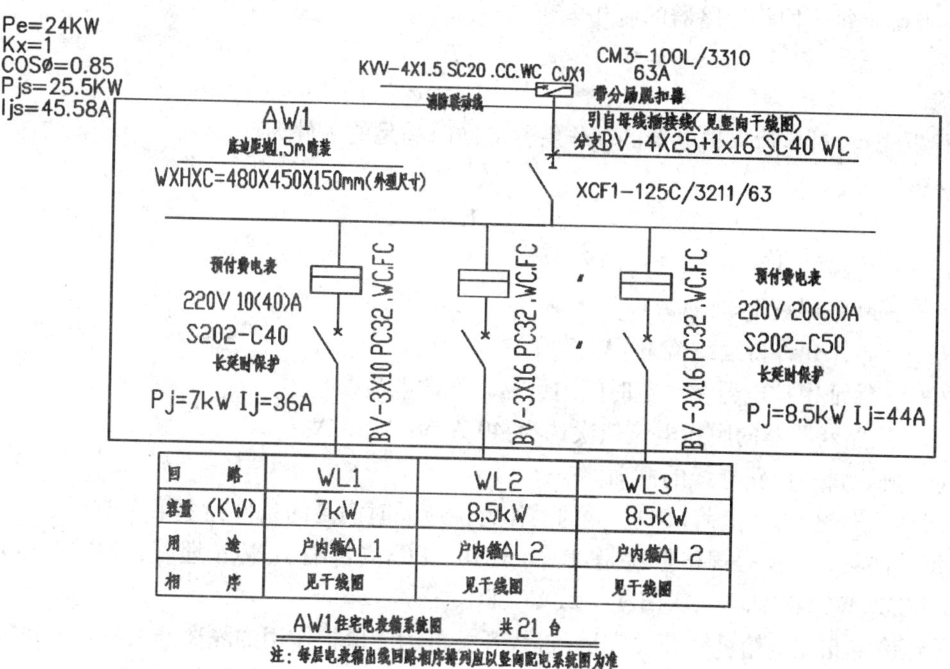

图 14-8　电表箱系统图

照明配电箱实物：

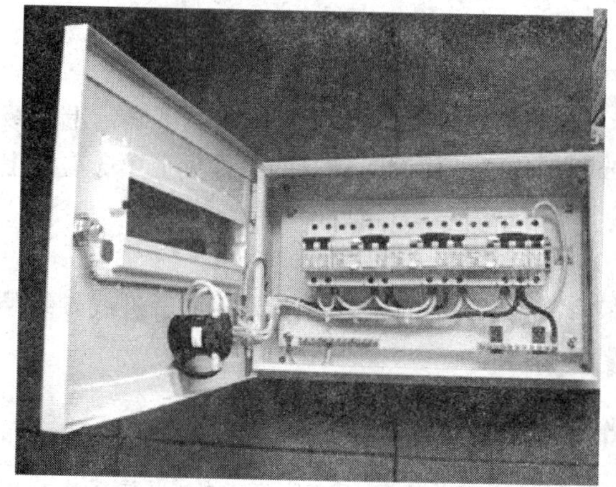

图 14-9　照明配电箱实物

(1)确定每一回路的用电容量

图 14-8 是一个三户的电表箱，每一户为单相入户，其用电容量依次为：7 kW、8.5 kW、8.5 kW。

(2)确定每一回路计算电流

现在大多采用的是用系数法进行负荷计算。根据公式（$U=220$ V，$Pc=7$ kW、8.5 kW、8.5 kW，$\cos\Phi=0.85$）可分别计算出每一回路的计算电流依次为：36 A、44 A、44 A。

(3)确定每一回路断路器的脱扣电流

$$I_c = \frac{P_c}{U\cos\varphi}$$

根据规范:过负荷保护电器的动作特性应同时满足的条件为

$$I_b \leqslant I_n \leqslant I_z \quad (1)$$

$$I_2 \leqslant 1.45 I_z \quad (2)$$

I_b——线路的计算电流(A),即 I_c

I_n——断路器额定电流(A)

I_z——导体允许持续载流量(A)

I_2——保证保护电器在约定时间内可靠动作的电流

每一回路断路器的脱扣电流依次选为:40 A、50 A、50 A。

(4)确定每一回路导线的截面

同样根据规范:过负荷保护电器的动作特性应同时满足的条件见上第3项。

每一回路导线型号规格依次是:BV-3X10 、PC32(穿管)、WC(埋墙)、FC(埋地);BV-3X16、PC32、WC、FC;BV-3X16、PC32、WC、FC。

(5)确定此配电箱进线开关容量(进线开关可为无保护作用的隔离开关)

同样采用系数法进行负荷计算。根据公式三相回路的计算电流为

$$I_c = \frac{P_c}{\sqrt{3}U_1\cos\varphi}$$

$$(U_1 = 380\ \text{V})$$

$$P_c = K_x P_e = K_x 3P_{max} = 25.5\ \text{kW}$$

$$(K_x = 1)$$

经计算 $I_c = 45.6$ A,进线隔离开关为 XCF1-125C/3211/63 A。同时,此值可确定上一级断路器的脱扣电流,根据规范:过负荷保护电器的动作特性应同时满足的条件见上第3项。上一级断路器的脱扣电流为63 A。

(6)确定进线导线的截面

同样根据规范:过负荷保护电器的动作特性应同时满足的条件见上第3项。进线导线型号规格是 BV-4×25+1×16SC40WC。

14.2.5 变配电室、发电机房土建任务图

变配电室是供电系统的枢纽,通过高低压供电系统可确定所用高压配电柜、低压配电柜的选型、数量等,通过工程总的负荷计算可以确定变压器的容量、数量等,进而确定其外形尺寸;根据规范要求确定各设备距墙的尺寸以及操作、检修通道的距离,即可进行变配电室的平面布置。变配电室进出线缆多为下进下出,因此还应设电缆沟,除此之外还应考虑较大体积设备进入时需设吊装孔及设备荷重。最后将变配电室的平面布置、电缆沟的平、立、剖面图及吊装孔的尺寸及设备荷重提交土建专业。图14-10是真实工程的变配电室、发电机房的土建任务图。

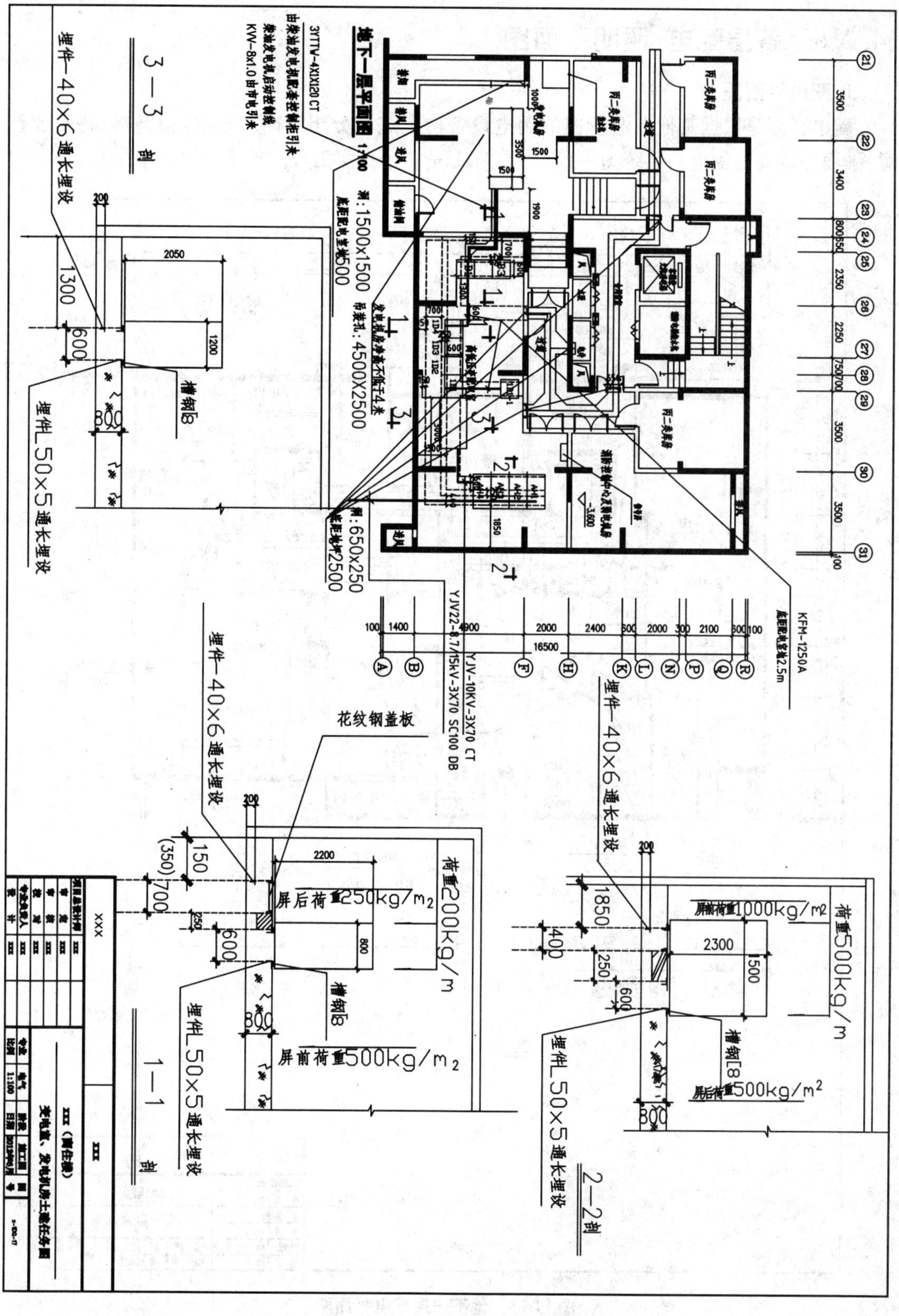

图 14-10 变配电室、发电机房土建任务图

14.2.6 各层配电、照明平面图

1. 配电平面图

配电平面是根据其他专业所提的用电设备位置进行分组、分类与配电箱连接，特别要注意：平面一定要与配电箱系统图一致。图 14-11 是一个真实工程的地下一层配电平面图。

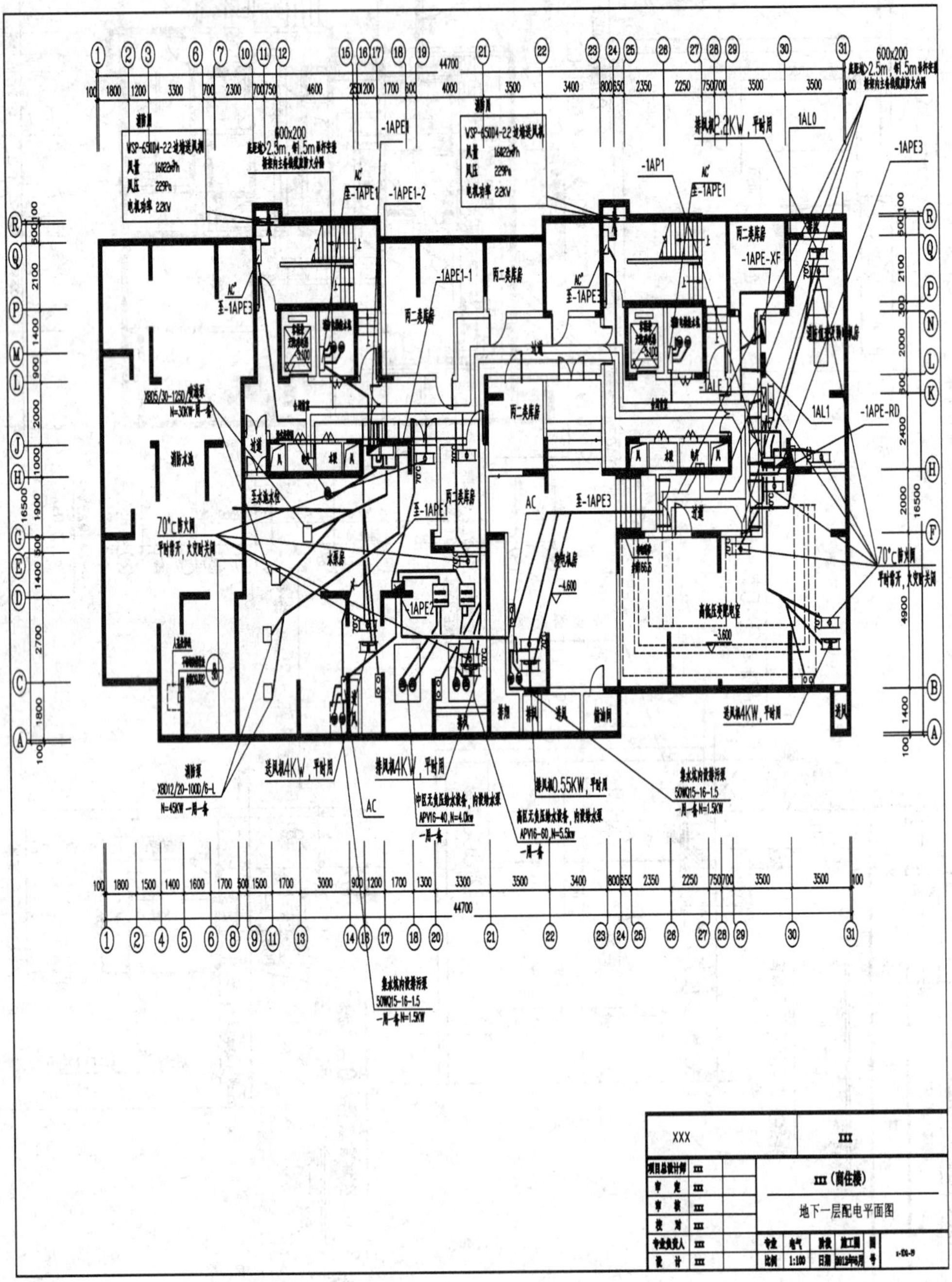

图 14-11 地下一层配电平面图

2. 照明平面图

根据不同房间(区域)的功能及规范规定的不同功能区的照度、功率密度值和该区域的总面积得出照明总容量进而计算出灯具的数量,即可进行灯具的布置,一般为均匀布置,再将照明箱与灯具及控制开关进行合理连接,最后标出导线的根数,即可完成照明平面的设计。

照明工程常用的设计规范与标准:

(1)《民用建筑电气设计规范》JGJ/T16—2008,该规范共20章,在此规范中,可以查到供配电与照明系统常用的术语、符号、代号,供配电系统设计的技术标准与规定,负荷计算方法,导线敷设要求,电气照明设计的技术标准与规定等内容。

(2)《建筑照明设计标准》GB 50034—2004,该标准共8章,主要规定了居住、公共和工业建筑的照明标准值、照明质量和照明功率密度。

八章内容分别是:①总则;②术语;③一般规定;④照明数量和质量;⑤照明标准值;⑥照明节能;⑦照明配电及控制;⑧照明管理与监督。

(3)其他重要参考资料

①《全国民用建筑工程设计技术措施－电气》－2009

②《照明设计手册》(第2版)北京照明学会照明设计专业委员会编(封面如图14-12所示)。

③国家标准图集《建筑电气常用数据》04DX101－1。

④标准图集《常用低压配电设备及灯具安装》D702－1～3(合订本)。

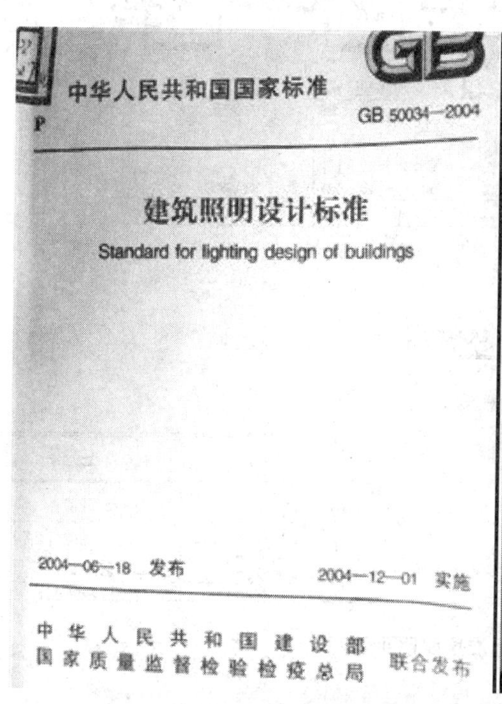

图14-12 常用的设计规范与标准

图14-13是一个真实工程的标准层照明平面图。

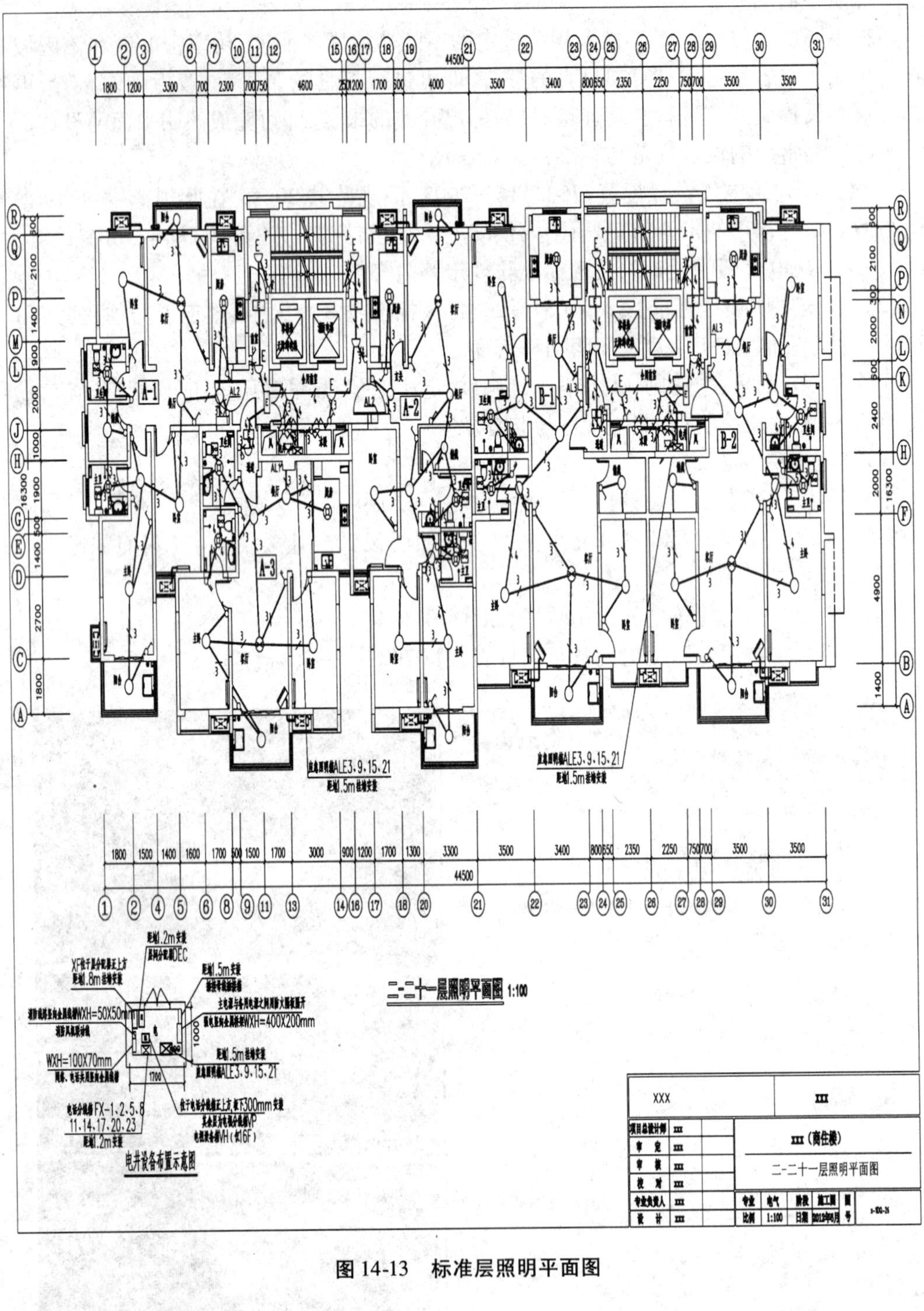

图 14-13　标准层照明平面图

14.2.7　防雷平面图

根据规范及计算确定所设计工程的防雷类别。

建筑物防雷系统由接闪器、引下线、接地装置组成。

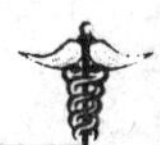

一般在建筑物屋顶采用 $\Phi12$ 镀锌圆钢作为避雷带，屋顶避雷连接线网格选用不大于 20 m ×20 m 或 16 m×24 m（三类）作为接闪器。

利用建筑物钢筋混凝土柱子或剪力墙内两根大于 $\Phi16$ 主筋通长焊接、绑扎作为引下线，间距不大于 25 m（三类），作为引下线。

接地极优先利用建筑物基础钢筋网，要求联合接地电阻小于等于 1 欧姆，否则增打室外接地极。

图 14-14 是一个真实工程的防雷平面图。

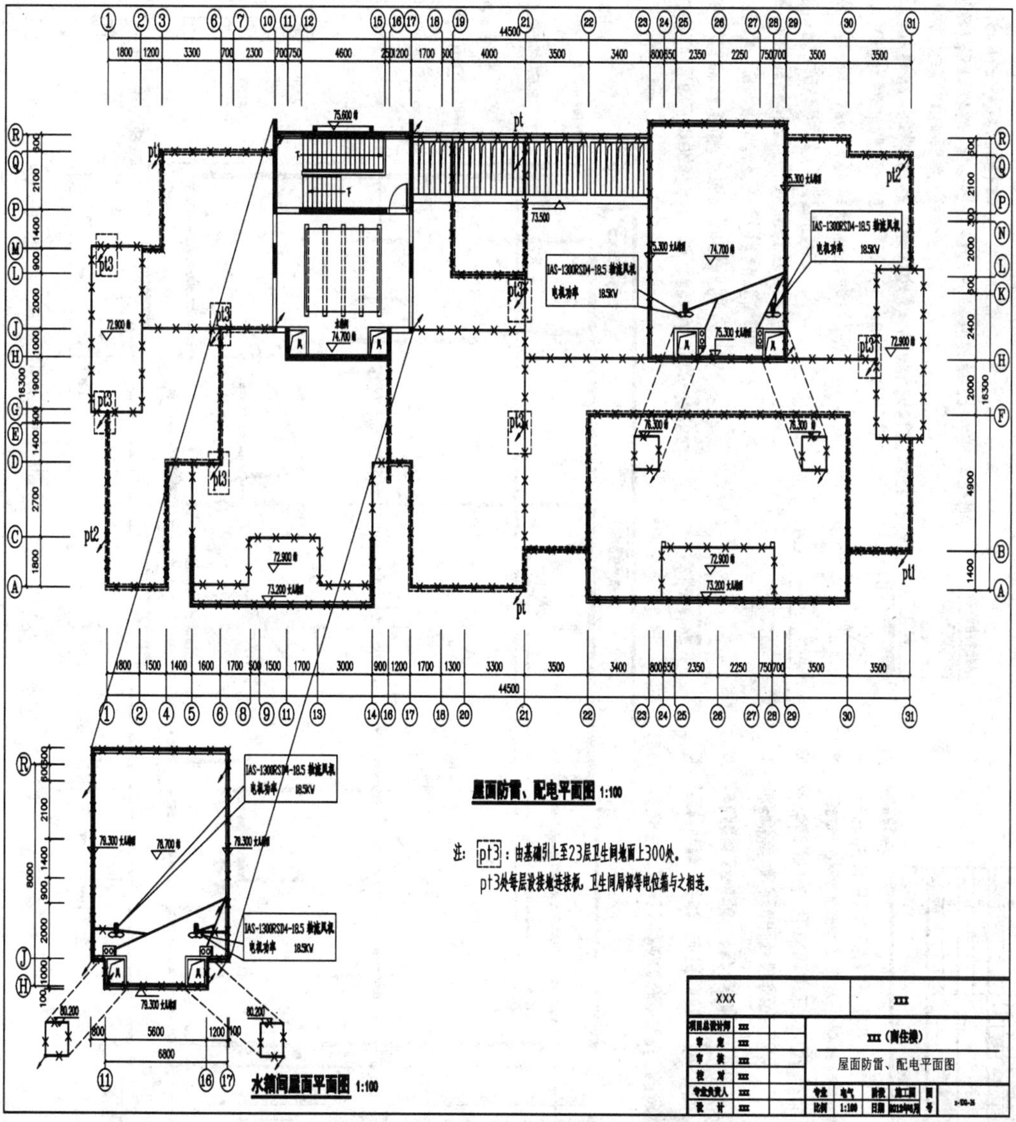

图 14-14　屋面防雷平面图

14. 2. 8　接地平面图

目前工程都采用的是联合接地系统，也就是把本建筑物内所有的接地都接入一个接地极

共用同一个接地系统，接地极优先利用建筑物基础钢筋网，要求联合接地电阻小于等于 1 欧姆，实测不满足要求时，应增设人工接地极。

图 14-15 是一个真实工程的接地平面图。

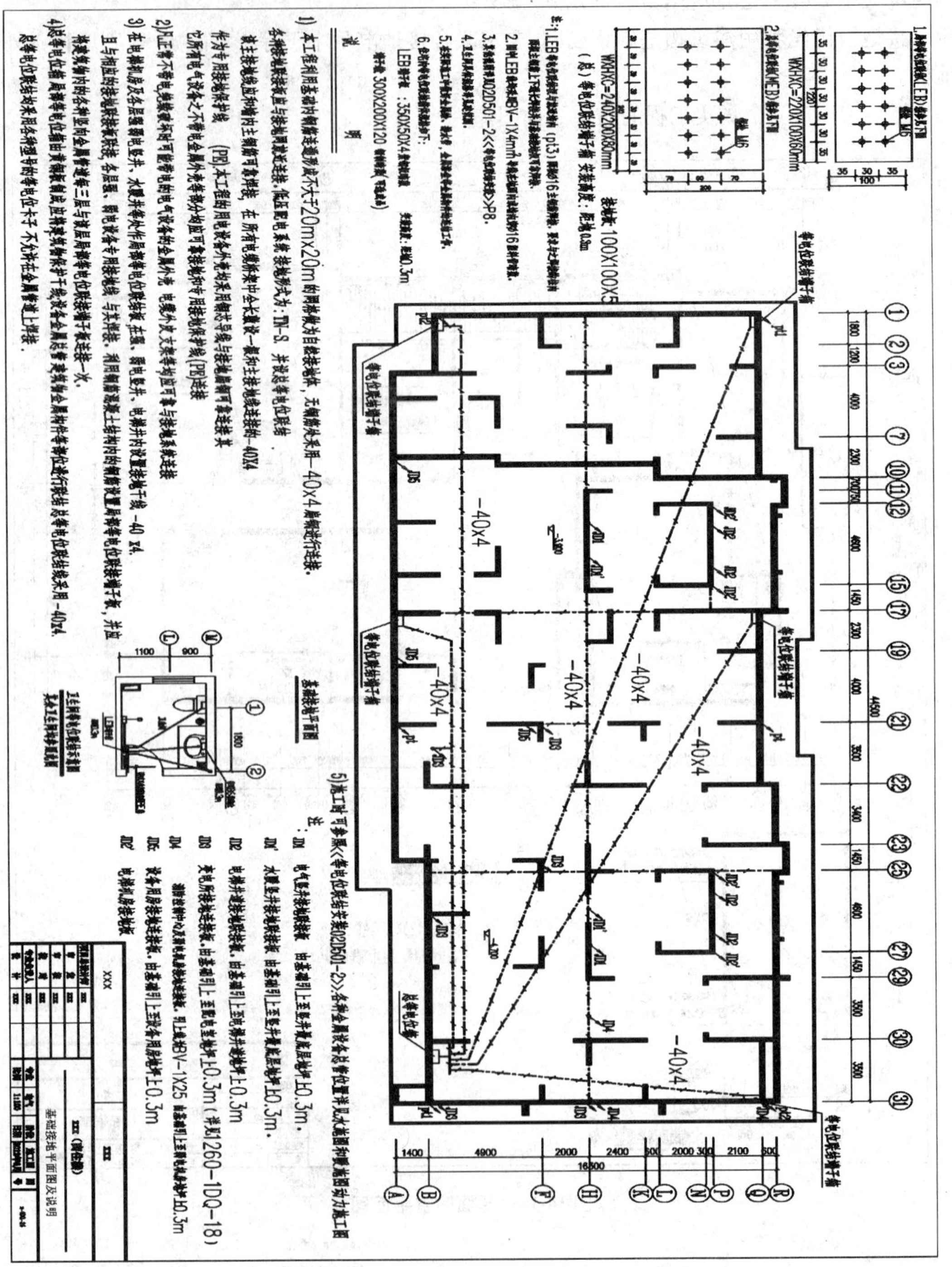

图 14-15　基础接地平面图

实训课题

1. 试设计三室二厅一卫一厨约 100 m^2 住宅的户内开关箱系统图。

2. 试设计一栋一梯四户共 20 层的住宅竖向配电系统图,并对竖向干线型号规格进行选择。

参考文献

[1] 卓乐友. 电力工程电气设计200例[M]. 北京:中国电力出版社,2005.
[2] 黎斌. SF_6高压电器设计[M]. 北京:机械工业出版社,2003.
[3] 上海高压输变电公司. 常用中高压断路器及其运行[M]. 北京:中国电力出版社,2006.
[4] 黄新波. 输电线路在线监测与故障诊断[M]. 北京:中国电力出版社,2008.
[5] 李丽娇,齐云秋. 电力系统继电保护[M]. 北京:中国电力出版社,2007.
[6] 王宇. 工厂供配电技术[M]. 北京:中国电力出版社,2006.
[7] 路文梅. 变电站综合自动化技术[M]. 北京:中国电力出版社,2007.
[8] 王长贵. 新能源发电技术[M]. 北京:中国电力出版社,2004.
[9] 叶永音. 电机学[M]. 北京:中国电力出版社,2007.
[10] 刘重轩. 电类基础实验及设计[M]. 西安:西北工业大学出版社,2004.
[11] 孙同鑫,刘重轩. 纺织印染电气控制技术400问[M]. 北京:中国纺织出版社,2007.
[12] 马永翔,张永宜. 高电压技术[M]. 北京:北京大学出版社,2009.
[13] 李梅兰. 电力系统分析[M]. 北京:中国电力出版社,2007.
[14] 尹克宁. 变压器设计原理[M]. 北京:中国电力出版社,2004.
[15] 王章启. 电力开关技术[M]. 武汉:华中科技大学出版社,2003.
[16] 王秋梅. 10 kV开闭所的设计、安装运行和检测[M]. 北京:中国电力出版社,2006.
[17] 董儒胥. 电工电子实训[M]. 北京:高等教育出版社,2003.
[18] 胡光甲. 工厂电气与供电[M]. 2版. 北京:中国电力出版社,2007.
[19] 肖登明. 电力设备在线监测与故障诊断[M]. 上海:上海交通大学出版社,2005.
[20] 同济大学. 工厂供电[M]. 北京:中国建筑工业出版社,1979.
[21] 丁学文. 电力拖动运动控制系统[M]. 北京:机械工业出版社,2005.
[22] 胡斌. 图标细说电子工程师速成手册[M]. 北京:机械工业出版社,2006.
[23] 方大千. 电气设备维护与故障处理速查手册[M]. 北京:人民邮电出版社,2007.
[24] 张占松. 电气技师实用手册[M]. 北京:机械工业出版社,2006.
[25] 卢文鹏. 发电厂变电站电气设备[M]. 北京:中国电力出版社,2002.
[26] 贺湘琰. 电器学[M]. 2版. 北京:机械工业出版社,2000.
[27] 范瑜. 电气工程概论[M]. 北京:高等教育出版社,2006.
[28] 王昌长,李福祺. 电力设备的在线监测与故障诊断[M]. 北京:清华大学出版社,2006.